国家自然科学基金(项目编号12162030、11662018)成果

工程科技发展与创新研究前沿丛书

实用网式过滤器过滤技术与应用

刘贞姬　王淑虹　石　凯　姜　波　著

武汉理工大学出版社
·武汉·

内容简介

网式过滤器具有自动化程度高、清洗过程不间断供水、排污时间短、排污效果好、排污耗能低等特点,近些年在我国西北地区大田滴灌中被广泛应用。本书详细介绍了目前西北地区较为常见的几种网式过滤器的相关研究内容,主要包括:几种常用网式过滤器水力性能的试验研究,几种常用网式过滤器水力参数数值模拟的研究结果及结构优化设计,泵前网式过滤器水力特性研究现状,泵前和泵后组合式网式过滤器水力特性研究,网式过滤器在我国节水灌溉领域的应用现状及应用前景。

本书可为从事节水灌溉研究尤其是从事网式过滤器相关工作的人员提供技术帮助,也可作为相关专业的高校师生和科研所研究人员学习的参考资料。

图书在版编目(CIP)数据

实用网式过滤器过滤技术与应用 / 刘贞姬等著. -- 武汉 : 武汉理工大学出版社,2025.5.
ISBN 978-7-5629-7327-0
Ⅰ. TQ051.8
中国国家版本馆 CIP 数据核字第 2024N0Q050 号

Shiyong Wangshi Guolüqi Guolü Jishi yu Yingyong
实 用 网 式 过 滤 器 过 滤 技 术 与 应 用

项目负责人:王利永(027-87290908)	责任编辑:王 思
责任校对:王 威	排版设计:正风图文

出 版 发 行:武汉理工大学出版社
地　　　址:武汉市洪山区珞狮路 122 号
邮　　　编:430070
网　　　址:http://www.wutp.com.cn
经　销　者:各地新华书店
印　刷　者:武汉市籍缘印刷厂
开　　　本:787 mm×1092 mm　1/16
印　　　张:14.75
字　　　数:378 千字
版　　　次:2025 年 5 月第 1 版
印　　　次:2025 年 5 月第 1 次印刷
定　　　价:90.00 元

凡购本书,如有缺页、倒页、脱页等印装质量问题,请向出版社发行部调换。
本社购书热线电话:027-87391631　87523148　87165708(传真)

·版权所有,盗版必究·

前 言

在我国农业生产的过程中,水资源需求量非常大,但目前我国水资源短缺及污染问题日益严重,导致我国很多地区的农田水利灌溉得不到保障,这极大地限制了当地农业的生产与发展。此外,缺乏科学合理的灌溉技术,导致水资源的不合理利用,进一步加剧了水资源的紧缺。《节约用水工作部际协调机制2023年度工作要点》中提出,在2023年要推进节约用水条例立法审查;研究制定关于加强水资源节约集约利用的指导意见;推进大中型灌区续建配套与现代化改造;新建高标准农田4500万亩、改造提升高标准农田3500万亩、统筹发展高效节水灌溉1000万亩。国务院等相关部门仍旧将节水灌溉作为我国经济社会可持续发展的重大战略任务,要求各部门全面做好农业节水工作。

作为我国重要农业基地却处于干旱地区的西北地区,水资源总量2651.5亿 m^3,单位面积产水量仅6.9万 m^3/km^2;农业灌溉用水量占95%,农业产值对GDP贡献率却不足20%,用水结构极不合理,发展农业高效节水、促进转型提升是优化水资源配置的先决条件。发展高效节水,是实现农业现代化的必由之路。以新疆生产建设兵团为例,2023年,应用高新技术节水灌溉面积达到4760万亩,全国高效节水灌溉面积更是达到4.3亿亩。节水微灌农业是今后我国农业发展大趋势,而微灌系统作为一种较精密设备,对水源有较高要求,滴灌水源如井水、河渠水、雨水等都含有不同程度的杂质颗粒,如果水源未经过有效的沉淀过滤处理,必定会影响到灌溉系统的正常工作。因此,在保证滴灌系统正常工作的前提下,对水源进行过滤处理的过滤器就显得尤为重要。过滤器作为微灌系统中最关键的设备之一,对于维护系统的正常运行、防止管道堵塞及提高灌溉效率等多方面都发挥着重要作用。

微灌用过滤器是一种能够清除水流中各种杂质,保证滴灌系统正常工作的关键设备。过滤器质量不达标或者设计不规范,都会提高整个滴灌系统的运行成本,影响灌水质量,甚至造成整个微灌系统瘫痪报废。针对河(渠)水等地表水的高含沙特点,以解决滴灌高含沙水质过滤问题为研究目标,充分研究滴灌系统中的各种过滤设备的性能,从而提高过滤效率,进一步解决滴灌系统堵塞问题,充分发挥滴灌技术的节水增产效应,这对我国节水灌溉、农业发展及生产建设具有很大的推动作用,符合节水灌溉农业用水实际情况,也是加速发展和推广节水灌溉技术的趋势所在。

本书是以作者及所指导研究生近10年的研究成果为基础,对应用在节水灌溉农业领域的网式过滤器系统研究成果的总结。本书内容主要分为五大部分,第一部分为几种常用网式过滤器水力性能的试验研究,通过过滤试验和排污试验,结合水头损失、排污时间和排污压差试验数据,给出了水头损失、排污时间和排污压差等参数的变化规律及理论计算公式;第二部分为几种常用网式过滤器水力参数数值模拟的研究结果及结构优化设计,结合过滤过程和排污过程的数值模拟计算,对网式过滤器水力性能作进一步延伸分析,弥补了试验研究的局限性，更加完整地揭示了网式过滤器相关水力特性的变化趋势；第三部分介绍了泵前网式过滤器，基于试验研究和统计学研究，阐明了影响泵前网式过滤器水力特性的影响要素，弥补了目前研究的空白，并为泵前和泵后网式过滤器的组合使用提供理论依据；第四部分结合试验研究，阐述了影响泵前和泵后组合式网式过滤器水力特性的主要参数，基于过滤试验和排污试验，给出了组合网式过滤器的水头损失及排污时间的理论结果；第五部分为网式过滤器在我国节水灌溉领域的应用现状及应用前景，尤其是在我国西北地区的应用的必要性和市场前景。

本书由石河子大学刘贞姬、新疆兵团勘测设计院集团股份有限公司石河子分公司王淑虹、中国水利水电科学研究院石凯、第八师石河子市水利工程管理服务中心姜波合著，具体分工为：第一章由刘贞姬和王淑虹撰写，第二章由石凯和姜波撰写，第三章由刘贞姬和石凯撰写，第四章由刘贞姬和王淑虹撰写，第五章由王淑虹和石凯撰写，第六章由刘贞姬撰写，第七章由王淑虹和刘贞姬撰写，第八章由王淑虹和姜波撰写，第九章由王淑虹和姜波撰写。

本书部分内容为国家自然科学基金（项目编号 12162030 和 11662018）的成果。

本书在撰写过程中，李曼、谢炎、刘冬冬、杨昊、雷辰宇提供了相关试验和数值模拟资料，石河子天露节水设备有限责任公司、新疆惠利灌溉科技股份有限公司、石河子市金土地节水设备有限公司提供了过滤器产品，在此一并表示感谢。

由于作者水平有限，书中存在不足之处在所难免，恳请读者批评指正。

作 者

2024 年 9 月

目　录

1 过滤器主要类型及研究趋势 …………………………………………………… (1)
　1.1 常见过滤器类型及工作原理 …………………………………………… (2)
　1.2 过滤器研究现状 ………………………………………………………… (3)
　　1.2.1 国内研究现状 …………………………………………………… (3)
　　1.2.2 国外研究现状 …………………………………………………… (6)
　1.3 过滤器发展趋势 ………………………………………………………… (8)

2 典型网式过滤器过滤性能试验 ………………………………………………… (9)
　2.1 立式自清洗网式过滤器过滤性能试验 ………………………………… (9)
　　2.1.1 试验设备及试验装置 …………………………………………… (9)
　　2.1.2 过滤原理 ………………………………………………………… (10)
　　2.1.3 试验用泥沙颗粒级配 …………………………………………… (11)
　　2.1.4 试验步骤与方法 ………………………………………………… (12)
　　2.1.5 试验结果 ………………………………………………………… (12)
　2.2 卧式自清洗网式过滤器过滤性能试验 ………………………………… (18)
　　2.2.1 试验设备及试验装置图 ………………………………………… (18)
　　2.2.2 过滤原理 ………………………………………………………… (20)
　　2.2.3 试验用泥沙颗粒级配 …………………………………………… (20)
　　2.2.4 试验步骤与方法 ………………………………………………… (21)
　　2.2.5 试验结果 ………………………………………………………… (21)
　2.3 翻板型网式过滤器过滤性能试验 ……………………………………… (25)
　　2.3.1 试验装置及试验设备 …………………………………………… (25)
　　2.3.2 过滤器构造及过滤原理 ………………………………………… (26)
　　2.3.3 试验用泥沙颗粒级配 …………………………………………… (27)
　　2.3.4 试验步骤与方法 ………………………………………………… (27)
　　2.3.5 试验结果 ………………………………………………………… (28)

3 典型网式过滤器排污性能试验 ………………………………………………… (33)
　3.1 立式自清洗网式过滤器排污性能试验 ………………………………… (33)
　　3.1.1 立式网式过滤器排污原理 ……………………………………… (33)
　　3.1.2 立式网式过滤器排污试验研究 ………………………………… (33)

1

3.2 卧式自清洗网式过滤器排污性能试验 ……………………………………… (42)
   3.2.1 卧式网式过滤器排污原理 ……………………………………… (42)
   3.2.2 卧式网式过滤器排污试验研究 ………………………………… (42)
3.3 翻板型网式过滤器排污性能试验 …………………………………… (45)
   3.3.1 翻板型网式过滤器排污原理 …………………………………… (45)
   3.3.2 翻板型网式过滤器排污试验研究 ……………………………… (46)

4 典型网式过滤器过滤过程数值模拟 ……………………………………… (58)
4.1 数学模型 ………………………………………………………………… (58)
   4.1.1 流体运动的基本方程 …………………………………………… (58)
   4.1.2 湍流模型 ………………………………………………………… (58)
   4.1.3 多孔阶跃模型 …………………………………………………… (59)
   4.1.4 离散相模型 ……………………………………………………… (60)
   4.1.5 数值模拟求解方法 ……………………………………………… (60)
4.2 卧式自清洗网式过滤器过滤过程数值模拟 ………………………… (61)
   4.2.1 无滤网清水和浑水条件下过滤过程数值模拟 ………………… (61)
   4.2.2 不同滤网孔径下过滤过程数值模拟 …………………………… (68)
   4.2.3 三维滤网模型条件下过滤过程数值模拟 ……………………… (73)
   4.2.4 网式过滤器过滤过程浓度场数值模拟 ………………………… (76)
4.3 翻板型网式过滤器过滤过程数值模拟 ……………………………… (79)
   4.3.1 滤网数值模型 …………………………………………………… (79)
   4.3.2 清水条件下不同工况过滤过程数值模拟结果分析 …………… (82)
   4.3.3 水沙两相流的数值模拟 ………………………………………… (90)

5 典型网式过滤器排污过程数值模拟 ……………………………………… (103)
5.1 卧式自清洗网式过滤器排污过程数值模拟 ………………………… (103)
   5.1.1 清水条件下排污过程数值模拟 ………………………………… (103)
   5.1.2 浑水条件下排污系统数值模拟 ………………………………… (106)
5.2 翻板型网式过滤器排污过程数值模拟 ……………………………… (110)
   5.2.1 清洗过程的水沙两相流数值模拟参数设置 …………………… (110)
   5.2.2 不同清洗流量下滤饼颗粒特征分析 …………………………… (111)

6 典型网式过滤器结构优化研究 …………………………………………… (119)
6.1 卧式自清洗网式过滤器排污系统结构优化 ………………………… (119)
   6.1.1 排污系统优化方案 ……………………………………………… (119)

  6.1.2 不同优化方案下数值模拟结果分析 ……………………………………… (119)
 6.2 翻板型网式过滤器翻板位置及罐体结构优化 …………………………………… (122)
  6.2.1 翻板最佳位置分析 ………………………………………………………… (122)
  6.2.2 过滤器罐体结构优化 ……………………………………………………… (124)

7 泵前无压网式过滤器水力特性研究 …………………………………………………… (128)
 7.1 试验方案 …………………………………………………………………………… (128)
  7.1.1 泵前无压网式过滤器结构 ………………………………………………… (128)
  7.1.2 试验装置结构 ……………………………………………………………… (129)
  7.1.3 分项试验设置 ……………………………………………………………… (130)
 7.2 基于响应面的过滤器过滤过程水力性能试验研究 ……………………………… (133)
  7.2.1 过滤器水头损失理论分析 ………………………………………………… (133)
  7.2.2 响应函数设置及过滤器原型试验 ………………………………………… (134)
  7.2.3 水头损失模型计算与方差分析 …………………………………………… (137)
  7.2.4 水头损失中各响应因子的贡献率 ………………………………………… (138)
  7.2.5 过滤流量与滤筒转速对水头损失的响应分析 …………………………… (140)
  7.2.6 过滤流量与自清洗流量对水头损失的响应分析 ………………………… (140)
  7.2.7 过滤流量与初始含沙量对水头损失的响应分析 ………………………… (141)
  7.2.8 滤筒转速与自清洗流量对水头损失的响应分析 ………………………… (141)
  7.2.9 滤筒转速和自清洗流量与初始含沙量对水头损失的响应分析 ………… (142)
  7.2.10 模型修正 …………………………………………………………………… (143)
 7.3 基于三维响应的过滤器堵塞滤饼特征机理及试验分析 ………………………… (144)
  7.3.1 试验调研及试验工况选取 ………………………………………………… (144)
  7.3.2 大田灌溉网式过滤器过滤机理理论分析 ………………………………… (145)
  7.3.3 由公式导出指标的试验因子说明 ………………………………………… (149)
  7.3.4 堵塞滤饼孔隙率影响因素试验分析 ……………………………………… (150)
  7.3.5 堵塞滤饼压降影响因素试验分析 ………………………………………… (153)
  7.3.6 堵塞滤饼厚度影响因素试验分析 ………………………………………… (157)
  7.3.7 剪切受力滤饼模型修正 …………………………………………………… (161)
  7.3.8 有机压缩滤饼模型匹配问题 ……………………………………………… (161)
 7.4 基于矩阵分析的过滤器冲洗效果试验分析 ……………………………………… (163)
  7.4.1 试验装置细化与因子选用 ………………………………………………… (163)
  7.4.2 过滤器反冲洗射流分析 …………………………………………………… (165)
  7.4.3 过滤器上浮流量影响因素试验分析 ……………………………………… (170)
  7.4.4 过滤器的冲洗结束压降影响因素试验分析 ……………………………… (175)

8 组合型网式过滤器水力性能及堵塞机理研究 (180)
8.1 试验概况 (180)
8.1.1 试验设备及装置 (180)
8.1.2 过滤器工作原理 (182)
8.1.3 过滤器滤网参数选取 (182)
8.1.4 泥沙颗粒级配 (183)
8.1.5 试验步骤与方法 (184)
8.2 组合型网式过滤器水力特性研究 (185)
8.2.1 清水条件下水头损失分析 (185)
8.2.2 浑水条件下水头损失分析 (186)
8.2.3 水头损失理论计算与分析 (191)
8.3 组合型网式过滤器过滤效果研究 (193)
8.3.1 分级过滤除沙率分析 (193)
8.3.2 泥沙和有机物分布规律研究 (196)
8.3.3 滤网堵塞机理和压降计算 (202)
8.3.4 过滤效果综合评价与分级 (208)
8.4 组合型网式过滤器过滤及排污时间研究 (210)
8.4.1 纯泥沙和有机物条件下过滤时间分析 (210)
8.4.2 排污时间变化规律研究 (213)
8.4.3 过滤时间理论计算与分析 (214)
8.4.4 过滤时间预测及分析 (216)

9 网式过滤器应用现状及发展趋势 (219)
9.1 网式过滤器在节水灌溉领域的应用现状 (219)
9.2 网式过滤器在节水灌溉中的应用前景 (221)
9.3 网式过滤器在西北地区的应用前景 (222)
9.4 网式过滤器发展方向 (223)

参考文献 (224)

1 过滤器主要类型及研究趋势

长期以来,我国基本水情一直是人多水少、夏汛冬枯、北缺南丰,水资源时空分布极不均衡。水资源短缺、水污染严重、水生态恶化等问题十分突出,已成为制约经济社会可持续发展的主要瓶颈[1-4]。党的十八大以来,国家高度重视水安全风险,大力推动全社会节约用水,提出了"节水优先、空间均衡、系统治理、两手发力"治水思路,对我国节水型社会建设具有重要意义。近年来,我国用水效率明显提升,支撑了经济社会的发展,但我国节水水平与日益严峻的水资源状况相比,与国外发达国家节水水平相比,还有较大差距[5-7]。我国经济社会发展速度的加快,对水资源的充分利用提出了更高要求。2021年,我国用水总量为5920.2亿 m^3。其中,农业用水3644.3亿 m^3,占用水总量的61.6%;工业用水1049.6亿 m^3,占用水总量的17.7%;生活用水和人工生态环境补水1226.3亿 m^3,占用水总量的20.7%。在我国用水总量中,农业用水量仍然占比较大,而农田灌溉水有效利用系数仅为0.568[8],农田灌溉用水浪费严重。因此,我国在农业生产过程中,需要切实提高水资源利用率,采取长效措施降低农田灌溉用水总量[9]。就我国目前严峻的农业用水浪费形势,节水灌溉发展成为当下主要的农业灌溉模式是必然的,科学地运用节水灌溉技术有利于优化我国农业用水方式,提高水资源利用率。在我国,节水灌溉技术的发展受到配套设施、管理体制和政策支持等多方面因素的限制,其中节水技术的创新和对应节水设备及产品的研发是支撑节水产业需求、发展节水灌溉技术的关键。

我国现有常用节水灌溉技术包括管道输水、覆膜灌、渗灌和微灌等,微灌中的滴灌技术被公认为是当今世界上最先进的精量灌溉技术之一[10-12]。但是,为了实现微灌灌水器更小流量的灌水及长距离铺设,灌水器的流道尺寸和出水口径通常设计得很小,因此对水质要求较高[13]。而在实际工程中,灌溉水源往往来自河渠水、库塘水等地表水,水源中泥沙和有机物等杂质含量较高,极易堵塞灌水器滴头,从而影响灌水质量,缩短灌溉系统使用寿命,严重情况下甚至会造成整个灌溉系统报废。因此,在灌溉系统首部安装过滤器防止灌水器堵塞是十分有必要的。

微灌用过滤器是一种能够过滤水流中各种杂质,保证滴灌系统正常工作的关键设备。过滤器质量不达标,或者设计不规范,都会提高整个滴灌系统的运行成本,影响灌水质量,甚至造成整个微灌系统瘫痪报废。针对河(渠)水等地表水的高含沙特点,以解决滴灌高含沙水质过滤问题为研究目标,充分研究滴灌系统中的各种过滤设备的性能,从而提高过滤效率,进一步解决滴灌系统堵塞问题,充分发挥滴灌技术的节水增产效应,这对我国节水灌溉农业发展及生产建设具有很大的推动作用。因此,研究过滤器的各项性能,优化过滤系统,处理高含沙水用于滴灌,是符合节水灌溉农业用水实际情况的,也是加速发展和推广节水灌溉技术的趋势所在。

1.1 常见过滤器类型及工作原理

在微灌系统中,一般用来处理水源中各种污物和杂质的设备与装置有拦污栅、沉沙池、过滤器等。其中常用的过滤器有水力旋流过滤器、砂石过滤器、网式过滤器和叠片式过滤器等。

(1) 水力旋流过滤器是利用水流环流的离心力来加速重相颗粒沉降和强化分离的设备,其内部流体的流动是一种特殊的三维强旋转剪切湍流运动。这种涡旋运动由两种基本的旋转液流构成,即沿螺旋线向下运动的外旋流和沿螺旋线向上运动的内旋流,它们的旋转方向相同,但轴向运动方向相反。外旋流携带泥沙颗粒或比水重的污物杂质向下进入储沙罐,内旋流则把清水提出溢流口,从而达到过滤分离的效果。正常运行条件下的水头损失范围应为 3.5~5 m,若水头损失小于 3 m,则说明没有形成足够的离心力,将不能有效分离出水中的杂质。而且只要流量恒定,其水头损失也保持恒定。水力旋流过滤器的优点是保养维护很方便,工作时可以连续自动排沙。缺点是当水泵启动和停机片刻,过滤效果下降,因而杂质会进入溢流口。因此,水力旋流过滤器只可用作初级过滤装置,需与其他过滤器配合使用来减轻次级过滤器的负担。

(2) 砂石过滤器是用砂砾石作为过滤介质来拦截水中各种污物的,因此过滤介质必须有适当的透水性,自身又不应发生渗透变形,较小的颗粒可以在较大颗粒之间的缝隙中移动,但不能下渗至下游水体中。因而它的优点是三维过滤,处理水中有机杂质和无机杂质最为有效,具有较强的拦截污物能力,经常用作水源的初级过滤装置。它的缺点是需要定期进行反冲洗,在反冲洗时如操作不当,会使整个砂床移动而导致过滤器失效,反冲洗时需要有压水源;在长期使用后,砂石介质由于磨损,颗粒表面变得圆滑,这时拦污能力下降,需要重新配置砂石介质。

(3) 网式过滤器是依靠筛网过滤对灌溉水进行物理净化的装置。过滤元件为尼龙筛网或不锈钢筛网。当水流穿过筛网时,大于网目数的杂质将被截留下来,因而过滤效果的好坏主要取决于所使用的滤网的目数。它的优点是结构简单,体积小,价格低廉。但是当有机物含量稍高时,大量的有机污物会挤过滤网而进入下游管道,造成灌水器的堵塞。而用作灌溉水源的地表水源中总是会含有各类有机物或线类污物,因而筛网过滤器一般用于过滤灌溉水中的粉粒、沙和水垢等污物,用作末级过滤装置。另外,随着筛网逐渐被泥沙堵塞而造成压差增大,会引起网破裂,此外筛网的清洗也很麻烦。

(4) 叠片式过滤器利用数量众多的带有凹槽的塑料环形盘锁紧叠在一起形成圆柱形滤芯,当水流经过这些盘时利用盘壁和凹槽来聚集及截取杂物,盘槽的复合内截面具有三维过滤功能,因而它的过滤效率很高。与网式过滤器一样,它的过滤能力也以目数表示,而且通常将不同目数的叠片做成不同的颜色以便区分。在正常工作时叠片是紧锁的,当冲洗时可将滤芯拆下并松开压紧螺母,用水冲洗。也可自动冲洗,自动冲洗时叠片必须能自行松散。因此冲洗很方便,冲洗的次数和耗水量也比较少。

考虑到水源情况、污物的种类、净化标准,以及灌水方式和灌水器的类型的不同,上述过滤器可以单独使用,也可以根据不同需要进行组合使用。

1.2 过滤器研究现状

1.2.1 国内研究现状

微灌是当今世界上公认的灌溉效果好、灌水效率高的有效节水灌溉技术。而过滤器作为首部灌溉系统中的关键设备,直接影响了灌溉系统的使用寿命和灌水质量。20世纪70年代,我国开始引进滴灌技术,拉开了我国微灌技术发展的帷幕,我国对微灌技术的研究与应用推广至今已有50余年的历史,从依赖国外价格昂贵的设备和产品,到如今在滴灌设备的开发、研制、生产及新技术的开创等方面取得了很大的研究进展[14]。目前,国内微灌系统中常用的过滤器有砂石过滤器、网式过滤器、叠片式过滤器和水力旋流过滤器,针对以上过滤器的研究方向主要分为以下三种[15-19]:一是对单一过滤器的结构进行优化设计和改进,并对其水力性能和过滤效果进行研究;二是将不同形式过滤器的优点进行组合,研究组合型过滤器的过滤性能并寻求最佳组合方式;三是在多相水源杂质条件下对过滤器的极限工况进行研究,从而保证过滤器在适合的条件下运行,提高其过滤效率,延长使用寿命。

但通过试验研究发现,目前常用的过滤器在实际应用过程中还存在一定的限制和不足。为满足现代农业节水灌溉需求,研究人员提出了几点过滤器的优化改进方向:第一是过滤器在拆卸和安装过程中应简便快捷,从而减少过滤器在实际应用过程中的不便,同时更易于过滤器的使用和推广;第二是加强对过滤器自清洗方式和排污效果的研究,解决过滤器在运行过程中自清洗不彻底,易损伤滤网等问题[20];第三是设置附加过滤装置对灌溉水源进行分级处理,以延长过滤系统使用寿命。

因此,为满足我国经济高速增长的需要,适应我国广大农村正在推行的土地集约化生产模式,解决高含沙水及多相水源杂质条件下微灌水质处理的问题,加大对过滤器特性和过滤过程中各参数及指标变化规律的研究是当务之急。而对过滤器过滤性能、堵塞机理、排污效果及组合型过滤器工作性能的研究是了解过滤器特性,并对其结构进行优化改进的基础。

1.2.1.1 过滤器过滤性能研究

对过滤器过滤性能的研究主要是对不同类型过滤器在不同工况条件下,探究进水流量、含沙量和过滤器结构等对水头损失和除沙率的影响规律。刘焕芳等[21-23]对自吸网式过滤器进行了水力性能试验,分析了自吸网式过滤器过滤时间的变化规律和自清洗时间的影响因素,结果表明过滤时间的变化不随含沙量的增大呈线性递减关系,自清洗时间在一定条件下与进水含沙量呈反比关系。宗全利等[24]对自清洗网式过滤器进行了清水和浑水水头损失的试验研究,主要得到了过滤流量、含沙量和水头损失之间的关系,确定了流量一定和含沙量一定条件下浑水水头损失的计算公式,各公式拟合精度较高,可用于实际工程中自清洗网式过滤器水头损失的计算。杨培岭等[25]提出了一种基于分形理论的叠片过滤器,并与国内外传统叠片过滤器进行了对比分析,得出了基于分形理论的叠片过滤器具有水头损失低,水头损失增长速率均匀,增长速率慢,平均拦沙量高,拦截泥沙平均中值粒径小等优点。张文正等[26]结合室内模型试验研究了不同因素对砂石过滤器过滤效果的影响,结果表明滤层厚度、原水含沙量对过滤后水样浊度和颗粒质量浓度影响显著,过滤速度影响较弱;过滤速度、原水含沙量对水头损失影响显著,滤层厚度影响较弱。周洋等[27]主要针对旋转网筒过滤器进行研究,结合室内物理模型试验,主要得到了流量和含沙量对网筒转速的影响规律。石凯等[28]主要探究了翻板型网式过滤器水头损失与进水流量和含沙量之间的关系,建立了水头损失与进水流量之间的数学表达模型,结果显示含沙量主要影响水头损失变化出现拐点的时间,进水流量主要影响水头损失变化的峰值,且水头损失随进水流量的增大而增大。刘晓初等[29]在堵塞和无堵塞情况下对Y型网式过滤器进行了水力性能试验,得到了过滤器的水头损失会随着流量和滤网堵塞程度的增大而增大的变化规律。

1.2.1.2 过滤器排污效果研究

对过滤器排污效果的研究主要是针对具有清洗功能的过滤器,排污时间是影响过滤器排污效果和过滤效率的主要因素之一。因此,对过滤器最佳排污时间、排污系统内部流场和结构优化的研究是过滤器排污试验研究的重点内容。宗全利等[30]主要针对自清洗网式过滤器进行研究,分析了不同流量、含沙量和过滤时间对反冲洗压差和反冲洗时间的影响,确定了网式过滤器最佳反冲洗时间为30~45 s。骆秀萍[31]对自清洗网式过滤器排污系统自动吸附装置内部流场进行数值模拟,模拟结果显示吸沙组件入口流速越大,过滤器自动吸附装置内部压力、流速和湍动能也越大,模拟结果与实测结果一致,具有较好的预测性。王栋蕾等[32]运用Fluent流体软件对过滤器自清洗结构进行流场分析,并结合计算结果,对自清洗结构进行了优化设计,为新型自清洗过滤器的研发提供了参考价值。石凯等[33]确定了网式过滤器进出水口压力差在过滤时间内的变化趋势,以及排污启动时间对排污用水量的影响规律。郑铁刚等[34]对自清洗过滤器排污系统的水力参数进行分析,得出了排污系统中吸沙组件的吸附力计算公式,通过计算确定过滤器吸沙组件产生的吸附力远大于泥沙总黏结力,满足自清洗要求。阿力甫江·阿不里米提等[35]通过室内试验和理论计算,研究了80目和120目滤网的鱼雷网式过滤器在不同预设压差和不同进水含沙量条件下的排污情况,确定了鱼雷网式过滤器最佳排污时间为40~50 s。

1.2.1.3 过滤器堵塞过程研究

网式过滤器运行过程中滤网堵塞是无法避免的状态,同时也是限制网式过滤器过滤性能的因素之一,随着网式过滤器在作物灌溉中的普及和农业水肥一体化的发展,微灌网式过滤器滤网堵塞产生的问题凸显出来,在不同灌溉水源、不同滤网目数和结构、不同流量的因素下,网式过滤器通过滤网所阻隔的杂质类型多样、杂质分布不均,形成的滤饼形式多样。国内学者针对网式过滤器堵塞问题,采用理论分析、堵塞试验和数值仿真等方法,均已进行了相关研究,其中包括堵塞成因研究[36]、堵塞压降模型建立[37-38]、堵塞性能优化及滤网颗粒沉积分析[39]四个方面;堵塞成因方面,研究显示网式过滤器的堵塞成因与泥沙颗粒级配、过滤器过滤流速、过滤器罐体结构、运行时间、泥沙颗粒体积浓度和泥沙颗粒直径等多种因素有关[36-37,40]。随着水肥一体化灌溉系统推广,王睿等[41]发现施肥浓度、施肥流量、过滤器腔体大小、施肥时间等因素会导致化学堵塞。过滤器滤网阻塞程度决定了过滤器局部水头损失宏观变化快慢,也就是说,有效地降低了水通过滤网的速度,因此,滤网阻塞程度决定了额外局部水头损失增长快慢程度。依据宏观水头损耗动态变化模型,部分学者提出了在含沙水灌溉条件下局部水头损耗的经验公式,并对经验公式进行了分析,例如,朱德兰等[38]分别以滤网清洁度和肥液浓度为变量,建立了局部水头损失关系式;Zong 等[42]通过归纳不同类型和不同运行工况下堵塞试验数据,拟合出滤网总压降的数学模型,并建立了浑水条件下完全阻塞后滤网滤饼压降差数学模型。宗全利等[36]揭示了滤网由未阻塞到完全阻塞始终存在两种阻塞类型,其中包含介质阻塞和滤网阻塞,而且两个阶段阻塞没有连续的时间顺序特征点。为探究滤网滤饼沉积规律,喻黎明等[37]开展局部堵塞研究,发现局部堵塞会导致局部滤网内外压差变化显著,流量越大越易发生局部堵塞,进而加快滤饼形成速度。徐洲[39]发现大直径颗粒泥沙与水流的相对速度差值大,水流流速对其运动影响弱,而小直径颗粒泥沙受罐体流速影响强,泥沙颗粒随着流量增大而分布得更加不均匀。张凯等[43]提出滤网拦截率和拦截位置两个特征值分析局部堵塞,进口压强越大拦截率越大,拦截率越大出水口含沙级配小,过滤精度和过滤效果更优,然而拦截率越大局部堵塞越易形成。针对滤网阻塞存在的缺陷,周洋等[44]的研究表明,通过电机牵引网式过滤器的网筒旋转,滤网旋转产生的离心力可以将阻塞在滤网上的泥沙颗粒脱离,进而实现延缓泥沙颗粒的阻塞。

综上所述,网式过滤器堵塞既可以提高过滤器精度,同时也会导致滤网内外压差分布不均甚至滤网破坏,如何恰当发挥好堵塞的优点而不造成过滤系统破坏,仍需要进一步完善堵塞机理体系。目前研究并未建立网式过滤器堵塞机理体系和数学模型,对滤饼压降计算从多项流和微观角度进行探索,分析颗粒沉积运动规律和滤饼结构对压降影响的研究成果较少。因此,针对各种工况下的滤网淤堵机理研究,仍需要结合水流与颗粒耦合模型进行多尺度的探讨,并建立滤网滤饼堵塞模型,进而系统性研究过滤器过滤全过程。

1.2.1.4 泵前过滤器研究

目前国内对过滤器的研究主要是对泵后有压过滤器过滤性能、排污效果和堵塞机理的分析,而对泵前过滤器的研究相对较少,且试验研究主要是在微压或自压条件下进行。李继霞、姜有忠等[45,46]设计了一种网式旋流自清洗泵前过滤器,分析了过滤器出口大小、吸污器转速和吸污口宽度对除杂率的影响,得出了过滤器和吸污器内部流场的分布规律。杨圆坤等[47]主要针对泵前微压过滤冲洗池的过滤性能进行研究,将微压过滤冲洗池的过滤情况分为滤网过滤、滤饼过滤和挤压过滤三个阶段,得到了不同流量条件对过滤时间、拦截泥沙质量和泥沙去除率的影响规律。陶洪飞等[48]在对泵前微压过滤器进行室内模型试验的基础上,对试验结果进行极差和方差分析,得到了进水流量、含沙量、分水器形式和滤网面积对水头损失、截沙质量和总过滤效率的影响,并确定了过滤器最佳运行工况。

1.2.1.5 组合型过滤器研究

组合型过滤器的形式有一体式和分体式,且目前常见的组合型过滤器主要是对不同类型过滤器的两两组合及不同目数网式过滤器的多级复合,对过滤器水力性能和结构的优化设计是组合型过滤器研究的重点内容。王柏林等[49]主要针对旋流网式组合型过滤器的水力性能进行研究,分析了不同流量条件下局部水头损失值变化规律,以指导旋流网式组合型过滤器在实际工程中的应用。肖新棉等[50]设计了叠片式沙过滤器并开展了水力性能试验、反冲洗试验和对比试验,得出了过滤器最佳叠片数组合形式,试验结果显示叠片式沙过滤器水力性能和抗堵塞性能均优于滤头式沙过滤器。邱元锋等[51]对比分析了旋流网式一体化水沙分离器和常规水沙分离器的溢流参数、底流参数及分级分离参数,为高含沙水微灌用过滤器的试验研究提供了理论依据。李振成等[52]对比了离心筛网组合式和一体式过滤器的滤沙原理和沙粒运移规律，提出了降低筛网高度，提高出水管口位置的结构优化方案。杨培岭等[53]对比分析了砂石筛网分体式过滤器和一体式过滤器的压强场、流线和流速，并对过滤器内部流场进行模拟，对试验结果进行验证，提出了将滤网融入砂石罐体的一体式优化布置方案。储诚癸等[54]通过试验研究得出了不同目数组合叠片过滤器的水头损失、过滤强度、除沙率和过滤均匀性等性能优于单一目数叠片过滤器的结论。李盛宝等[55-56]将不同目数的滤网集成在同一壳体并开展了清水试验和浑水试验，结果显示多级复合网式过滤器具有与单一网式过滤器类似的水力性能变化规律，确定了流量、含沙量、水头损失和浊度之间的关系。阿不都热合曼·尼亚孜等[57]主要对三并联四寸小型组合网式过滤器进行了清水试验和浑水试验，并对试验数据进行拟合，试验结果表明水头损失与流量和滤网目数呈正相关关系。

综上所述，目前对过滤器的研究主要分为对单一过滤器进行研究，以及对不同类型过滤器的优缺点进行组合，分析组合型过滤器的流场和过滤性能，且对组合型过滤器的研究集中在对不同类型过滤器的两两组合，大多是在清水或纯泥沙条件下进行试验，而在多相水源杂质条件下开展的试验研究相对较少。因此，对泵前无压和泵后有压组合过滤器的水力性能，有机物杂质的堵塞机理，以及排污效果的研究有利于完善滴灌系统配套产品，优化过滤器及滤网结构和参数，对其他形式组合过滤器的研发和推广具有积极意义。

1.2.2　国外研究现状

网式过滤器在以色列、美国、德国、西班牙、澳大利亚等发达国家中种类繁多，根据不同的使用场景、运行工况、过滤精度，对过滤器进行设计、生产和安装的全过程研究，主要的研究包括水力性能、滤饼堵塞与堵塞风险、纳污能力、数值模拟和结构优化四个方面。

1.2.2.1　过滤器水力性能方面

Puig-Bargués等[58]建立了叠片式过滤器、网式过滤器和砂石过滤器水头损失方程，并根据试验结果对方程进行了调整，从而使水头损失方程达到更好的回归效果。Bové等[59]、Elbana等[60]、Mesquita等[61]针对不同颗粒介质的砂石过滤器进行了模型试验，主要得出了过滤压降随流速变化关系，并建立了水头损失计算公式，对砂石过滤器过滤压降的研究提供了参考价值。Graciano-Uribe等[62]主要对五种多孔介质过滤器进行了计算流体动力学模拟，并建立了一种与CFD仿真结果相匹配的流线压降分析模型，将模拟结果与不同表面流速下的试验数据进行比较，结果表明在较高流速下，Ergun方程最接近硅砂介质的观测结果。Duran-Ros等[63]、Zeier等[64]、Avner等[65]、Juanico等[66]通过试验分析发现滤饼阻力和过滤指数受水中杂质单位体积含量、杂质种类、杂质的形状大小等因素影响。Puig-Bargués等[67]通过量纲分析试验结果，得出网式过滤器水头损失计算方程。Yurdem等[68]通过对不同型号水力旋流过滤器进行水头损失试验，得出不同过滤器结构与水头损失的关系。Bové等[69]结合Ergun方程和Kozeny-Carman方程计算过滤器水头损失公式。Piecuch等[70]利用经验公式对过滤器过滤理论和物理方程进行验证和补充发展，主要成果为通过对所采用杂质压缩系数的不同值进行积分得出了恒定压力的微分过滤方程。压降求解方面，Augusto等[71]使用Boltzmann方法模拟通过三种细纤维空气过滤介质的流动模式和压降。Soloviev

等[72]发现过滤器结构参数的变化将导致流速,雷诺数和弗汝德数的变化,例如,对于网式过滤器,编织的类型、横丝和纵丝的粗细、钢丝的水平面和垂直面的尺寸和丝网形成一体的框架结构等对网式过滤器过流能力都有着至关重要的影响。

1.2.2.2 过滤器滤饼堵塞和堵塞风险研究

滤饼也是一种过滤介质,通过滤饼可以分离悬浮液中的细小颗粒。滤饼过滤的过滤水平更高,但是过滤形成的滤饼在过滤介质的时候会引起特定的压降,从而引出滤饼过滤过程的能耗和滤饼的生长和固结研究。滤饼的形成也是一种堵塞的形成,为了描述这一细观过程必须考虑滤饼形成的微力学性质(颗粒、流体、其他颗粒和过滤介质之间的相互作用)。随着计算机技术的成熟,描述这些影响的精确3D建模方法是将计算流体动力学与离散元方法(CFD-DEM)耦合。Puderbach 等[73]采用CFD-DEM模型准确预测固液分离过程中的滤饼形成情况。为了避免和减少了灌溉系统中的堵塞问题,Milstein 等[74]研究了一系列具有不同特征和水管理的二级处理废水水库中堵塞和粒度分布之间的关系。发现堵塞过滤器的生物主要是桡足类、枝角类。减少堵塞事件的一个更好的选择是避免从深层水层泵出水,最好是从下层水层泵出。Puig-bargués 等[75]提出自清洗系统可以应用过滤器滤饼颗粒剔除。Haman 等[76]依据水源有机物和无机物的组成选择适合的过滤器可有效减少滤网堵塞。Ribeiro 等[77]研究表明减少水源中微生物的种类和数量可以优化滤网阻塞风险。Hennemann 等[78]发现滤饼阻力决定了滤饼过滤的流速。水头损失不仅取决于颗粒的平均尺寸,还取决于它们的总体分布,与均匀的尺寸分布相比,较宽的尺寸分布导致较低的孔隙率,进而导致较高的滤饼阻力。

1.2.2.3 过滤器纳污能力和自清洗效果研究

纳污能力即过滤器的寿命体现,同时当前生产的灌溉网式过滤器大部分具有自清洗功能。Augusto 等[71]研究了网式过滤器自动反冲洗效率,发现应改进过滤器结构或寻找新的排污方式以提高过滤器排污效率。Schulz 等[79]提出了一种新的3D图像分析方法,分析形状不规则的粒子,解释使用扩展终端亚硫化洗涤(ETSW)过滤器反冲洗过程的优化方法,该方法降低了颗粒数量的浊度和峰值,从而对水质产生积极影响。Hasani 等[80]研究发现盘式过滤器的性能最好,其次是自动网式过滤器,同时过滤器清洗时间低于半小时。Lamon 等[81]通过安装无纺布毯子和微传感器,了解砂石过滤器在生物膜生长、溶解氧耗竭和浊度去除方面的效率。

1.2.2.4 过滤器数值模拟和结构优化方面

Sherratt 等[82]开发了一种经过试验验证的数值方法,证明流动阻力结果对湍流强度不敏感,但在很大程度上取决于施加的流速。在过滤器模拟中将峰值速度指定为边界条件,与试验很好地匹配。Wu 等[83]分别采用理论计算和离散元计算法预测过滤介质阻抗,发现两种方法的结果一致,说明离散元法能够精确地预测过滤介质阻抗,同时离散元法能获取颗粒与颗粒之间物理交互作用。Wu 等[83]采用CT三维技术扫描实际滤网孔径,增加三维滤网模型精度,并结合离散元计算方法模拟颗粒运动状态,与试验数值具有较好的一致性。在结构优化方面,Mesquita 等[84]基于 Computational Fluid Dynamics (CFD)数值模拟技术设计并评价扩压板的水力性能,以最大限度提高水动力效率。同时相关学者也提出一种用于微灌过滤器反冲洗过程的水力表征方法,以一种新的方式评价泥沙要素对过滤器设计的影响。Hermans[85]采用数值模拟方法研制出一种造价低、过滤效率高、运行稳定、适应复杂水源和工况、安全性高的过滤器。Kim等[86]发现通过缩小网孔尺寸提高了界面阻力,而且通过消散油的惯性,提高了有助于抵抗油渗透的黏性耗散。

1.3 过滤器发展趋势

为提高滴灌用过滤器的过滤效率,学者们采用理论分析、试验和数值模拟等方法对过滤器的结构和性能进行了大量研究,在过滤器研究研发方面已有诸多成果,这促进了滴灌用过滤器的研发、生产和应用,但就目前来看尚存在如下问题:过滤器的抗堵塞性能和自清洗功能仍有待进一步优化,如何在保证过滤器过滤效果的同时,不产生过大的水头损失,如何在提高过滤器自清洗效率的同时不造成过多的能源浪费。在研发方面,无论是砂石过滤器滤料对水流特性的影响及其内部滤帽结构的改进,还是叠片式过滤器的叠片凹槽结构设计等都存在瓶颈,需要更多的理论支撑。此外,将工业应用的过滤器引进到农业灌溉时,如离心式过滤器,需要深入探究其适用差异,进行针对性改进。在实际应用中,不同地区的水源不同,微灌系统也大多是分级过滤,而过滤器的研究主要是单一进行的,没有结合不同地域和不同微灌系统的应用要求进行运行模式的探讨。因此,在下一步的研究中,针对单个过滤器,可进一步对结构和性能进行创新性研究,同时,也需要结合不同地区和微灌系统要求,研究微灌系统中分级过滤的多个过滤器的运行模式。在研究方法上,国内大多采用试验方法来探讨过滤器水头损失及其影响因素,近年来,部分学者开始采用CFD模拟技术手段深入研究过滤器内部水流特性,找到过滤器水头损失高的原因,并提出了相应的改进建议。但此类研究较少,可能是因为过滤器内部水流流态复杂,不易模拟精确,如叠片式过滤器在模拟时简化为两片叠片模型,模拟得出的水流特性无法完全代表整个过滤器内部水流;同时研究沙粒堵塞时需结合沙粒的运移规律,更是加大了研究难度。与此同时,国内少有学者利用量纲分析法分析水头损失与其影响因素之间的关系函数,由于学科交叉,需引入数学和物理等相关专业知识,研究有一定难度。从过滤器市场来看,国外过滤产品水头损失小、过滤效果好、使用寿命长、自动化和创新程度高、生产工艺远高于国内的过滤器,但其适用特点、运行模式和昂贵的价格在一定程度上不能适应我国国情。因此,如何在改进国内过滤器结构提高过滤效率的基础上,提高生产工艺,促进产学研深度融合,研究和生产达到国外产品水准和适应我国国情的过滤器是未来研究的重要任务之一。

2 典型网式过滤器过滤性能试验

网式过滤器主要起到过滤灌溉水源中泥沙等杂质的作用,沉沙池沉淀的含沙灌溉水通过过滤器进行过滤,经过滤后的水进入指定的灌溉系统。随着过滤的进行,滤网内部发生堵塞,使滤网水头损失增大,而水头损失是决定其过滤性能的重要参数,也是保证其正常稳定运行的关键因素。本章研究主要针对在新疆大田微灌技术中广泛应用的立式自清洗网式过滤器、卧式自清洗网式过滤器和翻板型网式过滤器进行研究,主要对过滤器水头损失进行讨论。通过理论分析和试验研究,给出不同流量和不同含沙量条件下的水头损失的变化规律,以指导网式过滤器的实际研发和使用。

2.1 立式自清洗网式过滤器过滤性能试验

本节试验主要以立式自清洗网式过滤器为研究对象,在清水和浑水两种情况开展过滤试验,即浑水试验和清水试验两部分。该试验重点是在室温条件下对立式网式过滤器运行时其内部的水头损失进行研究。本试验中重点对实际工程常用的滤网规格为60目、80目和100目的过滤网进行试验研究。

2.1.1 试验设备及试验装置

2.1.1.1 试验设备

本试验中用水采用抽取蓄水池水源的方式,该蓄水池直径4.5 m、高2 m,试验供水装置的内部还设置了一个圆柱形搅拌池,其直径0.8 m,高1.5 m,作用是使试验用水能够有一定的含沙量并且基本保持在一个浓度范围内,且搅拌池动力由一个额定功率是1.5 kW的三相异步电动机提供。为方便试验过程中对排污压差及排污时间等的调节,过滤器通常会配有一台控制柜。在试验过程中进水流量大小由变频器来调节,进水口的进水流量可以用流量计进行测量,其有Z型、N型和Y型三种安装方式,根据实际情况试验采用Z型安装方式,且流量计在测量之前需要根据试验装置设置参数以保证其信号强度在90%以上,从而使测得的流量值较为准确。此外,过滤器进出水口两侧的压差可由精密压力表测得,试验中各类设备的具体参数均按规范执行。

试验用自清洗网式过滤器相比传统过滤器而言具有体积及占地面积小、操作与清洗方便、结构简单、有效面积大和抗压能力强等特点,同时网式过滤器的顺利运行依赖于其他设备的辅助。其中,离心泵具有输水能力,可将水从进水口带入经出水口甩出,其一般由六部分组成,试验用离心泵的设计流量及扬程等均满足要求;超声波流量计主要是用来测定过滤器进出水端的流量,其主要是在两个传感器探头固定后,超声脉冲穿过管道从一个传感器传到另一个传感器进行工作的,它能够有效地抵抗来自变频设备及电磁场等的干扰,其测量精度较高、各方面的性能优良、试验过程中可靠性高并且价格较为低廉,既可以保证试验中测得的数据的精确度,又避免了试验中各种不可控因素对试验带来的影响,保证试验中对进水流量的顺利调节;试验中过滤器进水流量的调节主要是通过安装在控制柜内的变频器控制的,其主要是通过调频进而影响仪器进水管之后过滤器之前的水泵转速来实现调节网式过滤器进水口进水流量的目的,其使大频率的水泵和需电量较大的三相异步电动机的启动过程更为稳定和安全,对进水流量的调节更为方便快捷,符合试验室的节约用水、用电安全及减小噪声需求,以防对周围带来的不良影响等规章制度,既保护延长了各类试验设备的使用寿命和试验的准确性,又节约了各类试验成本,保证试验的经济效益。优良的试验环境是试验顺利进行的强有力保障,因此,各类仪器的良好运行与试验的进行密切相关,相辅相成。

2.1.1.2 试验装置图

试验装置如图 2.1 所示,其主要由变频柜、蓄水池、进水管、试验用过滤器、出水管、搅拌池、排污管、离心泵及过滤设备等构成。其中过滤器外壳直径 0.40 m,滤网内直径 0.34 m、外直径 0.36 m、高 0.45 m,出水口、进水口及排污口管径分别为 0.14 m、0.14 m、0.10 m。试验主要研究对象为微灌用自清洗网式过滤器,包括浑水试验和清水试验两部分。结合新疆灌溉用水水质特点,试验针对该地区微灌较为常用的规格为 60 目、80 目和 100 目的网式过滤器进行研究,其对应网孔直径为 0.32 mm、0.22 mm 及 0.18 mm,过滤器工作流量为 150~220 m³/h;当水流中含有介质时,根据实际调研需要,试验主要采用的是粒径较大的泥沙,便于对试验进行调控。试验设备运行前,首先需在蓄水池中放水,保证进水口处的进水流量可达到试验所需。需要注意,搅拌池内的水平面要低于蓄水池内的水平面,同时又要低于搅拌泵,进而保证搅拌泵的正常运行,使水源既能顺利进入搅拌池又能让搅拌池正常工作,而不会使水进入搅拌泵带来安全隐患,使泥沙介质均匀地通过进水口进入过滤器,保证试验所需的用水。试验所用泥沙均来源于玛纳斯河,本试验采用较粗的泥沙介质进行研究,既能节约试验时间又能保证试验的规律性。

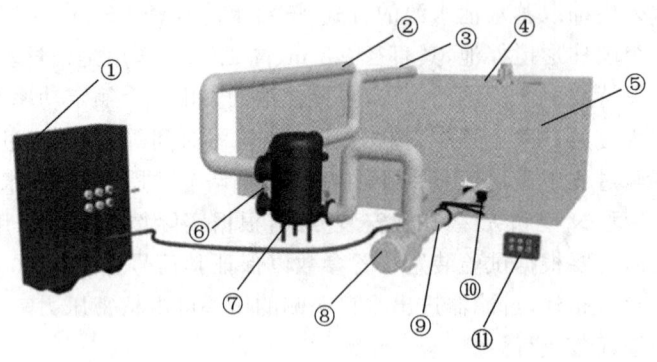

1—变频柜;2—出水管;3—排污管;4—搅拌池;5—蓄水池;6—压力表;
7—网式过滤器;8—水泵;9—进水管;10—蝶阀;11—超声波流量计

图 2.1 过滤器装置示意图

2.1.2 过滤原理

微灌用自清洗网式过滤器启动后首先进行的是过滤,过滤器过滤部分的正常进行才能保证后续部分的运行。当过滤器处于正常过滤工作过程时,保持出水阀为打开状态,排污口阀门为关闭状态。试验所用的含沙浑水先经过沉沙池沉淀后由过滤器进水口进入系统,其中较大的泥沙颗粒及悬浮杂质经粗滤网拦截截留在滤网表面,小于粗过滤网网孔孔径的泥沙颗粒经粗滤网一次过滤后再经细滤网由内向外进行二次过滤,小于滤网口径的泥沙颗粒随灌溉水由出水口排出进入指定灌溉系统,而在此过程中系统内部剩余的泥沙介质及其他有机杂质则会在水流的压力及滤网自身作用下附着在过滤器滤网表面。由于水流及滤网自身的作用在此过程中保持不变,同时增加了介质之间的黏合力,使得滤网表面的介质越来越大并且越来越厚,滤网的内表面同与大气接触的外表面二者之间的压差由相差无几到逐渐增大进而有一定的差值,随着过滤时间的增加,过滤器内部的水头损失随之加大,当水头损失到达峰值,过滤器进入自清洗排污过程。

2.1.3 试验用泥沙颗粒级配

过滤器试验结构图如图 2.2 所示。试验中,根据当地地形及气候等特点,选取玛纳斯河流域的水源泥沙较为方便经济。当过滤器进水水流中含有泥沙介质时,称取总质量为 500 g 的介质通过标准的筛网按照粒径从大到小的顺序进行筛分,然后对筛分所得的各部分的粒径用天平进行测量,即可得到不同粒径范围的泥沙介质占总的介质的质量百分数,从而可得其具体的级配曲线,如图 2.3 所示。所选取泥沙粒径依据为,不仅要保证过滤器滤网在较大含沙量下($S=0.125$ g/L)不会在很短时间内堵塞,为试验提供足够取样时间;而且同时还要确保在较小含沙量下($S=0.045$ g/L),过滤周期不会过长(小于 60 min),保证试验的准确性及效率。综上可知,试验选取的泥沙颗粒级配要符合新疆实际需求,以便在工程中推广运用。

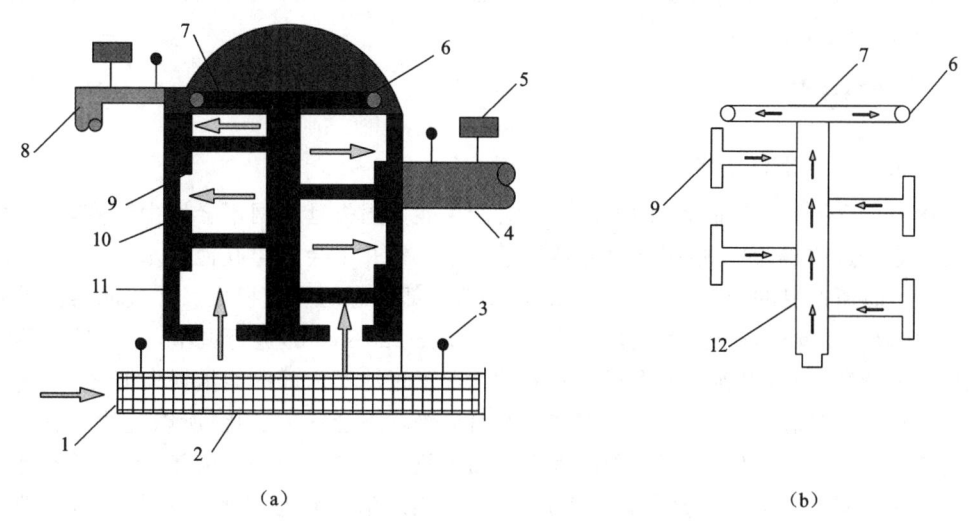

(a) (b)

1—进水口;2—粗过滤网;3—压力表;4—出水口;5—电子阀门;6—水力旋喷出水口;
7—水力旋喷管;8—排污口;9—吸沙组件;10—壳体;11—细过滤网;12—排沙管

图 2.2 过滤器试验结构图

(a) 正视图;(b) 旋喷管

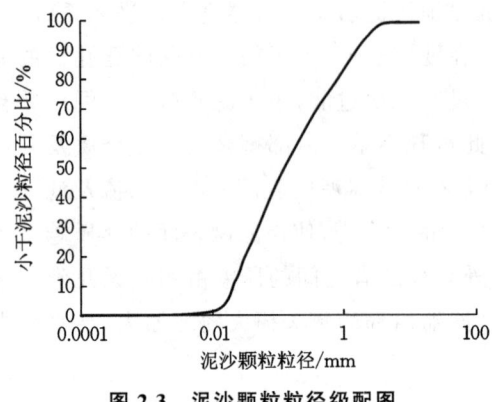

图 2.3　泥沙颗粒粒径级配图

2.1.4　试验步骤与方法

根据实际情况,本试验采用清水试验和浑水试验两种情况来进行对比分析。其中清水条件下,过滤器进水流量通过变频器调节,控制进入系统内部的水流流量的变化,并利用超声波流量计在进水口对进水流量进行记录测量,待过滤器运行稳定后,记录其进水端的流量值;同时观察压力计得到进水口和出水口压强值,进而通过计算得出其进出口压差值及滤网局部水头损失。由于清水试验中试验进入过滤器内部的流体中不含任何介质,过滤器内部的水头损失主要来源于过滤器自身,因而过滤器产生的水头损失主要是细过滤网的局部水头损失。最后将细过滤网局部水头损失值与进水流量进行拟合,进而得出两者之间的变化规律。

含沙浑水试验主要采用单因素试验法分别对进水流量一定和进水含沙量一定两种情况进行分析。考虑多方面的因素,本试验拟采用4组不同进水流量和4组不同进水含沙量进行研究,重点探讨过滤器的局部水头损失随时间的变化情况,得出相应的结论。其中4组不同进水流量 Q 分别为 220 m³/h、200 m³/h、180 m³/h、160 m³/h;且试验中在进水口处接取水样,通过对进水口含沙量进行测定,可得到的4组不同进水含沙量 S 分别为 0.045 g/L、0.068 g/L、0.082 g/L 和 0.125 g/L。本试验中4种试验流量是按照过滤器工作流量 $Q=150\sim220$ m³/h 范围且级差为 20 m³/h 来进行选择的,这样既可以保证试验流量有较广的范围,同时又在过滤器额定流量之内。根据试验所得数据,选取具有代表性的组次进行对比分析,进而得出相应的结论。

2.1.5　试验结果

2.1.5.1　清水条件下水头损失分析

流体中不含泥沙介质时,过滤器内部不会产生能量损失且滤网不会发生改变,流体可毫无阻碍地通过过滤器,在此情况下过滤器能够正常工作并不会产生其他的水头损失,由此可知水流流过时所造成的局部水头损失即为过滤器内部的总的能量损失。在过滤器流量允许的范围内,通过变频柜将过滤器流量从小到大(160~220 m³/h)进行调节,记录过滤器进出水口压力表读数,即可得到在不含泥沙介质的情况下过滤器内部的能量损失情况。

由于在清水状态下,过滤器的内部结构及材质等均不会发生变化,所以过滤器总水头系数不会随过滤时间的变化而变化,因此其水头损失只与进水口的进水流量,即过滤器进水口断面平均流速有关。根据试验资料可以用式(2.1)表示清水状态下水头损失(h_w)与进水口的进水流量(Q)的关系,即:

$$h_w = kQ^x \tag{2.1}$$

式中　k ——比例系数;
　　　x ——指数。

在此基础上拟合并得出其变化规律,如图 2.4 所示。

本试验获得的公式是清水水头损失的一般形式,由表 2.1 可以看出,不同目数条件下,公式中的决定系数 R^2 均大于 0.95,拟合度较高,可用于实际研究。此外,进水流量与其对水头损失的影响呈正相关关系,即随着进水流量的增大,水头损失不断增大,过滤器内部的能量损失也会随之增大。并且可以得到目数一定时,进水口流量越大,其清水水头损失越大的结论。

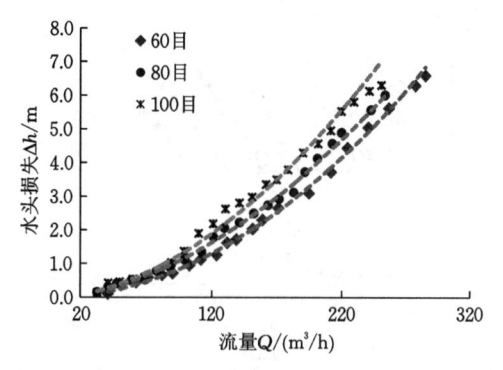

图 2.4 清水水头损失拟合曲线

表 2.1 不同目数条件下的清水水头损失公式拟合结果

滤网目数	进水流量 $Q/(m^3/h)$	公式拟合结果
60	160~220	$k=0.0001, x=1.92, R^2=0.98$
80		$k=0.0004, x=1.75, R^2=0.99$
100		$k=0.0004, x=1.79, R^2=0.98$

2.1.5.2 含沙水水头损失分析

试验用网式过滤器主体长度较短,相对于局部水头损失对总水头损失的影响,沿程水头损失值基本可以忽略,在理论分析时,认为过滤器产生的局部水头损失为过滤器的总水头损失。过滤器总水头损失可以表示为过滤器水头损失和进出口高程差之和。根据水力学水头损失公式 $H_j = \xi \dfrac{v^2}{2g}$ 和连续性方程 $Q = vA$ 可得出水头损失与流量的数学表达式:

$$H = \xi \frac{Q^2}{2A^2 g} + \Delta H \tag{2.2}$$

式中　A——过滤器断面面积,m^2;
　　　Q——进水流量,m^3/h;
　　　H——总水头损失,m;
　　　ΔH——进出口高度差,m;
　　　ξ——水头损失系数,$\xi = \xi_粗 + \xi_细 + \xi_进 + \xi_出$。

当进入过滤器的水源中含有相应的泥沙介质时,内部水流流过时会产生相应的水头损失。过滤器过滤部分的初始阶段,水源中含有的泥沙介质的量较小且水压不大,过滤器滤网变化不大,因而过滤器自身结构基本不会阻挡通过滤网的水流,水流也基本可以平稳通过;过滤进行一段时间后,水流中的泥沙介质由于加入的介质的量的增大而逐渐增多,其表面阻力变大使滤网内外侧压差迅速产生变化,水流通过过滤器时其内部产生的总的水头损失随之增加,因此其局部水头损失快速增加。

(1) 进水流量一定时的水头损失变化规律

试验中过滤器进水口的进水流量分别为 160 m^3/h、180 m^3/h、200 m^3/h、220 m^3/h,并在搅拌池中均匀地加入沙子,则过滤器水头损失随过滤时间所显示出来的变化规律如图 2.5 至图 2.7 所示。

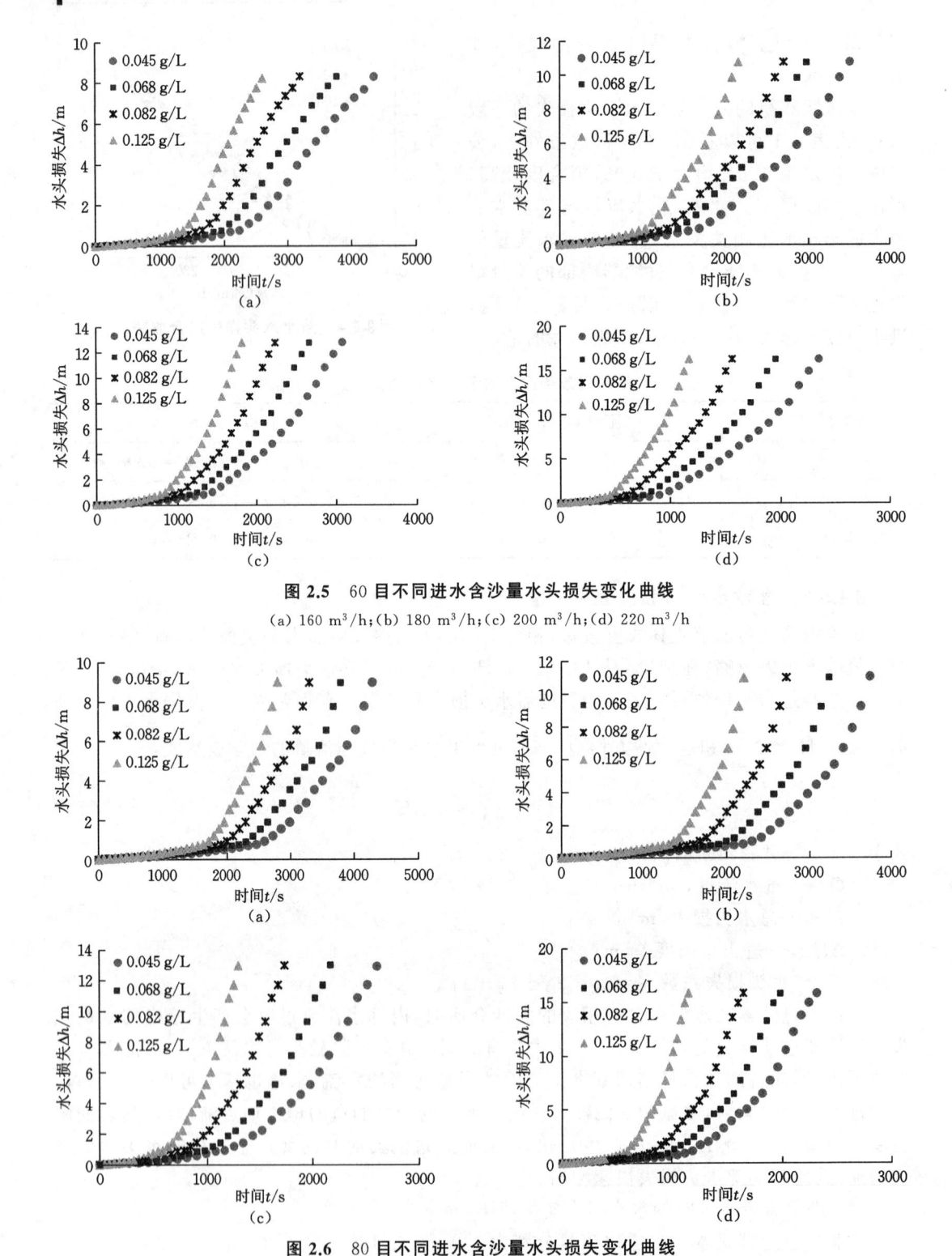

图 2.5　60 目不同进水含沙量水头损失变化曲线

(a) 160 m³/h；(b) 180 m³/h；(c) 200 m³/h；(d) 220 m³/h

图 2.6　80 目不同进水含沙量水头损失变化曲线

(a) 160 m³/h；(b) 180 m³/h；(c) 200 m³/h；(d) 220 m³/h

图 2.7　100 目不同进水含沙量水头损失变化曲线
(a) 160 m³/h；(b) 180 m³/h；(c) 200 m³/h；(d) 220 m³/h

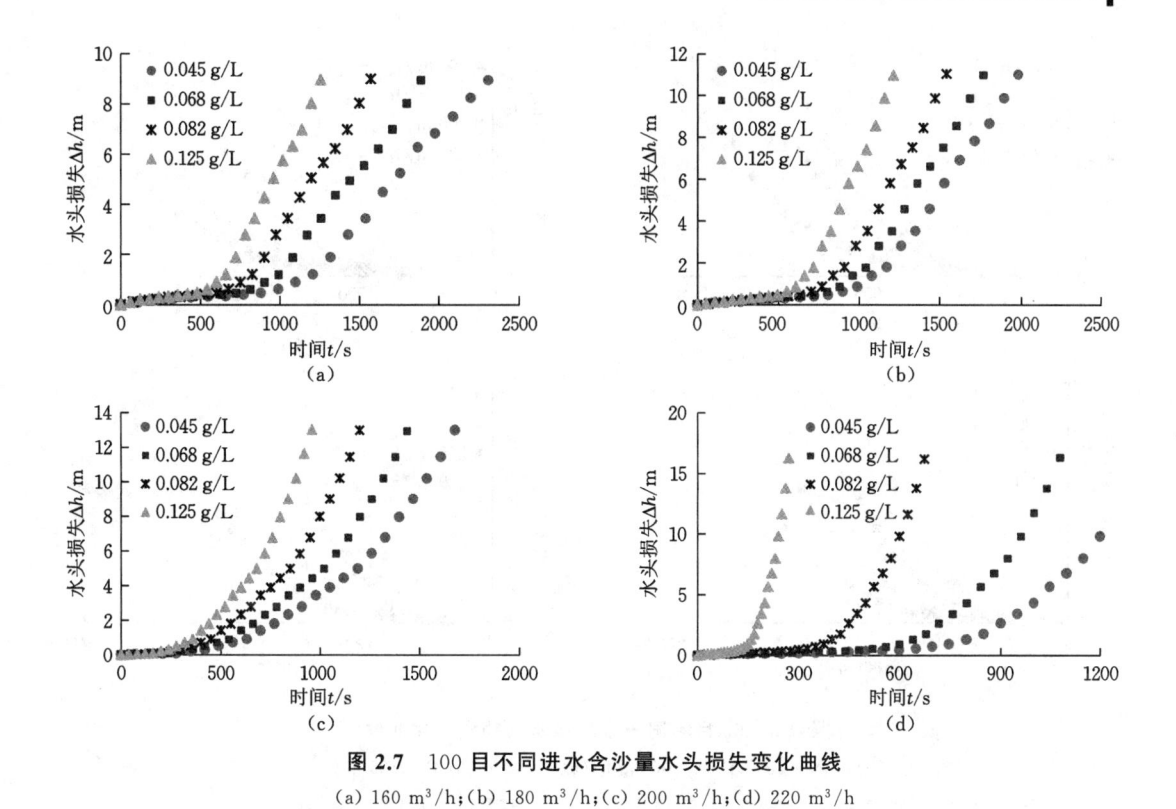

由图 2.5 至图 2.7 可知，当水中含有泥沙介质时，各曲线都呈现出相似的变化规律。即：在进水流量不变的情况下，过滤器刚开始运行时细过滤网拦截的杂质较少，内外压差相差不大，因而水头损失不发生变动。此后，过滤器进水口含沙量逐渐增大，随着过滤时间的增加，水头损失也随之增大并出现拐点，且含沙量越大，拐点越早出现。此外，当滤网目数不同时，滤网目数越大，出现拐点的时间越早，过滤时间也越短。由于过滤器滤网表面堆积大量的杂质，滤网内外压差迅速增大，水头损失也随之快速增加。因此，进水含沙量越大，过滤器过滤一次所使用的时间就会越短且更易堵塞。

(2) 进水含沙量一定时的水头损失变化规律

在试验中进水口含沙量相同但进水流量不同的条件下所显示出来的规律如图 2.8 至图 2.10 所示，其主要是在过滤器含沙量一定的条件下，调节其进水口的进水流量，进而得出其水头损失随时间的变化关系。

由图 2.8 至图 2.10 可知，试验中，当进水含沙量相同时，浑水水头损失总体的变化趋势较为相似。即：初始条件下，过滤器滤网表面杂质较少，内外两侧水头损失变化不大。随着进水流量的增大，滤网表面的杂质增多，有效过滤面积减小，滤网内外侧压差变化较大，水头损失随之迅速增大，过滤时间相应减少且较早地出现拐点，因此更易发生堵塞现象。且在进水含沙量一定的条件下，过滤器的水头损失也会随进水流量的增大而随之增大。此外，当过滤器滤网目数不同时，目数越大，过滤时间越短，出现拐点的时间也越早。因此，进水含沙量和进水流量越大，水头损失随时间的变化就会越显著。

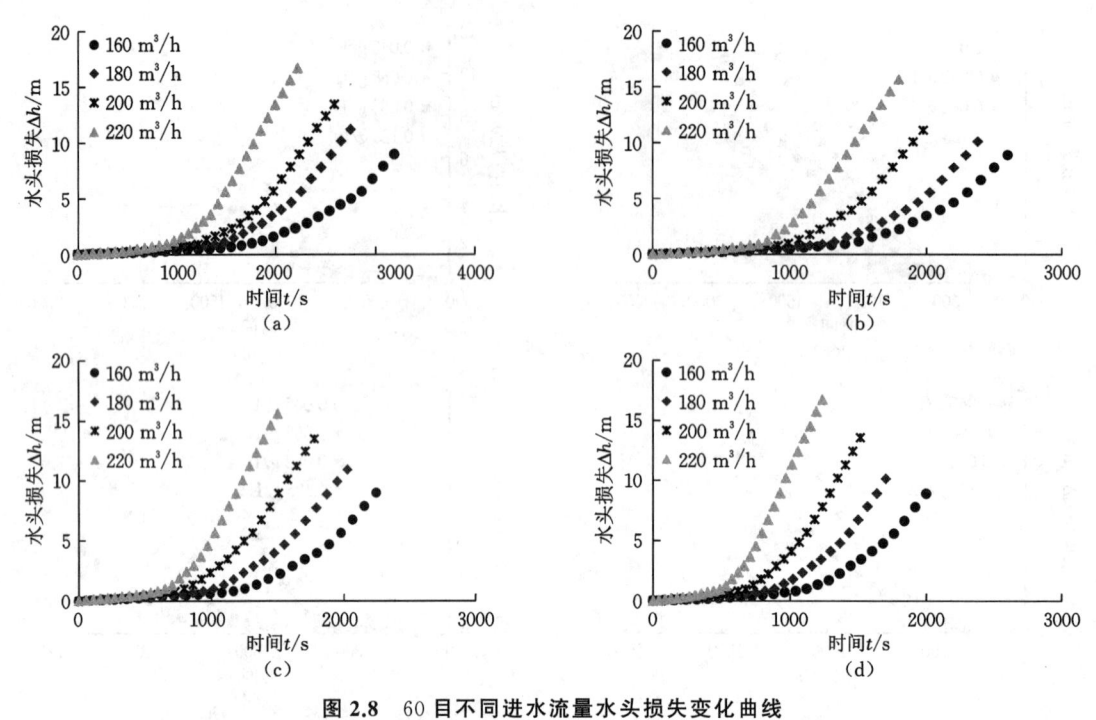

图 2.8　60 目不同进水流量水头损失变化曲线

(a) 0.045 g/L；(b) 0.068 g/L；(c) 0.082 g/L；(d) 0.125 g/L

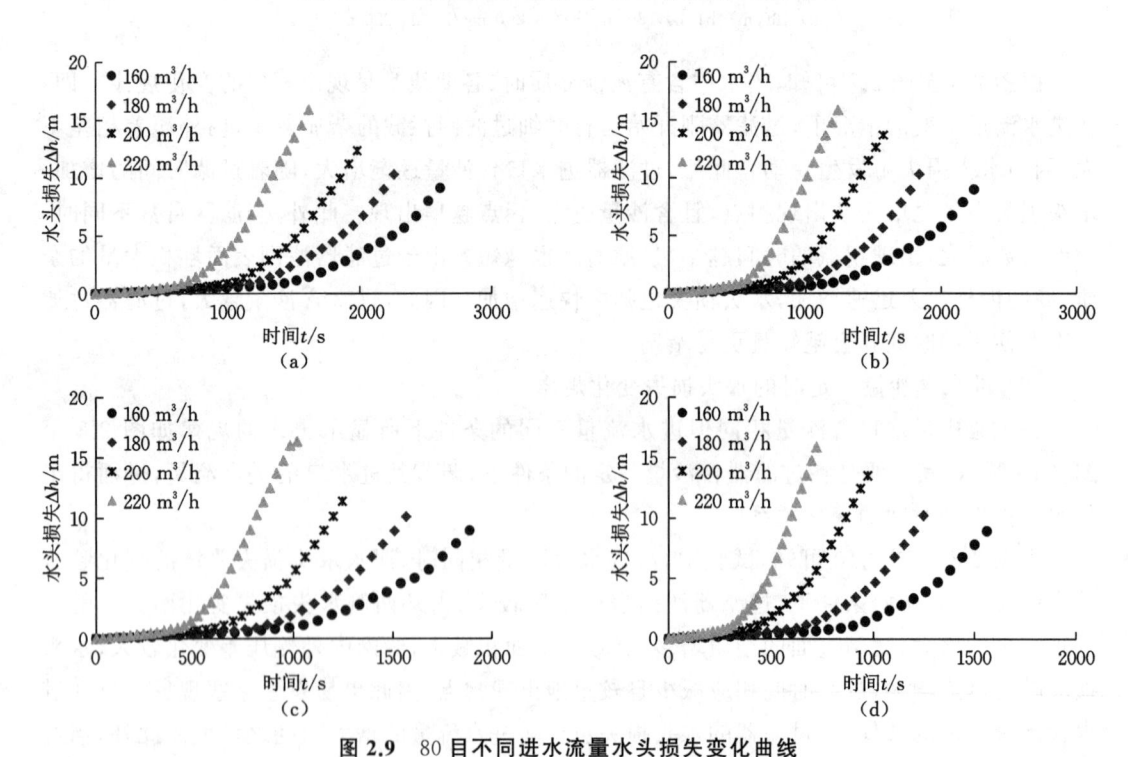

图 2.9　80 目不同进水流量水头损失变化曲线

(a) 0.045 g/L；(b) 0.068 g/L；(c) 0.082 g/L；(d) 0.125 g/L

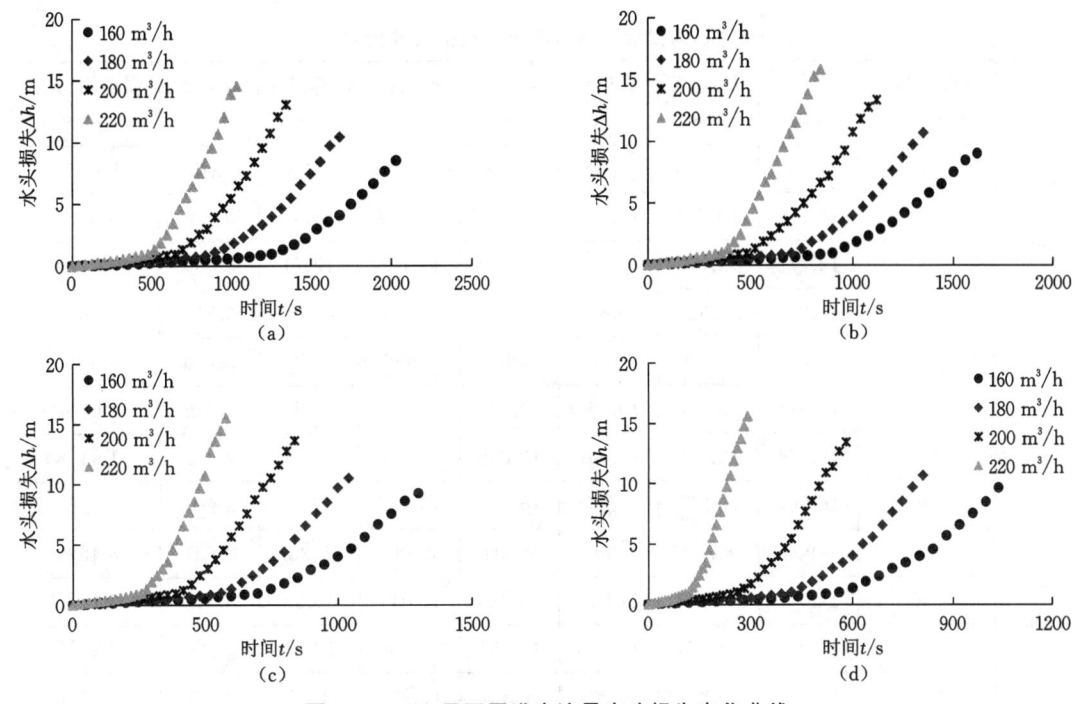

图 2.10 100 目不同进水流量水头损失变化曲线

(a) 0.045 g/L；(b) 0.068 g/L；(c) 0.082 g/L；(d) 0.125 g/L

(3) 含沙水水头损失结果对比分析

过滤器处于正常过滤状态时，自清洗网式过滤器的水头损失呈现先平缓变化后急剧增加的变化趋势。图 2.8 至图 2.10 反映了立式自清洗网式过滤器过滤网分别为 60 目、80 目及 100 目时，不同进水流量、相同含沙量，以及不同进水含沙量、相同进水流量下水头损失随时间的变化曲线，在相同流量下，过滤器内部总的水头损失的最大值与进水水源中所含有的泥沙介质的量关系不大，且在过滤器进水流量保持不变，进入过滤器内部的泥沙介质的含量不同时，其内部水头损失的最大值相差不大于 0.5 m，因而可认为进水流量是水头损失峰值的主要影响因素。在进水含沙量相同的条件下，水头损失峰值与进口流量呈现正相关变化关系；同时试验发现，随着过滤时间的增加，过滤器水头损失先处于平稳变化状态，然后出现拐点并逐渐增大，由图 2.8 至图 2.10 可知，水头损失拐点变化基本发生在整个过滤周期的中间时刻。自清洗网式过滤器主要采用压差控制和时间控制来确定自清洗启动的工况，通过确定各流量下最大水头损失值，可为压差启动自清洗提供依据，避免由于时间控制启动自清洗造成的过早清洗和过晚清洗造成的非最优工况运行的缺点，从而保证过滤器始终以最优工况运行。

分析影响过滤器水头损失系数的要素可得，过滤器设计规格为水头损失系数重要的影响因素，其包括过滤器进出口尺寸、滤网目数及过滤器自身设计尺寸。将试验测定的进水流量和过滤器进出口高程差代入公式(2.2)，结合前人关于过滤器水头损失方面的研究成果，取 $\xi=0.001$ 代入计算，并与试验数据进行对比，取每组相同进水流量、不同进水含沙量水头损失均值为该组试验水头损失值，则滤网目数为 60 目、80 目和 100 目的过滤器水头损失结果分析如表 2.2 所示。

表 2.2　不同目数滤网过滤器水头损失要素对比表

目数	进水流量 Q /(m³/h)	峰值1 /m	峰值2 /m	峰值3 /m	峰值4 /m	平均值 /m	计算结果 /m	误差值 /m	误差百分比 /%
60	160	8.228	8.312	8.318	8.288	8.287	8.28	0.007	0.08%
	180	10.772	10.781	10.773	10.779	10.776	10.37	0.406	3.92%
	200	12.772	12.774	12.775	12.777	12.775	12.71	0.064	0.51%
	220	15.831	15.822	15.805	15.796	15.814	15.3	0.513	3.36%
80	160	9.022	8.988	8.986	8.989	8.996	8.28	0.716	8.65%
	180	10.973	10.978	10.996	11.038	10.996	10.37	0.626	6.04%
	200	12.944	12.967	13.009	12.889	12.952	12.71	0.242	1.91%
	220	16.269	16.268	16.264	16.265	16.267	15.3	0.967	6.32%
100	160	8.954	8.963	9.002	9.004	8.981	8.28	0.701	8.46%
	180	11.012	11.003	11.045	10.983	11.011	10.37	0.641	6.18%
	200	13.005	12.964	12.998	13.031	13.000	12.71	0.289	2.28%
	220	16.135	16.354	16.221	16.458	16.292	15.3	0.992	6.48%

分析表 2.2 可知，自清洗网式过滤器水头损失系数取 0.001 时，理论计算结果与试验数据结果误差百分比较小，公式拟合程度较高，均小于 9%，说明公式(2.2)具有很好的拟合度，拟合程度达到 95%，同时验证其他相关的过滤器水头损失结果且吻合程度较高，因而认为公式(2.2)可作为目前同等规格立式网式自清洗网式过滤器水头损失的计算公式，并且应用于实际工程中网式过滤器水头损失的确定。

2.2　卧式自清洗网式过滤器过滤性能试验

本节试验主要以卧式自清洗网式过滤器为研究对象，在清水和浑水两种情况开展过滤试验，即浑水试验和清水试验两部分。该试验重点是在室温条件下对卧式自清洗网式过滤器运行时其内部的水头损失进行研究。主要采用常用的 80 目（网孔直径 0.18 mm）的细过滤网进行水力性能试验研究。

2.2.1　试验设备及试验装置图

2.2.1.1　试验设备

试验用水采用抽取蓄水池水源的方式，该蓄水池的尺寸为宽 5.0 m、长 4.0 m、高 1.5 m，该试验供水装置的内部还设置了一个搅拌池，其形状为圆形，直径为 1.2 m，高为 1.0 m，其作用是使试验用水能够有一定的含沙量并且基本保持在一个浓度范围内；其动力由一个额定功率是 1.5 kW 的三相异步电动机提供。在试验过程中流量大小由变频器来调节，变频器的调节方式有两种，一是变频恒压变流量供水方式，二是变频变压变流量供水方式。在试验过程中进水管的流量由 TDS-100P 便携式超声波流量计测量，试验安装的四个高精度的压力表用以测量细过滤网的内外压差,过滤器配有一台控制柜,它可以调节排污时间和预设压差值,试验所用设备性能参数见表2.3。

表2.3 卧式自清洗网式过滤器试验的设备性能参数

设备名称	型号	数量	备注
压力传感器		4个	置于进、出、排水口和过滤器内部
压力表	MC晋制03000128	4个	精度为0.2%
流量计	TDS-100P	1个	便携式
交流低压配电柜	DZB300B0015L4A	1个	用于离心泵变频
自动控制柜		1个	控制过滤器自清洗
离心泵	ISWR125-200B	1个	额定流量138 m³/h
三相异步电动机	TYPEY180M-2	1个	额定功率22 kW(配套离心泵)
蝶阀		2个	调节流量
TST阀门电动装置	QB-0	2个	置于出水口和排污口
三相异步电动机	TYPEY90L-4	1个	额定功率1.5 kW(置于搅拌池内)
自清洗网式过滤器	8GWZ-200	1台	根据试验要求可更换细滤网

2.2.1.2 试验装置图

将表2.3所列压力传感器、压力表、流量计、离心泵、蝶阀和管路等依照其各自的功能与过滤器连接起来,得到该研究所需装置图,见图2.11。该装置构建了一组完整的过滤体系,其中包括蓄水池、搅拌池、离心泵、过滤设备、控制设备和监测设备。试验用卧式过滤器流量范围是$Q=150\sim220$ m³/h,滤网规格80目;加压水泵型号为10SH19。其控制设备设定预设排污压差值和排污时间,而监测设备测量以下读数:进水口流量,进水口和出水口压力表示数,进水口含沙量、出水口含沙量和排污口含沙量。

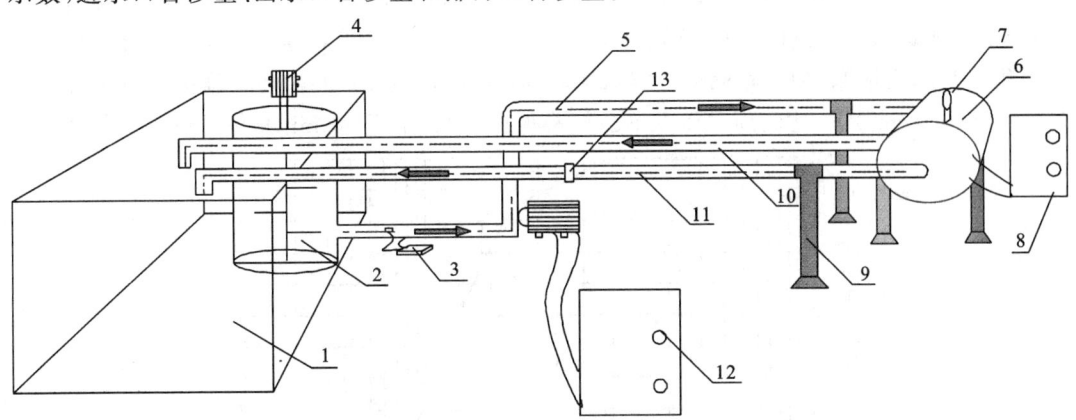

1—蓄水池;2—搅拌池;3—超声波流量计;4—电机;5—进水管;6—试验用过滤器;7—压力表;
8—控制柜;9—支架;10—排污管;11—出水管;12—变频柜;13—电动压差控制阀

图2.11 过滤器试验装置示意图

2.2.2 过滤原理

卧式自清洗网式过滤器结构图如图 2.12 所示。过滤器首先进行过滤部分,所以在过滤时它的出水口 5 应该是打开的,而其排污口 7 处于关着的情况。试验使用的含有杂质的水源从进水口 1 流入该试验系统,起初通过粗过滤网 2 将比较大的泥沙颗粒等杂质挡隔在滤网的表面上,接下来通过粗过滤网的水流经由细过滤网的入口 3 流入细过滤网内,自内而外流经过滤网,如此一来,直径大于网孔的杂质被阻挡在滤网表面,经由细过滤网阻挡掉微小杂质颗粒后,过滤处理后的清水由出水口 5 排出。在过滤器进行过滤期间,杂质在细过滤网表面慢慢聚积,这就使得该细过滤网的双面产生了一定的压力差值;在该差值和所提前设置好的差值相同时,过滤器就会进入自动清洗阶段。

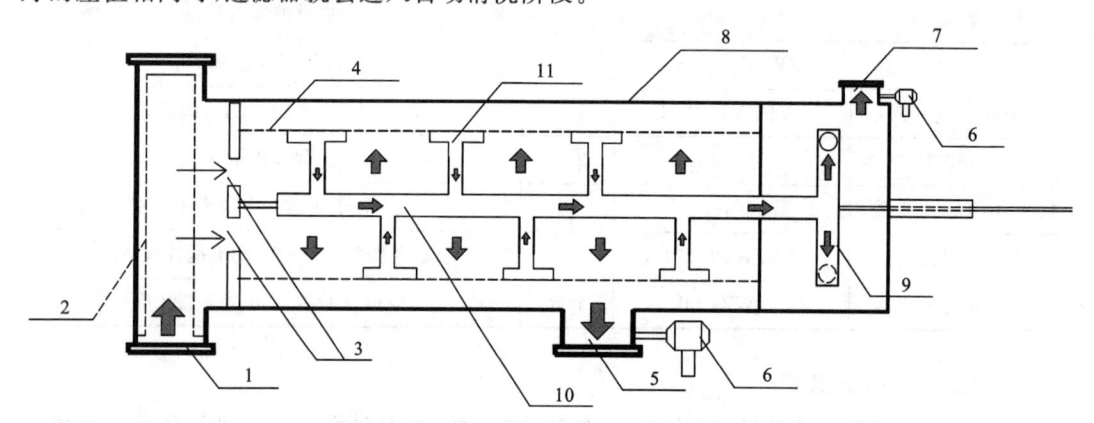

1—进水口;2—粗过滤网;3—细过滤网进口;4—细过滤网;5—出水口;
6—电子阀门;7—排污口;8—外壳;9—反冲洗装置;10—排沙管;11—吸沙组件

图 2.12 卧式自清洗网式过滤器结构图

2.2.3 试验用泥沙颗粒级配

试验水样为细颗粒泥沙配制的浑水,泥沙粒径级配曲线如图 2.13 所示,中值粒径为 0.16 mm。所选取泥沙粒径依据:首先要保证过滤器滤网在较大含沙量($S=0.063$ kg/m³)下不会在很短时间内堵塞,为试验提供足够取样时间(至少 10 min);同时还要确保在较小含沙量 ($S=0.006$ kg/m³)下,达到预设压差不会耗费很长时间(小于 60 min),保证试验的效率。

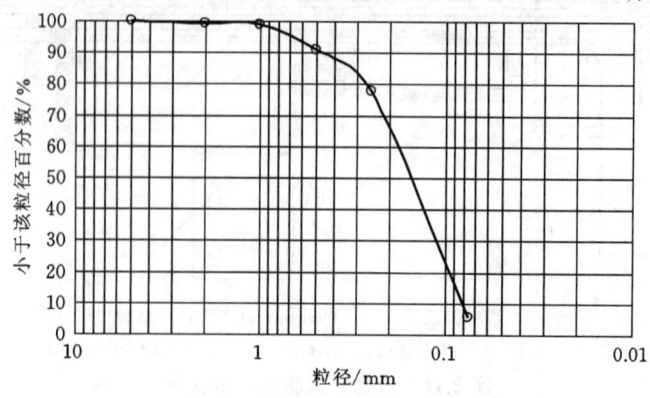

图 2.13 泥沙粒径级配曲线

2.2.4 试验步骤与方法

本节试验主要考虑相同进水流量和不同进水流量下水头损失的变化规律,以及相同进水含沙量和不同进水含沙量下水头损失的变化规律。试验是在4组不同进水流量、6组不同进水含沙量的条件下,对过滤器的局部水头损失变化情况进行研究。其4组不同进水流量Q分别为 220 m³/h、200 m³/h、180 m³/h、160 m³/h;6组不同进水含沙量S分别为 0.006 kg/m³、0.013 kg/m³、0.015 kg/m³、0.018 kg/m³、0.027 kg/m³、0.063 kg/m³。

本节试验中4种进水流量Q的选择依据:按照过滤器工作流量$Q=150\sim220$ m³/h范围,按照级差为 20 m³/h 进行选择,这样可以保证试验流量有较广泛的范围,同时又在过滤器额定流量之内。

含沙浓度选择依据和粒径大小确定的依据有以下两个方面:

一方面在实际大田灌溉中,滴灌用水的含沙量可能会远大于本节试验结果,但实际水源(一般指地表水)在进入过滤器之前,会先经过沉淀池进行预处理,一方面真正进入过滤器的水源含沙量会远小于此值(0.8 kg/m³);另一方面,较大粒径泥沙颗粒会在进入过滤器之前在重力作用下沉淀下来,真正进入过滤器的泥沙颗粒粒径一般都比较小,即使含沙量较大,由于粒径较小(小于滤网网孔直径),大部分泥沙颗粒也会通过滤网网孔而不会被滤网拦截下来,所以单一的含沙量大小并不能说明过滤器的过滤时间长短,还与泥沙颗粒粒径大小有关。

另一方面本节试验的含沙浓度选择依据与泥沙粒径大小的确定依据类似,即含沙浓度的大小与过滤器滤网的目数有关;在泥沙粒径级配一定的前提下,若含沙浓度过小,则会导致过滤器在很长时间内达不到预设压差,从而不会排污,影响试验的效率;相反,若含沙浓度过大,则过滤器会在很短时间内达到预设压差而进行排污,此时可能时间间隔太短而来不及取样,所以含沙浓度的选择既要保证达到预设压差时间不会太长,也要能够为试验取样留出足够时间;本节选取含沙浓度范围为$S=0.006\sim0.063$ kg/m³,试验中达到预设压差 0.07 MPa 所用时间范围为 10~90 min,保证了试验的顺利完成。

2.2.5 试验结果

2.2.5.1 清水条件下水头损失分析

过滤器的进水口和出水口之间产生的总的水头损失的压力差,这个压力差包括过滤器过滤过程中所产生的局部水头损失和沿程水头损失。过滤器总水头损失的计算公式如下:

$$\Delta h = \sum \xi \frac{v^2}{2g} \tag{2.3}$$

式中　Δh——过滤器总水头损失,m;
　　　v——进口管道断面平均流速,m/s;
　　　g——重力加速度,m/s²;
　　　$\sum \xi$——过滤器局部和沿程水头损失系数之和。

在整个试验的过程中,对进水口的流量做相应的调整,即先进行小流量试验再进行大流量试验,其参照以 10 m³/s 为递增单元量,然后参照在试验过程中压力表读数的内外差值

ΔP,最终通过公式(2.3)可以得到清水条件下细过滤网的局部水头损失值。

对于过滤器的水头损失有一定的相关规定,就是在设计流量下,过滤器进水口和出水口的压力的差值就是设计水头损失。该设计水头损失的前提为过滤器可以比较合理地运作,还有就是滤网不会被破坏,水质也不会受到影响,但是这个设计水头损失的具体值还是要通过试验确定。80目细过滤网水头损失统计表见表2.4。

表2.4 80目细过滤网水头损失统计表

进水流量/(m³/h)	压力表P_1/MPa	压力表P_2/MPa	ΔP/MPa	水头损失/m
15.5	0.031	0.026	0.005	0.087
18.7	0.040	0.034	0.006	0.186
26.8	0.077	0.070	0.007	0.277
45.3	0.018	0.010	0.008	0.338
53.3	0.075	0.067	0.008	0.313
60.6	0.038	0.030	0.008	0.488
76.8	0.042	0.030	0.012	0.628
94.9	0.025	0.012	0.013	0.634
103.8	0.038	0.024	0.014	0.682
114.0	0.038	0.022	0.016	0.818
122.2	0.038	0.018	0.020	1.167
133.3	0.038	0.016	0.022	1.283
140.9	0.041	0.017	0.024	1.423
145.3	0.293	0.262	0.031	2.099
172.1	0.062	0.024	0.038	2.552
186.9	0.068	0.026	0.042	2.797
199.1	0.202	0.156	0.046	3.060
215.7	0.074	0.026	0.048	3.052
219.1	0.114	0.064	0.050	2.803

2.2.5.2 含沙水水头损失分析

在试验时如果使用的试验用水中含有一定的泥沙等杂质,那么过滤器的细过滤网的堵塞情况会变得很明显。在过滤刚开始的时候,细过滤器表面所拦截下来的泥沙等杂质比较少,还有就是过滤产生的阻力也不大,过滤网的内侧和外侧的压力差值变化也不是很突出。当过滤器工作了一段时间后,水流中的泥沙等杂质会在细过滤网表面不断堆积,这种情况就会使得过滤网表面有效过滤面积慢慢减小,还有一方面就是过滤层的表面上的阻力变大,过滤网内侧和外侧的压力差值迅速产生变化,所以这就导致局部水头损失快速增加。

(1) 含沙水条件下局部水头损失的经验公式

总结之前的分析能够得到以下结论,当试验用水中含有泥沙等杂质时,过滤器进水含沙量、过滤时间和进水流速都与过滤器的浑水水头损失 Δh 有关,浑水水头损失 Δh 可用经验公式(2.4)进行计算[3-4]：

$$\Delta h = \sum h_j + mv \frac{S_j}{\rho} t^n \tag{2.4}$$

式中　　$\sum h_j$——清水条件下过滤器的水头损失,m;

Δh——浑水条件下过滤器的水头损失,m;

S_j——进水含沙量,g/L;

v——进水管内断面平均流速,m/s;

t——过滤运行时间,min;

m、n——待定系数;

ρ——含沙浑水的密度,g/L。

若系数 m、n,过滤进水流量 Q、进水含沙量 S_j,以及清水条件下过滤器的水头损失 $\sum h_j$ 已知,便可以由式(2.4)得到过滤器浑水水头损失 Δh 随时间 t 的变化规律。由式(2.4)可知,m、n 值越小,Δh 值越小,说明过滤器浑水水头损失随着过滤的进行增加得较为缓慢,滤网过流面积相对较大,堵塞不严重；如果 n 等于0,说明含沙水中所有的泥沙均通过细滤网进入出水管,滤网未被堵塞,过滤器浑水水头损失随着过滤的进行不发生变化,类似于过滤器在清水条件下运行,即 $\Delta h = \sum h_j + mv \frac{S_j}{\rho}$。但易发现,公式(2.4)等号两边量纲不和谐,为经验公式,为使量纲和谐且并确定公式中 m 和 n 两个待定系数,对式(2.4)两边分别取对数,并化简后可得:

$$\ln\left(\Delta h - \sum h_j\right) - \ln\left(v\frac{S_j}{\rho}\right) = n\ln t + \ln m \tag{2.5}$$

由公式(2.5)可知,当过滤水为含沙水源时,过滤器进水含沙量、进水口流量及过滤周期都影响着过滤器的水头损失,但由于进水含沙量值难以固定,引起过滤周期也随之变化,故由式(2.5)不易求得水头损失变化情况。通过以上分析可知,水头损失的变化情况的研究是通过采用单因素分析方法并按照浑水试验方案下的试验过程而得到的,细滤网内外压力表差值即为其水头损失的大小。

(2) 相同进水流量,不同进水含沙量

在试验的几种情况中,进水流量相同但是进水含沙量不同的条件下所显示出来的规律如图2.14所示。把这四个曲线图放在一起进行分析比较后可知,在浑水条件下,过滤器所产生的水头损失的变化情况大体上是差不多的。假如保证进水流量不发生变化,那么过滤器刚开始的水头损失也不会出现变动,但是如果加大进水的含沙量,过滤器过滤一次所使用的时间就会相应地变少。过滤器处于过滤的开始时段,它的水头损失在过滤不断进行的时候是不会有太大的变化的,但是到了过滤的中期时段,伴随着过滤的不断进行,过滤网的表面上会堆积很多泥沙等杂质,这就导致水头损失慢慢增加。直至过滤的最后阶段,水头损失会在过滤时间不断延续的前提下突然变大,一直增大到它的过滤网内侧和外侧的压力差达到了提前设好的压力差后,过滤器进入了排污的阶段。当过滤器中进入含沙量较大的浑水时,相比含沙量较小的浑水,在单位时间内泥沙颗粒在细滤网内表面积聚较多,所以在高含沙量条件下工作的过滤器,其细滤网内发生堵塞的时间会更短,随过滤的进行水头损失的变化较快,导致过滤曲线较早出现拐点。

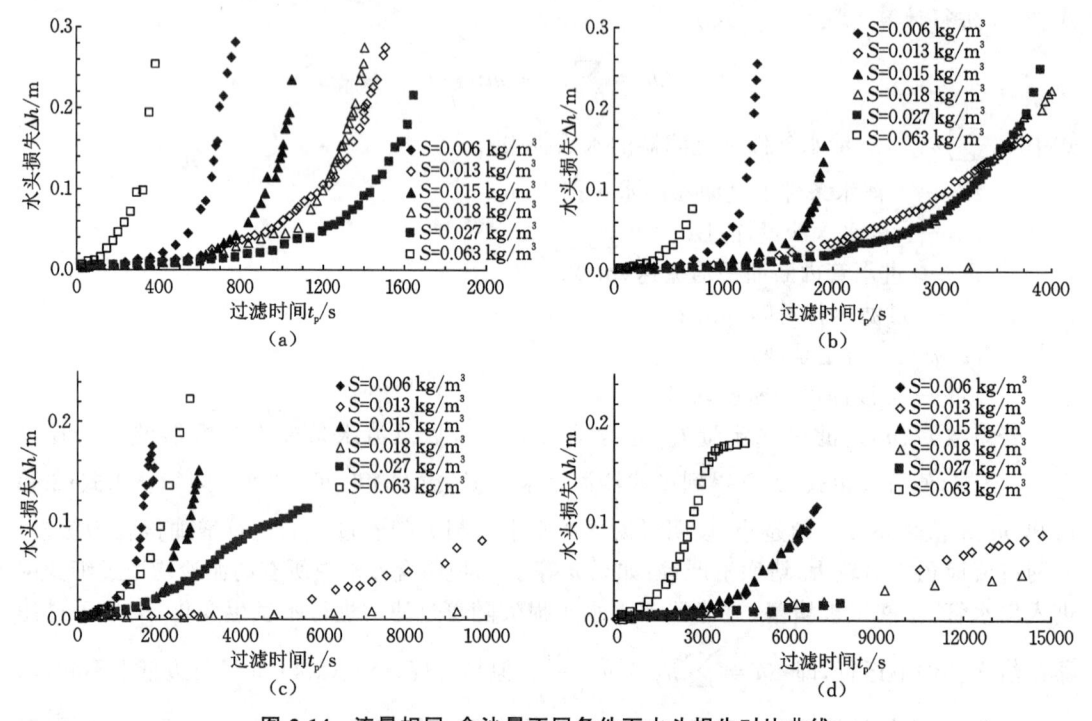

图2.14 流量相同、含沙量不同条件下水头损失对比曲线
(a) $Q=220 \text{ m}^3/\text{h}$;(b) $Q=180 \text{ m}^3/\text{h}$;(c) $Q=200 \text{ m}^3/\text{h}$;(d) $Q=160 \text{ m}^3/\text{h}$

(3) 相同进水含沙量,不同进水流量

图2.15所示为过滤器在相同进水含沙量、不同进水流量条件下的水头损失随过滤时间的变化规律。其进水流量 Q 分别为 $160 \text{ m}^3/\text{h}$、$180 \text{ m}^3/\text{h}$、$200 \text{ m}^3/\text{h}$ 和 $220 \text{ m}^3/\text{h}$,测定了相应流量下的水头损失随时间的变化规律,试验结果见图2.15。由图2.15可知,在相同进水含沙量的条件下,随着流量的增大,过滤器的浑水水头损失也相应地增大,过滤周期缩短,细滤网堵塞越快,从而达到预设排污压差的时间越来越短。

另外通过以上几组图可以看出,该类型过滤器过滤时间为在不同的流量、不同的含沙量的条件下,它们的过滤时间没有人们在具体浇水时的自清洗时间那么长,实际中一般都会用时几小时或十几小时,出现这种现象的主要原因还是在实验室中做试验的取水处的蓄水池不大,当陆续加注一定量的细沙后,在进水口处水的含沙量较大,细过滤网很快会被大颗粒泥沙堵塞,在这种情况下就会显示在不长的阶段内其水头损失就会出现急速增加的现象。但是农户在实际大田灌溉中使用的常见的过滤器的沉沙池占地面积较大,正常情况下为试验用蓄水池的6~12倍。含沙水源中较大颗粒泥沙等杂质会在沉沙池内沉淀下来,其余粒径较小的泥沙颗粒等杂质随水流进入过滤器内部,但其粒径大多数小于滤网网孔,所以其穿过网孔后过滤器在短时间内不会被堵塞,就具有较长的反冲洗时间间隔。在整个试验过程中,为了减少试验所用时间,在加沙过程中刻意加入粒径较大的泥沙颗粒,原因之一是为了

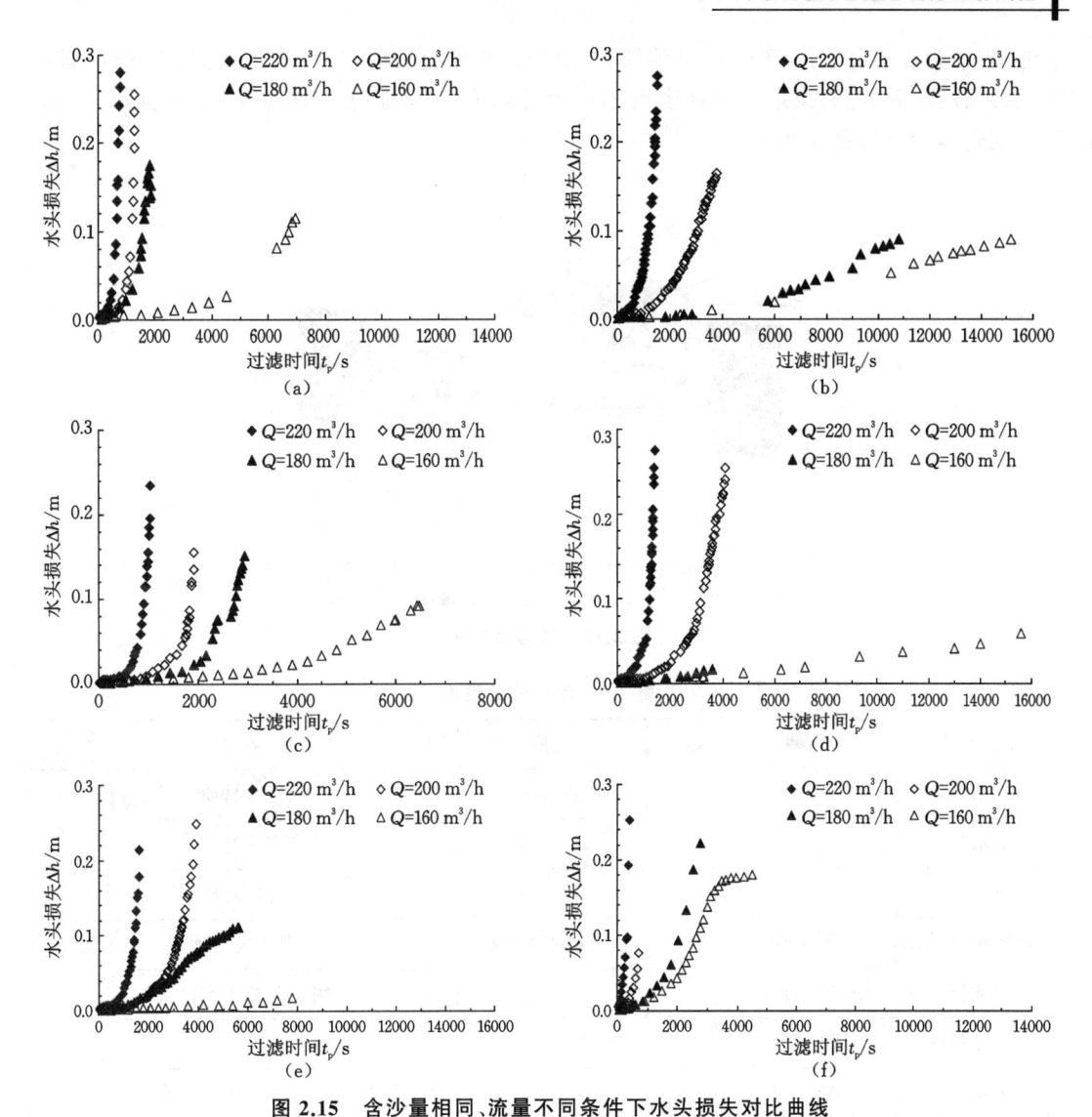

图 2.15 含沙量相同、流量不同条件下水头损失对比曲线

(a) $Q=0.06$ g/L; (b) $Q=0.013$ g/L; (c) $Q=0.015$ g/L; (d) $Q=0.018$ g/L; (e) $Q=0.027$ g/L; (f) $Q=0.063$ g/L

较快达到最大预设压差,另外为了减少对试验结果影响的程度,所以试验结果仍然可以得到过滤器水头损失随时间变化的规律,所以本试验的变化规律也适用于大田灌溉中水头损失的变化过程。

2.3 翻板型网式过滤器过滤性能试验

2.3.1 试验装置及试验设备

结合翻板型网式过滤器在实际工程中的安装方式搭建试验平台进行室内原型试验。本次试验使用过滤器与大田灌溉使用过滤器尺寸一致,配套装置主要由 5 m×4 m×2 m 的蓄水池,直径为 1 m、高为 1.8 m 的沉沙搅拌池,以及变频柜、翻板型网式过滤器、出水管、排污管、水泵、进水管、电磁流量计和精密电子压力计组成,其试验装置图如图 2.16 所示。试验使用配套辅助设施见表 2.5。

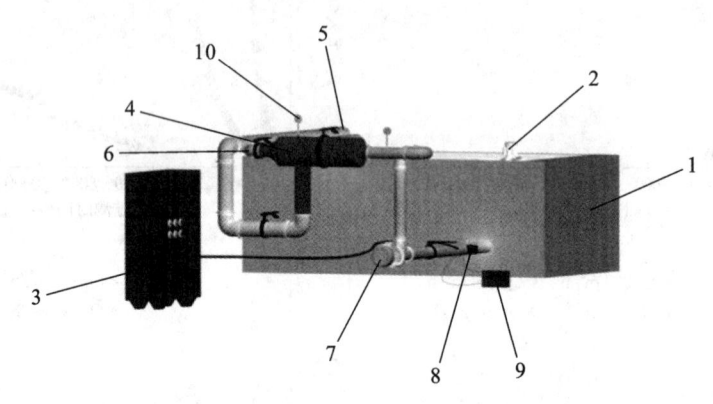

1—蓄水池;2—沉沙搅拌池;3—变频柜;4—翻板型网式过滤器;5—出水管;
6—排污管;7—水泵;8—进水管;9—流量计;10—压力计

图 2.16 试验装置图

表 2.5 配套辅助设施

设备名称	产品型号	数量	规格	备注
进水管		1	200 mm	铸铁材质
出水管		1	200 mm	铸铁材质
排污管		1	150 mm	铸铁材质
三相异步电动机	Y90L-04	1	额定功率 1.5 kW	置于搅拌池
变频柜	DZB300B0015L4A	1		用于调节进水流量
电磁流量计	TDS-100P	1	精度为 0.001 m³/s	
压力传感器	AS-131	4		分别位于进水口、出水口、排污口、滤网内部
精密电子压力计	JDC600	3	精度为 0.001 MPa	分别位于进水口、出水口、排污口
蝶阀		3		分别位于进水口、出水口、排污口

2.3.2 过滤器构造及过滤原理

2.3.2.1 过滤器构造

图 2.17 所示为翻板型网式过滤器的结构图,它是由过滤器外壳、过滤器滤芯和在过滤器中间设置的可 90°旋转翻板等主要部件构成。翻板型网式过滤器主要部件尺寸分别为进水口内径 200 mm,出水口内径 200 mm,排污口内径 150 mm,过滤器外壳长度为 1700 mm,直径 380 mm,滤网长度为 1520 mm,内径 280 mm。本过滤器设定额定工作流量为 140~220 m³/h。

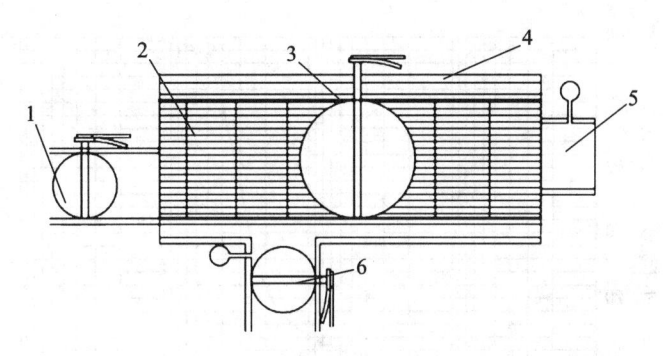

1—排污口；2—过滤网；3—翻板；4—过滤器外壳；5—进水口；6—出水口

图 2.17　翻板型网式过滤器结构图

2.3.2.2　过滤原理

过滤器过滤时，保持翻板处于完全打开状态（图 2.18），排污口完全关闭，微灌用水由进水口进入过滤器滤网内，由滤网内部向外部进行杂质过滤，大于滤网孔径的杂质积聚在滤网内部，使滤网内压力增大，同时，过滤后的洁净水由出水口进入灌溉系统中。当滤网内外压力差达到预先设定的压力差时，即开始排污工作。

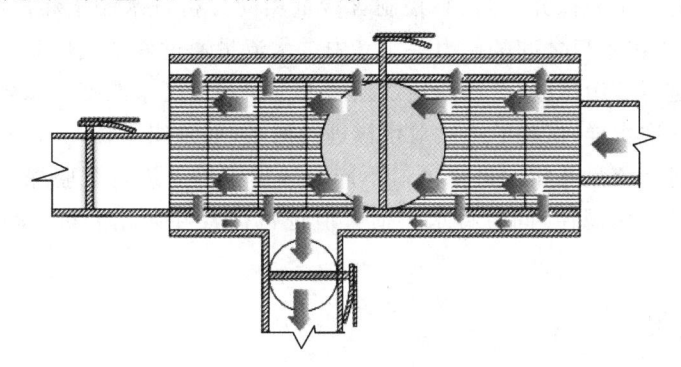

图 2.18　过滤过程内部水流示意图

2.3.3　试验用泥沙颗粒级配

结合工程实际取样结果，本次试验采用新疆玛纳斯河流域的河床沙，经试验前对其颗粒级配进行筛分测定，符合工程实际灌溉用水含沙颗粒级配，能够代表新疆北疆地区灌溉水源特点，其泥沙颗粒级配曲线如图 2.19 所示。

2.3.4　试验步骤与方法

使含沙量的选取既能够保证较小含沙量情况下过滤器达到水头损失峰值时间不会过长的同时在较大含沙量情况下有足够时间进行取样工作，设定 0.122 g/L、0.278 g/L、0.309 g/L 和 0.336 g/L 这 4 组含沙量；本过滤器额定工作流量 140～200 m³/h，根据级差为 10 m³/h 对进水流量进行设置，在满足流量处于过滤器正常工作流量范围的同时保证试验流量有很广泛的范围，设定 140 m³/h、150 m³/h、160 m³/h、170 m³/h、180 m³/h 和 200 m³/h 这 6 组

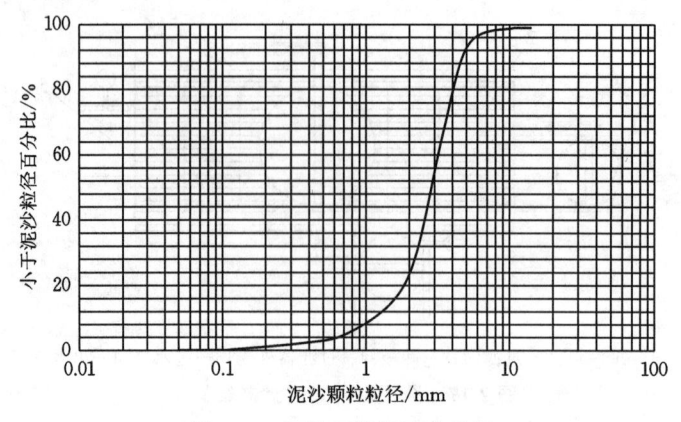

图 2.19 泥沙颗粒级配曲线图

进水流量;在过滤器滤网为80目的条件下展开试验。

清水试验主要控制不同进水流量,测读进出水口之间的压力差,得到过滤器局部水头损失初始值;浑水试验主要采用控制单因素变量试验方法,对影响水头损失的进水流量和含沙量两个重要因素进行试验探究,即试验控制含沙量相同分析进水流量和控制进水流量相同分析含沙量,测读进出水口之间的压力差。其中进水流量通过调节变频柜,由小到大及由大到小对各组流量进行2组试验;含沙量通过控制人工加沙速度来改变进口含沙量,在进水口处每3 min接取一次水样,试验结束后对水样进行测量,取该组水样均值为试验含沙量。在相同含沙量不同进水流量及相同进水流量不同含沙量条件下进行试验探究,重点分析其水头损失值随时间的变化规律,同时将水头损失值进行拟合和误差分析,验证相应的数学表达式。

2.3.5 试验结果

2.3.5.1 清水条件下水头损失分析

清水条件下网式过滤器水头损失值是用来确定过滤器系统初始水头损失值,是评价网式过滤器过滤性能的重要指标。在清水条件下,网式过滤器内部结构及材质均不会随着过滤的进行发生改变,试验时,可等过滤器运行稳定后直接测定该流量下的水头损失值,因为水头损失不会随过滤时间发生改变。在试验使用翻板型网式过滤器额定流量范围内,通过变频调节系统分别测定进水流量为140 m³/h、150 m³/h、160 m³/h、170 m³/h、180 m³/h和200 m³/h时的水头损失值,流量从高到低和从低到高分别测试一组试验数据,两组数据取平均值为最终统计数据。图2.20所示为各流量条件下翻板型网式过滤器进水流量和水头损失的关系曲线。

分析图2.20,当进水流量分别为140 m³/h、150 m³/h、160 m³/h、170 m³/h、180 m³/h和200 m³/h时,对应水头损失分别为0.174 m、0.204 m、0.367 m、0.411 m、0.515 m、0.633 m。清水条件下水头损失变化与进水流量呈正相关关系,即进水流量越大,水头损失越大,过滤系统能量损失越大。

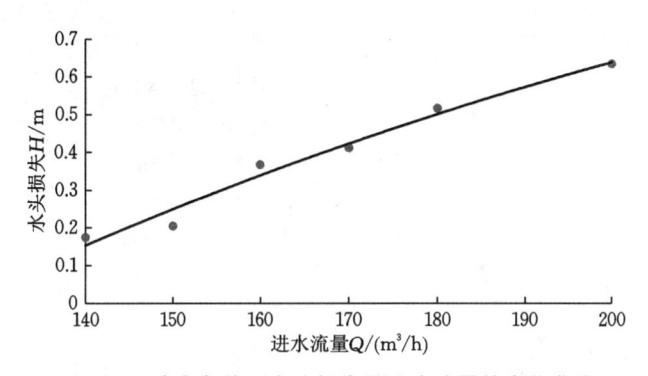

图 2.20　清水条件下水头损失随进水流量的变化曲线

2.3.5.2　含沙水水头损失分析

翻板型网式过滤器主要是利用滤网拦截来进行过滤的,当进入过滤器的灌溉水源中含有泥沙杂质时,随着时间的推移,大颗粒泥沙首先将过滤网堵塞造成水头损失增加,之后小颗粒泥沙继续堵塞大颗粒泥沙与滤网之间的空隙,使水头损失继续增加,当过滤器的水头损失达到峰值时,过滤器无法进行正常过滤工作,须进行自清洗工作,清洗达到过滤要求后即可进入下一工作周期。

(1) 进水流量一定时水头损失变化规律

图 2.21 所示为翻板型网式过滤器进水流量一定,不同含沙量条件下进出口水头损失(Δh)随过滤时间(t)的变化曲线。分析图 2.21 可知,在进行过滤工作时,翻板型网式过滤器的水头损失变化呈现先平缓变化后急剧增加的趋势。在过滤器运行初始阶段,随着时间推移,水头损失值基本不发生变化,其变化均小于 0.01 m,处于平稳运行阶段,且进水流量越小处于平稳运行时间越长;随着过滤时间的增加,由于泥沙杂质对滤网网孔孔隙造成堵塞,过滤网实际过水面积变小,不同流量对应的水头损失值开始急剧变化,发生突变直到水头损失到达峰值后保持不变。

以进水流量为 160 m³/h、180 m³/h 和 200 m³/h 试验组为研究对象,当进水流量为 160 m³/h,进水含沙量分别为 0.122 g/L、0.278 g/L、0.309 g/L 和 0.336 g/L 时,水头损失峰值分别为 17.234 m、17.374 m、17.466 m 和 17.560 m,对应达到水头损失峰值的时间分别为 3529 s、3198 s、2998 s 和 2845 s;当进水流量为 180 m³/h,进水含沙量分别为 0.122 g/L、0.278 g/L、0.309 g/L 和 0.336 g/L 时,水头损失峰值分别为 22.110 m、22.522 m、22.712 m 和 22.958 m,对应达到水头损失峰值的时间分别为 2668 s、1961 s、1884 s 和 1810 s;当进水流量为 200 m³/h,进水含沙量分别为 0.122 g/L、0.278 g/L、0.309 g/L 和 0.336 g/L 时,水头损失峰值分别为 30.324 m、30.450 m、30.578 m 和 30.794 m,对应达到水头损失峰值的时间分别为 2028 s、1574 s、1520 s 和 1429 s。即在进水流量一定条件下,在不同含沙量工况下翻板型网式过滤器水头损失峰值随含沙量呈现递增的趋势,但其水头损失峰值差值基本小于 1 m;进水含沙量主要会影响水头损失到达峰值的时间,进水含沙量越大,水头损失到达峰值的时间越早。同时由图 2.21 分析可发现,随着含沙量的变化水头损失出现拐点的时间发生变化,且含沙量越大,水头损失变化出现拐点的时间越早。

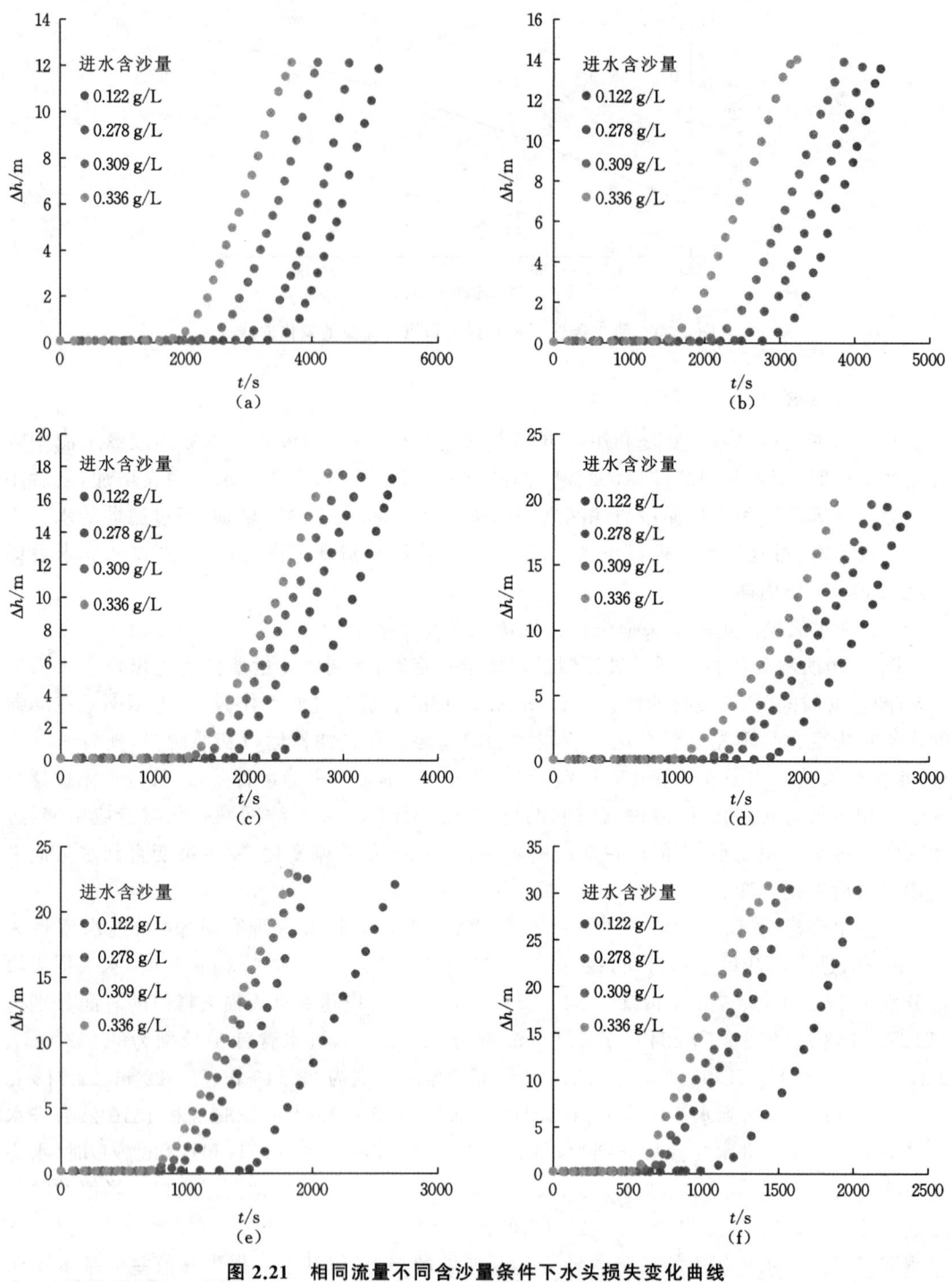

图 2.21 相同流量不同含沙量条件下水头损失变化曲线

(a) $Q=140$ m³/h；(b) $Q=150$ m³/h；(c) $Q=160$ m³/h；
(d) $Q=170$ m³/h；(e) $Q=180$ m³/h；(f) $Q=200$ m³/h

（2）进水含沙量一定时水头损失变化规律

图 2.22 所示为翻板型网式过滤器进水含沙量一定时，不同进水流量条件下进出口水头损失（Δh）随过滤时间（t）的变化曲线。

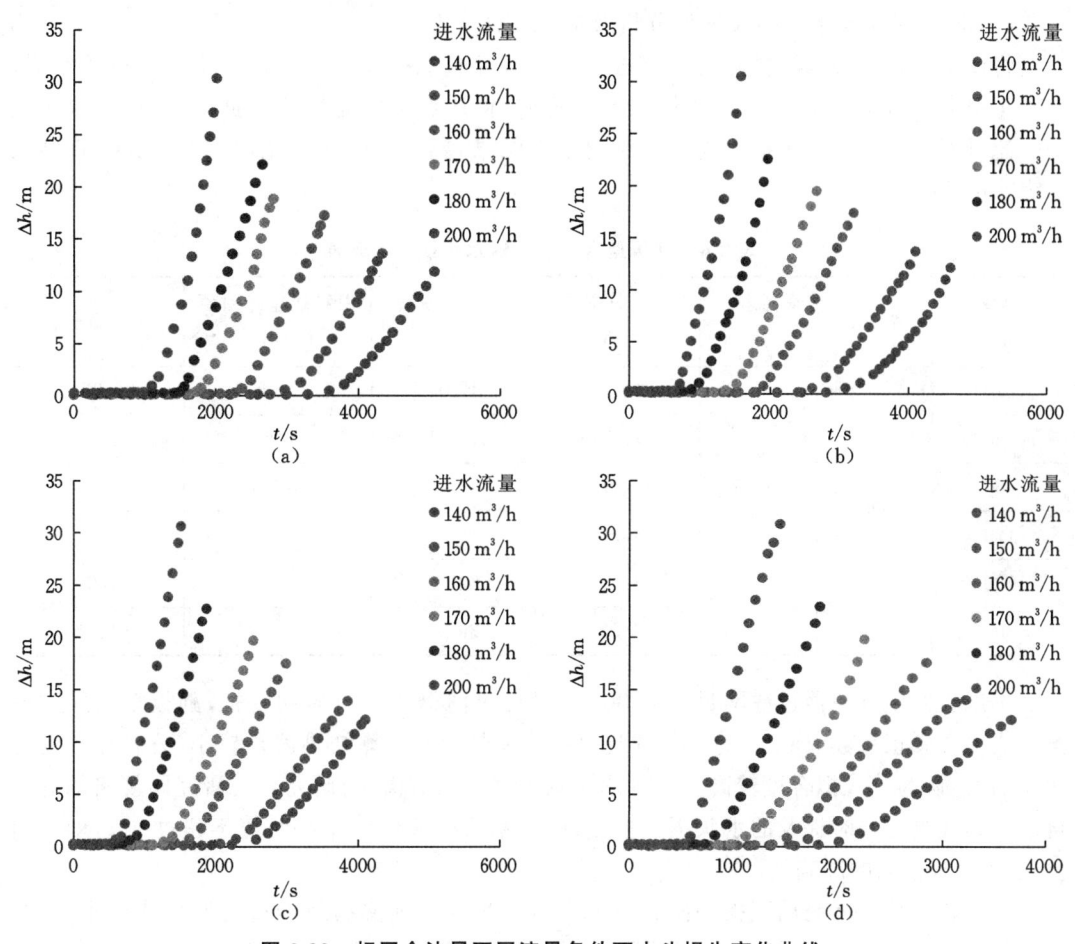

图 2.22　相同含沙量不同流量条件下水头损失变化曲线
(a) $S=0.122$ g/L；(b) $S=0.278$ g/L；(c) $S=0.309$ g/L；(d) $S=0.336$ g/L

分析图 2.22 可知，当进水含沙量一定时，不同流量工况下水头损失随过滤时间的变化规律一致，亦为先平缓变化后急剧增加的趋势。翻板型网式过滤器共测得四组含沙量条件下水头损失值随时间的变化曲线，以进水含沙量为 0.278 g/L 和 0.309 g/L 试验组为研究对象，当进水含沙量为 0.278 g/L，进水流量分别为 140 m³/h、150 m³/h、160 m³/h、170 m³/h、180 m³/h 和 200 m³/h 时，水头损失峰值分别为 12.093 m、13.657 m、17.374 m、19.456 m、22.522 m 和 30.450 m，对应达到水头损失峰值的时间分别为 4604 s、4101 s、3198 s、2665 s、1961 s 和 1574 s；当进水含沙量为 0.309 g/L，进水流量分别为 140 m³/h、150 m³/h、160 m³/h、170 m³/h、180 m³/h 和 200 m³/h 时，水头损失峰值分别为 12.111 m、13.889 m、17.466 m、19.664 m、22.712 m 和 30.578 m，对应达到水头损失峰值的时间分别为 4103 s、3854 s、2998 s、2539 s、1884 s 和 1520 s。即在进水含沙量一定条件下，水头损失值随进水流量的增大而增大,到达水头损失峰值的时间随进水流量的增大而减小。同时由图 2.22 可知,随着进水流量的变化水头损失出现拐点的时间发生变化,且进水流量越大,水头损失变化出现拐点的时间越早,到达水头峰值的时间也越早。

(3) 网式过滤器水头损失理论分析及拟合计算

将试验测定的进水流量和过滤器进出口高程差代入公式(2.2),结合多组预试验结果,取水头损失调节系数 $\alpha=0.00070$ 代入计算验证,将计算结果与试验数据结果对比,取各组同一流量不同含沙量水头损失均值为试验数据结果,翻板型网式过滤器水头损失计算结果如表 2.6 所示。

表 2.6 翻板型网式过滤器水头损失计算表

流量 /(m³/h)	系数 α	高差 /m	计算总损失 /m	试验总损失 /m	相对误差绝对值 /m	误差百分比
140			13.72	12.04	1.68	13.93%
150			15.75	14.01	1.74	12.38%
160	0.00070	0.00	17.92	17.40	0.52	2.98%
170			20.23	19.51	0.72	3.71%
180			22.68	22.58	0.10	0.46%
200			28.00	30.54	-2.54	-8.31%

本试验使用过滤器过滤网目数为 80 目,结合过滤器制造材质和规格,翻板型网式过滤器水头损失修正系数取 0.00070 时,试验数据结果与理论计算结果偏差较小,公式拟合度可达 94.1%,认为公式拟合度较高。得到水头损失修正系数值,与研究人员研究同规格的卧式自清洗网式过滤器时提及的水头损失值接近,且水头损失值误差绝对值不超过 9%,即说明公式(2.2)有很高的准确性。

目前新疆地区灌溉用翻板型网式过滤器基本尺寸与前文提及的过滤器尺寸基本一致,因此将修正系数设定为 0.00070 时,认为公式可作为目前设计规格的翻板型网式过滤器水头损失的计算公式,并建议应用于目前新疆实际工程使用的同规格翻板型网式过滤器的水头损失计算。修正系数随过滤器的设计规格有调整,可进行实验室试验测量,按照试验测读数据,结合公式(2.2)确定相应的修正系数值,应用于对应实际工程的过滤器的水头损失计算。

3 典型网式过滤器排污性能试验

过滤器进行过滤的过程中,滤网表面的泥沙杂质会不断堆积,滤网有效过滤面积减小且其滤网内外压差不断增大,为提高过滤器的过滤效率及延长其使用寿命,需及时对其进行反冲洗。排污过程中记录过滤器进出水口处的压力值及过滤进行的时间长短,并对二者的压力值的差值进行分析研究压差变化,即可对该类型过滤器的排污效果进行试验评估。因此在试验基础上,得到网式过滤器的最佳排污压差值和最佳排污时间值,然后对其各类影响因素进行理论分析,将试验结果与理论相结合并由此确定过滤器的最佳排污压差及最佳排污时间,避免对过滤器造成损害,增加其应用推广效益。

3.1 立式自清洗网式过滤器排污性能试验

3.1.1 立式网式过滤器排污原理

过滤器排污过程启动后,自动控制装置会关闭出水口阀门并在电机驱动下打开自动排污阀门。此时水流只能由吸沙组件的矩形吸沙口进入,并由开口相反的旋喷管出口喷出,在水流形成的力偶的作用下,水力旋喷管转动从而带动整个吸沙组件转动,此时过滤室和排污管内的压力都会有较大程度的降低,随着时间的推移,过滤器内部的压力将会减小到负值,具体体现在吸沙组件处,进而使吸沙组件产生强劲吸力,通过吸沙组件吸嘴将积聚在滤网表面的泥沙和有机杂质吸附进排沙管,同时由于吸沙组件的转动可以吸附整个滤网内表面,吸附的泥沙通过排沙管并经由水力旋喷管的排污口由水流携带而出。同时,过滤器滤网逐渐清洗干净并且内部基本不会产生能量损失,排污口流出的水流中基本没有泥沙介质,而后,当内外压差降低到一定值时,自动关闭排污阀,打开出水阀,排污过程结束,过滤器转入正常过滤过程,进而循环往复。

3.1.2 立式网式过滤器排污试验研究

3.1.2.1 最佳排污压差研究

综合通过过滤器的细过滤网水流,以及在它内侧和外侧的压力差值所出现的一定的线性关系可以得到通过颗粒床层的流体流速与压强差值成正比,与床层厚度成反比,所以细过滤网内部的水流流速规律满足达西公式:

$$u = \frac{K'\Delta P}{\mu L} \tag{3.1}$$

通过对比发现,过滤器中的粗过滤网和细过滤网的材质都是金属丝,过滤的水流的运动规律与比较匀称且不可压缩的固体床层的运动形式大致相似,故可采用 Kozeny-Carman 公式:

$$K' = \frac{\varepsilon^2}{(1-\varepsilon)^2} \frac{1}{K_1 S_1^2} \tag{3.2}$$

联立可得：

$$K' = \frac{\mu u L}{\Delta P} = \frac{\varepsilon^3}{(1-\varepsilon)^2} \frac{1}{K_1 S_1^2} \tag{3.3}$$

式中　u——流体介质通过时的平均速度，即水流平均流速，m/s；

　　　K'——系统相应的渗透系数；

　　　ΔP——流体通过过滤介质的内外两侧的压强差，N/m²；

　　　μ——通过的流体介质的黏度，N·s/m²；

　　　L——表面所形成的滤饼层厚度，m；

　　　ε——流体内介质的孔隙度；

　　　K_1——Kozeny常数，一般取值为5；

　　　S_1——流体内介质的单位体积内的表面积。

微灌用网式过滤器的过滤阻力主要由两部分组成，即过滤器滤网的阻力和堵塞后滤网表面的滤饼层阻力。在过滤器过滤的初始阶段，过滤器滤网重点拦截大颗粒泥沙介质，因而过滤器滤网对介质的拦截作用占据主导地位；随着过滤时间的增加，流体中的泥沙介质积聚在滤网表面且越来越厚，此时形成的滤饼对流体介质的阻拦占据主导地位[1]。则：

$$\Delta P_1 + \Delta P_2 = \Delta P \tag{3.4}$$

式中　ΔP_1——过滤器滤网的阻力；

　　　ΔP_2——过滤器堵塞后滤网表面的滤饼层阻力。

3.1.2.2　滤网阻力研究

通过研究表明，内部流体通过时其水流流动的相对稳定对减小其自身所带来的阻力有一定影响，不同的水流状态下内部产生的阻力是不同的，而雷诺数 Re 对水流流态的判定尤为重要，在此基础之上，Al-Naseri 等[87]提出了对雷诺数 Re 的判别标准并对其进行相应的计算，且 Re 的计算值小于3时流体状态为稳定的层流，Re 的计算值大于7时流体状态为较急且不稳定的湍流，介于二者之间的水流即为不稳定的转变状态，其具体计算公式如下：

$$Re = \frac{\rho u d}{\mu} \tag{3.5}$$

式中　ρ——进入过滤器内部的流体的密度，kg/m³；

　　　u——流体平均线速度，m/s；

　　　d——滤网孔径，m；

　　　μ——流体黏度，取 1.005×10^{-3} Pa·s。

若液体在微孔中的流动为层流状态，则可得：

$$\Delta P_{11} = \frac{\mu u L K_1 S_1^2}{\varepsilon^2} = \mu u L K_p \tag{3.6}$$

其中：

$$K_p = \frac{K_1 S_1^2 (1-\varepsilon)^2}{\varepsilon^3} \tag{3.7}$$

若液体在微孔中的流动状态为紊流状态，其流速和压力之间的比值就被 ΔP_{12} 所取代，具体计算公式如下：

$$\Delta P_{12} = \frac{\mu u L K_1 S_1 (1-\varepsilon)^2}{\varepsilon^2} = \mu u L K_p \tag{3.8}$$

式中　ΔP_{11}——层流时流阻压降,Pa;

ΔP_{12}——紊流时流阻压降,Pa;

K_p——综合系数;

K_1——Kozeny 常数,取 $K_1=5.0$。

其中,试验所采用的三种滤网规格的雷诺数均大于 7,即通过的水流流态为比较湍急的紊流状态,即滤网压降可用式(3.9)进行计算:

$$\Delta P_1 = \mu u L K_p \tag{3.9}$$

试验用自清洗网式过滤器的滤芯直径及滤网高度均可测量得到,分别为 0.34 m 和 0.45 m,过滤器滤网采用矩形网,较为牢固且清洗过程中不易变形。查阅相关资料且结合我国市面销售的不锈钢参数规格[3]及测量(游标卡尺、扫描仪等)可得:60 目滤网丝径 $a=160~\mu m$,孔径 $d=320~\mu m$,净面积系数 $f=0.52$;80 目滤网丝径 $a=100~\mu m$,孔径 $d=220~\mu m$,净面积系数 $f=0.48$;100 目滤网丝径 $a=70~\mu m$,孔径 $d=180~\mu m$,净面积系数 $f=0.44$,试验用三种规格的滤网所采用的过滤介质的厚度一样且均为 0.2 mm。在计算过程中,为便于测量及易于理解过滤器滤网的丝径和孔径,可将其比拟为圆柱体并且其直径通过测量记为 a,滤网的比表面积 S_1 可由式(3.10)得到,孔隙度 ε 可以定义为流体可以通过的体积部分,即:

$$S_1 = \frac{\pi a \times 1}{\frac{1}{4}\pi a^2} = \frac{4}{a} \tag{3.10}$$

$$\varepsilon = \frac{\frac{1}{4}\pi d^2 L}{(d+a)(d+a)L} = \frac{\pi d^2}{4(a+d)^2} \tag{3.11}$$

本节中过滤器流量为 $Q_{max}=220~m^3/h$,则 60 目滤网,$S_1=25000$,$\varepsilon=0.349$,净面积 $A=0.281~m^2$,$u=Q_{max}/A=0.218~m/s$;80 目滤网,$S_1=40000$,$\varepsilon=0.371$,净面积 $A=0.259~m^2$,$u=Q_{max}/A=0.236~m/s$;100 目滤网,$S_1=57143$,$\varepsilon=0.407$,净面积 $A=0.238~m^2$,$u=Q_{max}/A=0.257~m/s$。将有关数据代入式(3.9)可得过滤器运行时其滤网产生的压降:60 目滤网,$\Delta P_1=1.365~kPa$;80 目滤网,$\Delta P_1=2.936~kPa$;100 目滤网,$\Delta P_1=4.405~kPa$。

3.1.2.3　滤饼阻力计算

过滤器的过滤阶段运行一段时间后,其自身结构特点对滤网产生的阻碍作用会逐渐减弱,而水流中被截留并且附着在滤网表面的泥沙介质所形成的滤饼层会相应地起主导作用,随着时间的推移,其对水流产生的阻力也会越来越大,由于形成的滤饼层的复杂性及不确定性,因而可结合量纲分析法引进对应的参数 β,且结合实际可知其取值范围为 2.5~4.0,即:

$$\Delta P_2 = \beta^3 \Delta P_1 \tag{3.12}$$

3.1.2.4　过滤器总压降计算

由式(3.4)可知,过滤器的总压降计算公式:

$$\Delta P = \Delta P_1 + \Delta P_2 = (1+\beta^3)\Delta P_1 \tag{3.13}$$

将相应数值代入上式可得过滤器的总压降:60 目滤网为 22.687~88.725 kPa,80 目滤网为 48.813~190.850 kPa,100 目滤网为 73.234~286.328 kPa。

3.1.2.5　排污试验结果与分析

(1)进水流量一定时排污压差的变化规律

图 3.1、图 3.2 和图 3.3 所示为进入过滤器的流量一定时,其排污过程中排污压差的变化趋势。

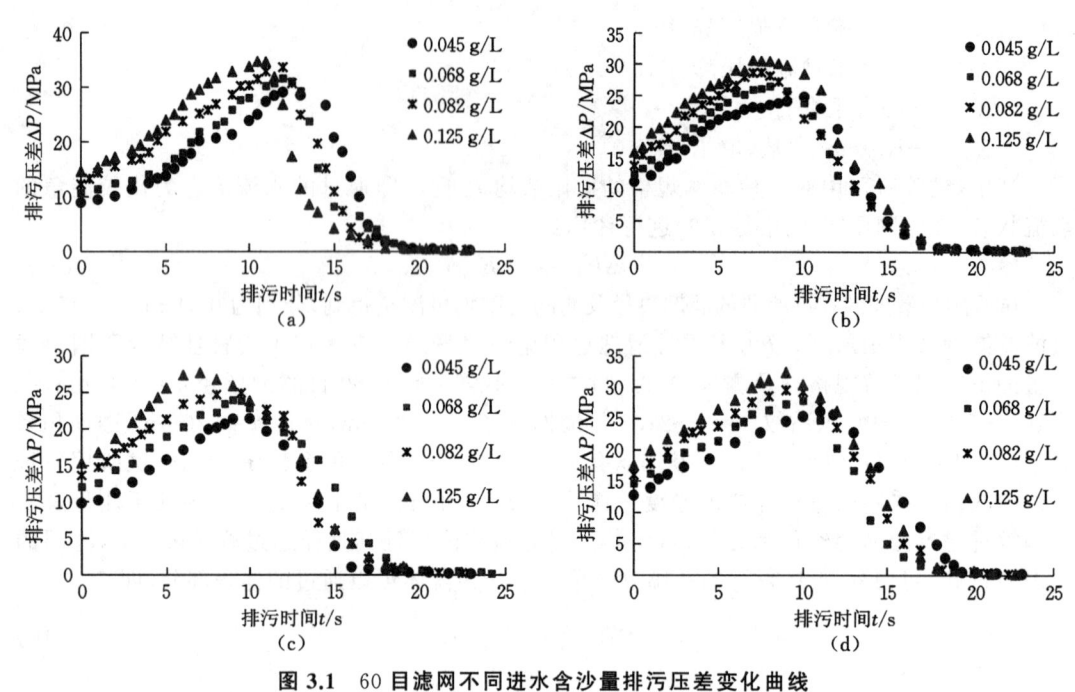

图 3.1　60 目滤网不同进水含沙量排污压差变化曲线

(a) $Q=160\ m^3/h$；(b) $Q=180\ m^3/h$；(c) $Q=200\ m^3/h$；(d) $Q=220\ m^3/h$

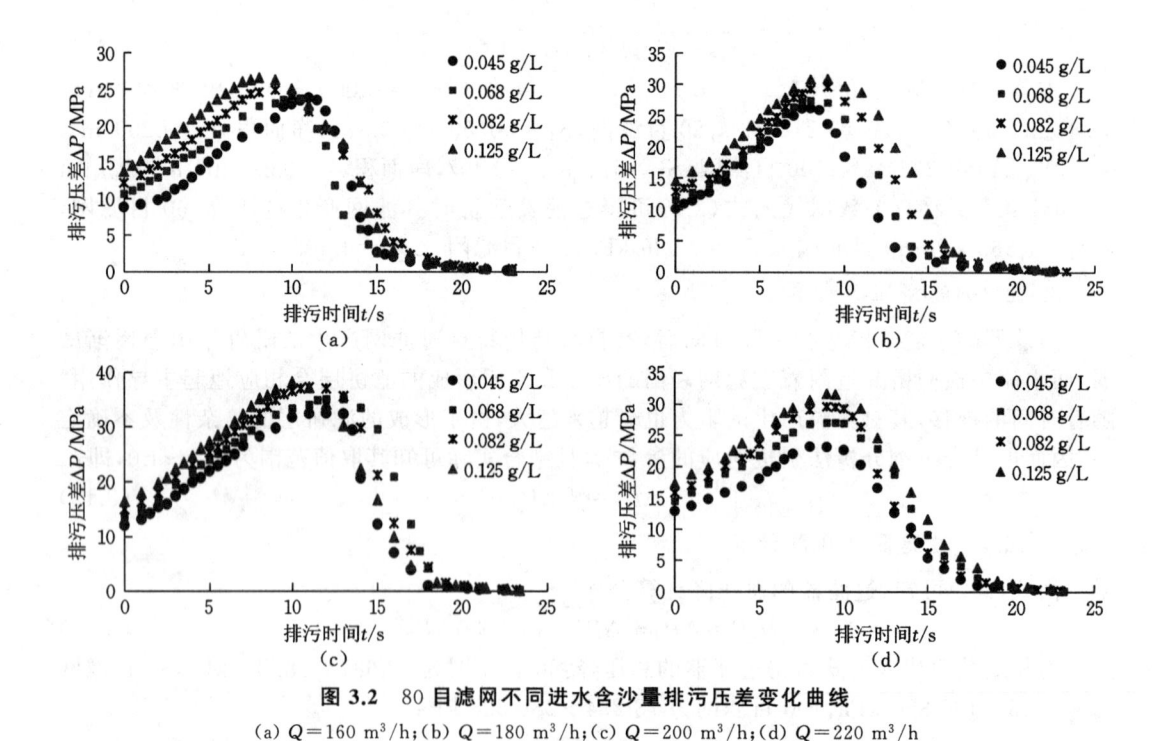

图 3.2　80 目滤网不同进水含沙量排污压差变化曲线

(a) $Q=160\ m^3/h$；(b) $Q=180\ m^3/h$；(c) $Q=200\ m^3/h$；(d) $Q=220\ m^3/h$

由图 3.1、图 3.2 和图 3.3 可知，随着过滤器内部的进水含沙量的变化，其各种情况下的排污压差变化趋势相差不大，即由于过滤器排污过程的稳步推进，过滤器滤网的排污压差

图 3.3 100 目滤网不同进水含沙量排污压差变化曲线

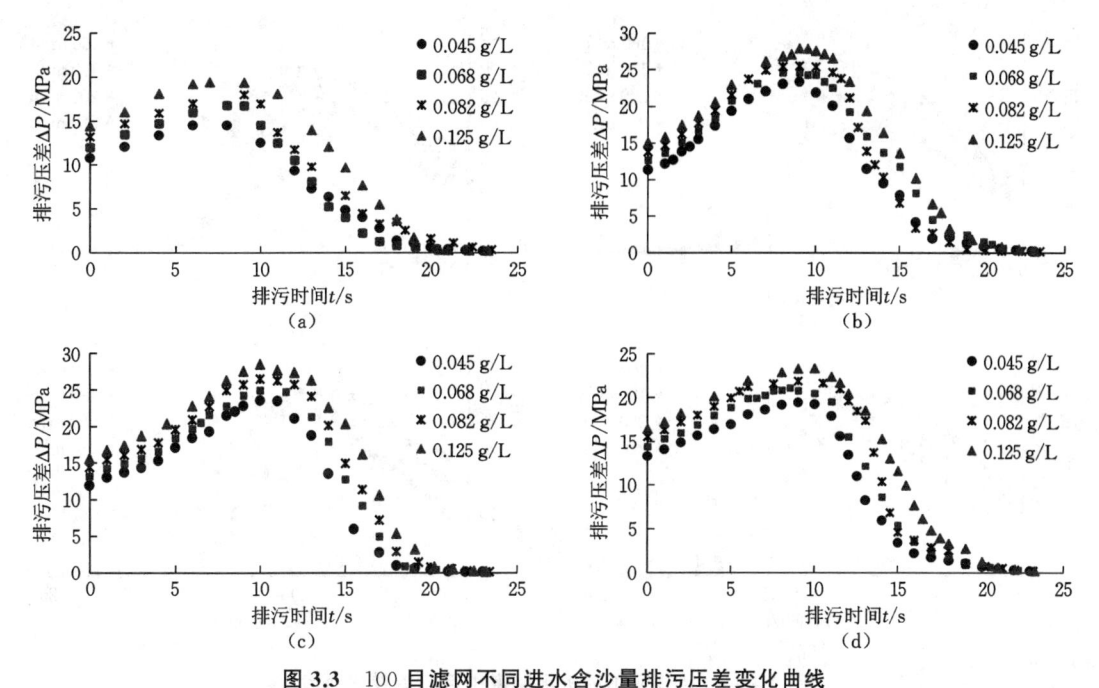

(a) $Q=160 \text{ m}^3/\text{h}$; (b) $Q=180 \text{ m}^3/\text{h}$; (c) $Q=200 \text{ m}^3/\text{h}$; (d) $Q=220 \text{ m}^3/\text{h}$

随时间的增加首先增大到特定的临界值然后逐渐减小,当泥沙介质基本随水流流出系统时,两侧的压差值相差无几且保持不变。排污部分刚开始运行时,进入过滤器内部的泥沙介质相对较少,两侧的压差值较小,此时过滤器自身的阻力对水流占据主导地位,此后,随着水流中泥沙介质的增加,逐渐形成相应的滤饼层,且随着试验的进行滤饼层会愈来愈厚,并代替滤网对水流产生对应阻力,在整个过程中,过滤器内外两侧压差会逐渐达到相应的最大临界值,最后随着过滤器的自清洗的进行,水流中的泥沙介质逐渐通过排污管排出,对应的排污压差值会随之降低并趋于稳定。

综上可知,在 4 个不同进水含沙量条件下,初始状态时,滤网表面聚集的泥沙颗粒较少,滤网内外压差相差不大,因而排污压差较小。由于排污部分试验的推进,水流中的介质在水流及滤网的阻力等多重作用下在滤网表面逐渐聚集增加,使其在过滤器内部的能量损失越来越大,从而导致滤网内外表面的压力差值随排污时间的增加而越来越大,此时过滤器排污压差在 0~10 s 逐渐增大,并在 10 s 左右达到最大临界值,之后随着自清洗过程的进行,滤网表面的泥沙颗粒逐渐排出,排污压差迅速减小,且在 20 s 之后过滤器内外两侧的压力基本没有差别且保持不变。

(2) 进水含沙量一定时,排污压差变化规律

在含沙量分别为 0.045 g/L、0.068 g/L、0.082 g/L、0.125 g/L 的条件下,得到了 4 种不同进水流量 Q 为 160 m³/h、180 m³/h、200 m³/h 及 220 m³/h 时网式过滤器的排污压差随排污时间的变化的一般规律,如图 3.4 至图 3.6 所示。由图 3.4 至图 3.6 可知,在过滤器进水含沙量一定而进水流量不同的条件下,其排污压差与之前的试验有着类似的变化规律,即排污压差在 0~10 s 先增大,10 s 左右达到对应条件下的最大值的临界值,10~20 s 迅速减小,20 s 后保持不变,二者的压力差值趋于零,排污阶段顺利完成。

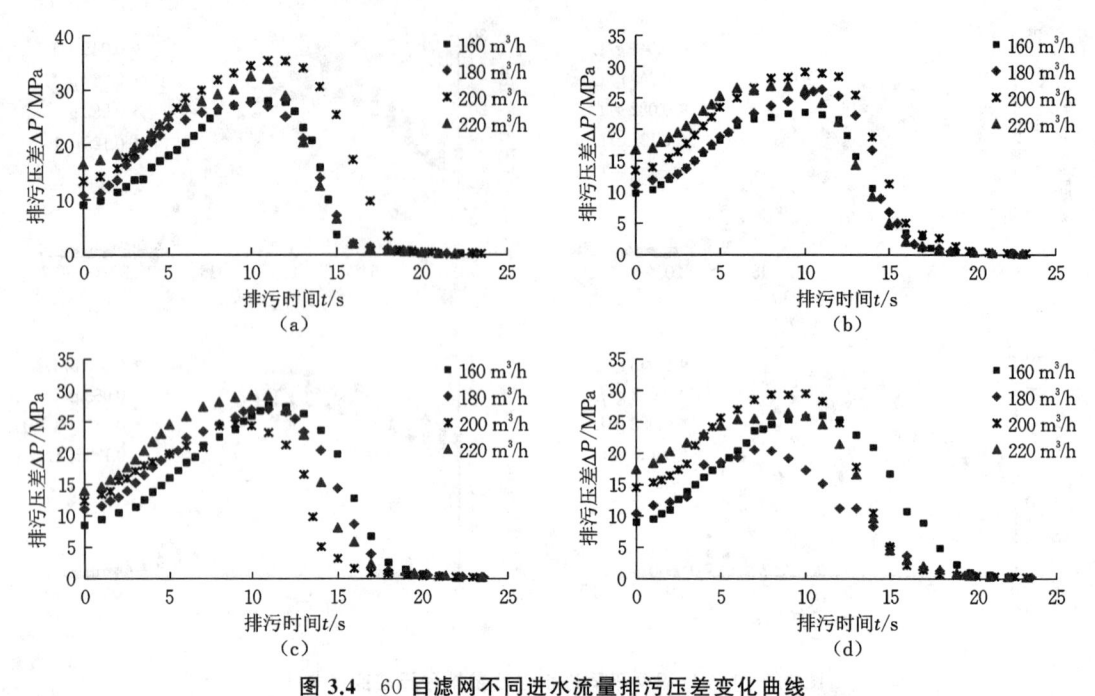

图 3.4　60 目滤网不同进水流量排污压差变化曲线

(a) $S=0.045$ g/L；(b) $S=0.068$ g/L；(c) $S=0.082$ g/L；(d) $S=0.125$ g/L

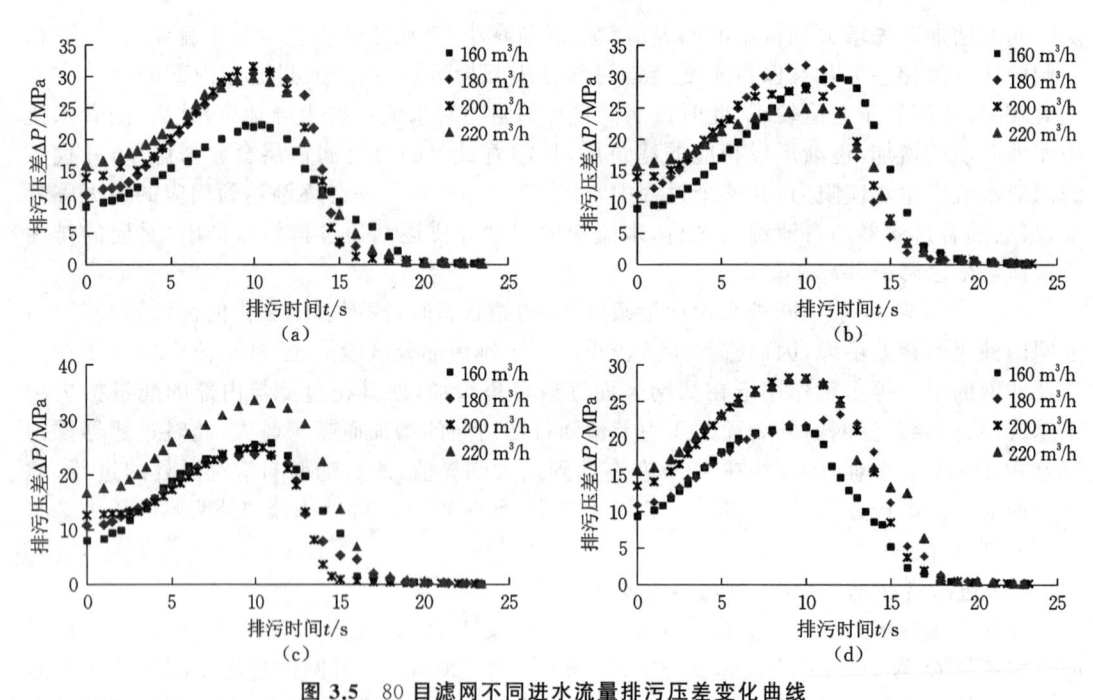

图 3.5　80 目滤网不同进水流量排污压差变化曲线

(a) $S=0.045$ g/L；(b) $S=0.068$ g/L；(c) $S=0.082$ g/L；(d) $S=0.125$ g/L

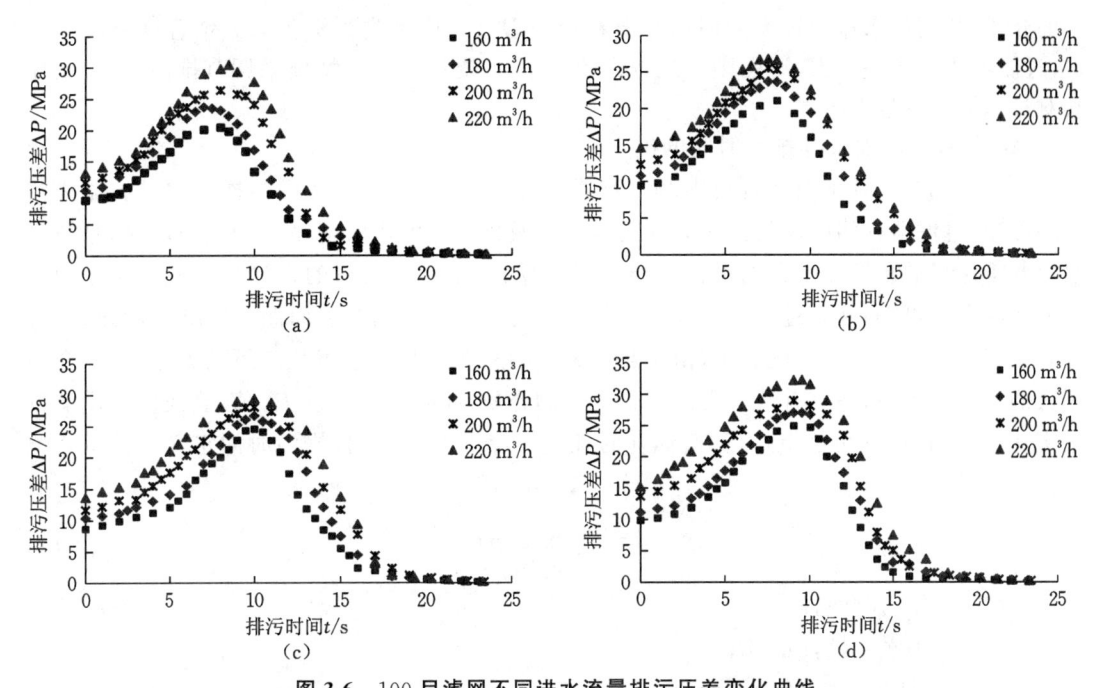

图 3.6　100 目滤网不同进水流量排污压差变化曲线
(a) $S=0.045$ g/L；(b) $S=0.068$ g/L；(c) $S=0.082$ g/L；(d) $S=0.125$ g/L

综上可知，保持进水口的水流中的泥沙介质的含量不变时，随着进入进水口的流量的增大，相应的排污压差会随之增加。随着排污时间的增加，排污压差在 0~10 s 逐渐增大，并在 10 s 左右达到峰值。此后，排污压差随排污时间的增大而迅速减小，且在 20 s 左右趋于稳定，排污过程结束，且理论压降与试验压降计算结果见表 3.1。

表 3.1　不同目数滤网过滤器排污压差要素对比表

目数	丝径 a /μm	孔径 d /μm	孔隙率 ε	滤网压降 ΔP_1 /kPa	理论压降 ΔP /kPa	试验压降 $\Delta P'$ /kPa
60	160	320	0.349	1.365	22.687~88.701	50.619~240.162
80	100	220	0.371	2.936	48.814~190.850	61.223~261.232
100	70	180	0.407	4.405	73.234~286.328	82.219~283.338

由表 3.1 可得，自清洗网式过滤器排污压差理论计算结果与试验结果基本符合，因此式（3.13）可用于实际应用研究。此外，试验装置未启动时，由于过滤器自身的高度差会造成过滤器两侧的精密压力表有读数，但在试验开启后，水流的冲力会大幅削弱其带来的偏差，从而不会为数据的测量记录带来麻烦，保证试验的准确性及安全性。

过滤器排污压差受进水流量、进水含沙量及过滤时间等多种因素的影响，因而，在实际设置中需确定反冲洗压差值，即最佳排污压差。在实际应用中，当进水含沙量或者泥沙粒径过大时，可能会出现过滤时间过短及频繁反冲洗的问题，这是由于进水含沙量情况远远超过了过滤器的过滤能力，从而致使滤网清洗不干净，降低了过滤器的清洗效率。因此，为避免以上问题，通常需要对进水含沙量进行控制，事先通过沉沙池等先进工艺拦截所经过的水流中的介质,从而使水流中较大的泥沙介质在预处理过程中率先沉淀下来。结合试验结果可得,过滤器排污压差较大,滤网则清洗得比较干净,但要根据实际情况来调节排污压差,避免其对过滤器造成过大损害。

(3) 网式过滤器最佳排污时间的确定

结合实际应用及国内外资料中对过滤器排污时间的定义[5],然后根据上述过滤器排污试验可知,过滤器排污阶段的排污时间随进水口及排污口的水流流量的增大而增大,且与进水口及排污口的水源中所含的泥沙介质的量成反比,结合排污口的含沙量及截留在滤网表面的泥沙介质可得,网式过滤器的排污时间还应与过滤器滤网内表面泥沙排出的百分数 P_m 等有正相关关系[6]。排污试验中,由于自身结构的复杂性及与理想状态下的偏差,泥沙介质不可能都清洗干净,还会有残留在过滤器内部的介质,此时需要引进 P_m 值,当泥沙介质的排出率达到 P_m 值时即可结束排污,避免耗时耗能。综上可知,结合排污时间定义及质量守恒规律[7]可得:

$$t_p = 0.99 \frac{Q}{Q_p} \frac{S}{S_p} P P_m t \tag{3.14}$$

式中 t_p——排污时间,s;
Q——进水流量,m³/h;
Q_p——排污流量,m³/h;
S——进水口水流中的泥沙介质的量,g/L;
S_p——排污口排出的水流中的泥沙介质的量,g/L;
P——大于滤网网孔直径的泥沙介质颗粒的质量占总泥沙颗粒的百分数;
t——对应过滤阶段的过滤时间,s。

试验用自清洗网式过滤器的工作流量 $Q=Q_{max}=220$ m³/h,为消除随机性带来的影响,过滤器排污口的含沙量 S_p 一般为排污初始含沙量、排污进行时的含沙量,以及排污结束时的含沙量三者之间的均值。由测量及市场规格可得,当过滤器滤网网芯规格为 60 目、网孔孔径是 0.320 mm 时,滤网孔径对泥沙介质有阻拦作用,未能随水流流出的过滤器系统内的泥沙介质的量占泥沙介质总量的 69%,因而 P 可取 69%,再结合泥沙颗粒粒径级配图可知,当滤网为 60 目时,理论上有 85% 的泥沙介质会在自清洗过程中随水流通过排污管流出系统内部,因而取 P_m 为 0.85;当滤网为 80 目时,其孔径为 0.220 mm,则 $P=0.61$,$P_m=0.80$;当滤网为 100 目时,其孔径为 0.180 mm,则 $P=0.51$,$P_m=0.75$,将上述数值代入即可得到过滤器的初始排污时间,见表 3.2。

表 3.2 60 目、80 目及 100 目细过滤网排污时间理论计算值

目数	进水流量 Q/(m³/h)	排污流量 Q_p/(m³/h)	进水含沙量 S/(g/L)	排污口含沙量 S_p/(g/L)	过滤时间 t/s	排污时间 t_p/s
60 目	220	79.525	0.045	1.184	2220	135.530
		85.675	0.068	1.316	1792	138.058
		84.114	0.082	1.537	1512	122.504
		87.381	0.125	1.854	1232	121.428

续表3.2

目数	进水流量 Q/(m³/h)	排污流量 Q_p/(m³/h)	进水含沙量 S/(g/L)	排污口含沙量 S_p/(g/L)	过滤时间 t/s	排污时间 t_p/s
80目	220	76.341	0.045	1.415	1620	71.728
		80.212	0.068	1.548	1232	71.711
		83.451	0.082	1.679	1020	63.447
		83.712	0.125	1.927	720	59.299
100目	220	78.455	0.045	1.552	1350	41.565
		75.375	0.068	1.716	1080	47.302
		76.152	0.082	1.737	675	34.860
		70.021	0.125	1.914	270	20.979

由表3.2可知，根据式(3.14)计算所得的排污过程所需的排污时间相比经验值20～30 s偏大，因而需要引入修正系数应用于实际。结合实际需要及试验数据分析可得，过滤器在进行排污时，流入过滤器内部的泥沙介质的粒径与对应的滤网孔径相比较小时随水流流出，二者相近时则会留在过滤器滤网的表面[8]，则由颗粒级配图可知，滤网目数为60目时，水流中所含的泥沙介质的粒径 $d_p \leqslant 0.320$ mm的部分是总泥沙介质量的30%，因而取修正系数 $\lambda_1 = 0.30$；80目时，$d_p \leqslant 0.220$ mm的部分所占比例为38%，则 $\lambda_2 = 0.38$；100目时，$d_p \leqslant 0.180$ mm的部分所占比例为48%，则 $\lambda_2 = 0.48$，代入式(3.14)可得：

$$t_p' = \alpha \frac{1}{Q_p} \frac{S}{S_p} \tag{3.15}$$

上式中，α 为修正系数，60目滤网，$\alpha = 38.322$；80目滤网，$\alpha = 40.389$；100目滤网，$\alpha = 39.988$。具体计算结果见表3.3。

表3.3 60目、80目及100目滤网细过滤网排污时间修正值

目数	进水流量 Q/(m³/h)	排污流量 Q_p/(m³/h)	进水含沙量 S/(g/L)	排污口含沙 S_p/(g/L)	过滤时间 t/s	排污时间 t_p/s	修正系数 λ	修正时间 t_p'/s
60目	220	79.525	0.045	1.184	2220	135.530	0.300	40.659
		85.675	0.068	1.316	1792	138.058	0.300	41.418
		84.114	0.082	1.537	1512	122.504	0.300	36.751
		87.381	0.125	1.854	1232	121.428	0.300	36.428
80目	220	76.341	0.045	1.415	1620	71.728	0.380	27.257
		80.212	0.068	1.548	1232	71.711	0.380	27.250
		83.451	0.082	1.679	1020	63.447	0.380	24.110
		83.712	0.125	1.927	720	59.299	0.380	22.534

续表3.3

目数	进水流量 $Q/(m^3/h)$	排污流量 $Q_p/(m^3/h)$	进水含沙量 $S/(g/L)$	排污口含沙 $S_p/(g/L)$	过滤时间 t/s	排污时间 t_p/s	修正系数 λ	修正时间 t'_p/s
100目	220	78.455	0.045	1.552	1350	41.565	0.480	19.951
		75.375	0.068	1.716	1080	47.302	0.480	22.705
		76.152	0.082	1.737	675	34.860	0.480	16.733
		70.021	0.125	1.914	270	20.979	0.480	10.070

由表3.3可知，修正后的排污时间基本在15~45 s的范围内变化，在各排污工况下以最大排污时间排污时对比同类过滤器可减少8~10 s，说明立式自清洗网式过滤器具有较为优良的排污性能，且在相同情况下与其他自清洗网式过滤器基本一致，其结果与理论计算所得的排污过程中的最佳排污时间相差不大，对于同类型网式过滤器排污过程时长的设置及确定有至关重要的作用，从而避免排污时间不当带来的损失。并且由试验可得，不论哪种情况，排污时间的长短均与进入过滤器内部的水流中的泥沙介质的含量的大小有关，并随之增大而增加。且在自清洗过程中，不同泥沙介质含量时的水头损失峰值的确定对过滤器排污有着至关重要的作用，通过上述计算得到过滤器不同情况下的排污时间值，可以避免排污时间过长或者过短造成的问题。

3.2 卧式自清洗网式过滤器排污性能试验

3.2.1 卧式网式过滤器排污原理

过滤器排污过程启动后，排污阀门就会在电机控制下被开启，与此同时出水阀门就会被关闭，最后把水排出的装置是反冲洗装置，它是通过水流旋喷作用完成的；过滤器内用于过滤的过滤室和用于排污的排污管内的压力会出现较大程度的降低，与此同时在吸沙组件处形成负压，而后其被阻挡在细过滤网内壁上的杂质会通过吸嘴被吸出，最后在自清洗装置中的排沙管由排污口排出，这就是一个完整的排污过程。在水流通过排污管，然后流经自清洗装置后，吸沙组件在水流旋喷的作用下进行旋转，这样就可以达到排空和清洗过滤网表面的效果，在清洗完成以后排污口就关闭，以上所述清洗过程会进行数十秒，需要指出的是在排污清洗过程中，过滤器整个的运行依然在正常进行。

3.2.2 卧式网式过滤器排污试验研究

3.2.2.1 最佳排污压差

卧式网式过滤器与立式网式过滤器排污方式一致，其最佳排污压差理论和试验结果基本一致，研究结果可参照对应部分。

3.2.2.2 卧式网式过滤器最佳排污时间研究

卧式自清洗网式过滤器是目前国内外应用最广泛的过滤器，排污时间是评价过滤器自清洗效果好坏的最直接参数。通过试验中排污口含沙量曲线的变化规律可以得出过滤器在过滤过程中的排污规律。

按照试验方案，分别改变流量大小对排污口含沙量进行试验。试验选择 220 m³/h、200 m³/h、180 m³/h、160 m³/h 四种流量，是根据过滤器工作流量 $Q=150\sim220$ m³/h 范围，按照级差为 20 m³/h 进行选择的，这样可以保证试验流量有较广泛的范围，同时又在过滤器工作流量之内；共测量了 6 组不同进口含沙量，分别为 0.006 kg/m³、0.013 kg/m³、0.015 kg/m³、0.018 kg/m³、0.027 kg/m³、0.063 kg/m³，含沙量选择既要保证在较小含沙量下过滤器达到预设压差时间不会太长，也要保证在较大含沙量下能够为试验取样留出足够时间。下面分别对相同流量、不同含沙量，以及相同含沙量、不同流量条件下的排污口含沙量随着时间变化规律进行分析。

（1）相同流量、不同含沙量条件下排污口含沙量变化规律

图 3.7 所示为试验得到的相同流量不同含沙量条件下排污口含沙量随时间的变化规律，从图中可以看出，各种条件下排污口含沙量随着过滤时间的趋势基本一致，随着排污时间增大，排污口含沙量先增大后减少，并有一峰值。开始排污时，由于排污管内存留有前次未排完的水样，所以最先排出的水含沙量较低（与进水含沙量接近）；随着内部滤网上积聚的泥沙颗粒被水流从排污口排出，排污口含沙量会逐渐增大到最大值；后续随着泥沙的逐渐排出，含沙量逐渐减小并趋于稳定，最后接近进水含沙量值。从图中可以看出，在 $t_p=6\sim9$ s 时出现峰值，之后急剧下降，在 $t_p=14\sim16$ s 时排污口含沙量趋于稳定，据此排污时间最小值应为 14 s。

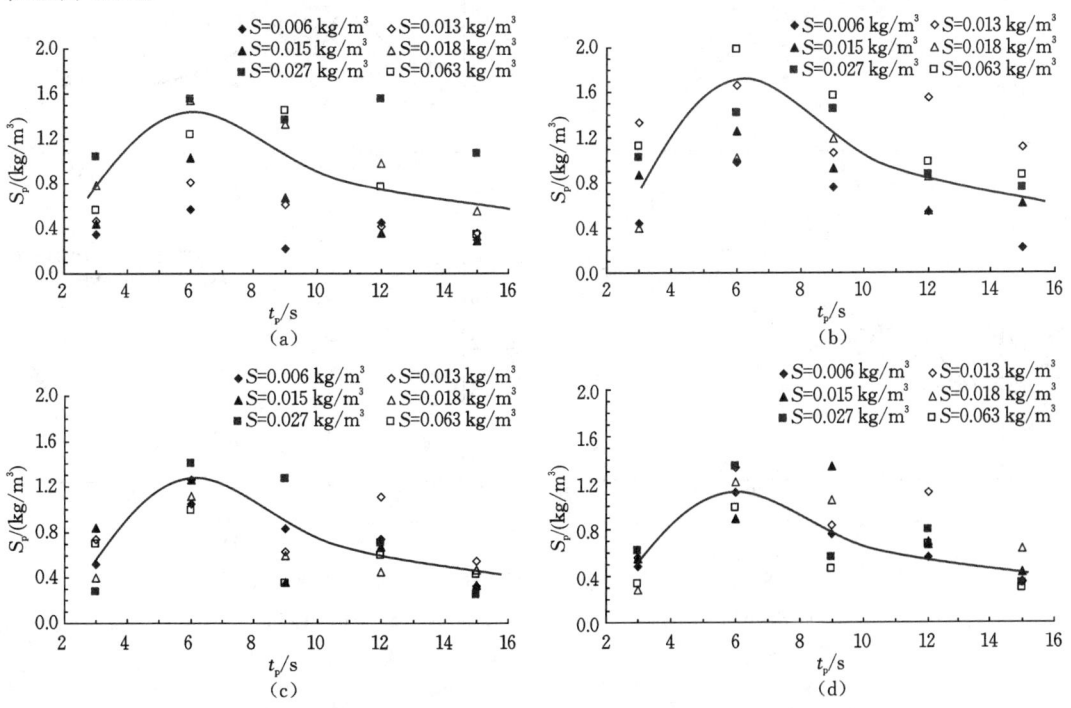

图 3.7 不同进水含沙量下排污口含沙量随时间变化曲线

(a) $Q=220$ m³/h；(b) $Q=200$ m³/h；(c) $Q=180$ m³/h；(d) $Q=160$ m³/h

(2) 相同含沙量、不同流量条件下排污口含沙量变化规律

在含沙量 S 分别为 0.006 kg/m³、0.013 kg/m³、0.015 kg/m³、0.018 kg/m³、0.027 kg/m³、0.063 kg/m³ 的条件下，分别得到了 160 m³/h、180 m³/h、200 m³/h、220 m³/h 四种不同流量条件下排污口含沙量随时间的变化规律，如图 3.8 所示。由图 3.8 可知，在含沙量相同、流量不同条件下，排污口的含沙量变化趋势也基本一致，都是先增大后减小，含沙量出现峰值后随着排污时间的延长，其含沙量变化基本趋于平稳，其变化规律与之前所分析的流量相同、含沙量不同变化规律基本一致。但在同一进水含沙量下，不同流量对应含沙量随时间变化规律差别较大，这也说明流量对排污影响较大。从图中可以看出，在 $t_p=6\sim10$ s 时出现峰值，之后急剧下降，在 $t_p=14\sim16$ s 时排污口含沙量趋于稳定，据此排污时间最小值应为 14 s。

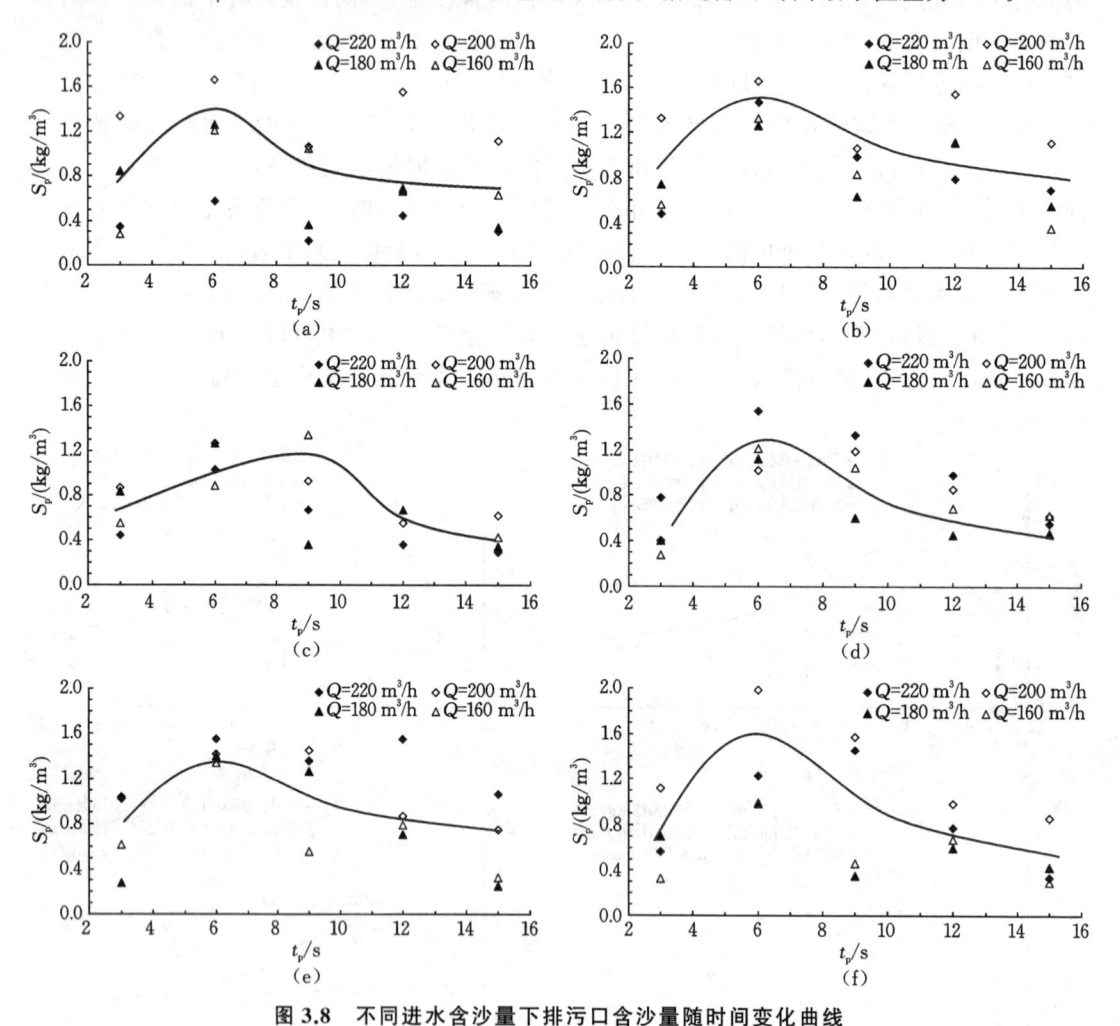

图 3.8 不同进水含沙量下排污口含沙量随时间变化曲线

(a) $S=0.006$ kg/m³；(b) $S=0.013$ kg/m³；(c) $S=0.015$ kg/m³；
(d) $S=0.018$ kg/m³；(e) $S=0.027$ kg/m³；(f) $S=0.063$ kg/m³

3.2.2.3 排污时间理论计算研究

参照前文，卧式网式过滤器最佳排污时间理论分析过程与立式网式过滤器最佳排污时

间一致，以下重点介绍卧式网式过滤器排污时间试验的相关结果。试验滤网为 80 目，孔径 0.152 mm，由颗粒级配图可知粒径大于 0.152 mm 的沙占 60%，即 $P=60\%$；取 $P_m=0.85$，即认为拦截下来 85% 的泥沙颗粒可以被排出。过滤器基本数据：过滤流量 Q 分别为 220 m³/h、200 m³/h、180 m³/h、160 m³/h 时，对应排污流量 Q_p 分别为 90 m³/h、80 m³/h、70 m³/h、60 m³/h。将这些参数代入式(3.15)中就可以计算得到各种情况下的排污时间值。如图 3.9 所示，计算得到过滤器排污时间为 $t_p=15\sim47$ s，若取均值则为 30 s。根据新疆生产建设兵团农八师过滤器实际运行原型观测结果，为了保证将滤网截留的泥沙颗粒彻底排出，排污时间一般设定较大为 60 s；而国外一些自清洗网式过滤器，如以色列生产的吸污式自清洗过滤器和刷（刮）式自清洗过滤器的清洗时间一般设定为 20～30 s，与本节计算结果基本一致；对于国内自清洗过滤器，刘焕芳[21]等也通过试验，对目数为 80 的立式自清洗网式过滤器，在进水含沙量范围为 $S=0.07\sim0.182$ kg/m³，流量 $Q=220$ m³/h、200 m³/h、180 m³/h 条件下，得到过滤器最佳排污时间为 20～30 s。

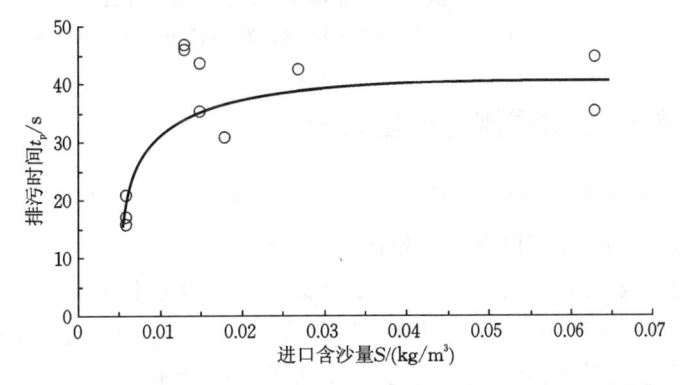

图 3.9 计算得到的过滤器排污时间与进水含沙量关系曲线

综上，本节所得到的卧式自清洗网式过滤器排污时间 $t_p=15\sim30$ s，与其他自清洗网式过滤器试验结果基本一致，也与实际工程运行结果一致，完全可以用于实际工程中卧式自清洗网式过滤器排污时间的确定。

3.3 翻板型网式过滤器排污性能试验

3.3.1 翻板型网式过滤器排污原理

翻板型网式过滤器的排污分为两次排污：进行第一次排污时，首先关闭出水阀，同时打开排污阀，过滤器内翻板处于打开状态[图 3.10(a)]，清水由进水口进入过滤器，将进水口和翻板之间的杂质携带至出水口，其中小部分杂质随水流经排污口排出，大部分杂质在翻板与出水口之间形成堆积。

完成一次排污后，迅速将翻板完全关闭[图 3.10(b)]，同时打开出水阀，出水管中清水通过出水口倒流进入过滤器，同时由进水口进入的清水经出水口和翻板之间的滤网由外向内进入过滤器，将堆积在翻板与出水口之间的杂质经排污口排出过滤器，完成二次排污。再次将翻板完全打开,观察进出水口处的压力表显示的压力差,若达到过滤器初始工作状态的压力差值,即完成整个排污工作。其中,一次排污过程主要利用进水压力完成翻板和进水口部分的滤网内表面清洗,二次排污过程主要利用出水管中回水与进水压力形成的压力完成翻板与出水口之间滤网内表面清洗并将杂质排出过滤器内部。

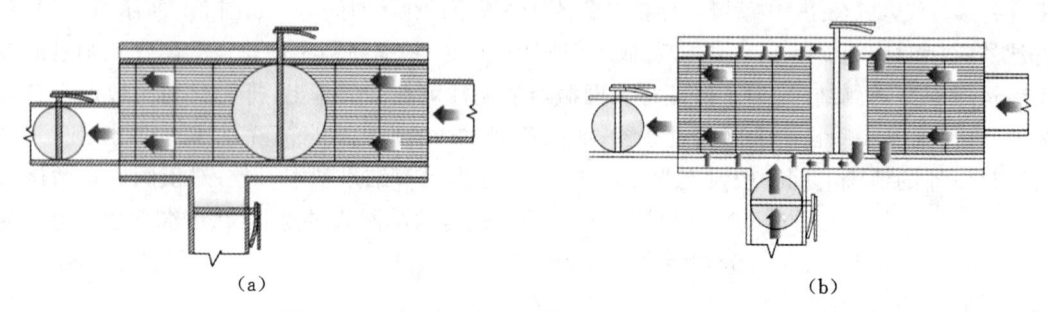

图 3.10 翻板型网式过滤器排污过程水流示意图
(a)排污第一阶段内部水流示意图;(b)排污第二阶段内部水流示意图

3.3.2 翻板型网式过滤器排污试验研究

3.3.2.1 排污时间变化规律研究

(1)进水流量一定时,排污时间变化规律

翻板型网式过滤器排污分为两个阶段,结合实际工程,本次试验设定第一阶段排污时间为 25 s,第二阶段排污时间为 45 s,总计排污时间为 70 s。绘制相同进水流量不同进水含沙量工况下排污口含沙量随排污时间的变化曲线,如图 3.11 所示。

分析图 3.11 发现,当进水流量一定时,排污口含沙量随排污时间的变化规律是一致的。在 0~25 s,过滤器进行一次排污时,排污口含沙量保持不变,基本等于排污用水含沙量,因在一次排污时,主要是将过滤器进水口和翻板之间的泥沙杂质运移到排污口附近;25 s 以后,过滤器进行二次排污时,排污口含沙量开始增加,达到峰值后下降直至恢复至与排污用水含沙量一致时,保持不变。

由图 3.11 分析发现,以进水流量为 160 m³/h、180 m³/h 和 200 m³/h 试验组为研究对象,当进水流量为 160 m³/h,进水含沙量分别为 0.122 g/L、0.278 g/L、0.309 g/L 和 0.336 g/L 时,排污口含沙量达到峰值对应的时间分别为 38 s、41 s、41 s 和 42 s,对应的排污口含沙量峰值分别为 3.82 g/L、4.22 g/L、4.56 g/L 和 4.90 g/L;当进水流量为 180 m³/h,进水含沙量分别为 0.122 g/L、0.278 g/L、0.309 g/L 和 0.336 g/L 时,排污口含沙量达到峰值对应的时间分别为 30 s、34 s、36 s 和 37 s,对应的排污口含沙量峰值分别为 4.09 g/L、4.50 g/L、4.92 g/L 和 5.42 g/L;当进水流量为 200 m³/h,进水含沙量分别为 0.122 g/L、0.278 g/L、0.309 g/L 和 0.336 g/L 时,排污口含沙量达到峰值对应的时间分别为 28 s、31 s、33 s 和 33 s,对应的排污口含沙量峰值分别为 4.41 g/L、4.82 g/L、5.32 g/L 和 5.72 g/L。即当进水流量一定时,随着进水含沙量的增大,排污口含沙量达到峰值的时间和排污口含沙量的峰值均在增加。

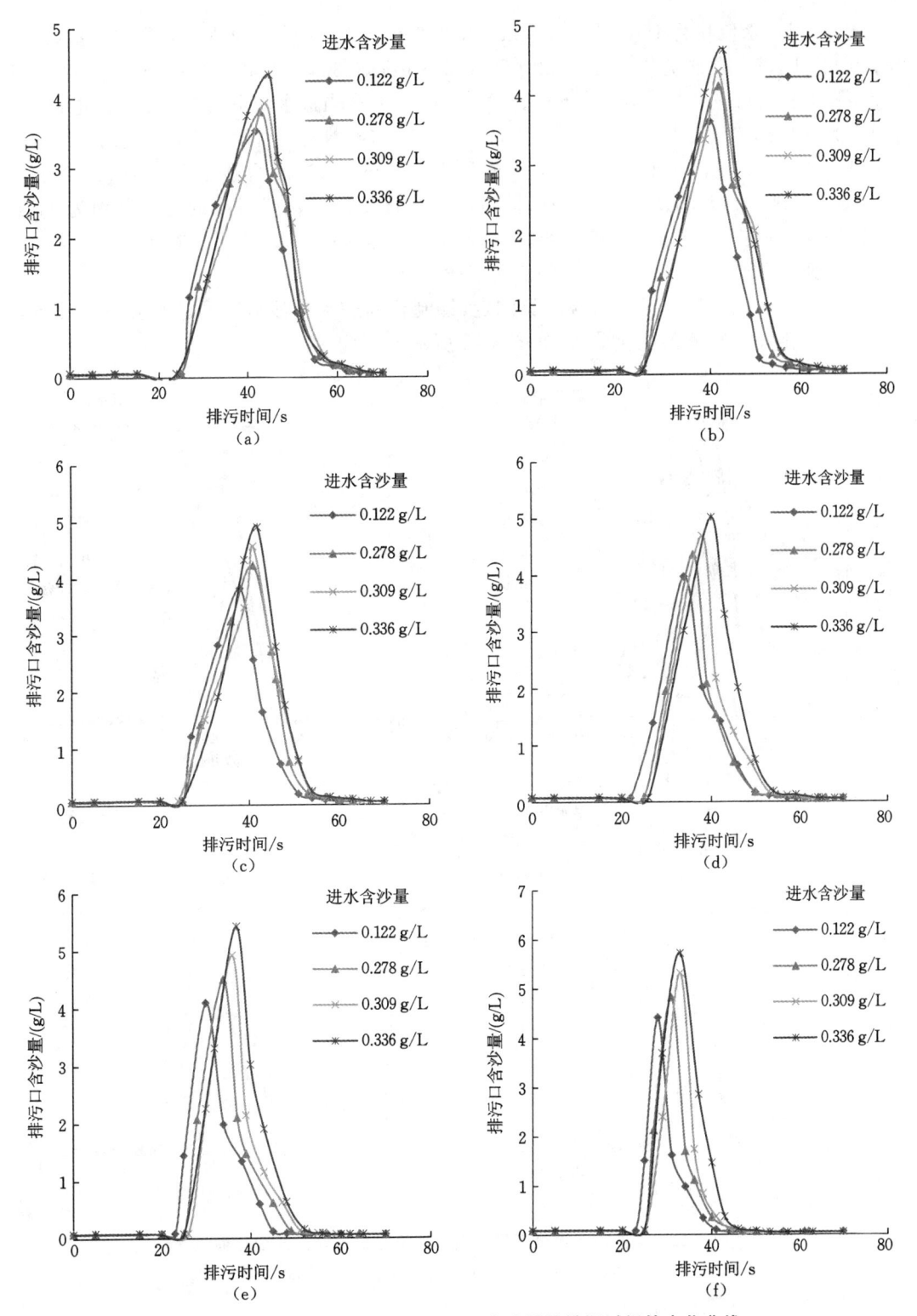

图 3.11 不同进水含沙量下排污口含沙量随排污时间的变化曲线

(a) 140 m³/h；(b) 150 m³/h；(c) 160 m³/h；(d) 170 m³/h；(e) 180 m³/h；(f) 200 m³/h

同时，以进水流量为 160 m³/h、180 m³/h 和 200 m³/h 试验组为研究对象，当进水流量为 160 m³/h，进水含沙量分别为 0.122 g/L、0.278 g/L、0.309 g/L 和 0.336 g/L 时，排污口含沙量不再变化时对应的时间分别为 60 s、63 s、65 s 和 66 s；当进水流量为 180 m³/h，进水含沙量分别为 0.122 g/L、0.278 g/L、0.309 g/L 和 0.336 g/L 时，排污口含沙量不再变化时对应的时间分别为 45 s、49 s、51 s 和 58 s；当进水流量为 200 m³/h，进水含沙量分别为 0.122 g/L、0.278 g/L、0.309 g/L 和 0.336 g/L 时，排污口含沙量不再变化时对应的时间分别为 41 s、44 s、45 s 和 46 s。即当进水流量一定时，随着进水含沙量的增大，排污总时间也在增大。

(2) 进水含沙量一定时，排污时间变化规律

通过对各工况条件下排污口含沙量测定，绘制相同进水含沙量不同进水流量工况下排污口含沙量随排污时间的变化曲线，如图 3.12 所示。

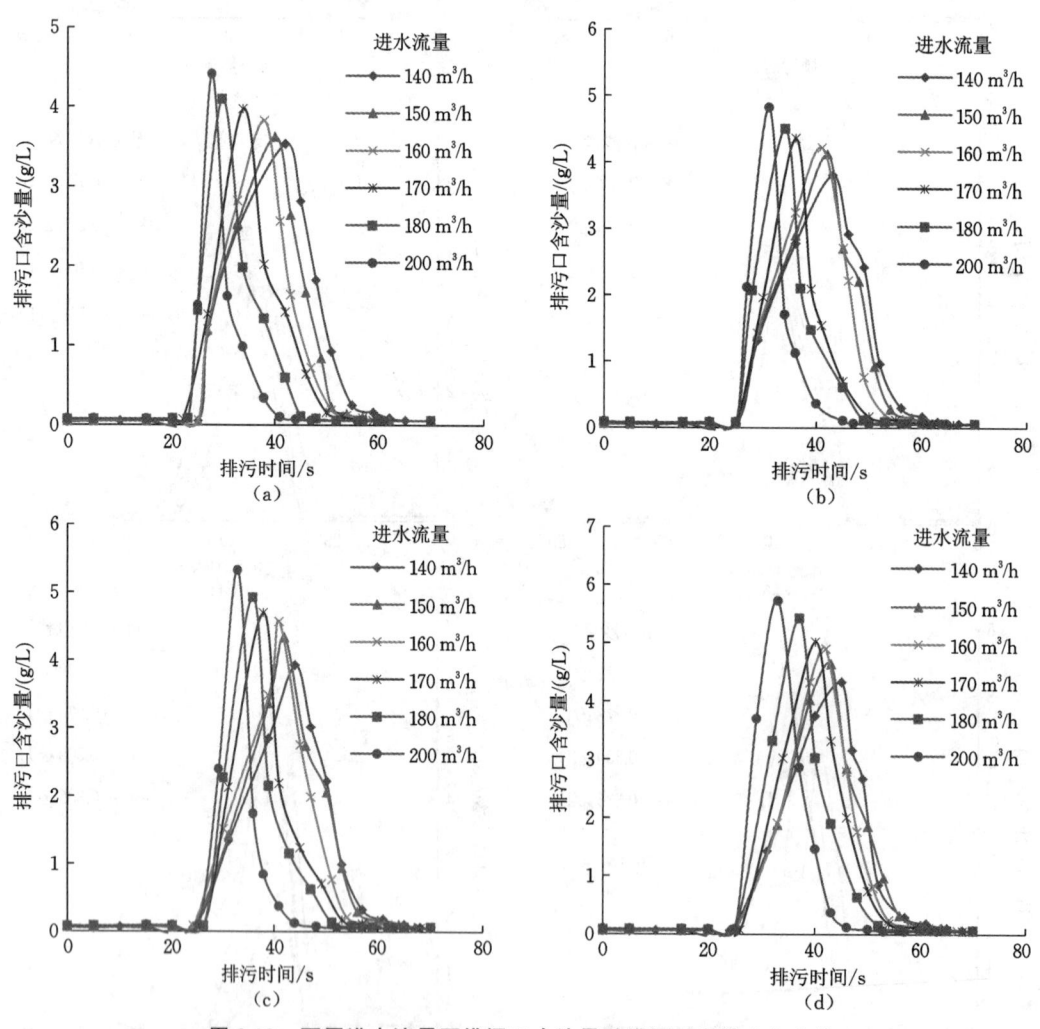

图 3.12 不同进水流量下排污口含沙量随排污时间的变化曲线
(a) 0.122 g/L；(b) 0.278 g/L；(c) 0.309 g/L；(d) 0.336 g/L

当进口含沙量一定时，排污口含沙量随排污时间的变化规律是一致的，亦呈现在 0～25 s，过滤器进行一次排污时，排污口含沙量保持不变；25 s 以后，过滤器进行二次排污时，排污口

含沙量开始增加,达到峰值后下降直至恢复至与排污用水含沙量一致时,保持不变。

由图 3.12 发现,以进水含沙量为 0.278 g/L 和 0.309 g/L 试验组为研究对象,当进水含沙量为 0.278 g/L,进水流量分别为 140 m³/h、150 m³/h、160 m³/h、170 m³/h、180 m³/h 和 200 m³/h 时,排污口含沙量达到峰值对应的时间分别为 43 s、42 s、41 s、36 s、34 s 和 31 s,对应的排污口含沙量峰值分别为 3.80 g/L、4.12 g/L、4.22 g/L、4.36 g/L、4.50 g/L 和 4.82 g/L;当进水含沙量为 0.309 g/L,进水流量分别为 140 m³/h、150 m³/h、160 m³/h、170 m³/h、180 m³/h和 200 m³/h 时,排污口含沙量达到峰值对应的时间分别为 44 s、42 s、41 s、38 s、36 s 和 33 s,对应的排污口含沙量峰值分别为 3.92 g/L、4.33 g/L、4.56 g/L、4.69 g/L、4.92 g/L 和 5.32 g/L。即随着进水流量的增大,排污口含沙量达到峰值的时间减小,排污口含沙量峰值增加。

同时,以进水含沙量为 0.278 g/L 和 0.309 g/L 试验组为研究对象,当进水含沙量为 0.278 g/L,进水流量分别为 140 m³/h、150 m³/h、160 m³/h、170 m³/h、180 m³/h 和 200 m³/h时,排污口含沙量不再变化时对应的时间分别为 67 s、65 s、63 s、52 s、49 s 和 43 s;当进水含沙量为 0.309 g/L,进水流量分别为 140 m³/h、150 m³/h、160 m³/h、170 m³/h、180 m³/h和 200 m³/h 时,排污口含沙量不再变化时对应的时间分别为 68 s、67 s、65 s、54 s、51 s 和 44 s。即当进水含沙量一定时,随着进水流量的增大,排污总时间在减小。当进水流量为 140～160 m³/h 时,排污达到排污峰值的时间为 40～45 s,排污总时间为 63～69 s;当进水流量为 170～200 m³/h 时,排污达到排污峰值的时间为 30～40 s,排污总时间为 48～53 s。

(3)排污时间理论分析及拟合计算

排污时间是评价过滤器排污性能的重要参数之一,确定其准确的排污时间,可减少由于排污时间不足造成的清洗不彻底的问题或排污时间过长造成的水源浪费问题。翻板型网式过滤器通过控制翻板开闭将排污过程分为两个阶段,对翻板型网式过滤器排污过程两个阶段进行理论分析,对翻板型网式过滤器理论公式进行推导。

① 0～t_1(t_1 为一次排污结束的时间)阶段为一次排污阶段,完成进水口与翻板之间滤网的清洁排污工作,此过程排污口基本不出沙。此时,满足公式(3.16):

$$S_j = S_w \tag{3.16}$$

式中　S_j——进水口水样含沙量,g/L;
　　　S_w——排污口水样含沙量,g/L。

② t_1～t_2(t_2 为二次排污结束的时间)阶段为二次排污阶段,翻板处于关闭状态,进行出水口与翻板之间滤网的排污工作,根据质量守恒原理,此时,满足公式(3.17):

$$M_w = M_n \tag{3.17}$$

式中　M_w——排污口排出杂质总量,g;
　　　M_n——滤网内部堵塞杂质总量,g。

在 t_2 时段后完成排污过程后再次满足公式(3.16),即认为整个排污工作结束。

分析排污口含沙量与排污时间的变化曲线,结合曲线变化趋势和 Origin 软件将预试验的多组试验结果进行拟合分析,发现排污含沙量随排污时间变化曲线近似满足正态分布曲

线,其函数满足公式(3.18):

$$f(T) = B\exp\left(-\frac{(t_p-\mu)^2}{2\sigma^2}\right) \tag{3.18}$$

式中　σ——标准差;

　　　μ——期望值;

　　　B——流量修正系数;

　　　t_p——排污时间,s。

在实际工程中,翻板型网式过滤器排污口含沙量初始值为进水口含沙量值,在计算时确定初值条件为进水口含沙量,得到排污含沙量与排污时间的数学表达式:

$$S_w = S_j + B\exp\left(-\frac{(t_p-\mu)^2}{2\sigma^2}\right) \tag{3.19}$$

当$S_w = S_j$,认为完成排污,即进入下一过滤周期。

对试验结果进行拟合计算,将试验数据利用Origin软件进行公式拟合,并将试验结果与公式拟合结果比较,结果见表3.4。

表3.4　排污时间拟合计算表

含沙量/(g/L)	流量/(m³/h)	拟合结果/s	试验结果/s	相对误差/s	误差百分比/%
0.122	140	65.56	65	0.56	0.85%
	150	61.28	62	−0.72	−1.17%
	160	57.63	60	−2.37	−4.11%
	170	52.32	50	2.32	4.43%
	180	43.91	45	−1.09	−2.48%
	200	36.18	39	−2.82	−7.79%
0.278	140	65.31	67	−1.69	−2.59%
	150	62.59	65	−2.41	−3.85%
	160	60.52	63	−2.48	−4.10%
	170	47.79	52	−4.21	−8.81%
	180	44.91	49	−4.09	−9.11%
	200	39.31	43	−3.69	−9.39%
0.309	140	68.91	68	0.91	1.32%
	150	69.30	67	2.30	3.32%
	160	65.88	65	0.88	1.34%
	170	52.96	54	−1.04	−1.96%
	180	48.64	51	−2.36	−4.85%
	200	42.64	44	−1.36	−3.19%

续表3.4

含沙量/(g/L)	流量/(m³/h)	拟合结果/s	试验结果/s	相对误差/s	误差百分比/%
0.336	140	66.58	68	−1.42	−2.13%
	150	65.00	68	−3.00	−4.62%
	160	60.44	66	−5.56	−9.20%
	170	57.55	60	−2.45	−4.26%
	180	54.52	58	−3.48	−6.38%
	200	47.35	49	−1.65	−3.48%

由表3.4可知,当含沙量一定时,排污时间计算结果与试验结果最大误差均小于6.0 s,排污时间产生的误差值均小于排污时间的10%,公式拟合度较高,可作为翻板型网式过滤器排污时间计算公式。根据实际调研结果,结合试验数据和理论分析结果,分别确定不同工况下运行时排污时间。确定在进水流量为140~160 m³/h低流量工况下运行时,排污时间应控制为70 s,确定在进水流量为170~200 m³/h高流量工况下运行时,排污时间应控制为50 s。通过对翻板型网式过滤器排污时间的准确确定,可以解决翻板型网式过滤器在实际工程应用中由于排污时间过长产生的耗水量过大的问题,以及由于排污时间不足造成的清洗效果达不到标准的问题。

3.3.2.2 排污效果分析

(1)排污效果理论分析

排污结束后,滤网洁净度是评价过滤器排污性能的另一重要参数,洁净度直接决定了网式过滤器下一个工作周期的工作状态。定义排污口排沙总量与滤网内部堵塞沙量之比为滤网排污结束之后的洁净度,用符号 λ 表示,即:

$$\lambda = \frac{M_w}{M_n} \tag{3.20}$$

① 过滤器滤网内部堵塞沙量计算

依据质量守恒原理,滤网内部堵沙量为进水口进沙总量与出水口排沙总量之差,即:

$$M_n = \Delta S Q_1 t \tag{3.21}$$

式中　ΔS——进出水口含沙量之差,g/L;

Q_1——进口流量,m³/h。

② 排污口排沙总量计算

对公式(3.19)积分,得公式(3.22):

$$M_w = Q_2 \int_0^t S_w \, dt \tag{3.22}$$

式中　Q_2——排污流量,m³/h。

在计算中,正态分布的积分无解析解,刘清珺等[88]给出正态分布积分的近似计算公式,见公式(3.23):

$$F(t_p) = \frac{\exp[a(t_p - \mu)]}{1 + \exp[a(t_p - \mu)]}, \quad a = \frac{4}{\sqrt{2\pi}\sigma} \tag{3.23}$$

综合上式,得到排污口排沙总量的数学表达式,见公式(3.24):

$$M_w = Q_2 S_j t_p + Q_2 \sqrt{2\pi} \sigma B \frac{\exp[a(t_p - \mu)]}{1+\exp[a(t_p - \mu)]}, \quad a = \frac{4}{\sqrt{2\pi}\sigma} \tag{3.24}$$

即可计算洁净度 λ，满足公式(3.25)：

$$\lambda = \frac{Q_2 S_j t_p + Q_2 \sqrt{2\pi} \sigma B \dfrac{\exp[a(t_p - \mu)]}{1+\exp[a(t_p - \mu)]}}{\Delta S Q_1 t}, a = \frac{4}{\sqrt{2\pi}\sigma} \tag{3.25}$$

(2) 排污效果试验分析

在进水含沙量一定的情况下，测定不同流量下滤网内部堵塞沙量与排污口排沙总量，其低流量(140～160 m³/h)和高流量(170～200 m³/h)工况下排污洁净度计算结果分别见表3.5、表3.6。结合表3.5、表3.6分析可知，当进水含沙量一定时，排污洁净度与进水流量呈线性关系，在低流量工况下洁净度较低，其洁净度均小于90%，在高流量工况下洁净度较高，其洁净度均大于90%，随进水流量增加，排污洁净度 λ 增加；当进水流量一定时，排污洁净度与含沙量亦呈线性关系，当进水流量为170 m³/h，含沙量由0.122 g/L 变化至0.336 g/L，排污洁净度由95.57%变化至72.30%，即随进水含沙量增加，排污洁净度 λ 减小；当进水流量为180 m³/h 及其以上时，洁净度基本稳定在97%以上，即当进水流量较大时，进水流量为洁净度的主要影响因素，含沙量对洁净度影响程度小于进水流量对洁净度的影响。

表3.5　低流量工况排污流量与排污洁净度计算表

流量/(m³/h)	140			150			160		
含沙量/(g/L)	M_n/kg	M_w/kg	λ/%	M_n/kg	M_w/kg	λ/%	M_n/kg	M_w/kg	λ/%
0.122	2.96	2.04	68.98	2.72	1.99	73.24	2.35	1.96	83.37
0.278	4.71	3.31	70.23	4.74	3.36	71.00	3.93	3.47	88.37
0.309	4.86	3.28	67.50	4.44	3.66	82.39	4.17	3.77	87.13
0.336	7.30	3.70	50.70	6.86	3.86	56.19	6.45	3.79	55.99

表3.6　高流量工况排污流量与排污洁净度计算表

流量/(m³/h)	170			180			200		
含沙量/(g/L)	M_n/kg	M_w/kg	λ/%	M_n/kg	M_w/kg	λ/%	M_n/kg	M_w/kg	λ/%
0.122	2.00	1.91	95.57	2.00	1.96	97.88	1.69	1.69	99.86
0.234	2.61	2.29	88.01	2.03	1.99	97.84	1.86	1.83	98.46
0.309	3.49	3.05	87.26	2.99	2.94	98.42	2.62	2.62	99.85
0.336	5.40	3.90	72.30	4.62	4.55	98.64	4.05	3.95	97.47

3.3.2.3　排污压差变化规律研究

(1) 进水流量一定时，排污时间压差变化规律

结合翻板型网式过滤器在实际工程中的运行工况，在排污试验中，将一次排污时间控制为25 s，二次排污时间控制为45 s，共计70 s 进行排污工作，以翻板型网式过滤器在过滤过程中水头损失峰值为排污起始压差，分析进水流量相同进水含沙量不同工况时的压差变化随排污时间的变化曲线，确定翻板型网式过滤器两个排污阶段的排污压差变化规律，各工况

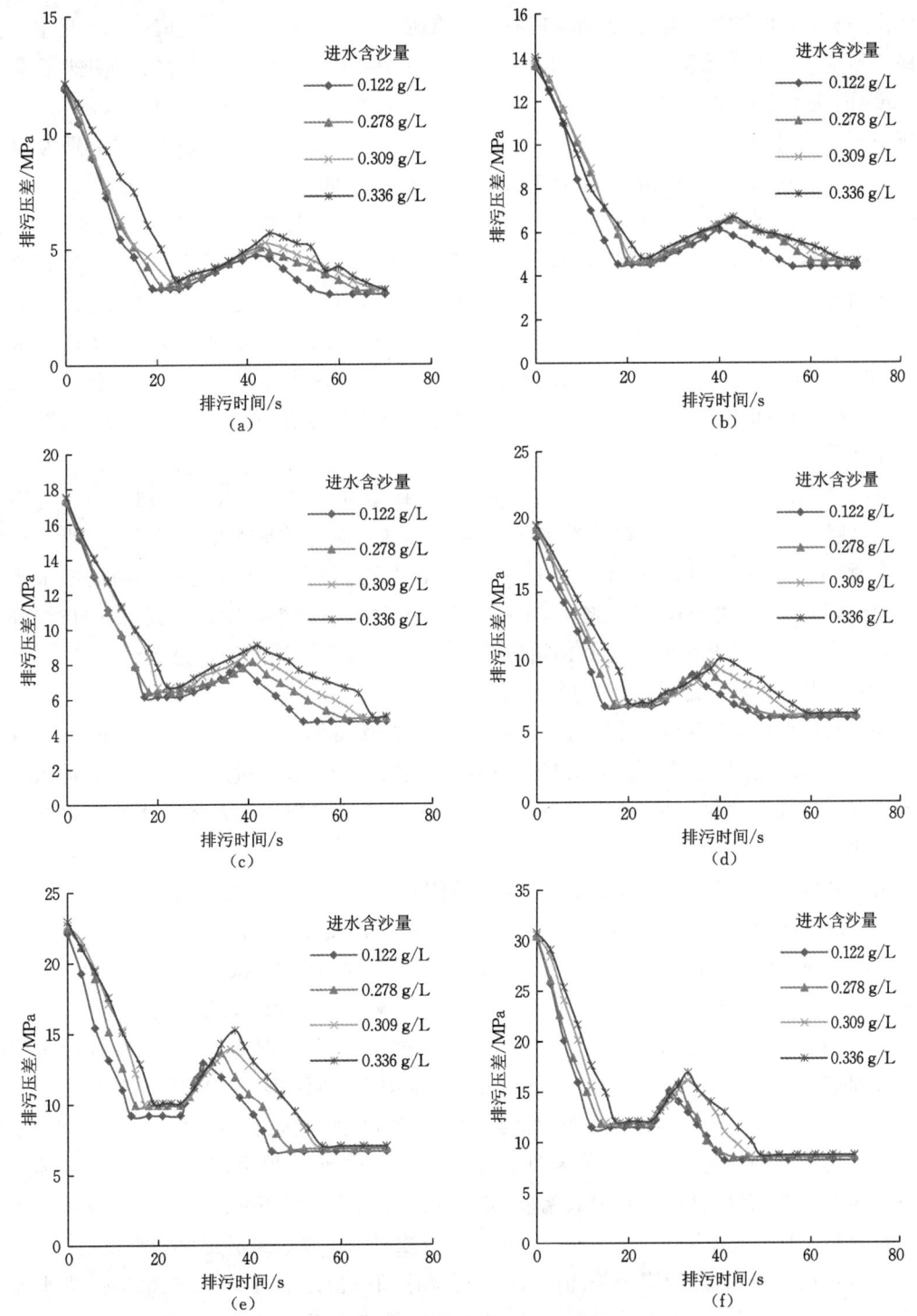

条件下翻板型网式过滤器第一次和第二次排污压差随时间的变化曲线如图3.13所示。

图3.13 不同进水含沙量下进出水口压差随排污时间的变化曲线

(a) $Q=140$ m³/h；(b) $Q=150$ m³/h；(c) $Q=160$ m³/h；
(d) $Q=170$ m³/h；(e) $Q=180$ m³/h；(f) $Q=200$ m³/h

分析图3.13发现,6组流量工况条件下,在0~25 s阶段,压差均呈现先下降后保持不变的变化趋势,进水含沙量越大,达到保持不变的点越晚;在25 s之后,压差值先增大后减小直到保持不变。以进水流量为160 m³/h、180 m³/h和200 m³/h组为研究对象,当进水流量为160 m³/h,进水含沙量分别为0.122 g/L、0.278 g/L、0.309 g/L和0.336 g/L时,到达一次排污压差不变的时间分别为17 s、18 s、20 s和22 s,到达二次排污压差不变的时间分别为52 s、61 s、65 s和67 s;当进水流量为180 m³/h,进水含沙量分别为0.122 g/L、0.278 g/L、0.309 g/L和0.336 g/L时,到达一次排污压差不变的时间分别为14 s、15 s、17 s和19 s,到达二次排污压差不变的时间分别为45 s、49 s、55 s和56 s;当进水流量为200 m³/h,进水含沙量分别为0.122 g/L、0.278 g/L、0.309 g/L和0.336 g/L时,到达一次排污压差不变的时间分别为15 s、17 s、18 s和20 s,到达二次排污压差不变的时间分别为49 s、52 s、56 s和59 s。即当进水流量一定时,进水含沙量越大,到达一次排污压差不变的时间和到达二次排污压差不变的时间均越晚。当进水流量一定时,排污总时间随进水含沙量的增加而增大,但变化幅度较小,均小于1.5 s。

同时结合图3.13分析,当进水流量一定时,翻板型网式过滤器排污达到排污压差不变时,各含沙量工况下进出口压差基本相同,且流量越大,最终压差越大。其原因为当二次排污结束时,翻板处于关闭状态,由于翻板关闭造成网式过滤器产生相对较大的局部水头损失,结合局部水头损失公式,流量越大,水头损失也会越大。但当再次打开翻板进行过滤时,过滤器进出口压差值将恢复至过滤初始压差值,即可进入下一周期的过滤工作。

(2)进水含沙量一定时,排污时间压差变化规律

在排污试验中,亦将一次排污时间控制为25 s,二次排污时间控制为45 s,共计70 s进行排污工作,以过滤器过滤时最大堵塞压差为排污起始压差,分析进水含沙量相同进水流量不同工况时的压差变化规律,各工况条件下第一次和第二次排污压差随时间的变化曲线如图3.14所示。

通过分析图3.14发现,排污压差随排污时间的变化规律一致。以进水含沙量为0.278 g/L和0.309 g/L试验组为研究对象,当进水含沙量为0.278 g/L,进水流量分别为140 m³/h、150 m³/h、160 m³/h、170 m³/h、180 m³/h和200 m³/h时,到达一次排污压差不变的时间分别为21 s、20 s、18 s、17 s、15 s和14 s,到达二次排污压差不变的时间分别为64 s、63 s、61 s、52 s、49 s和43 s;当进水含沙量为0.309 g/L,进水流量分别为140 m³/h、150 m³/h、160 m³/h、170 m³/h、180 m³/h和200 m³/h时,到达一次排污压差不变的时间分别为23 s、21 s、20 s、18 s、17 s和15 s,到达二次排污压差不变的时间分别为68 s、67 s、65 s、56 s、55 s和47 s。翻板型网式过滤器排污分为两个阶段,在一次排污过程中,进水流量越大,到达一次排污压差不变的时间越早,其中低流量工况(140~160 m³/h)下一次排污压差达到不变所需时长为17~24 s,高流量工况(170~200 m³/h)下一次排污压差达到不变所需时长为12~20 s;在二次排污过程中,当翻板完全关闭时,压差再次达到峰值之后即进入二次排污,进水流量越大,到达二次排污压差不变的时间越早,其中低流量工况下二次排污压差达到不变所需时长为14~25 s,高流量工况下二次排污压差达到不变所需时长为12~19 s。

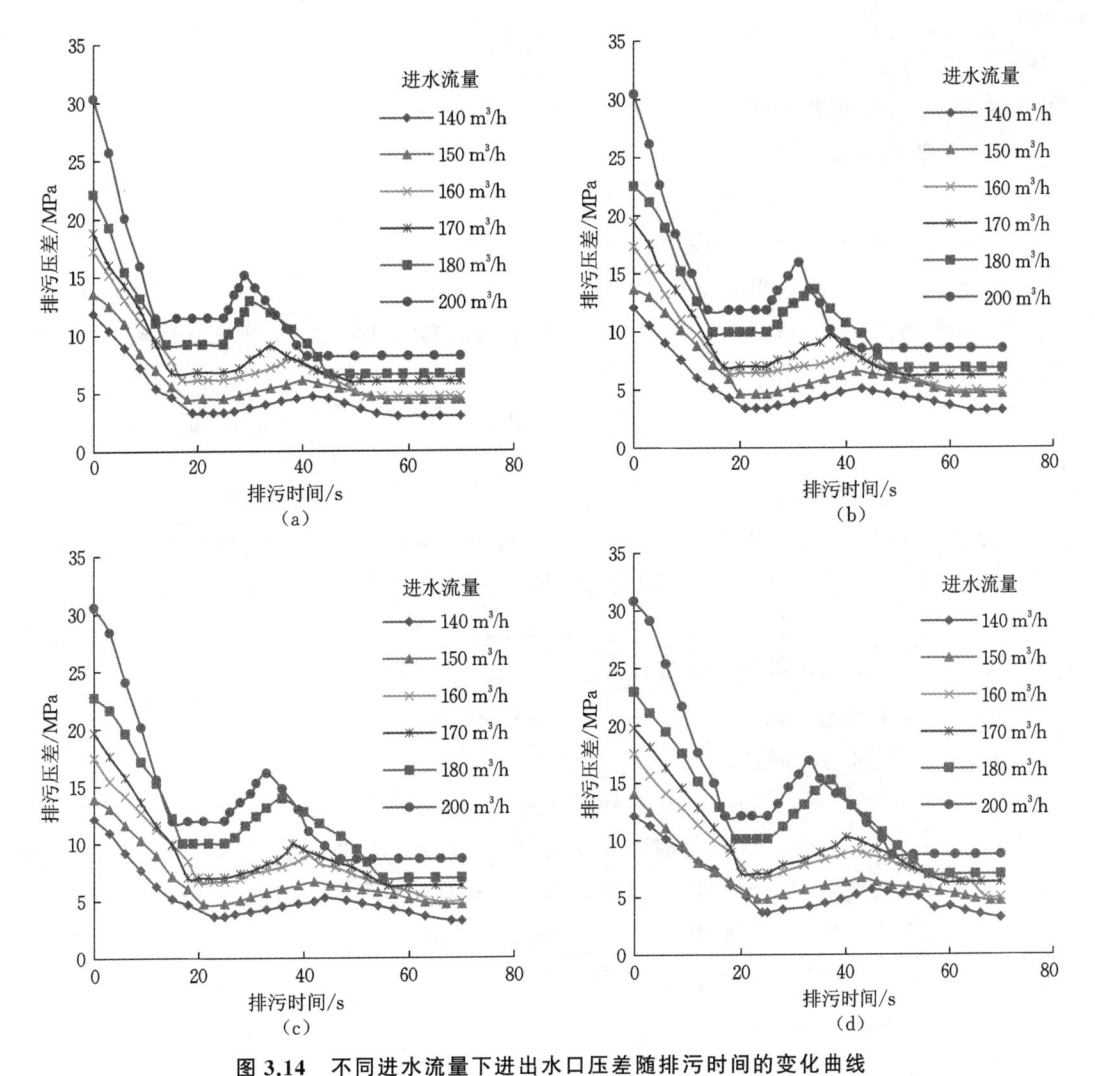

图 3.14 不同进水流量下进出水口压差随排污时间的变化曲线
(a) $S=0.122$ g/L；(b) $S=0.278$ g/L；(c) $S=0.309$ g/L；(d) $S=0.336$ g/L

（3）排污压差理论分析

翻板型网式过滤器排污阶段主要是将堵塞在滤网内部的泥沙杂质运移至过滤器外部的过程，根据质量守恒定律计算整个过滤过程中堵塞总沙量，见公式(3.26)：

$$M = \Delta S Q_1 t \tag{3.26}$$

式中　M——堵塞总沙量，kg；

　　　ΔS——进出水口含沙量之差，g/L；

　　　Q_1——过滤进水流量，m³/h；

　　　t——过滤时间，h。

根据刘忠潮[89]对有压灌溉管道水流挟沙力的计算的内容，指出有压灌溉管道水流挟沙力的计算公式如下：

$$S_* = \frac{\varepsilon v^2}{0.000023 \omega^{0.25} 8g} \tag{3.27}$$

式中 S_*——有压灌溉管道水流挟沙力,kg/m³;

v——管道水流平均流速,m/s;

g——重力加速度,m/s²;

ω——泥沙的平均沉降速度,mm/s;

ε——管道水流沿程阻力系数。

过滤器材料为钢或铸铁材料,同时结合泥沙杂质的黏附性特点,其管道沿程阻力系数计算公式如下:

$$\varepsilon = \frac{0.02164}{d^{0.1}} \tag{3.28}$$

式中 d——管道直径,m。

翻板型网式过滤器排污过程分为两个阶段,其中一次排污主要完成对进水口和翻板之间的过滤网的清洗工作,确定翻板型网式过滤器一次排污阶段压力变化满足公式(3.29):

$$\Delta P_1 = \beta(M - \Delta S Q_2 t_1)\gamma \tag{3.29}$$

式中 ΔP_1——一次排污压差变化值,MPa;

Q_2——排污流量,m³/h;

t_1——一次排污时间,h;

β——压差调节系数,m/kg(其中翻板型网式过滤器取 $\beta=0.6$)。

翻板型网式过滤器在二次排污时主要完成翻板与出水口之间滤网的清洗工作并将所有剩余泥沙携带出过滤器,结合质量守恒原理,确定二次排污阶段压力变化满足公式(3.30):

$$\Delta P_2 = \beta[(1-\gamma)M - \Delta S Q_2 t_2] \tag{3.30}$$

式中 ΔP_2——二次排污压差变化值,MPa;

t_2——二次排污时间,h;

γ——完成排污百分比。

翻板型网式过滤器排污分为翻板关闭前后两个阶段,这两个阶段为两个连续不断的排污过程,且二次排污起始压差为一次排污结束压差,因此,计算时可认为排污阶段两次压差变化总和即为翻板型网式过滤器排污压差总和。

当完成两次排污后再次打开翻板,认为当两次排污压差变化总和接近过滤过程总水头损失时,完成排污工作,即可进入下一阶段的过滤工作,即满足公式(3.31):

$$\Delta P = \Delta P_1 + \Delta P_2 = \Delta H \tag{3.31}$$

式中 ΔP——排污压差总和,MPa;

ΔH——总水头损失,m。

(4) 排污压差拟合计算

将进水流量为 160 m³/h、170 m³/h、180 m³/h 和 200 m³/h 工况组在各进口含沙量条件下的试验结果进行拟合计算,并将试验结果与计算结果比较,160 m³/h、170 m³/h、180 m³/h 和 200 m³/h 进水流量工况下排污压差变化计算结果与试验结果对比表见表3.7。

表 3.7　排污压差变化计算结果与试验结果对比表

进水流量 /(m³/h)	进水含沙量 /(g/L)	过滤时间 /s	试验排污压差/m	计算排污压差/m	相对误差 /m	误差百分比
160	0.122	3529	17.234	16.29	0.95	5.80%
	0.278	3198	17.347	17.05	0.29	1.72%
	0.309	2998	17.466	17.56	−0.10	−0.56%
	0.336	2845	17.560	17.63	−0.07	−0.37%
170	0.122	2821	18.834	18.54	0.29	1.57%
	0.278	2665	19.456	19.37	0.09	0.46%
	0.309	2539	19.664	19.79	−0.12	−0.61%
	0.336	2242	19.763	20.10	−0.34	−1.69%
180	0.122	2668	22.110	22.15	−0.04	−0.19%
	0.278	1961	22.522	22.75	−0.22	−0.98%
	0.309	1884	22.712	22.85	−0.14	−0.59%
	0.336	1810	22.958	23.54	0.58	2.48%
200	0.122	2028	30.324	30.66	−0.34	−1.10%
	0.278	1574	30.450	30.99	−0.54	−1.73%
	0.309	1520	30.578	31.10	0.52	1.68%
	0.336	1429	30.794	31.41	−0.62	−1.96%

由表 3.7 可知，公式拟合度可达 97%。

因此，可以认为通过排污压差公式计算结果误差较小，误差百分比小于 6%，可应用于实际工程计算，可达到很好的应用效果。在实际灌溉中，本次试验使用规格的翻板型网式过滤器实际工作流量为 180~220 m³/h，结合试验结果和计算结果分析翻板型网式过滤器大田工作流量为 180 m³/h 和 200 m³/h 时可控制翻板型网式过滤器一次排污时间为 20 s，二次排污时间为 20 s，总计 40 s，其中二次排污控制翻板关闭需要时间，利用电磁阀控制翻板开闭，根据工程实测，翻板在 180 m³/h 工况时完全关闭需要 8~10 s，设置排污时间总计 50 s，可精确定翻板型网式过滤器在实际工况下工作时的排污时间，可使排污效果达到最佳状态。

4 典型网式过滤器过滤过程数值模拟

网式过滤器通过滤网过滤进入过滤器的灌溉水源中的泥沙杂质,内部水流状况、滤网过滤特性等对过滤器运行及结构优化产生重要影响,但网式过滤器在运行过程中罐体封闭,水力性能较为复杂,其内部的水流状况和滤网过滤特性等不能直观地通过物理试验进行观察,故目前常采用数值模拟的方法对网式过滤器的水力性能进行研究。本章旨在通过计算流体动力学(CFD)方法对不同工况下几种典型网式过滤器过滤过程进行数值模拟,分析不同工况下(进水流速、清水、浑水、滤网性质等)罐体内部流场及颗粒浓度分布情况,并通过试验数据验证其可靠性,为其结构优化提供理论依据。

网式过滤器过滤原理基本一致,主要是分析清水条件和浑水条件下滤网内部流速及压强分布、滤网内外压差分布,以及浑水条件下泥沙颗粒的分布情况。因此,本章选取卧式自清洗网式过滤器重点介绍清水和浑水条件下压强和流速分布,选取翻板型网式过滤器重点介绍清水条件下流速和压强分布,以及浑水条件下泥沙颗粒的分布情况。

4.1 数学模型

CFD 中的物理模型包括多相流模型、湍流模型、离散相模型、辐射模型、能量方程等多种模型,在对实际问题进行数值模拟计算时需要针对计算的问题选择一个合适的物理模型。

4.1.1 流体运动的基本方程

自清洗网式过滤器内部流场满足连续性方程和动量守恒方程,即:

$$\frac{\partial \rho}{\partial t}+\frac{\partial p_i}{\partial x_i}=0 \tag{4.1}$$

$$\frac{\partial u_i}{\partial t}+u_j\frac{\partial u_i}{\partial x_j}=-\frac{1}{\rho}\frac{\partial p}{\partial x_i}+\frac{\partial}{\partial x_i}\left(\mu\frac{\partial u_i}{\partial x_j}-\overline{u_i'u_j'}\right) \tag{4.2}$$

式中 ρ——流体密度,kg/m^3;

t——时间,s;

u_i, u_j——i,j 方向上的流速分量,m/s;

x_i, x_j——i,j 方向上的流向分量;

p——流体静压力,N/m^2;

$\overline{u_i'u_j'}$——雷诺应力,N/m^2;

μ——流体动力黏度,$Pa·s$。

4.1.2 湍流模型

标准 $k\text{-}\varepsilon$ 模型计算模型的控制方程:

$$\frac{\partial}{\partial t}(\rho k)+\frac{\partial}{\partial t}(\rho k\mu_i)=\frac{\partial}{\partial t}\left[\left(\mu+\frac{\mu_i}{\sigma_k}\right)\frac{\partial k}{\partial x_j}\right]+G_k+G_b+\rho\varepsilon-Y_M+S_k \quad (4.3)$$

$$\frac{\partial}{\partial t}(\rho\varepsilon)+\frac{\partial}{\partial t}(\rho\varepsilon\mu_i)=\frac{\partial}{\partial x_j}\left[\left(\mu+\frac{\mu_i}{\sigma_\varepsilon}\right)\frac{\partial k}{\partial x_j}\right]+C_{1\varepsilon}\frac{\varepsilon}{k}(G_k+G_bC_{3\varepsilon})-\rho C_{2\varepsilon}\frac{\varepsilon^2}{k}+S_\varepsilon \quad (4.4)$$

其中，$G_k=2S_{ij}^2\mu_t$；$S_{ij}=\frac{1}{2}\left(\frac{\partial\mu_i}{\partial x_j}+\frac{\partial\mu_j}{\partial x_i}\right)$。

式中　k——湍流动能，m^2/s^2；
　　　ρ——流体密度，kg/m^3；
　　　μ——流体动力黏度，$(N\cdot s)/m^2$；
　　　μ_i——湍流黏性系数，$(N\cdot s)/m^2$；
　　　ε——单位质量流体的湍流波动率，m^2/s^3；
　　　G_k——湍流动能平均速度梯度产出项，m^2/s^2；
　　　G_b——浮力引起的湍动能，m^2/s^2；
　　　Y_M——湍流脉动膨胀对总耗散率的影响；
　　　S_k、S_ε——广义源项；
　　　$C_{1\varepsilon}$、$C_{2\varepsilon}$、$C_{3\varepsilon}$——耗散率经验常数；
　　　σ_k、σ_ε——湍动能和湍动耗散率对应的普朗特数。

各经验常数根据相关文献确定：$C_{1\varepsilon}=1.44$，$C_{2\varepsilon}=1.92$，$C_{3\varepsilon}=0.09$，$\sigma_k=1.0$，$\sigma_\varepsilon=1.3$，$G_b=Y_M=0$。

4.1.3 多孔阶跃模型

多孔阶跃模型是对多孔介质模型的一维简化，将多孔介质的厚度视为一个"薄膜"，适用于速度和压降已知的情况，而且多孔阶跃模型具有更好的收敛性。

多孔阶跃模型压力损失公式：

$$\Delta P=\left(\frac{\mu}{\alpha}\upsilon+0.5C_2\rho\upsilon^2\right)\Delta m \quad (4.5)$$

式中　μ——流体动力黏度，$(N\cdot s)/m^2$；
　　　α——介质渗透率，m^2；
　　　C_2——惯性阻力系数，m^{-1}；
　　　υ——垂直多孔阶跃与速度分量，m/s；
　　　Δm——多孔阶跃厚度，m。

介质渗透率 α 与惯性阻力系数 C_2 计算公式为：

$$\alpha=\frac{1}{C_1} \quad (4.6)$$

$$C_2=\frac{3.5(1-\varepsilon)}{D\varepsilon^3} \quad (4.7)$$

式中　C_1——阻力系数，m^{-2}；
　　　ε——孔隙比，%；
　　　D——滤网孔径，mm。

4.1.4 离散相模型

离散相模型实际上是连续相和离散物质相互作用的模型,可以通过离散相模型计算散布在流场中的粒子运动和轨迹。在计算过程中,通常是先计算连续相流场,再用流场变量通过离散相模型计算离散相粒子受到的作用力,并确定其运动轨迹。

在实际应用过程中,进水口含沙量在 0.045~0.125 g/L,颗粒体积分较小。在 Fluent 软件中离散相模型默认假定第二相非常稀薄,所以未考虑颗粒间的相互作用及颗粒体积分数对连续相的影响。因此在离散相模型中颗粒体积分数很小,一般来说小于12%。

在数值模拟中未考虑重力对颗粒的影响及不同颗粒间的互相作用,只考虑了颗粒受到的连续相曳力,以及颗粒与壁面接触受到的作用力,Fluent 中通过积分拉氏坐标系下的颗粒作用力微分方程来求解离散相颗粒的轨道。颗粒的作用力平衡方程在笛卡尔坐标系下的形式为:

$$\frac{\mathrm{d}u_p}{\mathrm{d}t} = F_D(u-u_p) + \frac{g_i(\rho_p-\rho)}{\rho_p} + F_i \tag{4.8}$$

$$F_D = \frac{18\mu}{\rho_p d_p^2} \frac{C_D Re}{24} \tag{4.9}$$

$$F_i = \frac{1}{2}\frac{\rho}{\rho_d}\frac{\mathrm{d}(u-u_p)}{\mathrm{d}t} \tag{4.10}$$

$$Re = \frac{\rho d_p |u_p - u|}{\mu} \tag{4.11}$$

$$C_D = \alpha_1 + \frac{\alpha_2}{Re} + \frac{\alpha_3}{Re^2} \tag{4.12}$$

式中 F_D——颗粒质量力,(kg·m)/s²;
u——流体相速度,m/s;
u_p——颗粒速度,m/s;
μ——流体动力黏度,(N·s)/m²;
ρ——流体密度,kg/m³;
ρ_p——颗粒密度,kg/m³;
g_i——i 方向重力加速度,m/s²;
F_i——i 方向其他作用力,N;
d_p——颗粒直径,m;
Re——相对雷诺数;
C_D——曳力系数;
$\alpha_1,\alpha_2,\alpha_3$——系数。

4.1.5 数值模拟求解方法

计算流体动力学与现场试验相比,前者可以提供廉价的模拟和计算,对于参数没有限制,能减少来自客观流场的干扰,能够更加直观显示计算结果,便于研究流场结果。计算流体动力学的迅速发展对微灌用过滤器的研究发展起到了极大的促进作用。

研究计算流体动力学主要通过利用计算数学将流场的控制方程离散到一系列的网格节点上以求得控制方程的离散的数值解。由能量守恒定律、动量守恒定律及质量守恒定律来控制所有的流体流动，然后再联立这些守恒方程构成非线性的偏微分方程组，对给定模型的几何形状和尺寸，以及计算区域和进出口、壁面的边界条件进行模拟计算求解。SIMPLE 算法、SIMPLEC 算法和 PISO 算法为常用的压力与速度耦合求解算法，其中 SIMPLE 算法为实际工程应用中最为广泛的流场计算方法，为压力修正法，即通过不断修正给定的压力场，使速度场能够满足连续性方程。相比于 SIMPLE 算法，SIMPLEC 算法可以加快计算的收敛速度，而 PISO 算法解决了 SIMPLEC 算法与 SIMPLE 算法这两种算法计算效率低的缺点，很大程度上减少了模型达到收敛所需要的迭代次数，但 PISO 算法计算迭代的时间要比另外两种算法的时间要长。

4.2　卧式自清洗网式过滤器过滤过程数值模拟

4.2.1　无滤网清水和浑水条件下过滤过程数值模拟

4.2.1.1　物理模型及网格划分

利用 ICEM CFD 软件进行建模及网格划分。为了便于研究网式过滤器罐体内部的流场变化，而且过滤过程和排污过程在实际工程中单独运行，即过滤时不进行排污，排污时不进行过滤，故在对过滤过程建模时未考虑排污系统。图 4.1 所示为罐体三维模型及网格划分。

图 4.1　罐体三维模型及网格划分

(a) 罐体三维模型；(b) 罐体模型网格划分

在过滤过程中，本节主要研究过滤器在清水和浑水条件下进水流速对内部流场的影响，因滤网对水头损失的影响较小，故未考虑滤网。网格划分直接采用非结构化网格，全部为四面体网格单元，为了保证计算的精度，在模型的进口和出口处进行了网格的加密，网格数为552410，并进行网格的无关性检验，将网格节点数分别设置为 1.2、1.4、1.6、2.0 倍，对得到的不同增大倍数的网格数过滤器模型进行数值模拟，在相同进水流速下，不同网格数量模型下进出口水头损失变化误差在允许范围内，满足网格无关性检验要求。

4.2.1.2 边界条件

(1) 清水条件下边界条件设置

进水口选择速度进口,湍流强度为5%,水力直径为进水管内径;出水口设置为压力出口,回流湍流强度为5%,回流水力直径为出水管内径,压力采用标准大气压。壁面采用标准壁面函数,壁面设置为反射。由于研究的过滤器为卧式结构且只研究清水条件下的内部流场变化,重力不是主要影响因素,故不考虑重力影响。流体介质为清水,流体密度为1000 kg/m³。研究的计算区域和控制方程的离散均采用有限体积法,选用SIMPLEC算法,差分格式选用二阶迎风格式,连续性方程和动量方程收敛残差标准均设为1×10^{-4}[90]。进出口边界条件见表4.1。

表4.1 进出口边界条件

工况	实际进水流速/(m/s)	实际进水流量/(m³/h)	出水口压强/Pa
1	0.169	12	8510
2	0.695	50	9580
3	0.833	60	9700
4	1.112	80	11010
5	1.366	99	11110
6	1.517	110	11310
7	2.083	151	12840

(2) 浑水条件下边界条件设置

进水口选择速度进口,设置160 m³/h、180 m³/h、200 m³/h三种流量,模拟浑水条件下过滤器的过滤过程。湍流强度为5%,水力直径为进水管内径;出水口设置为压力出口,回流湍流强度为5%,回流水力直径为出水管内径,压力采用标准大气压。进出口设置为逃逸,壁面采用标准壁面函数,壁面设置为反射。

浑水条件选择离散相模型作为求解模型,离散相稳态追踪,设置相间耦合,与连续相同时计算进行耦合求解,忽略颗粒间的碰撞,仅考虑液体与颗粒间的相互作用。入口颗粒质量浓度取0.125 kg/m³,泥沙密度为1500 kg/m³。在物理试验中浑水条件选取的泥沙粒径小于0.5 mm部分占总沙量的85%,而且在实际工程中进入过滤器的泥沙粒径也很小,所以本节在数值模拟中浑水条件设置最大颗粒粒径为300 μm,最小颗粒粒径为10 μm。Particle Type设置为Inert;Injection Type设置为surface。选用SIMPLEC算法,差分格式选用二阶迎风格式,收敛残差标准设为1×10^{-4}。

4.2.1.3 过滤过程数值模拟结果验证

通过水力性能试验验证数值模拟结果的可靠度。在试验装置运行稳定后,使用便携式超声波流量计测定过滤器进水口的流量,并读取相应流量条件下进出口压力表示数,通过对过滤器的进出口列能量方程计算得到水头损失大小。通过对比验证试验计算得到的水头损失与数值模拟得到的水头损失，分析数值模拟结果与物理试验的吻合度。

通过表 4.2 可以看出，最大的相对误差不超过 10%，说明数值模拟的数据与试验数据有较高的吻合度。

表 4.2　数值模拟结果与物理试验数据的水头损失的对比分析表

工况	实际进水流量/(m³/h)	进水口压强/Pa	出水口压强/Pa	水头损失 物理试验/m	水头损失 数值模拟/m	相对误差/%
1	12	14416	8510	0.637	0.591	7.22
2	50	17046	9580	0.795	0.747	6.04
3	60	17970	9700	0.877	0.827	5.70
4	80	20240	11010	1.009	0.923	8.52
5	99	23293	11110	1.316	1.218	7.45
6	110	24945	11310	1.499	1.364	9.01
7	151	33572	12840	2.264	2.073	8.44

4.2.1.4　清水条件下过滤过程数值模拟结果分析

（1）不同流量下的压强场分析

图 4.2 所示为不同进水流量下不同平面的压强云图。由图 4.2 可以看出，进水口与出水口存在明显的压强差，这是由于受到进出口边界条件、罐体及三个圆形分流口的影响，过滤器过滤过程中会产生沿程水头损失和局部水头损失，但是因为网式过滤器管长较短，水头损失主要考虑局部水头损失，在动能和位能一定的情况下，进水口的压强要明显大于出水口的压强。而且进水流速为 0.695 m/s、1.366 m/s 和 2.083 m/s 时，进出水口的压强差值分别为 7470 Pa、12180 Pa 和 20730 Pa，故进水流量越大，过滤器进出水口压强差越大，其水头损失也就越大。由图 4.2 可以看出，过滤器一级过滤室与二级过滤室存在较大的压强差，三种进水流量下一级过滤室与二级过滤室压差分别为 1145 Pa、2514 Pa 和 4080 Pa，进水流量越大，一级过滤室与二级过滤室压强差值越大。这是由于水流由一级过滤室进入二级过滤室时会受到三个分流口的影响，一级过滤室内的压强较大，而在二级过滤室存在出水口的边界，故二级过滤室的压强较小。所以过滤器分流口在保证排污系统稳定的同时应尽可能增大其水流通过面积，以减小一级过滤室的压强，增加粗滤网的使用寿命。由图 4.2(c) 可以看出，二级过滤器下部的压强大于上部的压强，进水流速越大，二级过滤室内压强变化越明显，这是由于二级过滤室上部直接与出水管相连，越接近出水管压强就越小。进水流速对过滤器出水管的影响较大，当进水流速增大时，出水管压强增大，但在边壁处存在低压区，这会导致过滤器出水管壁形成空蚀。另外进水流速越大，罐体所承受的压强也就越大，提高了对滤网的承载能力的要求。

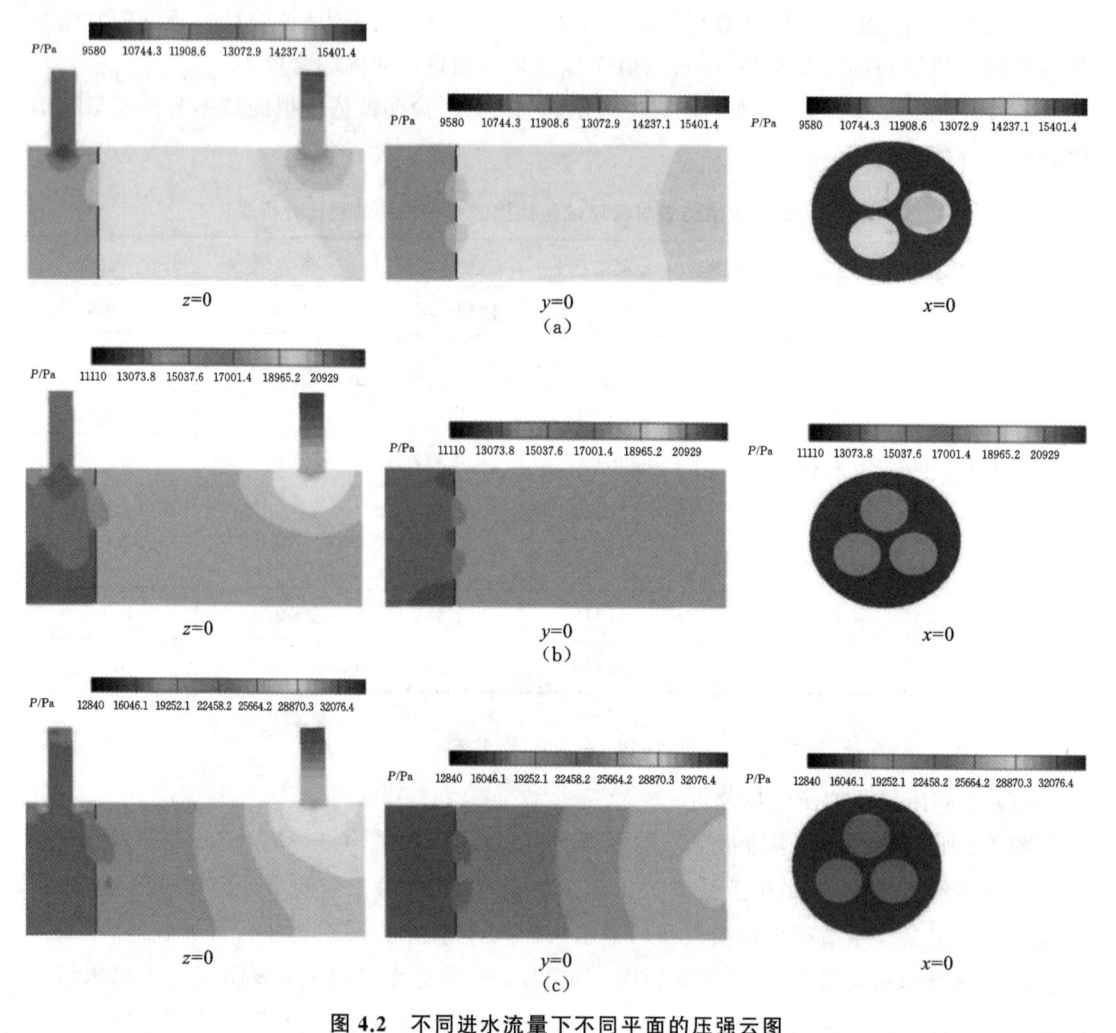

图 4.2　不同进水流量下不同平面的压强云图

(a) 进口流量 $Q=50 \text{ m}^3/\text{h}$；(b) 进口流量 $Q=100 \text{ m}^3/\text{h}$；(c) 进口流量 $Q=150 \text{ m}^3/\text{h}$

(2) 不同流量下的速度场分析

图 4.3 所示为不同进水流量下不同平面的速度云图。由图 4.3 可以看出，当水流经进水管流入罐体时，在一级过滤室内流速从上到下逐渐减小，这是由于进水口进入的水流受到过滤器下壁的阻挡，水流反向流动与后面的来水相互抵消，从而使流速降低，在一级过滤室下部水流流速最小甚至为零，易于造成泥沙淤积，而且进水流速越大，一级过滤室内流速降低越慢。水流流速在二级过滤室内从左到右逐渐降低，最右侧水流流速基本为零，在出水口水流流速又逐渐增大。进水流速越大，过滤器内部水流紊动越剧烈，由图 4.3(c) 可以看出，当进水流量为 150 m³/h 时，对一级过滤室和二级过滤室紊动影响较大，增大了二级过滤室内水流流速。圆形分流口壁对水流流速的影响也较大，当进水流速为 0.695 m/s、1.366 m/s 和 2.083 m/s 时，分流口平均流速分别为 0.201 m/s、0.380 m/s 和 0.561 m/s，进水流速越大，分流口流速越大。但圆形分流口壁前后都有流速为零的区域，可能会造成泥沙在该区域沉

积且不易冲洗,必要时需要人工清洗。在进水管右侧和出水管左侧有较大的水流流速,而且进水流速越大,对两侧的影响越大,管壁受到水流的冲击就越严重,可将过滤器拐角处设计成圆弧状,以减少水头损失和对边壁的冲击。另外,进水流速越小,进出管内流速分布越不均匀,这对过滤器的稳定造成一定的影响。

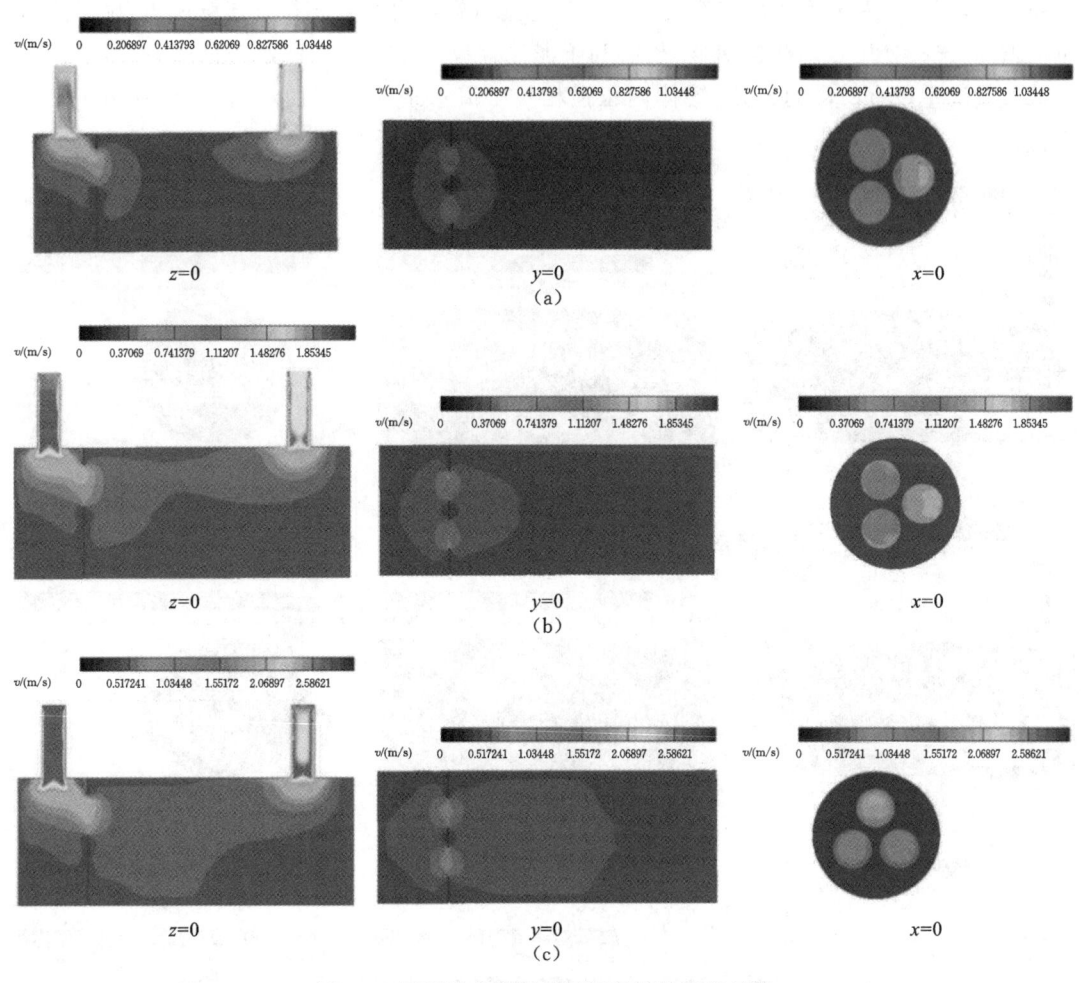

图4.3 不同进水流量下不同平面的速度云图

(a) 进口流量 $Q=50$ m³/h;(b) 进口流量 $Q=100$ m³/h;(c) 进口流量 $Q=150$ m³/h

4.2.1.5 浑水条件下过滤过程数值模拟结果分析

(1) 不同进水流量下压强场分析

图4.4所示为浑水条件不同进水流量下的压强云图。由图4.4可以看出,进出口管存在较大压强差,进水流量分别为 160 m³/h、180 m³/h、200 m³/h 时,进出口压强差分别为 18557 Pa、22642 Pa、25889 Pa,而进水管内压强相比于出水管较为均匀,出水管内压强逐渐降低。在进水管与一级过滤室连接处存在明显的低压区域,可能会产生空蚀现象,会对一级过滤器室内粗滤网造成较大的破坏,缩短其使用寿命,在实际应用中可以考虑采用渐变型进

水管,以减小低压区域对滤网的破坏。随进水流量增大,一级过滤室内压强越均匀,低压区域越不明显。当进水流量为160 m³/h、180 m³/h 时,在圆形分流口右侧存在低压区域,容易引起泥沙在该处的积聚,也不易通过排污系统清除,但当进水流量为200 m³/h 时,圆形分流口右侧不再存在低压区域。进水流量增加对圆形分流口处压强分布未产生较大影响,压强分布较为均匀,也并未产生压强突变。二级过滤室右端与出水管相接处压强降低,随进水流量的增加,连接处压强降低越明显,越有利于泥沙颗粒的排出。在浑水条件下,一级过滤室与二级过滤室没有明显的压差,罐体内压强相较于清水条件也更加均匀,且压强大于清水条件。

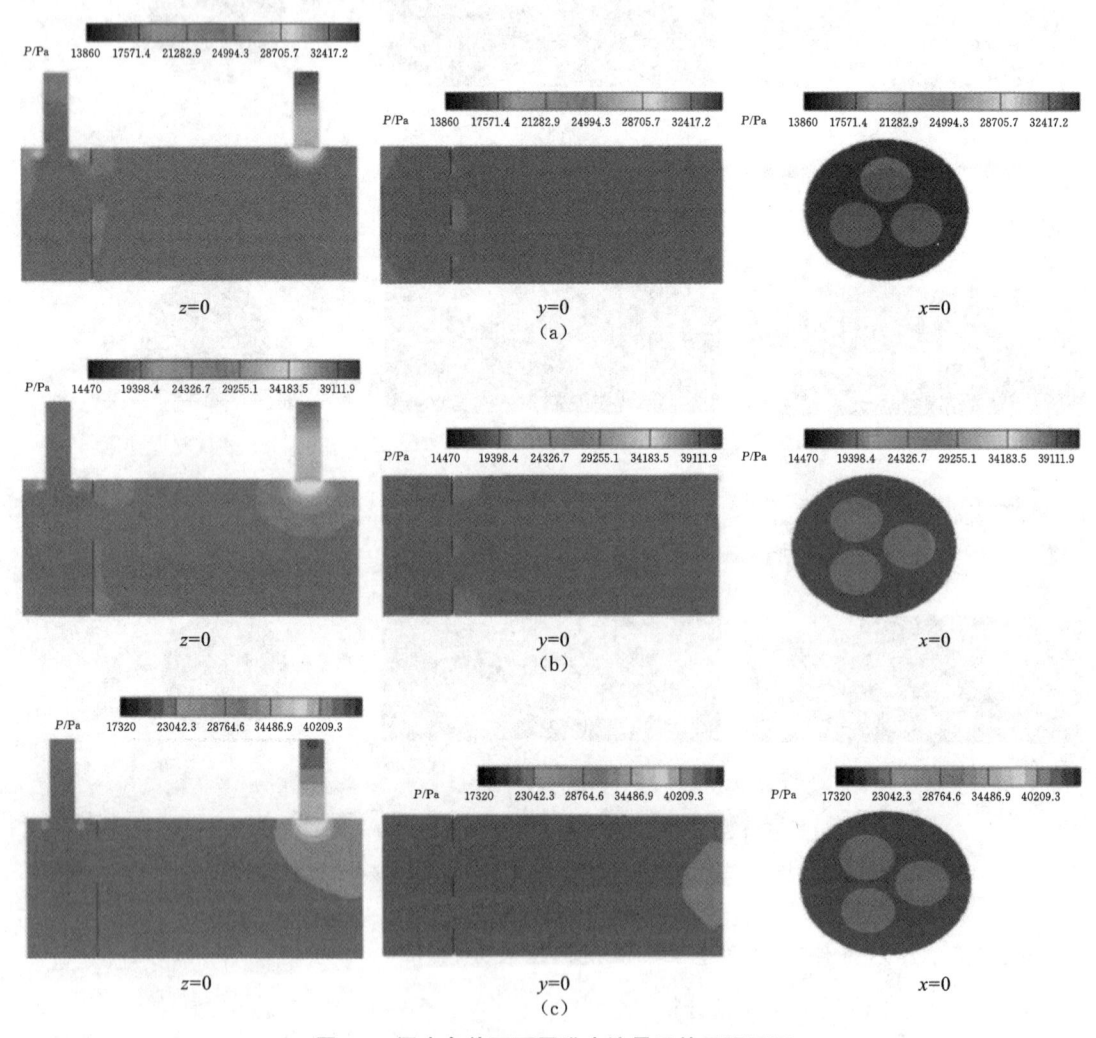

图 4.4　浑水条件下不同进水流量下的压强云图

(a) 进口流量 $Q=160$ m³/h;(b) 进口流量 $Q=180$ m³/h;(c) 进口流量 $Q=200$ m³/h

(2) 不同进水流量下速度场分析

图 4.5 所示为浑水条件下不同进水流量下的速度云图。由图 4.5 可以看出,不同进水流量条件下,过滤器内部流场分布规律基本相同,由 $y=0$ 截面可以看出,过滤器罐体在水平方

向上内部流场呈对称分布。在浑水条件下,随进水流量增大,进出水管平均流速差值逐渐减小,进水流量分别为 160 m³/h、180 m³/h、200 m³/h 时,进出水管平均流速差分别为 0.65 m/s、0.54 m/s、0.35 m/s。由于圆形分流口使罐体过水面积减小,该处流速有所增加,而且由于重力作用及分流口位置原因导致三个分流口流速分布不均匀,但基本沿轴线上下对称,右侧分流口平均流速较大,左侧两个分流口流速较小。在圆形分流口非过流位置附近存在低流速区,泥沙较易在该区域积聚,但随进水流量增加,低流速区面积逐渐减少。而且在二级过滤室左右两端下侧同样存在低流速区域。一级过滤室内平均流速大于二级过滤室内流速,与清水条件下流场相似,泥沙颗粒对流场影响不明显。在浑水条件下,较大的进水流量可以在一定程度上减少泥沙颗粒在罐体内的积聚,提高过滤器过滤效率,减少人工清理。

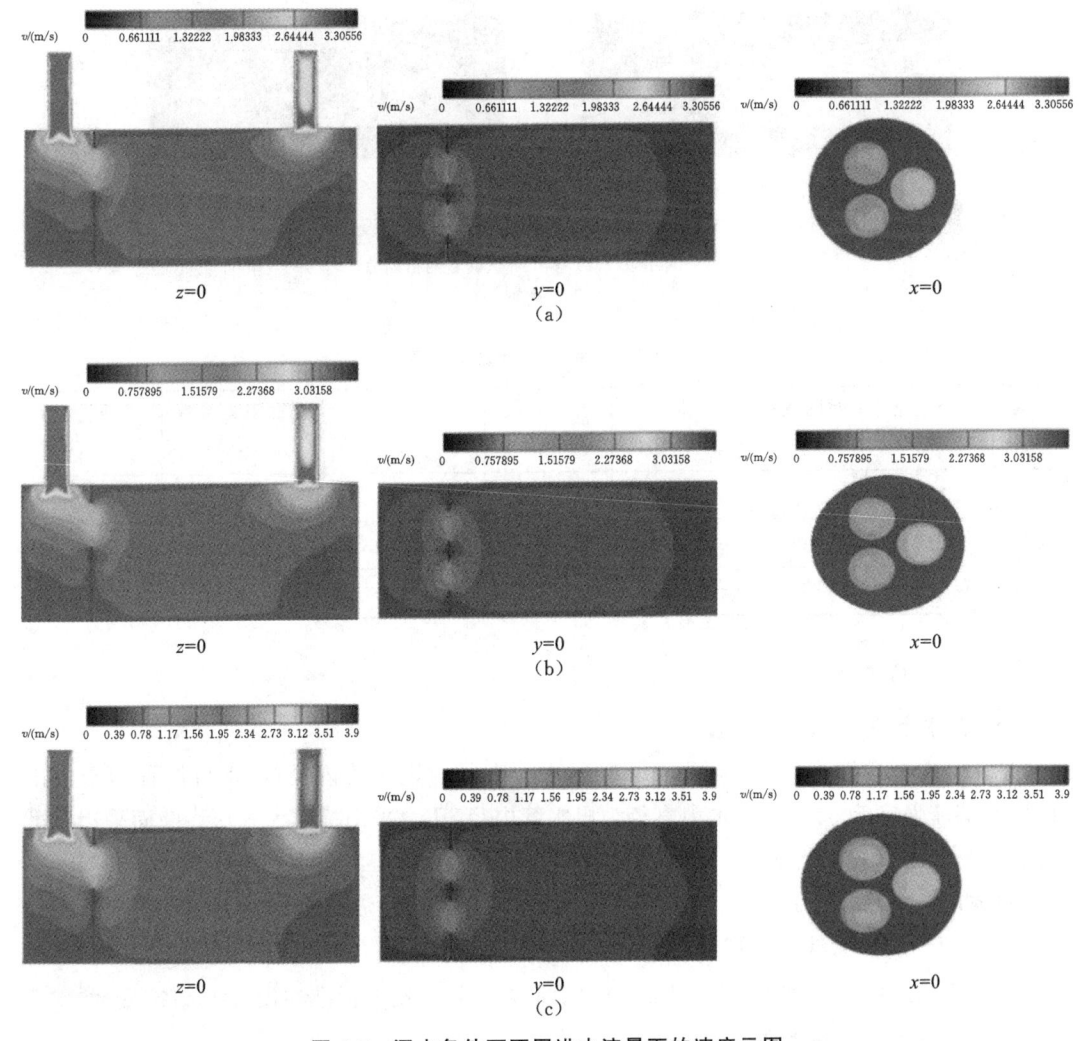

图 4.5 浑水条件下不同进水流量下的速度云图
(a) 进口流量 $Q=160$ m³/h;(b) 进口流量 $Q=180$ m³/h;(c) 进口流量 $Q=200$ m³/h

4.2.2 不同滤网孔径下过滤过程数值模拟

4.2.2.1 物理模型及网格划分

卧式自清洗网式过滤器滤网结构较为复杂,不易对滤网进行三维建模表征不同滤网孔径,为研究滤网孔径等参数对过滤器内部流场的影响,将卧式自清洗网式过滤器滤网进行一维简化,采用多孔阶跃模型模拟滤网,图 4.6 所示为卧式自清洗网式过滤器三维模型及网格划分。根据式(4.6)、式(4.7)、式(4.8)对 3 种滤网关键参数计算,如表 4.3 所示。

图 4.6 卧式自清洗网式过滤器多孔阶跃模型及网格划分
(a)三维模型;(b)多孔阶跃模型网格划分

表 4.3 三种滤网参数计算表

滤网目数	滤网孔径/μm	滤网丝径/μm	孔隙率 ε	阻力系数 C_1/m^{-2}	介质渗透率 α	惯性阻力系数 C_2/m^{-1}	滤网厚度/m
60	320	160	0.349	1.46×10^{10}	6.85×10^{-11}	167503.1	0.001
80	220	100	0.371	2.40×10^{10}	4.17×10^{-11}	195963.1	0.001
100	180	70	0.407	2.41×10^{10}	4.15×10^{-11}	171027.0	0.001

4.2.2.2 边界条件

(1)清水条件边界条件设置

进水口选择速度进口,湍流强度为 5%,水力直径为进水管内径;出水口设置为压力出口,回流湍流强度为 5%,回流水力直径为出水管内径,压力采用标准大气压。壁面采用标准壁面函数,壁面设置为反射。

对滤网一维简化下的数值模拟同样不考虑重力影响。流体介质为清水,流体密度为 1000 kg/m³。研究的计算区域和控制方程的离散均采用有限体积法,选用 SIMPLEC 算法,差分格式选用二阶迎风格式,连续性方程和动量方程收敛残差标准均设为 1×10^{-4}。

(2)浑水条件边界条件设置

进水口选择速度进口,湍流强度为 5%,水力直径为进水管内径;出水口设置为压力出口,回流湍流强度为 5%,回流水力直径为出水管内径,压力采用标准大气压。壁面采用标准壁面函数,壁面设置为反射。浑水条件下只模拟了滤网孔径为 180 μm 时的内部流场及压强变化。

浑水条件选择离散相模型作为求解模型,离散相稳态追踪,设置相间耦合,与连续相同时计算进行耦合求解,忽略颗粒间的碰撞,仅考虑液体与颗粒间的相互作用。入口颗粒质量浓度取 0.125 kg/m³,泥沙密度为 1500 kg/m³,设置最大颗粒粒径为 300 μm,最小颗粒粒径为 10 μm。Particle Type 设置为 Inert;Injection Type 设置为 surface。选用 SIMPLEC 算法,差分格式选用二阶迎风格式,收敛残差标准设为 1×10^{-4}。

4.2.2.3 过滤过程数值模拟结果验证

通过清水条件下水力性能试验验证数值模拟结果的可靠度。通过表 4.4 可以看出,数值模拟水头损失与试验水头损失最大的相对误差不超过 10%,说明数值模拟的数据与试验数据有较高的吻合度。

表 4.4 数值模拟结果与物理试验数据的水头损失的对比分析表

工况	实际进水流量 /(m³/h)	进水口压强 /Pa	出水口压强 /Pa	试验水头损失 /m	模拟计算水头损失/m	相对误差 /%
1	12	14470	8510	0.637	0.596	6.44
2	50	17230	9580	0.795	0.765	3.77
3	99	23650	11110	1.316	1.254	4.71
4	151	34001	12840	2.264	2.116	6.54
5	202	53040	15090	3.824	3.795	7.55

4.2.2.4 清水条件下过滤过程数值模拟结果分析

(1) 不同滤网孔径、不同进水流量下压强场分析

图 4.7 所示为不同滤网孔径、不同进水流量下的压强云图。从图 4.7 中可以看出,从进水管到出水管,压强逐渐降低,二级过滤室右下端,滤网内外基本不存在明显压强差。在二级过滤室与出水管交界处滤网内外存在压强突变,滤网内压强明显增大,滤网外压强突然降低,形成了较大压强差,当进水流量为 50 m³/h,滤网孔径分别为 320 μm、220 μm、180 μm 时,二级过滤室与出水管交界处滤网最大压强差分别为 1077 Pa、1791 Pa、2092 Pa;当进水流量为 100 m³/h,滤网孔径分别为 320 μm、220 μm、180 μm 时,二级过滤室与出水管交界处滤网压强差分别为 3345 Pa、4027 Pa、4104 Pa;当进水流量为 150 m³/h,滤网孔径分别为 320 μm、220 μm、180 μm 时,二级过滤室与出水管交界处滤网压强差分别为 5381 Pa、6083 Pa、6275 Pa。在进水流量相同时,滤网孔径越小,二级过滤室与出水管交界处滤网所受到的压强差越大;孔径相同时,进水流量越大,二级过滤室与出水管交界处滤网压强差也越大。故随进水流量增大与滤网孔径减小,过滤器该处滤网的承受压降增大,这在一定程度上会对滤网造成破坏。另外,相同进水流量下,滤网孔径越小,一级过滤室与二级过滤室的压强差越大,特别是当孔径为 180 μm 时,一级过滤室与二级过滤室压强差最大;当滤网孔径相同时,进水流量增加,过滤器内部压强增大,但一级过滤室与二级过滤室压强差降低。

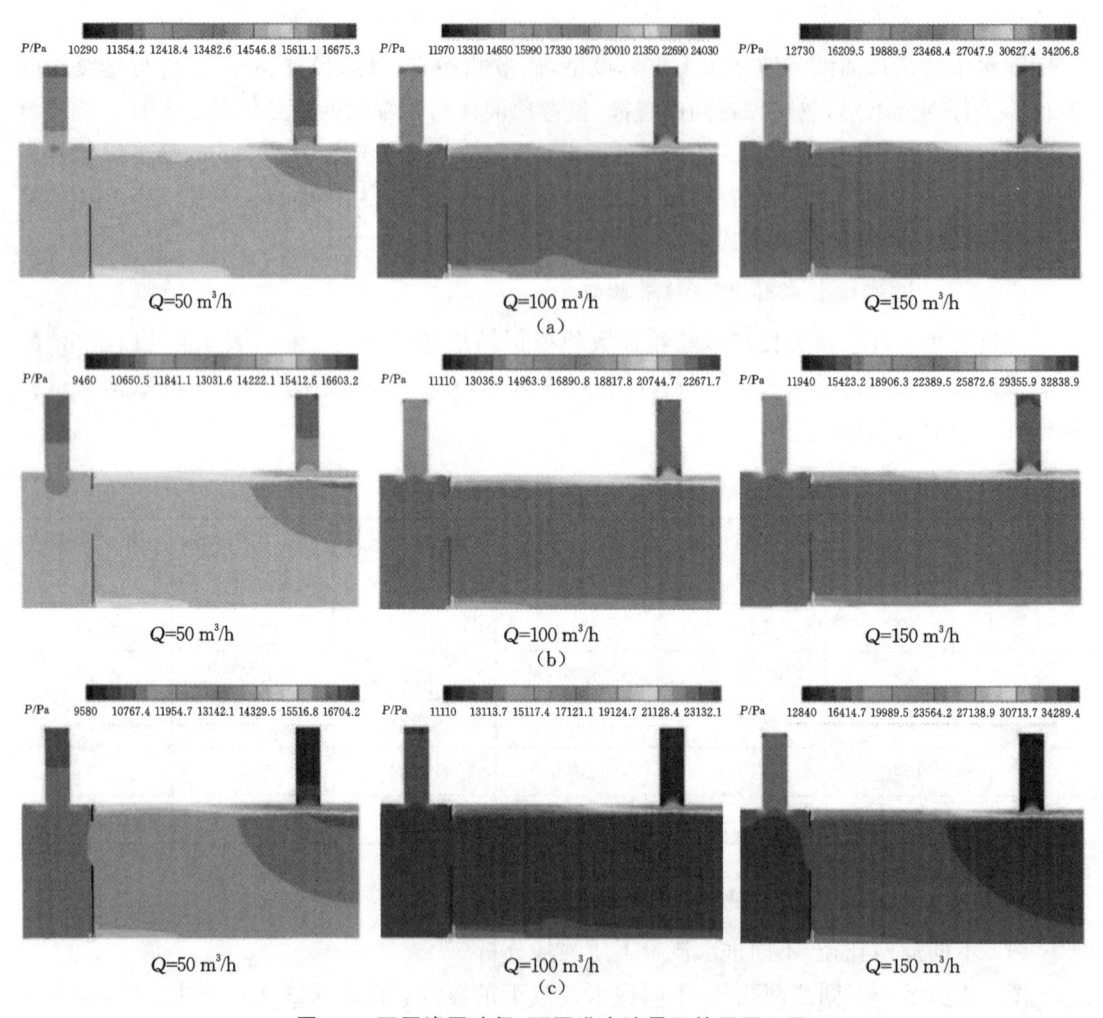

图4.7 不同滤网孔径、不同进水流量下的压强云图
(a) 孔径 $d=320\ \mu m$；(b) 孔径 $d=220\ \mu m$；(c) 孔径 $d=180\ \mu m$

(2) 不同滤网孔径、不同进水流量下速度场分析

图4.8所示为不同滤网孔径、不同进水流量下的速度云图。从图4.8中可以看出，从进水管到出水管流速呈先减小后增大的变化趋势，且进出水管内流速最大，但进出水管流速基本相同。相同进水流量下，滤网孔径越大，通过滤网的平均流速越小，在上滤网外侧低流速区域面积越小。一级过滤室内由于进水口进入的水流受到过滤器下壁的阻挡，水流反向流动与后面的来水相互抵消，从而使流速降低，在一级过滤室左下端流速接近为0；在二级过滤室由于水流通过圆形分流口后在罐体内继续向右端流动，而罐体为规则圆柱体，其过水断面面积不再产生改变，水流流速顺水流方向呈阶梯式减小，在二级过滤室最右端流速基本为0，其产生原因与一级过滤室内流速变化相同，向右流动的水流与受到罐体右端壁面阻挡反向流动的水流产生碰撞、摩擦和混掺而消耗大量的能量，水流流速逐渐减小，甚至减小为0。在相同滤网孔径条件下，进水流量增大，一级过滤室和二级过滤室内流速为0的区域面积越小。

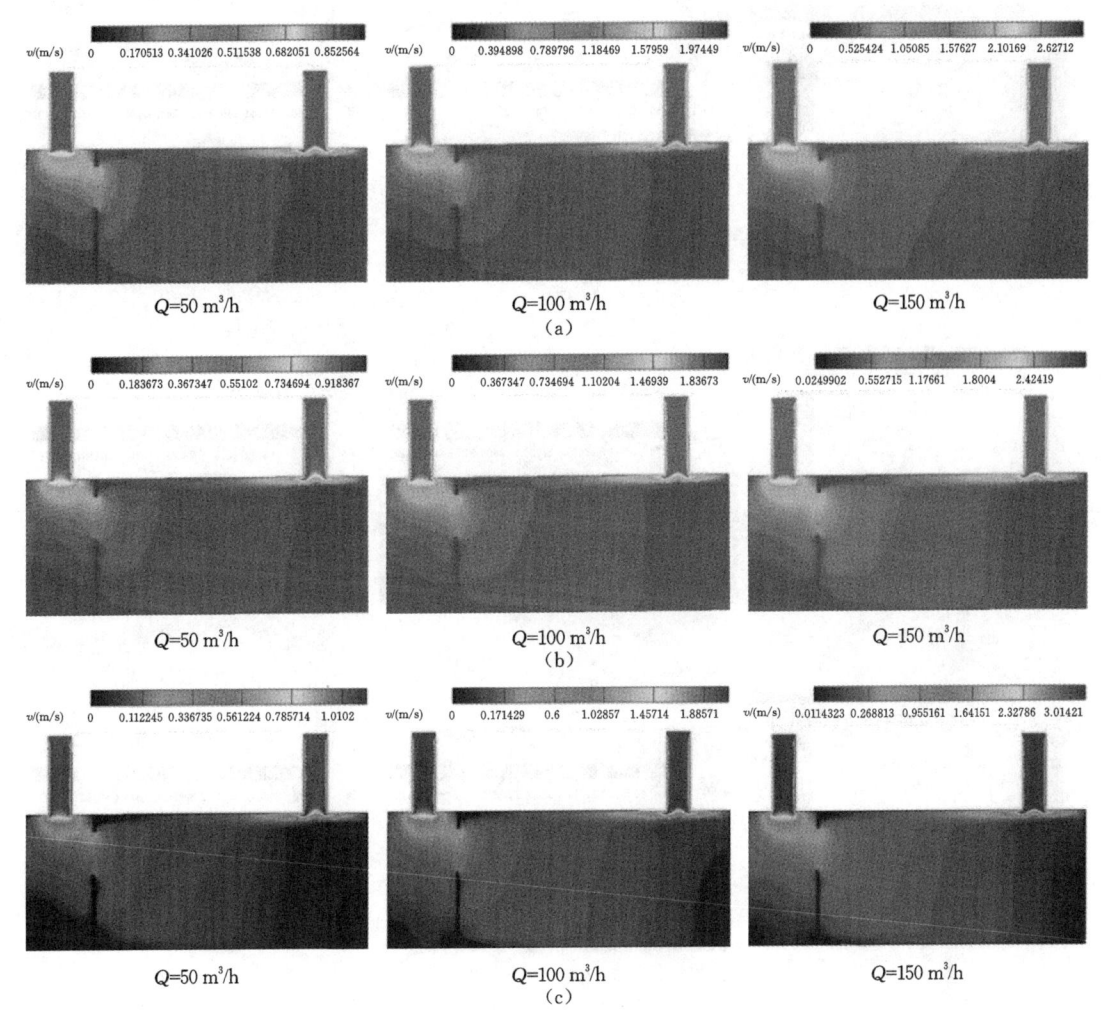

图 4.8　不同滤网孔径、不同进水流量下的速度云图
(a) 孔径 $d=320\ \mu m$；(b) 孔径 $d=220\ \mu m$；(c) 孔径 $d=180\ \mu m$

4.2.2.5　浑水条件下过滤过程数值模拟结果分析

(1) 相同滤网孔径、不同进水流量下压强场分析

图 4.9 所示为多孔阶跃模型不同流量下的压强云图。从图 4.9 中可以看出，浑水条件下，在一级过滤室和二级过滤室内压强分布较为均匀，与清水条件相比，浑水条件下过滤器内未产生压强变化梯度，但滤网内外压强差增大。当进水流量为 200 m³/h 时，下滤网外压强增大，特别是靠近圆形分流口处压强基本接近滤网内压强，但当进水流量为 160 m³/h、180 m³/h 时，滤网内外存在明显压强差。但与清水条件相比，浑水条件下二级过滤室与出水管交界处滤网内压强差未产生明显增大。另外，在圆形分流口与罐体连接处，以及圆形分流口与滤网的连接处存在明显低压区，在实际应用过程中，该处可能会产生较大的空蚀，会对圆形分流口造成较大的破坏，可通过改变圆形分流口开口尺寸以减小该处低压影响。

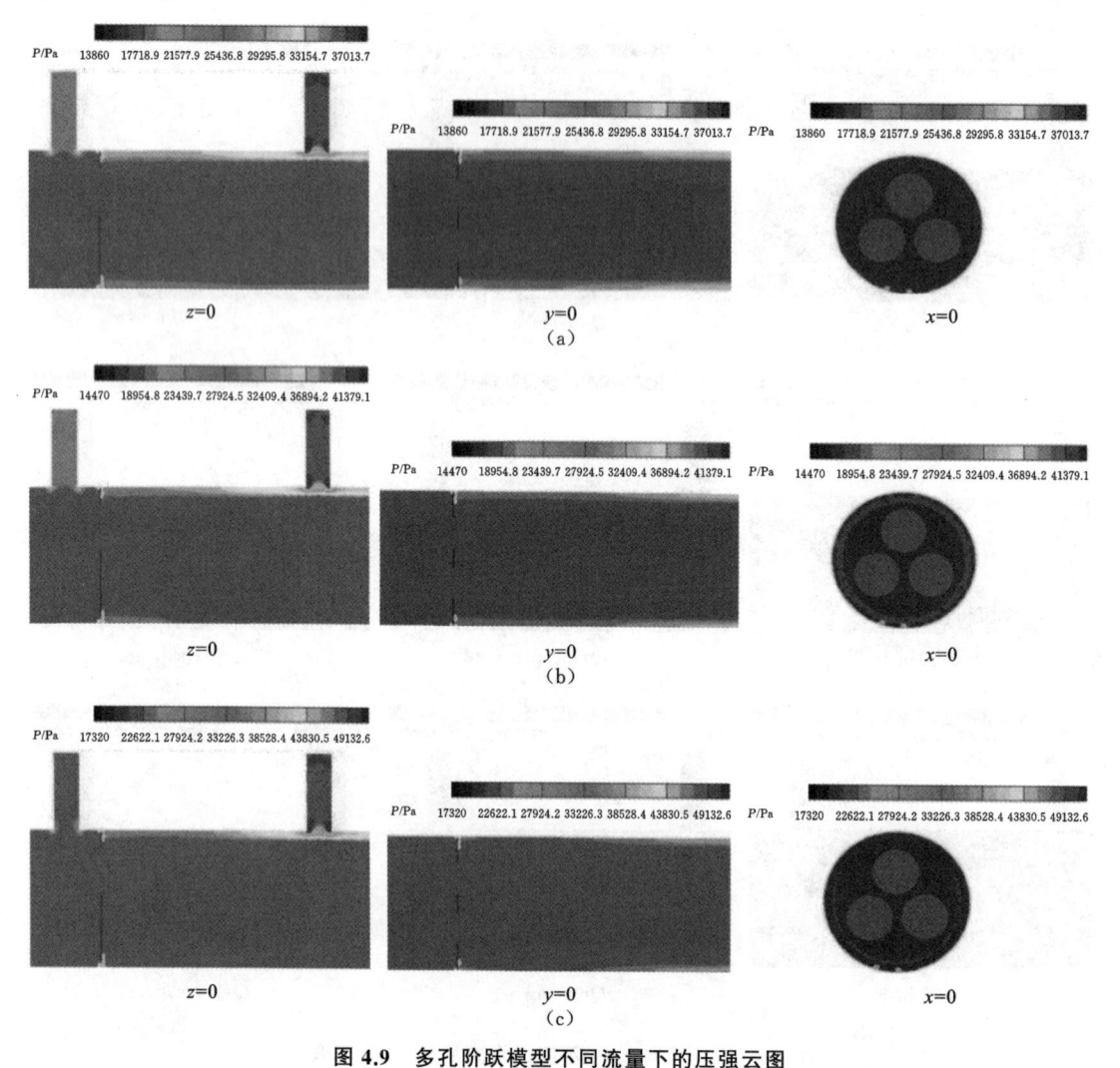

图 4.9 多孔阶跃模型不同流量下的压强云图
(a) 进口流量 $Q=160 \text{ m}^3/\text{h}$; (b) 进口流量 $Q=180 \text{ m}^3/\text{h}$; (c) 进口流量 $Q=200 \text{ m}^3/\text{h}$

(2) 相同滤网孔径、不同进水流量下速度场分析

图 4.10 所示为多孔阶跃模型不同流量下的速度云图。从图 4.10 中可以看出，相同滤网孔径，浑水条件下速度场分布规律与清水条件下速度场分布基本相同。进出口存在较大流速，随进水流量增大，进出水管平均流速差值逐渐减小，从 $y=0$ 截面可以看出，在水平方向上过滤器罐体内流场同样呈对称分布。

相比于清水条件，在一级过滤室左下端和二级过滤室右端流速为 0 的区域面积更大。从 $x=0$ 截面可以看出，浑水条件下圆形分流口内流速紊动更加剧烈，但基本沿纵轴对称。滤网内外存在明显流速变化，特别是在靠近出水管附近，滤网外流速相比滤网内流速较大，进水流量增加，该流速区域面积增大。另外，从 $z=0$ 截面可以看出，在过滤器二级过滤室滤网内流速顺水流方向呈梯度减小，滤网外流速呈梯度增加。

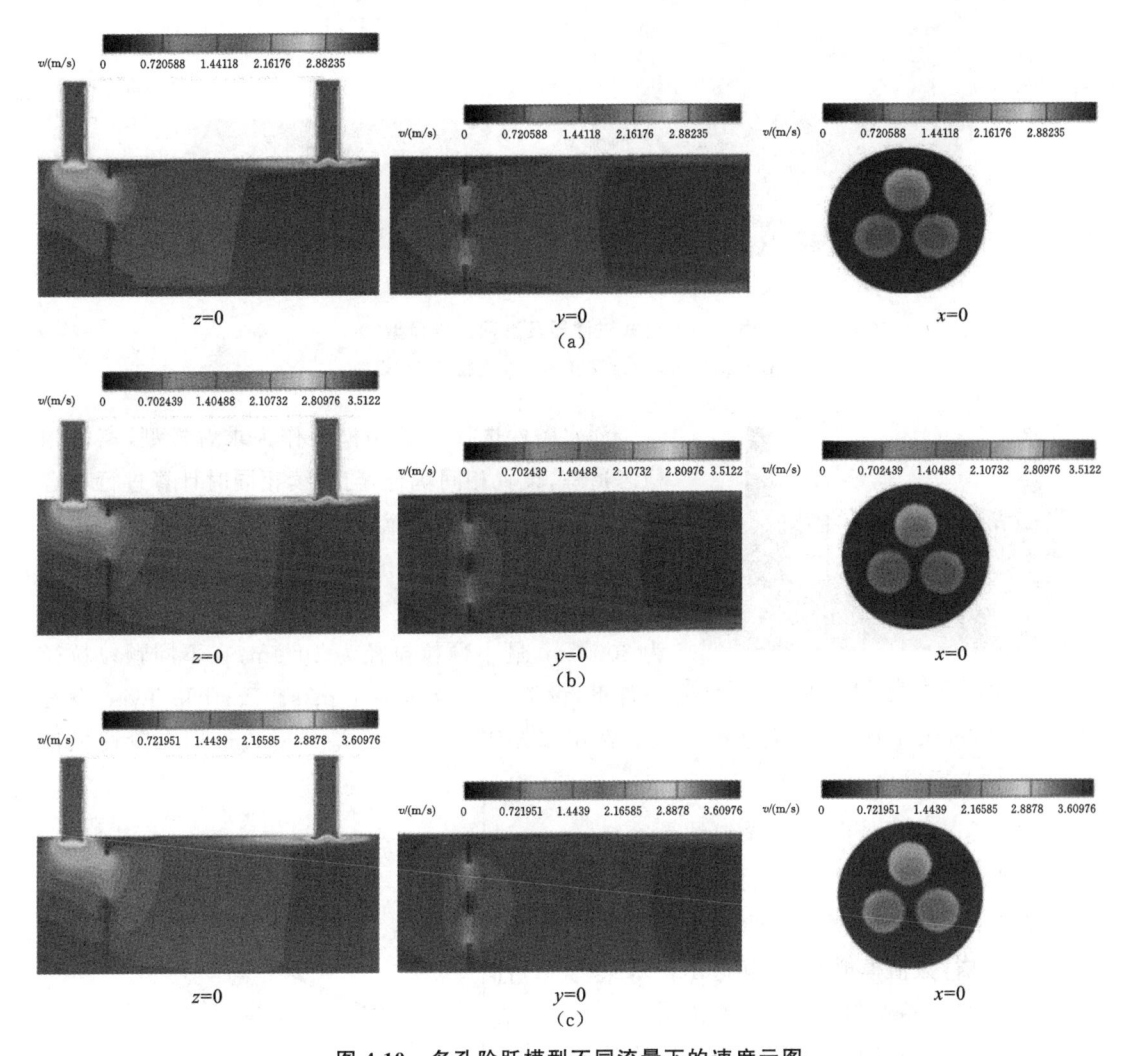

图 4.10 多孔阶跃模型不同流量下的速度云图
(a) 进口流量 $Q=160\ m^3/h$;(b) 进口流量 $Q=180\ m^3/h$;(c) 进口流量 $Q=200\ m^3/h$

4.2.3 三维滤网模型条件下过滤过程数值模拟

4.2.3.1 物理模型及网格划分

本节采用 ICEM CFD 软件对自清洗网式过滤器进行三维建模,图 4.11(a)所示为过滤器三维模型图,考虑到滤网结构的复杂性,对其进行了简化,网孔直径设置为 30 mm,如图 4.11(b)所示。图 4.12 所示为过滤器网格划分图,采用了非结构网格,全部为四面体网格单元,网格数为 1249859,并进行了网格无关性检验。

4.2.3.2 边界条件

进水口选择速度进口,湍流强度为 5%,水力直径为进水管内径;出水口设置为压力出口,回流湍流强度为 5%,回流水力直径为出水管内径,压力采用标准大气压。进出口设置为逃逸,认为颗粒可以全部为滤网所捕获,壁面采用标准壁面函数,壁面设置为反射。

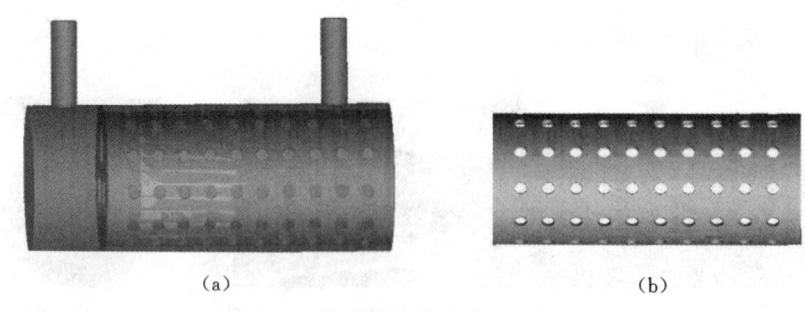

(a)

(b)

图 4.11　网式过滤器及滤网三维模型

(a)网式过滤器三维模型；(b)简化滤网三维模型

图 4.12　网式过滤器模型网格划分示意图

浑水条件选择离散相模型作为求解模型,离散相稳态追踪,设置相间耦合,与连续相同时计算进行耦合求解,忽略颗粒间的碰撞,仅考虑液体与颗粒间的相互作用。入口颗粒质量浓度取 0.125 kg/m³,泥沙密度为 1500 kg/m³。在不同进水流量下,设置最大颗粒粒径为 300 μm,最小颗粒粒径为 10 μm;在不同颗粒粒径条件下,设置进水流速为 1 m/s。Particle Type 设置为 Inert；Injection Type 设置为 surface。选用 SIMPLEC 算法,差分格式选用二阶迎风格式,收敛残差标准设为 1×10^{-4}。

4.2.3.3　过滤过程数值模拟结果验证

为了验证数值模拟计算结果的可靠性,清水条件下对自清洗网式过滤器在不同进水流速下进行数值模拟,得到其进出口水头损失,将其与试验结果进行对比,如图 4.13 所示。由图 4.13 可知,数值模拟与试验的水头损失曲线较为吻合,最大相对误差为 7.2%,小于 10%,说明数值模拟与试验吻合度较好。

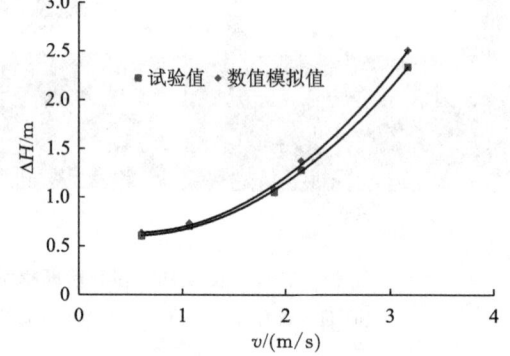

图 4.13　数值模拟结果与试验结果对比

4.2.3.4　浑水条件下三维滤网模型数值模拟结果分析

(1)不同进水流量下压强场分析

三维滤网模型不同流量下压强云图如图 4.14 所示。从图 4.14 中可以看出,进水管内存在较大压强,在进水管和一级过滤室交接位置压强降低,而一级过滤室压强增大,这可能是由于泥沙颗粒随水流泵射入一级过滤室内,在一级过滤室底部剧烈掺混,导致压强增大,而由于过滤器进水管与一级过滤室交接处为直角连接,在交接处两侧形成低压区,这对该处会造成较大的破坏,在实际应用中,可将其连接方式设计为较为平缓的弧形以减少冲蚀破坏。进水流量增大,二级过滤室内压强有所增大,由于出水管与外界连通,二级过滤室上部压强小于下部压强。另外,在靠近出水管滤网孔壁与滤网孔中心处存在压强差。

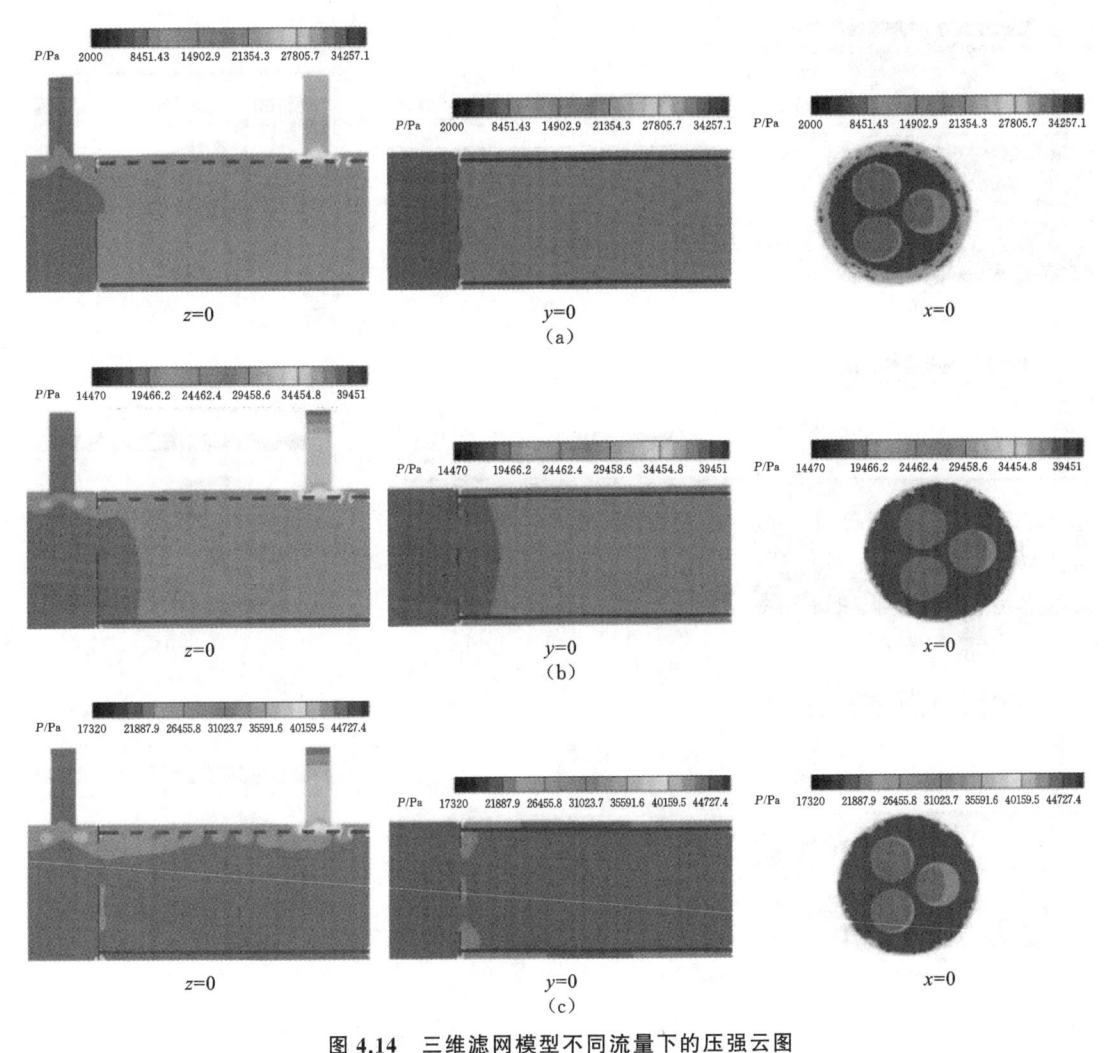

4 典型网式过滤器过滤过程数值模拟

图 4.14　三维滤网模型不同流量下的压强云图
(a) 进口流量 $Q=160 \text{ m}^3/\text{h}$；(b) 进口流量 $Q=180 \text{ m}^3/\text{h}$；(c) 进口流量 $Q=200 \text{ m}^3/\text{h}$

(2) 不同进水流量下速度场分析

图 4.15 所示为三维滤网模型不同流量下速度云图。由图 4.15 可知，浑水条件下三维滤网模型速度场和多孔阶跃模型分布规律基本一致，从 $x=0$ 截面可以看出，进水口和出水口流速较大，在过滤室内流速沿水流方向逐渐减小。从 $y=0$ 截面可以看出，在水平方向上过滤器罐体内流场呈对称分布。并且二级过滤室右端滤网内流速呈梯度减小，滤网外流速呈梯度增加。多孔阶跃模型滤网内外流速为突然增加，而三维滤网通过滤网孔时，流速产生明显射流，这与实际水流流态相符，这是由于网孔的突缩与突扩，水流通过网孔时流速会迅速升高，进水流量分别为 160 m³/h、180 m³/h 和 200 m³/h 时，通过滤网网孔最大水流流速分别为 2.716 m/s、2.767 m/s、2.821 m/s。另外，随进水流量增大，圆形分流口内平均流速逐渐增大且趋于均匀，分流口两侧流速为 0 的区域面积也逐渐减小，可减少泥沙积聚。

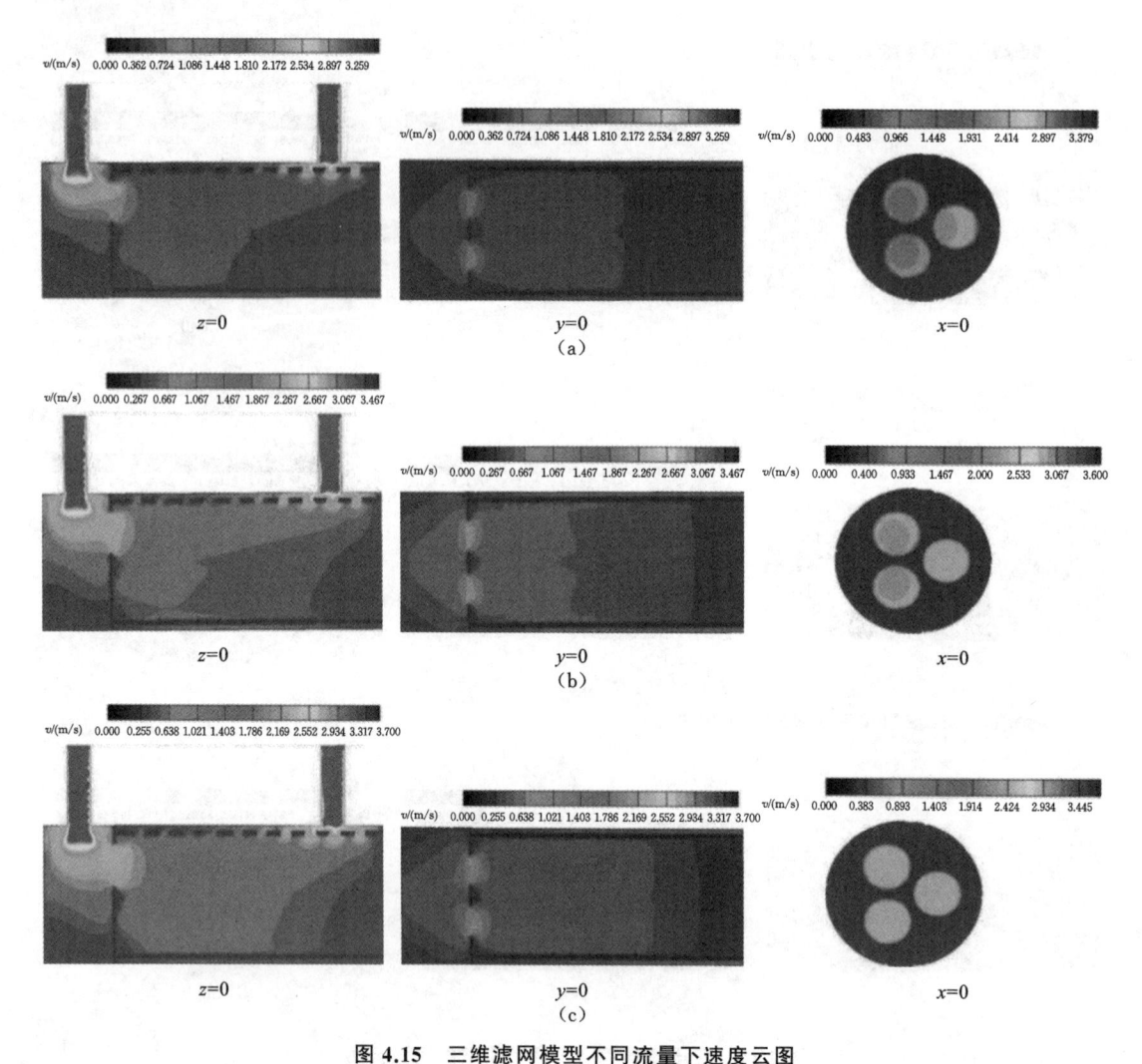

图 4.15 三维滤网模型不同流量下速度云图

(a)进口流量 $Q=160$ m³/h;(b)进口流量 $Q=180$ m³/h;(c)进口流量 $Q=200$ m³/h

4.2.4 网式过滤器过滤过程浓度场数值模拟

4.2.4.1 颗粒粒径对网式过滤器内部浓度影响分析

图 4.16 所示为不同颗粒粒径下网式过滤器沿 y 轴截面颗粒浓度变化曲线。从图 4.16 可以看出,颗粒粒径为 50 μm 时,颗粒高浓度区域为 $y=1.6\sim1.8$ m;颗粒粒径为 100 μm 时,高浓度区为 $y=1.1\sim1.3$ m 和 $y=0.7$ m;颗粒粒径为 150 μm 时,高浓度区为 $y=1.2\sim1.4$ m 和 $y=0.4$ m;颗粒粒径为 200 μm 时,高浓度区为 $y=0.4\sim1.6$ m;颗粒粒径为 250 μm 时,高浓度区为 $y=0.4\sim1.5$ m;颗粒粒径为 300 μm 时,高浓度区为 $y=0.4\sim1.4$ m。因此,颗粒粒径越大,颗粒的质量分数越大,水流的挟沙能力越低,罐体内的颗粒浓度越高,越有利于滤网过滤,其过滤效率也就越高。当颗粒粒径为 300 μm 时,$y=0\sim0.4$ m 区域内(一级过滤室)的浓度大于 0.3 kg/m,其他颗粒粒径在此区域内小于 0.3 kg/m,说明颗粒粒径越大,在一级过滤室内的积聚越多,越有利于过滤效率的提高。$x=0.4$ m 为圆形分流口所在位置,

当颗粒粒径大于 150 μm 时,该位置有较高浓度的颗粒积聚,这是由于圆形分流口是一级过滤室和二级过滤室的分界位置,经过圆形分流罐体的流速有明显的降低,所以水流的挟沙能力降低,颗粒在圆形分流口大量积聚,可明显提高过滤器的过滤效率。另外,颗粒粒径越大,颗粒在罐体前中部浓度越高,相反颗粒粒径越小,在过滤器后部颗粒浓度越高,可能会导致滤网堵塞不均匀,不利于滤网清洗。

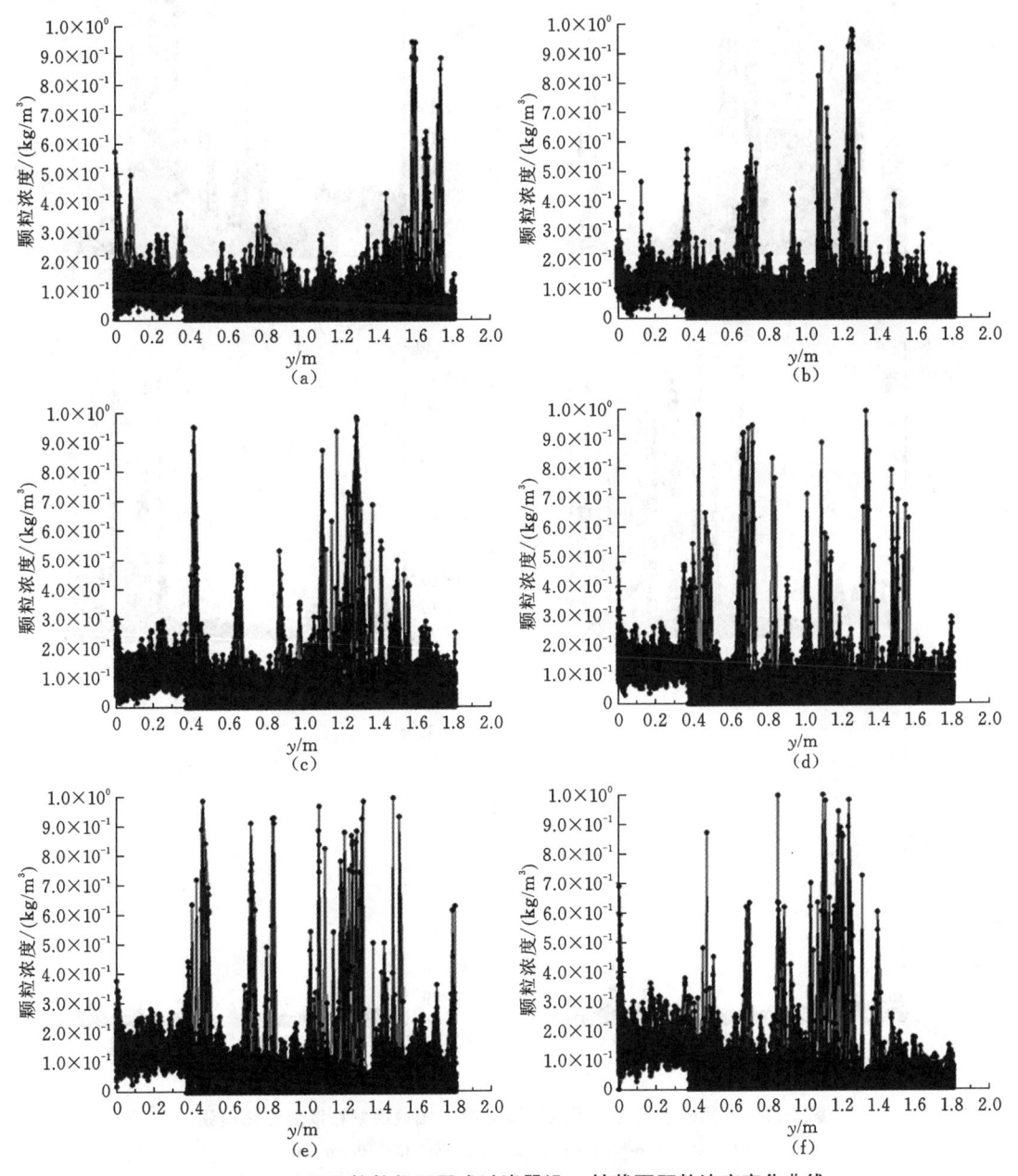

图 4.16 不同颗粒粒径下网式过滤器沿 y 轴截面颗粒浓度变化曲线

(a) $d_p=50$ μm;(b) $d_p=100$ μm;(c) $d_p=150$ μm;
(d) $d_p=200$ μm;(e) $d_p=250$ μm;(f) $d_p=300$ μm

4.2.4.2 进水流量对网式过滤器内部浓度影响分析

通过进水流量对颗粒在过滤器内部分布影响分析,得到进水流量对过滤效率的影响。图 4.17 所示为不同进水流量下网式过滤器沿 y 轴截面颗粒浓度变化曲线。

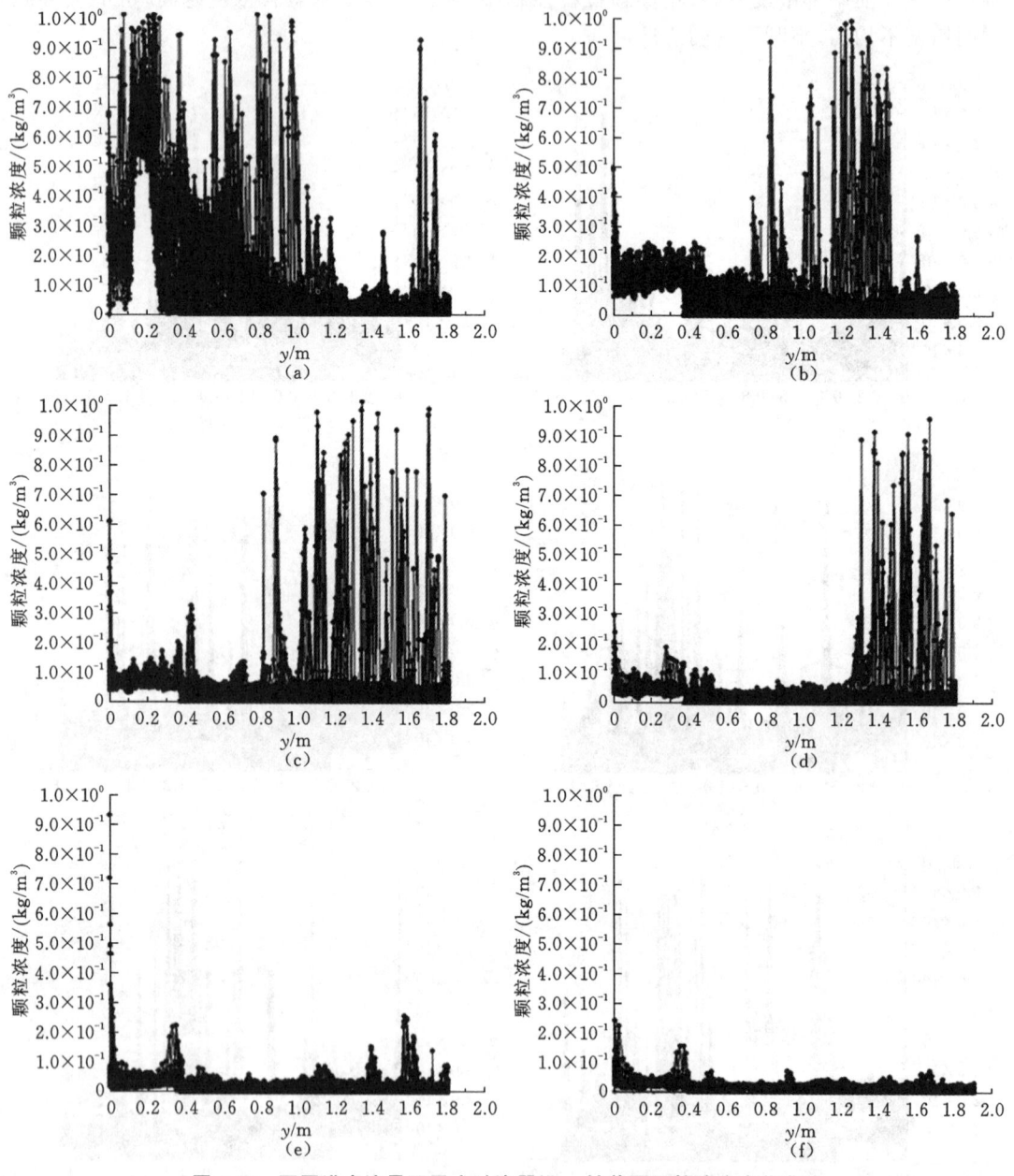

图 4.17 不同进水流量下网式过滤器沿 y 轴截面颗粒浓度变化曲线

(a) $Q=20 \text{ m}^3/\text{h}$;(b) $Q=50 \text{ m}^3/\text{h}$;(c) $Q=100 \text{ m}^3/\text{h}$;
(d) $Q=150 \text{ m}^3/\text{h}$;(e) $Q=200 \text{ m}^3/\text{h}$;(f) $Q=250 \text{ m}^3/\text{h}$

从图 4.17 中可以看出,当网式过滤器进水流量为 20 m³/h 时,颗粒高浓度区域在 $y=$

0~1 m,大部分颗粒被圆形分流口阻挡,积聚在一级过滤室内;当网式过滤器进水流量为50 m³/h 时,颗粒高浓度区域在 $y=0.8$~1.4 m,进水流量增加,水流的挟沙能力提高,颗粒在一级过滤室内的积聚减少,大量颗粒分布在滤网中部区域;当网式过滤器进水流量为 100 m³/h 时,颗粒高浓度区域在 $y=0.8$~1.8 m,进水流量增加,颗粒分布后移,颗粒高浓度区域在滤网的中后部;当网式过滤器进水流量为 150 m³/h 时,颗粒高浓度区域在 $y=1.3$~1.8 m,随进水流量增加,颗粒后移,主要分布在滤网的后部;当进水流量为 200 m³/h 和 250 m³/h 时,过滤器内将不存在高浓度区域,颗粒分布较为均匀。进水流量为 200 m³/h 时,相较于 250 m³/h,其圆形分流口和滤网后部颗粒浓度较高。因此,随着进水流量增加,水流挟沙能力提高,颗粒越易于被挟带出过滤器,过滤效率越低。在实际应用中应选择合适的进水流量,进水流量太小,虽过滤效率较高,但在一级过滤室内存在大量泥沙积聚,需进行人工清洗;进水流量太大不能保证过滤效率,同时会加快滤网堵塞,减少过滤器滤网使用寿命。根据模拟结果来看,进水流量为 200 m³/h 为较为合适的进水流量,既能保证过滤效率,颗粒在过滤器内的分布又较为均匀,便于排污系统的自清洗。

4.3 翻板型网式过滤器过滤过程数值模拟

4.3.1 滤网数值模型

4.3.1.1 多孔阶跃模型

滤网多孔介质采用多孔阶跃模型模拟,相关参数表达式如下:

$$C_1 = \frac{150(1-\varepsilon)^2}{d^2 \varepsilon^3}$$

$$\alpha = \frac{1}{C_1}$$

$$C_2 = \frac{3.5(1-\varepsilon)}{d\varepsilon^3}$$

将滤网孔径 $d=0.2$ mm(注:计算过程中,需将 d 的单位换算为"m"进行计算),孔隙比 $\varepsilon=38\%$,代入上式中可得 C_1、C_2、α 分别为 2.627×10^{10}、1.977×10^5、3.81×10^{-11}。

4.3.1.2 三维滤网简化模型

三维滤网简化主要通过电镜扫描技术获取介质孔径形状和孔径分布数据,而后重新进行三维建模,但对于结构规则、孔径规整、滤网长度与厚度超过两个数量级采用直接建模简化。本研究对滤网模型直接建模并适当简化(图 4.18),即将合金钢丝简化为等截面积的长方体并假设网丝处于一个平面,通过交接形成楔形滤网模型。因

图 4.18 过滤器三维楔形滤网模型

实际滤网由圆柱状合金钢丝根据滤网目数的差异进行滤网结构的编织,其结构复杂多变,如果建模采用尺寸完全一致的滤网结构进模拟,将导致网格数量庞大、计算平台要求提高和计算时间呈现爆炸式增长等问题,因此不能较好地满足实际使用。

4.3.1.3 模型数学坐标

为了便于分析两种模型的压强和流速场的变化规律,建立过滤器的三维坐标图作为统一分析标准(图4.19),图中 x 坐标为过滤器罐体轴线方向,z 和 y 坐标为圆柱体罐体径向,分别为竖直方向和水平方向。进水管口圆心为(0 m,0 m,0 m),过滤器罐体进口圆心为(0.5 m,0 m,0 m);出水管圆心为(1.8 m,0 m,-0.65 m);本研究截取 $y=0$ m 特征面对不同工况下流场和压强场进行分析;为分析上下滤网特征,定义轴线为 $y=0$ m 切面中 $x=0$ m 的直线,以轴线为界将滤网分为两部分,将位置处于轴线上方向的滤网定义为上滤网,同理定义位于轴线下方向的滤网为下滤网;在 $y=0$ m 切面中,定义 $z=0.145$ m 和 $z=0.135$ m 分别为轴线滤网内、外侧,同理定义 $z=-0.145$ m 和 $z=-0.135$ m 为轴线下滤网内、外侧。

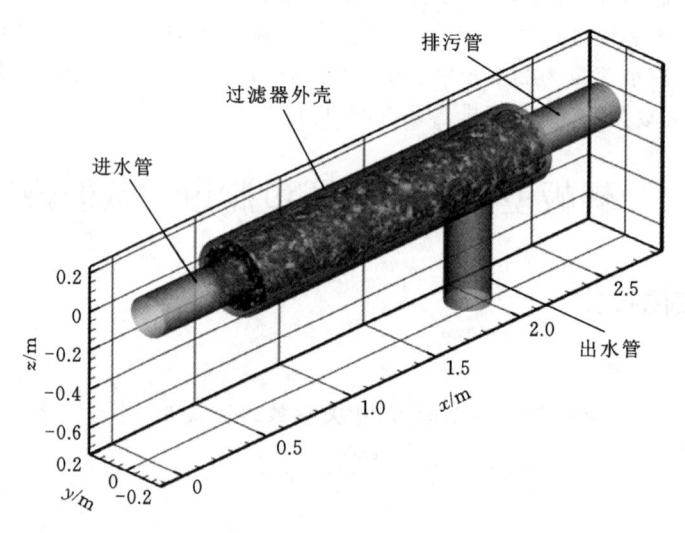

图 4.19 过滤器三维坐标

为了便于分析过滤器 $y=0$ m 特征面各区域流速场和压强场,将过滤器沿 x 轴方向分为进口段($x=0.5\sim1$ m,$z=-0.2\sim0.2$ m)、中间段($x=1\sim2$ m,$z=-0.2\sim0.2$ m)、末尾段($x=2\sim2.2$ m,$z=-0.2\sim0.2$ m)、出口段($x=1.8\sim2$ m,$z=-0.5\sim-0.2$ m)4个区域。

4.3.1.4 网格划分

多孔介质区域相对于其他区域空间狭小,为减少数值模拟的计算工作量和保证计算精度,对多孔区域及接触区域采用四面体非结构化网格。三维滤网简化模型有许多狭小结构面,采用非结构化网格进行体网格和面网格的方式划分,对不同数量滤网网格的模型开展差异性和无关性对比,最终确定三维滤网简化模型和多孔阶跃模型网格总数量分别为1536004、124315个,两种模型的正交网格质量大于0.2,Aspect Ratio 在 1∶5 范围内。

4.3.1.5 数值工况

过滤器滤网面流体轨迹紊乱并随时间变化较快,属于湍流流态,所以计算采用湍流模型,采用SIMPLE算法中二阶迎风离散格式,获得更高精确度的结果。残差标准为0.001,迭代时间步长为0.001 s。根据SIMPLE算法求解不可压缩流场时,动量亚松弛因子和压力亚松弛因子满足 $\alpha_p+\alpha_u=c$,常数 c 取1,α_p 为压力亚松弛因子,一般可取0.7~0.8,取压力亚松弛因子为0.7，α_u为动量亚松弛因子,动量亚松弛因子为0.3,密度、体积力亚松弛因子采用Fluent定解限制默认值;在网式过滤器中选择Realizable k-ε 模型,其具有计算耗时短,计算精度高的优点,能较好地模拟滤网流态。根据网式过滤器物理试验流量和大田常用灌溉流量,设置进口流量为160 m³/h、170 m³/h、180 m³/h、190 m³/h、200 m³/h;定义过滤器进水口为圆形,采用均匀流简化进水管水流流态,依据流量和流速关系式 $Q=v \cdot A$,Q 为过滤器进口流量,v 为过滤器进口流速,A 为过滤器进口横截面积,过滤器进口半径为 $r=0.1$ m,根据圆形面积公式 $A=\pi r^2$ 可知 $A=0.0314$ m²。结合流量和流速关系式,算出的Fluent中各流量对应的 u 分别为1.42 m/s、1.50 m/s、1.59 m/s、1.68 m/s、1.77 m/s;网式过滤器出水口的边界条件设置成压力出口,压力数值依据过滤器稳定运行后出水口数显压力表压力数值进行设置,其中进口流速为1.42 m/s、1.50 m/s、1.59 m/s、1.68 m/s、1.77 m/s时对应的出口压强分别为16189.6 Pa、19080.6 Pa、21785.4 Pa、24078.6 Pa、25176.2 Pa。网式过滤器的罐体、翻板、管道内壁及排污管均按壁面进行处理,采用无滑移边界条件。

过滤器水头损失是评价其性能的关键参数,已有研究主要以过滤器进口流量-水头损失（压降）曲线作为可靠性验证和准确性验证的评判标准。试验装置在清水条件下进行可以消除滤网堵塞造成的过滤器流量和水头损失的波动变化,在试验装置过滤工况稳定后,采用超声波流量计读取过滤器进出口流量,同时记录进出口的数显压力表读数。本研究对比模拟数据和试验数据的进口流量-水头损失曲线具有较好的可靠性和一致性。对进出口断面采用能量方程计算水头损失,绘制进口流量与水头损失点线图,如图4.20所示。由图4.20可知,多孔阶跃模型数值、三维滤网简化模型水头损失数值与试验数值的相关系数均为 $R^2=0.99$,说明多孔阶跃模型和三维简化模型流量-水头损失曲线变化趋势相似。由表4.5可知,两种模型水头损失与试验值误差率都在10%以内,说明数值模拟方法和模型可以较好地展现出罐体内部流态和能量变化,并可以较好地反映水流对泥沙颗粒的作用力。

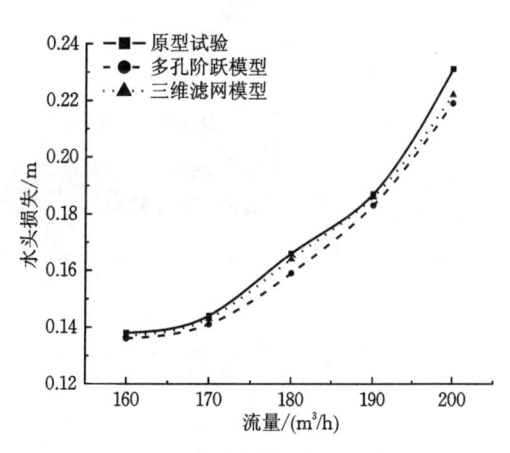

图4.20 进口流量与水头损失图

表4.5 不同流量下过滤器水头损失

进口流量 /(m³/h)	进口压强 /Pa	出口压强 /Pa	水头损失					
			物理试验 /m	多孔阶跃模型/m	误差率 /%	物理试验 /m	三维滤网简化模型/m	误差率 /%
160	17542	16190	0.138	0.136	1.45	0.138	0.137	0.72
170	20492	19081	0.144	0.141	2.08	0.144	0.143	0.69
180	23412	21785	0.166	0.159	4.22	0.166	0.164	1.20
190	25911	24079	0.187	0.183	2.14	0.187	0.186	0.53
200	28175	25176	0.237	0.219	7.59	0.237	0.222	6.33

分析表 4.5 数据可知,三维滤网简化模型模拟多孔介质精度更高,因此本研究采用三维简化模型进行数值模拟。

4.3.2 清水条件下不同工况过滤过程数值模拟结果分析

4.3.2.1 不同工况下过滤过程流速场分析

(1) 进口流量对流速场影响分析

图 4.21 所示为滤网孔径 $D_k=0.125$ mm 时 x-z 平面流速云图。

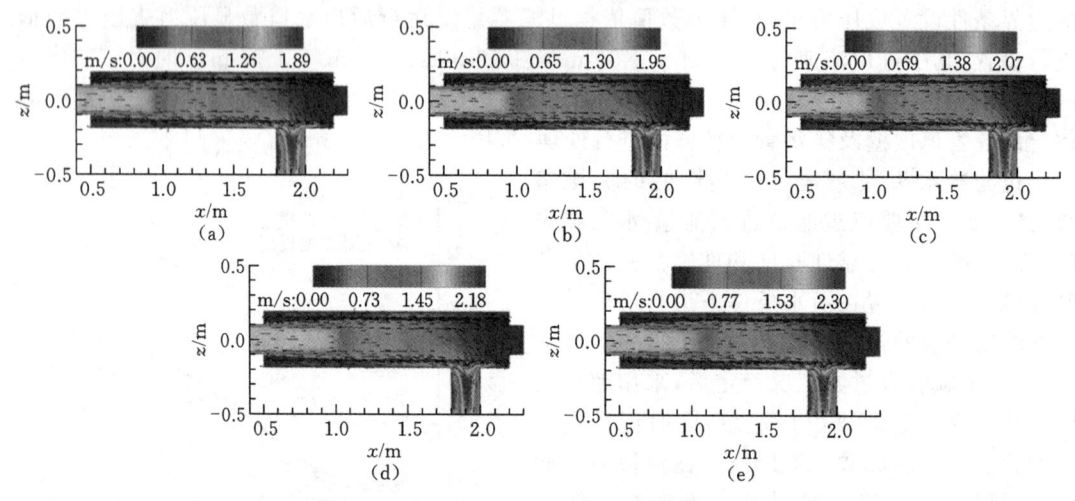

图 4.21 $D_k=0.125$ mm 时 x-z 平面流速云图
(a) 160 m³/h;(b) 170 m³/h;(c) 180 m³/h;(d) 190 m³/h;(e) 200 m³/h

由图 4.21 可知,同一孔径下不同进口流量下,$y=0$ m 切面的速度场主要有以下相似之处:①罐体内流速存在进口段的射流区,中间段的均匀区和排污管末端和进口上下部分的低流速区,主流沿 x 轴方向流速逐渐减低,在出口段存在两个低速区和一个高速区;②进口段的上下罐体边壁处低速区存在涡流,因进口段射流区的末端,大量高动量液体质点在此处进行扩散,液体通过滤网编制形成的狭小流道,以射流的形式流出滤网,并冲击罐体边壁,在边壁和滤网之间形成了一段高流速区,高流速的方向与主流反向,反向的高流速液体与相邻液体的发生相对运动并形成力矩,进而形成了涡流体,因此在不同流量下,都会存在涡流体,随着进口流速的增大,低速区的范围也随之增大;③罐体中间段流速分布均匀,在滤网周围流线分布密集、流场变化复杂,这与实际情况相符;④出水管段存在显著的液体加速,因水流在出口段具有较大的压强差,液体质点在大压强差下,进行加速运动。

分析图 4.21 可知,不同进口流量下过滤器流速云图存在区域性的数值差异:①随着进口流量增大过滤器特征区域最大流速数值增大,增幅的程度具有差异,随着流速增大当入口流量为 160 m³/h、170 m³/h、180 m³/h、190 m³/h、200 m³/h 时,进口段最大流速分别为 1.42 m/s、1.48 m/s、1.59 m/s、1.68 m/s、1.77 m/s,中间段最大流速分别为 0.44 m/s、0.46 m/s、0.48 m/s、0.53 m/s、0.56 m/s,出口段最大流速分别为 1.75 m/s、1.78 m/s、2.05 m/s、2.15 m/s、2.33 m/s;②进口流量增大,进口段与中间段的最大流速差值增大,中间段与出口段最大流速逐渐增大,其中 160 m³/h、170 m³/h、180 m³/h、190 m³/h、200 m³/h 下进口段与中间段最大流速差值分别为 0.98 m/s、1.02 m/s、1.11 m/s、1.15 m/s、1.21 m/s,中间段与出口段最大流速差值分别为 1.31 m/s、1.32 m/s、1.57 m/s、1.62 m/s、1.77 m/s。

(2) 三种滤网孔径流速场分析

图 4.22 所示为三种滤网孔径下 $x\text{-}z$ 平面流速云图。

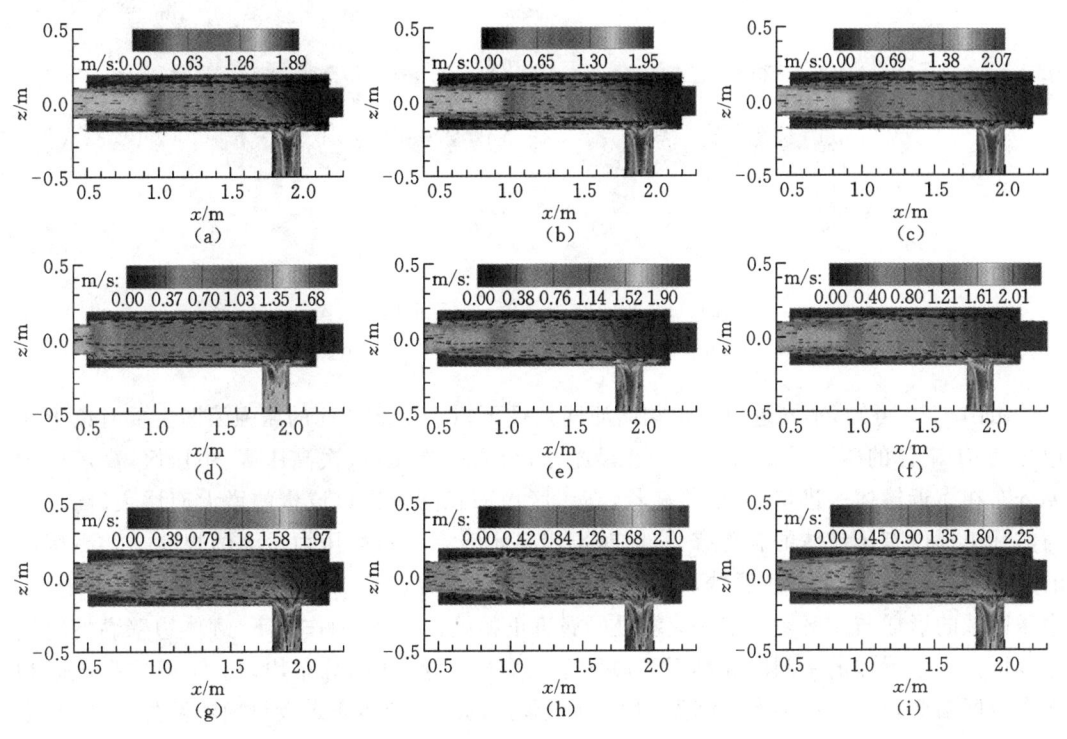

图 4.22 三种滤网孔径下 $x\text{-}z$ 平面流速云图

(a) 0.125 mm,160 m³/h;(b) 0.125 mm,170 m³/h;(c) 0.125 mm,180 m³/h;
(d) 0.150 mm,160 m³/h;(e) 0.150 mm,170 m³/h;(f) 0.150 mm,180 m³/h;
(g) 0.180 mm,160 m³/h;(h) 0.180 mm,170 m³/h;(i) 0.180 mm,180 m³/h

分析图 4.22 可知,0.125 mm、0.15 mm、0.18 mm 孔径滤网具以下相似规律:①滤网孔径对进口高流速区域的影响微弱;②同一进口流量不同滤网孔径下宏观流场相似,滤网孔径对流场宏观变化影响较弱。

由图 4.22 可知,相同流量不同滤网孔径下流速云图存在差异:①随着滤网孔径的增大,流场的最大流速会逐渐增加,末端的回流区域会呈现先增大后减小的趋势;②滤网孔径增大,中间段流速的扩散更为均匀,进口段滤网外侧的涡流区域增大、涡流的强度增大,滤网孔径的增大导致通过滤网后水流质点能量耗散减少,形成的射流强度增加,与主流方向相反的射流与相邻液体相对运动形成的力矩增加,进而增加涡流的强度;③随着滤网孔径的增大,出口段的左侧负压区域逐渐由 $z=0.2$ m 下移至 $z=0.4$ m。

4.3.2.2 不同工况下过滤过程压强场分析

(1) 进口流量对压强场影响分析

图 4.23 所示为滤网孔径 $D_k=0.125$ mm 时 $x\text{-}z$ 平面压强云图。

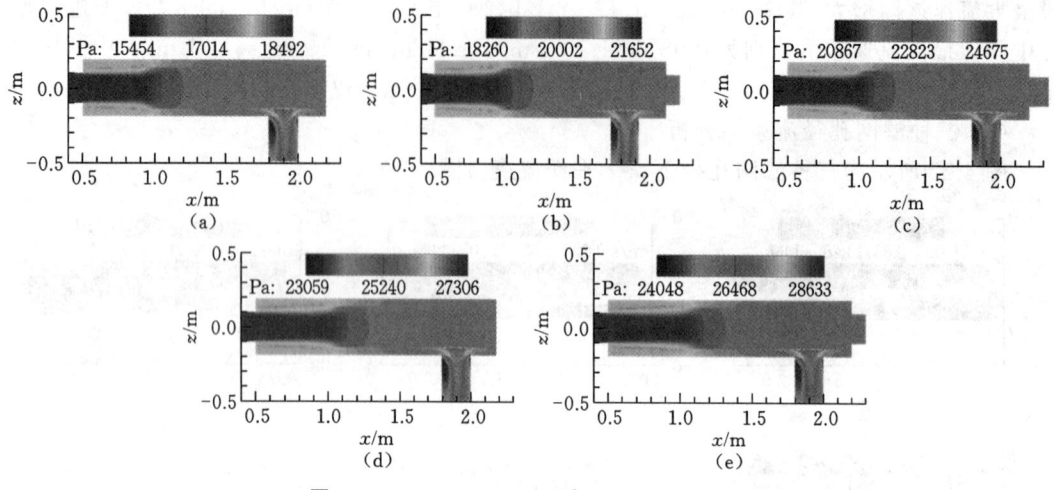

图 4.23 $D_k = 0.125$ mm 时 x-z 平面压强云图

(a) 160 m³/h；(b) 170 m³/h；(c) 180 m³/h；(d) 190 m³/h；(e) 200 m³/h

由图 4.23 可知，不同进口流量相同滤网孔径下，$y=0$ m 切面的压强云图主要有以下相似之处：①罐体的压强沿 x 轴正方向逐渐减小，分布有高压区、次高压区、中压区，高压区主要分布在靠近罐体的进口处，呈蘑菇状，高压区域面积随着进口流量的增大而增大，高压区与实际中提供有压流体的装置有关，同时也满足水流在进口处压力最大的规律。②高压区的上、下部分存在一个中压区域，中压区呈直角梯形状，中压区的面积随流量的增大而增大，中压区域的形成与该区域存在流速缓慢的涡流正相关，在涡流的作用下，罐体边壁黏性底层厚度增大。③罐体的中间段和排污管段属于次高压区域，压强分布均匀。④罐体高压区和次高压区渐变段处的压强变化剧烈，因在渐变段滤网内的液体质点大量向滤网外扩散，产生局部水头损失。⑤出口段的压强分布也存在次高压区、中压区、低压区三个区域。

如图 4.23 可知，不同进口流量下过滤器压强云图存在区域性的数值差异：①随着进口流量增大，过滤器特征区域最大压强数值增大，增幅的程度具有差异，随着压强增大，当入口流量为 160 m³/h、170 m³/h、180 m³/h、190 m³/h、200 m³/h 时，进口段区域最大压强分别为 18655 Pa、21859 Pa、24901 Pa、27624 Pa、29113 Pa；中间段区域最大压强分别为 18195 Pa、21321 Pa、24303 Pa、26892 Pa、28299 Pa；出口段最大压强分别为 17584 Pa、20634 Pa、23543 Pa、26068 Pa、27270 Pa。②随进口流量增大，进口段与中间段的最大压强差值增大，中间段与出口段最大压强差也增大，其中 160 m³/h、170 m³/h、180 m³/h、190 m³/h、200 m³/h 下进口段与中间段最大压强差值分别为 460 Pa、538 Pa、598 Pa、732 Pa、814 Pa，中间段与出口段最大压强差值分别为 612 Pa、687 Pa、760 Pa、824 Pa、1030 Pa。

(2) 三种滤网孔径压强场分析

图 4.24 所示为三种滤网孔径下 x-z 平面压强云图。对比图 4.24 可知，0.125 mm、0.150 mm、0.180 mm 孔径流速云图存在差异：①最大压强随着孔径的增大而逐渐减小，当孔径增大时，进口段压强扩散更为均匀，滤网内外两侧的相对压差也逐渐减小，因滤网孔径的增大降低了水流通过滤网狭小流道的局部阻力，当液体质点通过多孔介质后，仍具有高能量的液体质点在滤网外侧运动与相邻液层之间能量相近，与罐体中间段的液体呈现均匀扩

散的趋势。②随着滤网孔径的增大,出口段的低压区域具有增大的趋势。因随着滤网孔径的增大,液体质点通过滤网耗散减小,并形成高强度的射流,高强度射流在出口段发生水流碰撞,孔径增大时以左边的主流占主导的射流出口,逐渐变为双向主流主导,即形成了左、右侧负压,进而导致负压区逐渐扩大。

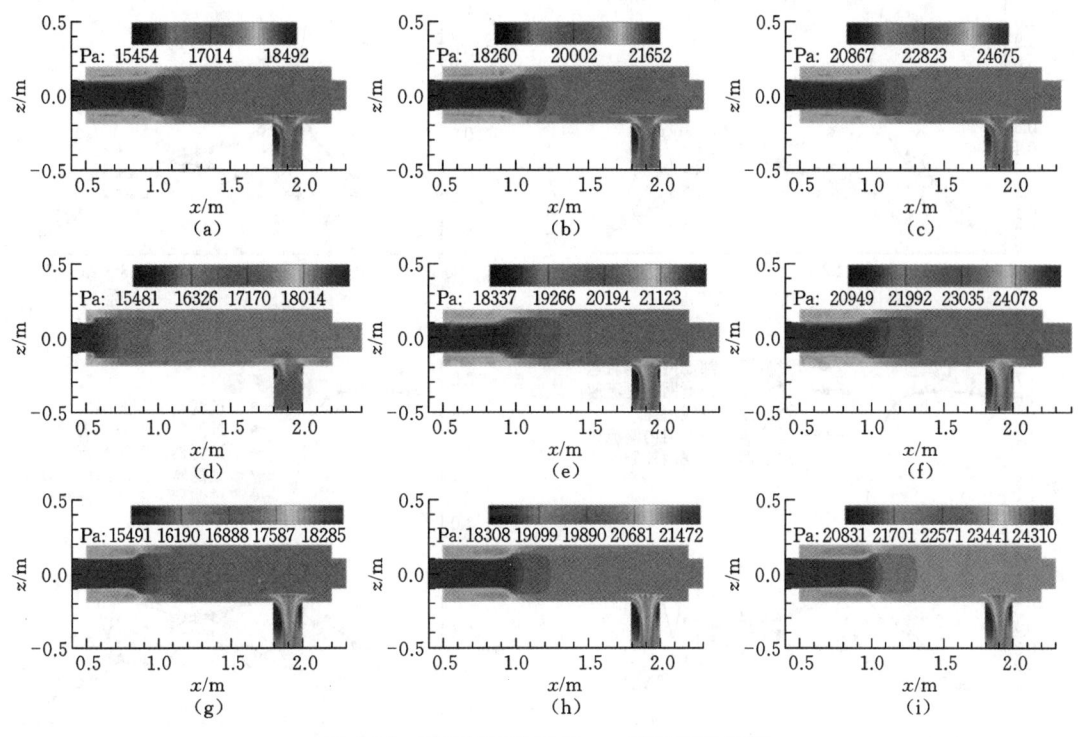

图 4.24 三种滤网孔径的 x-z 平面压强云图

(a) 0.125 mm, 160 m³/h; (b) 0.125 mm, 170 m³/h; (c) 0.125 mm, 180 m³/h;
(d) 0.150 mm, 160 m³/h; (e) 0.150 mm, 170 m³/h; (f) 0.150 mm, 180 m³/h;
(g) 0.180 mm, 160 m³/h; (h) 0.180 mm, 170 m³/h; (i) 0.180 mm, 180 m³/h

4.3.2.3 滤网内、外侧流速和压强分析

(1) 流量对滤网内、外侧流速和压强影响分析

① 流量对滤网内、外侧流速影响分析

图 4.25 所示为过滤过程中不同流量下滤网内外侧流速图。由图 4.25 可知,过滤器过滤过程中不同流量下滤网内外侧流速沿 x 轴的变化趋势相似,以图 4.25(a)为例,下部滤网内、外侧流速变化呈现 4 个阶段,缓慢增长段($x=0.5 \sim 1.03$ m)、平稳段($x=1.3 \sim 1.5$ m)、快速增长段($x=1.5 \sim 1.81$ m)、快速下降段($x=1.81 \sim 2.2$ m);上部滤网内、外侧流速呈现 3 个阶段,先增长($x=0.5 \sim 0.85$ m)再平稳($x=1.2 \sim 1.5$ m)后下降($x=1.5 \sim 2.2$ m);轴线流速沿 x 轴呈现先缓慢增长、快速下降、平稳、缓慢降低的 4 个阶段。在 $x=0.5 \sim 1.4$ m 区域,滤网内侧流速和流速增长速度均大于滤网外侧,滤网外侧流速曲线波动性大于滤网内侧。在图 4.25(a)中 $x=0.5 \sim 0.8$ m 对应进口段,滤网外侧流速受到涡流影响,流速曲线在 $x=0.5 \sim 1.3$ m 呈现波动性变化。在 $x=1.03 \sim 1.3$ m 区域滤网内侧流速下降,滤网外侧流速增大,在 $x=1.3$ m 时达到稳定,滤网内侧流速为 0.4 m/s,滤网外侧流速为 0.38 m/s。

图 4.25 过滤过程中不同流量下滤网内外侧流速图

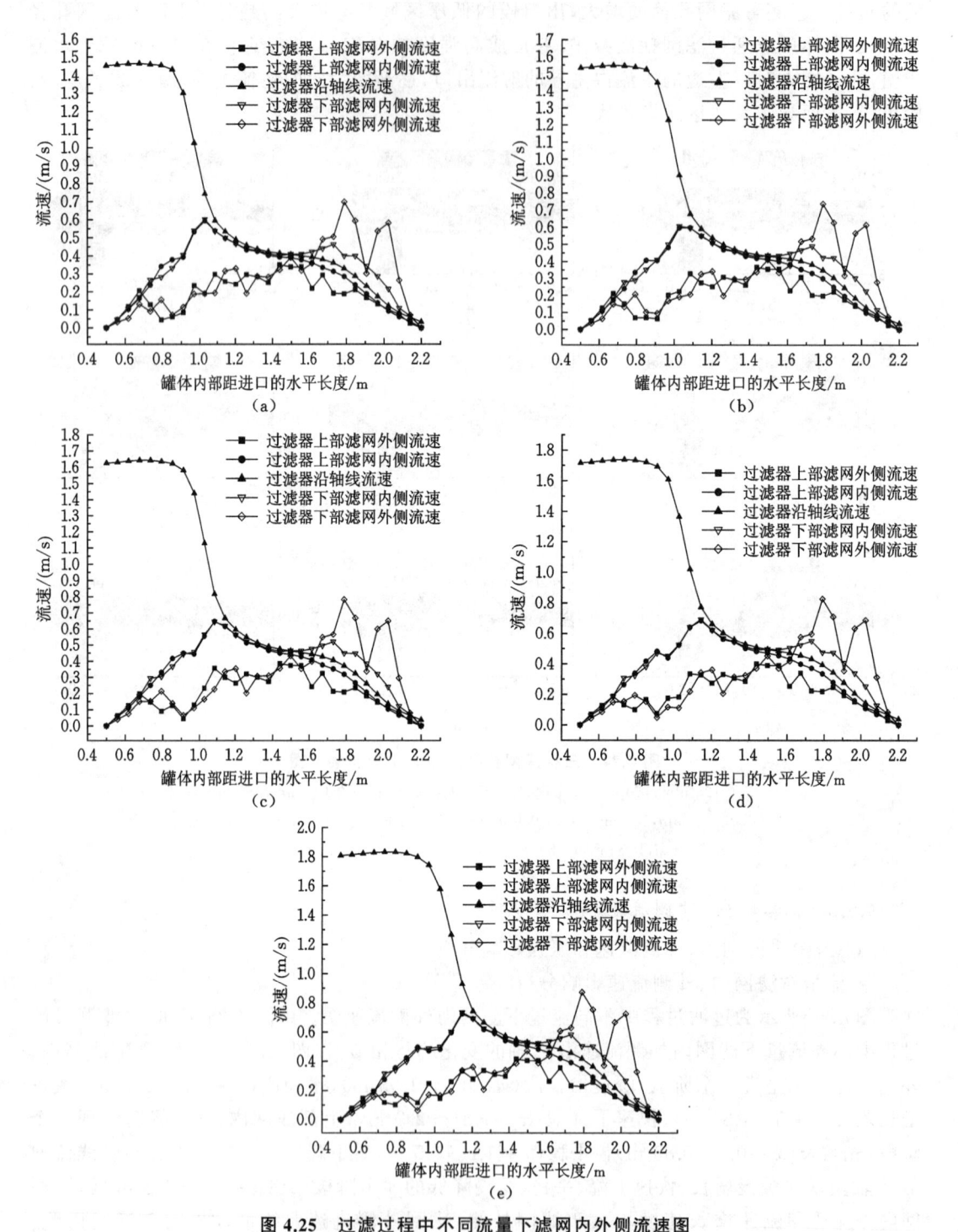

(a) 160 m³/h；(b) 170 m³/h；(c) 180 m³/h；(d) 190 m³/h；(e) 200 m³/h

对比图 4.25 中不同流量下峰值流速、峰值流速差和高流速差区域分布,存在以下特征数值差异:随着进口流量的增大滤网内侧峰值流速位置逐渐向后移,并且峰值流速越大,其中进口流量为 160 m³/h、170 m³/h、180 m³/h、190 m³/h、200 m³/h 时,滤网内侧分别在 1.027 m、1.027 m、1.086 m、1.144 m、1.144 m 处达到峰值流速 0.601 m/s、0.607 m/s、0.646 m/s、0.692 m/s、0.733 m/s。下滤网外侧流速峰值存在两个峰值流速,并且出现的位置固定,随着进口流量增大,峰值流速越大,例如,160 m³/h、170 m³/h、180 m³/h、190 m³/h、200 m³/h 流量在 1.789 m 处达到第一个峰值流速分别为 0.697 m/s、0.737 m/s、0.78 m/s、0.827 m/s、0.872 m/s,在 2.02 m 处达到第二个峰值流速分别为 0.580 m/s、0.613 m/s、0.650 m/s、0.687 m/s、0.724 m/s。上滤网内、外侧峰值流速差受进口流量影响较小,下滤网内、外侧峰值流速差与进口流量呈正相关。进口流量为 160 m³/h、170 m³/h、180 m³/h、190 m³/h、200 m³/h 时上滤网分别在 1.027 m、1.027 m、1.086 m、1.144 m、1.144 m 处出现内、外侧峰值流速差 0.412 m/s、0.3828 m/s、0.42 m/s、0.32 m/s、0.399 m/s;下滤网分别在 2.024 m 处出现内、外侧峰值流速差 0.365 m/s、0.386 m/s、0.410 m/s、0.433 m/s、0.457 m/s。高流速差区域与进口流量没有显著规律。

② 流量对滤网内、外侧压强场影响分析

图 4.26 所示为过滤过程中不同流量下滤网内外侧压强图。

由图 4.26 可知,过滤过程不同流量下沿 x 轴滤网内外侧压强图的变化趋势相似,以图 4.26(a)为例分析可知:滤网内侧压强沿 x 轴线呈现 2 个阶段,分别为缓慢增长段($x=0.5\sim1.03$ m)和平稳段($x=1.5\sim1.7$ m);滤网外侧压强呈现先减小($x=0.5\sim0.88$ m)再快速增长($x=0.88\sim1.03$ m)后平稳($x=1.5\sim2.2$ m)的趋势,其中下部滤网外侧在 $x=1.74\sim2.06$ m 处存在压强波谷;罐体轴线压强呈现先平稳、再快速下降、后平稳的 3 个阶段。分析图 4.26(a)压强图知在 $x=0.5\sim1.03$ m 区域,滤网内侧压强和内侧压强增长速度大于滤网外侧,滤网内外侧压强差逐渐增大;在 $x=1.03\sim1.5$ m 区域滤网内侧压强下降,滤网外侧压强增大,在 $x=1.5$ m 时达到稳定,滤网内侧压强为 18201 Pa,滤网外侧压强为 18188 Pa。

然而对比图 4.26 中不同流量下滤网峰值压强、内外侧压强差和高压强差区域分布,存在以下差异:进口流量与内侧峰值压强呈现正相关,其中进口流量为 160 m³/h、170 m³/h、180 m³/h、190 m³/h、200 m³/h 时,滤网内侧峰值压强分别在 1.027 m、1.027 m、1.086 m、1.144 m、1.144 m 处达到 18288 Pa、21383 Pa、24422 Pa、27024 Pa、28425 Pa。过滤过程存在 2 段滤网内、外侧峰值压强差,第 1 段与进口流量没有显著规律,同时上滤网和下滤网内、外侧峰值压强差相等,其中 160 m³/h、170 m³/h、180 m³/h、190 m³/h、200 m³/h 流量对应的滤网内、外侧峰值压强差分别为 330 Pa、400 Pa、343 Pa、369 Pa、423 Pa;第 2 段滤网内、外侧峰值压强差与进口流量呈正相关,仅在滤网下侧出现,其中 160 m³/h、170 m³/h、180 m³/h、190 m³/h、200 m³/h 流量对应的滤网内、外侧峰值压强差分别为 1020 Pa、1136 Pa、1275 Pa、1420 Pa、1575 Pa。高压强差区域面积与进口流量没有显著规律。

图 4.26 过滤过程中不同流量下滤网内外侧压强图

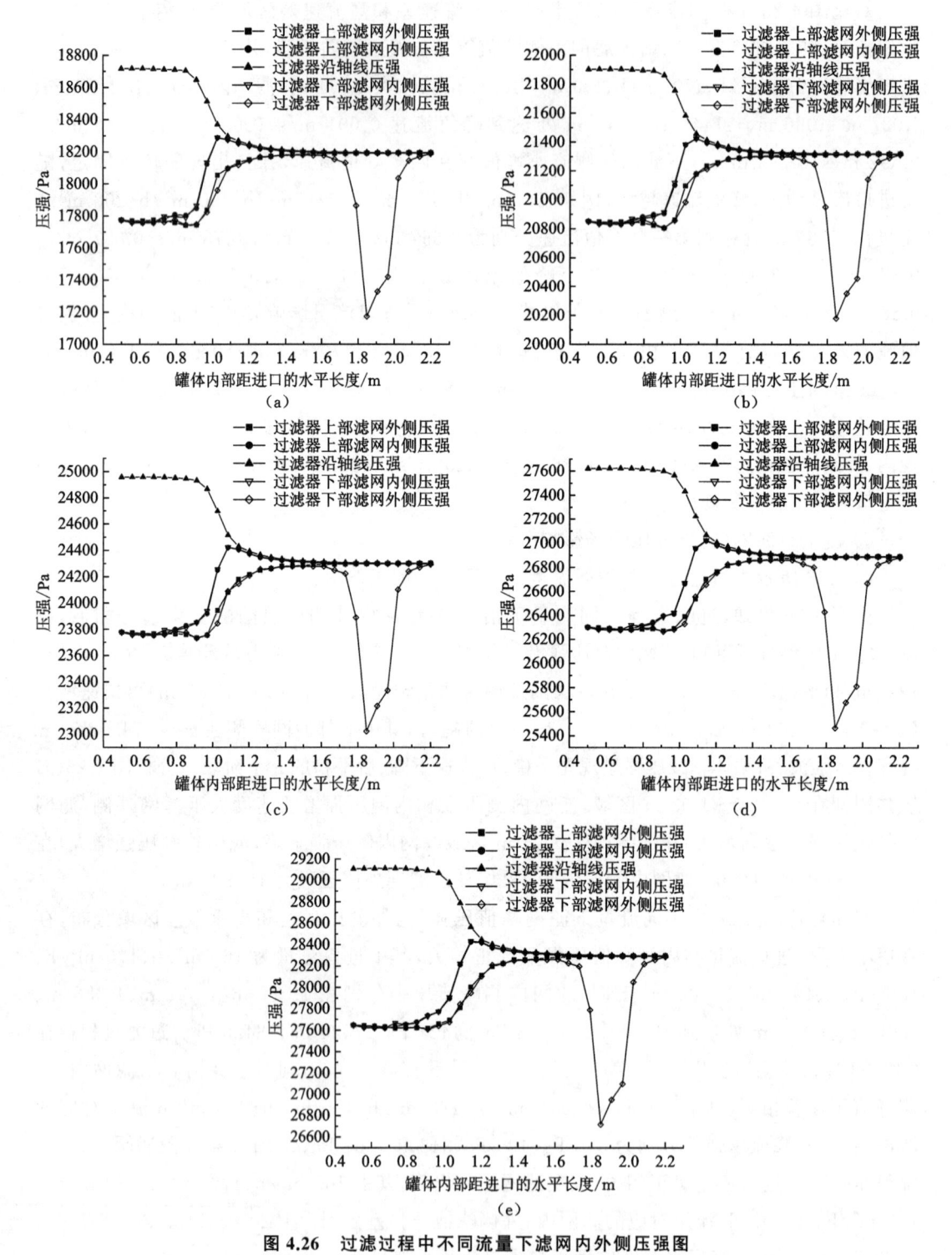

(a) 160 m³/h; (b) 170 m³/h; (c) 180 m³/h; (d) 190 m³/h; (e) 200 m³/h

(2) 滤网孔径对滤网内、外侧流速和压强影响分析

① 滤网孔径对流场影响分析

对比图4.27中不同滤网下峰值流速、滤网内外侧峰值流速差和高流速差区域分布，在特征数值上还存在差异：孔径越大内侧滤网峰值流速越大，其中0.125 mm、0.150 mm、0.180 mm 滤网内侧峰值流速分别在1.965 m、1.848 m、1.027 m处达到峰值流速0.646 m/s、0.726 m/s、0.757 m/s。下滤网内、外侧沿轴线方向存在3段峰值流速差，第1段流速差与滤网孔径呈现正相关，例如0.125 mm、0.150 mm、0.180 mm 滤网内、外侧峰值流速差分别为0.42 m/s、0.643 m/s、0.645 m/s；2、3段滤网内、外峰值流速差随着滤网孔径增大呈现先增大后减小的趋势，例如第2段0.125 mm、0.150 mm、0.180 mm 滤网内、外峰值流速差分别为0.331 m/s、0.907 m/s、0.269 m/s，例如第3段0.125 mm、0.150 mm、0.180 mm 滤网内、外峰值流速差分别为0.410 m/s、0.825 m/s、0.300 m/s。高流速差区域面积与滤网孔径呈现负相关。

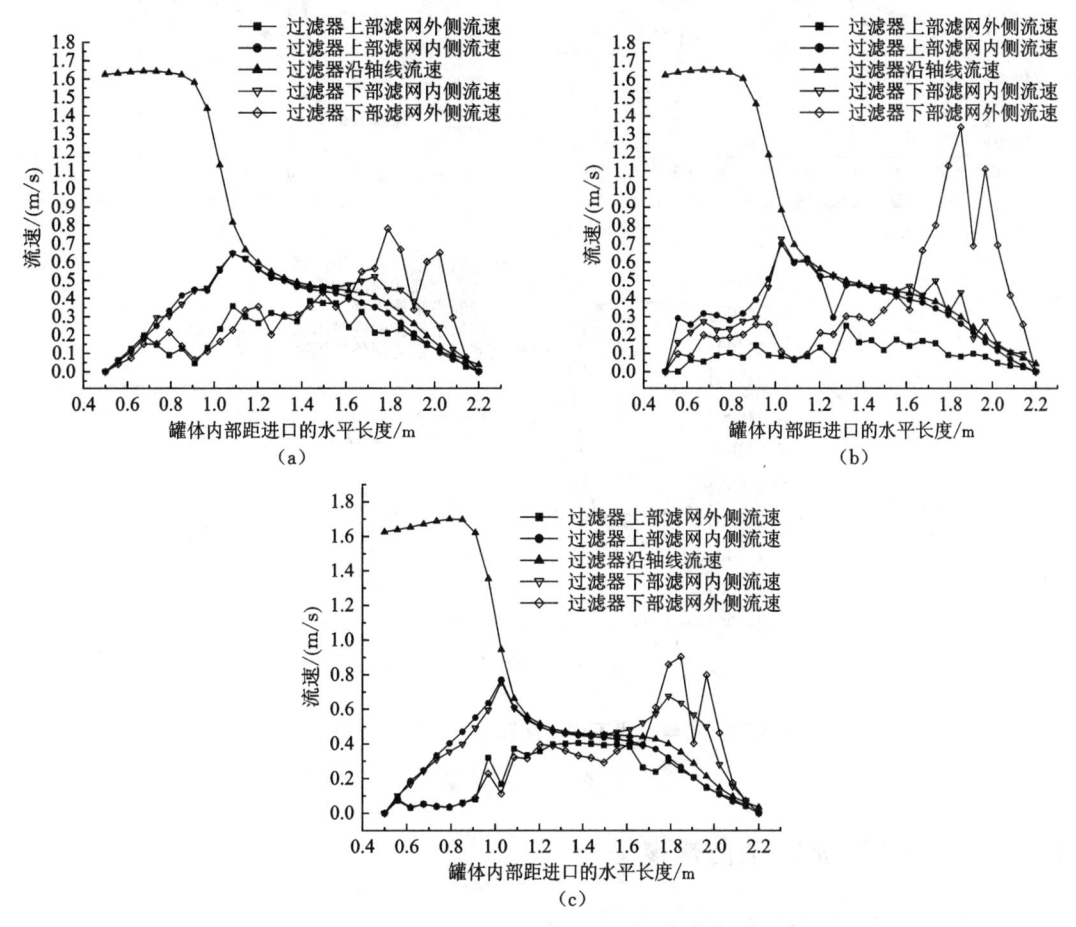

图4.27 过滤过程中不同滤网孔径下滤网内外侧流速图
(a) 0.125 mm；(b) 0.150 mm；(c) 0.180 mm

② 滤网孔径对压强影响分析

对比图4.28中不同滤网孔径下峰值流速、滤网内、外侧峰值流速差和高流速差区域分布，在特征数值上还存在差异：相同流量下随着孔径的增大压强峰值逐渐减小，其中

0.125 mm、0.150 mm、0.180 mm 滤网孔径分别在 1.086 m、1.027 m、1.027 m 处达到压强峰值 24422 Pa、24487 Pa、24127 Pa。滤网内、外侧峰值压强差存在 2 段，第 1 段峰值压强与滤网孔径呈正相关，其中 0.125 mm、0.150 mm、0.180 mm 滤网孔径滤网内、外侧峰值压强差分别为 343 Pa、447 Pa、524 Pa；第 2 段滤网内、外侧峰值压强随着滤网孔径增大呈现先减小后增大的趋势，例如第 2 段 0.125 mm、0.150 mm、0.180 mm 滤网孔径滤网内、外侧峰值压强差分别为 1275 Pa、469 Pa、1020 Pa。高压强差区域面积与滤网孔径呈负相关。

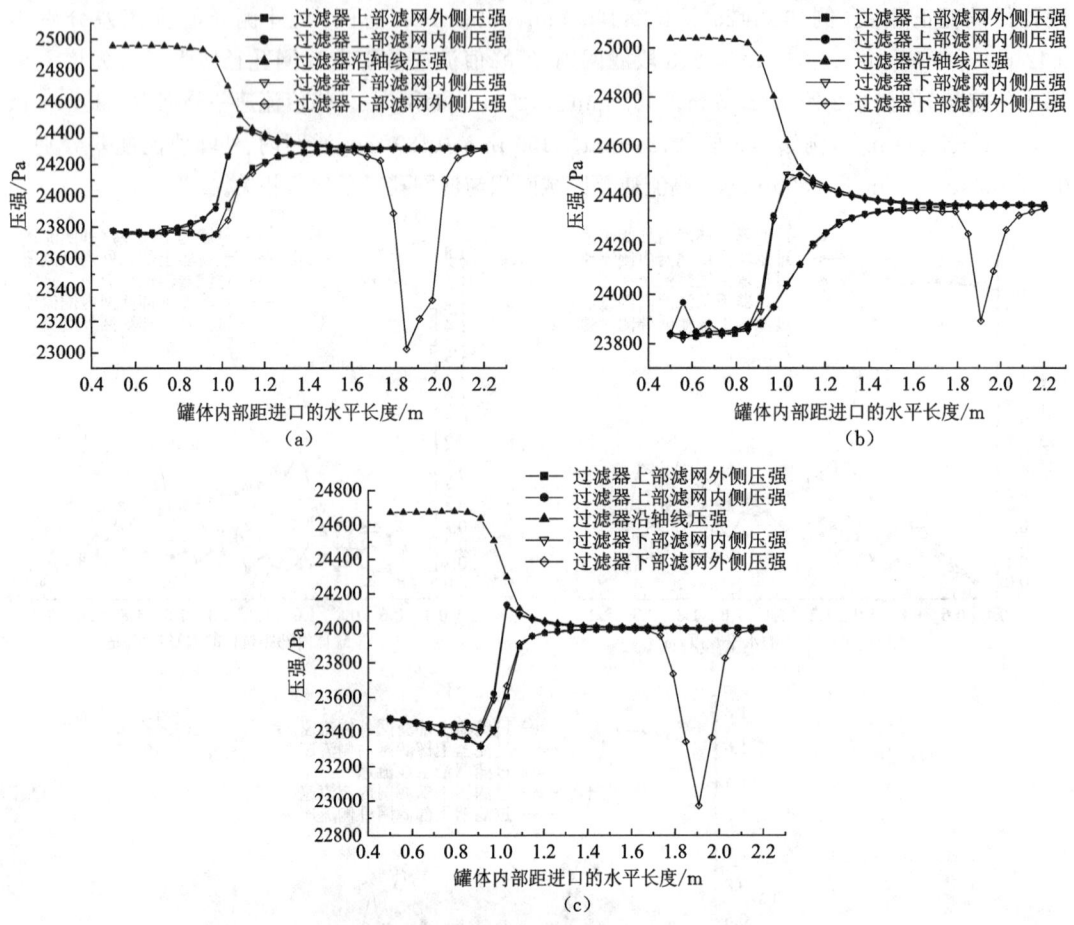

图 4.28 过滤过程不同滤网孔径下滤网内外压强图
(a) 0.125 mm；(b) 0.150 mm；(c) 0.180 mm

4.3.3 水沙两相流的数值模拟

4.3.3.1 物理模型及参数设置

(1) 物理模型描述及方案设定

选用网式过滤器的结构如图 4.29 所示。以进口管圆心(0 m,0 m,0 m)位置为参考点，滤网内径 $D=280$ mm，滤网长度 $L=1700$ mm。不考虑壁厚影响，滤网的过滤精度为 180 μm，同时对模型进行网格划分，通过无关性检验，模型总共网格数为 178964。

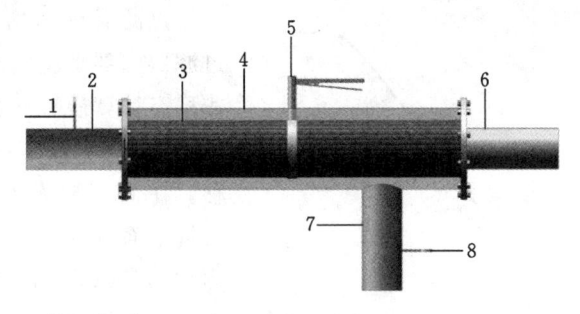

1—进口压力表;2—进水管道;3—滤网;4—过滤器外壳;
5—过滤器翻板;6—排污管道;7—出水管道;8—出口压力表

图 4.29 翻板型网式过滤器三维结构图

(2) 模拟参数设置

含沙水源过滤模拟采用 CFD-EDM 耦合方法,含沙水源主要由固体泥沙和液态水构成,固体泥沙属于离散元相,通过 EDEM 软件计算受力和运动状态,并将泥沙颗粒的位置信息、动力参数导入 Fluent,而水流属于连续相,通过 Fluent 软件计算水流的动态特征,将液体中各位置的上浮力、拖曳力、水压力传递给 EDEM 中泥沙颗粒,通过软件之间的数据交互实现水沙运动模拟,具体软件交互图见图 4.30。

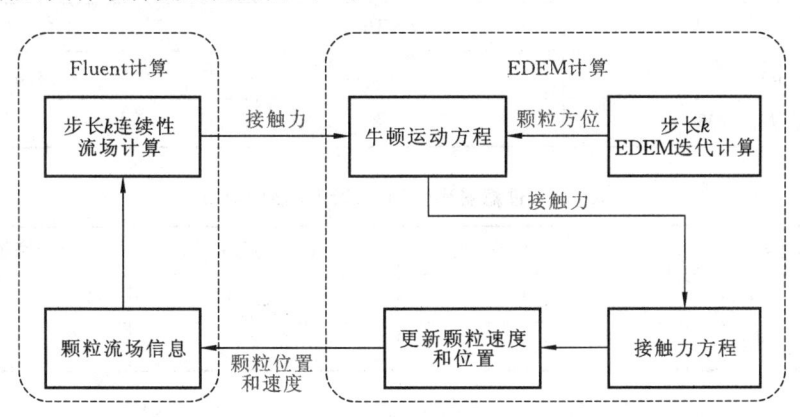

图 4.30 Fluent 和 EDEM 软件交互图

流体计算采用 Fluent 软件,在 Fluent 软件中选取 k-ε 湍流模型模拟网式过滤器具有较好的可靠性。过滤器进水口和出水口分别采用流速和压强作为限制条件,其中入口速度和出口压力数值详见表 4.6。

表 4.6 含沙水源模拟中 Fluent 参数设置

进口流量/(m³/h)	出口压力/Pa	重力加速度/(m/s²)	水力半径/m
120	0	9.8	0.1
180	0	9.8	0.1
240	0	9.8	0.1

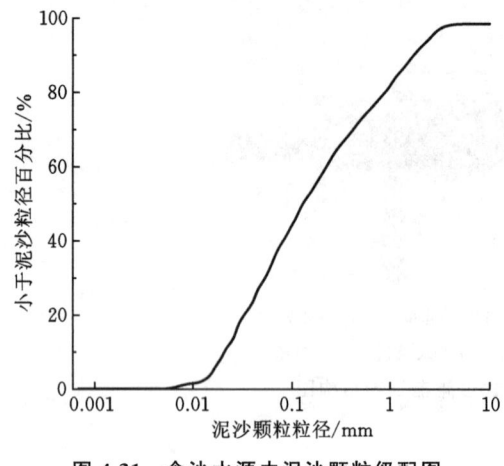

图 4.31 含沙水源中泥沙颗粒级配图

过滤器壁面均设置为无滑移壁面，过滤器内部水流流态采用二阶迎风格式非稳态计算模型。颗粒离散相计算采用 EDEM 软件，计算颗粒(泥沙)的受力、运移。在 EDEM 软件中颗粒工厂位于进口管壁面重合处。泥沙颗粒选用类球体颗粒，其通过设置半径来改变大小。泥沙级配具体参数见图 4.31。

本研究采用欧拉-拉格朗日耦合方法，此方法在研究网式过滤器固液流动中得到广泛使用。颗粒与壁面、颗粒与颗粒之间物性参数参照表 4.7、表 4.8 设置。

表 4.7 过滤器壳体材料和泥沙颗粒属性参数

特征值	泥沙颗粒	不锈钢
密度/(g/cm³)	2.5	7.93
剪切模量/Pa	2×10^7	2×10^{11}
泊松比	0.4	0.305
重力加速度	9.8	—

表 4.8 过滤器壳体和泥沙颗粒接触参数

类型	恢复系数	静摩擦系数	动摩擦系数
泥沙与泥沙	0.545	0.3	0.005
泥沙与不锈钢	0.5	0.5	0.01

颗粒浓度和颗粒粒级参照表 4.9 设置。

表 4.9 过滤器泥沙颗粒浓度参数

颗粒浓度/(g/L)	小型颗粒(0.0~0.6 mm)占比/%	中型颗粒(0.6~1.2 mm)占比/%	大型颗粒(1.2~4.0 mm)占比/%
0.122	50	35	15
0.279	50	35	15
0.309	50	35	15
0.336	50	35	15

为了方便分析滤饼参数特性，把颗粒按照粒径分为三种类型，小型颗粒(0.0~0.6 mm)、中型颗粒(0.6~1.2 mm)、大型颗粒(1.2~4.0 mm)。过滤器水沙耦合的迭代步长见表 4.10。

表 4.10　过滤器水沙耦合计算步长

类型	迭代步长	计算总时长
Fluent	1×10^{-4}	3 s
EDEM	1×10^{-6}	3 s

4.3.3.2　颗粒分析方法

(1)滤网沉积颗粒分析

由于浑水中的泥沙颗粒运动具有随机性,故罐体内同一区域颗粒大小不一,不同区域沉积颗粒类型数量占比各不相同。本研究采用颗粒平均直径 d_p 来反映不同工况下滤网沉积颗粒粒径分级的特征,d_p 小表明各区域颗粒主要由小粒径颗粒构成;采用颗粒几何标准差 σ_g 来描述不同工况下滤饼中沉积颗粒的复杂程度,σ_g 值越大滤饼的颗粒类型组成越复杂。

$$\sigma_g = \sqrt{\frac{\sum_{i=1}^{n}(d_i - d_p)^2}{n}} \tag{4.13}$$

$$d_p = \frac{\sum_{i=1}^{n} d_i}{n} \tag{4.14}$$

式中　n——颗粒数;

d_i——第 i 个颗粒直径,m;

d_p——颗粒平均粒径,m;

σ_g——颗粒几何标准差,mm。

(2)压降模型

根据 Kozeny-Carman 方程,考虑了颗粒孔隙率、颗粒质量和颗粒沉积厚度对滤饼压降的影响,并构建滤网堵塞压降计算模型:

$$\Delta p_c = \frac{K_1 S^2 (1-\varepsilon)^2}{\varepsilon^3} \mu_g U_g L \tag{4.15}$$

式中　μ_g——流体黏度,Pa·s;

U_g——流体流速,m/s;

L——滤饼层厚度,m;

ε——滤饼层孔隙率,%;

S——滤网比表面积,m²/m³;

K_1——Kozeny 常数;

Δp_c——压降,Pa。

沉积颗粒的形状和分布区域会影响滤饼阻力,根据 Kozeny-Carman 方程模型,引入颗粒分散性和形状对滤饼压降的影响,得到修正渗透系数 K,得到滤饼压降计算模型:

$$\Delta p_c = K \mu_g U_g L \tag{4.16}$$

$$K = \frac{K_1 S^2 (1-\varepsilon)^2}{\varepsilon^3} = 18 \frac{(1-\varepsilon)\nu(\varepsilon)}{\varepsilon^2} \frac{\chi}{d_p^2 \exp[4(\ln\sigma_g)^2]} \tag{4.17}$$

$$\nu(\varepsilon) = \frac{10(1-\varepsilon)}{\varepsilon} \tag{4.18}$$

联立式(4.15)至式(4.18)得：

$$\Delta p_c = 18\mu_g U_g L \frac{(1-\varepsilon)\nu(\varepsilon)}{\varepsilon^2} \frac{\chi}{d_p^2 \exp[4(\ln\sigma_g)^2]} \tag{4.19}$$

式中　$\nu(\varepsilon)$——孔隙率函数，表示相邻颗粒对水流的曳动作用；

　　　χ——颗粒形状因子，当颗粒为球形时，$\chi=1$。

4.3.3.3　计算时间对颗粒沉积范围影响

为探讨计算时间对泥沙颗粒在滤网沉积的影响，对含沙浓度为 0.309 g/L 条件下 1.5 s、2.0 s、2.5 s、3.0 s 四个时刻的计算结果进行分析。因滤网为圆柱面，通过单一切面不能展现沉积颗粒的整体分布。所以本研究对滤网面进行二维平面展开处理，便于分析滤网颗粒沉积的特征，并以滤网最低点为轴线对圆筒滤网进行展开，其中弧长为 0 m 的位置为滤网的最低点，$x=-0.2198\sim0.2198$ m 为下滤网的区域，$x=-0.4396\sim-0.2198$ m 和 $0.2198\sim0.4396$ m 为上滤网区域。不同计算时间颗粒沉积分布如图 4.32 所示。

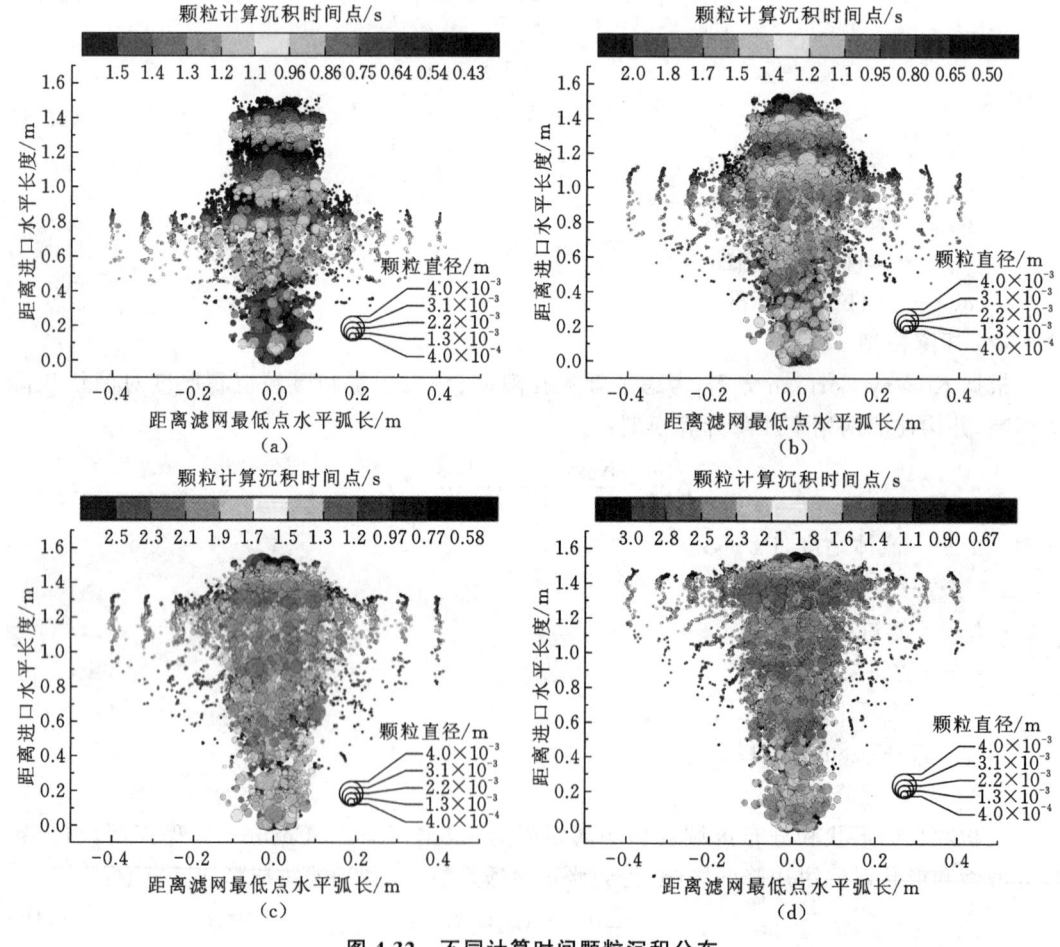

图 4.32　不同计算时间颗粒沉积分布

(a) 1.5 s；(b) 2.0 s；(c) 2.5 s；(d) 3.0 s

由图 4.32 可知,随着计算时间延长,滤网下部颗粒的分布都呈现一致规律,呈现带状分布,淤积的颗粒也越多,例如 1.5 s、2.0 s、2.5 s、3.0 s 时刻沉积的颗粒数量分别增加到 16878、30747、46095、60944 个;滤饼中大型颗粒在水流压力影响下发生运动,小型和中型颗粒能稳定沉积在滤网上。上滤网沉积的颗粒单一主要为小型颗粒,下滤网沉积的颗粒数量和种类繁杂。对比图 4.32 可知,上滤沉积颗粒在水流冲击力和挟沙力作用下,小型颗粒逐渐向出口段移动;下滤网颗粒沉积数目增长速率随着过滤时间增加逐渐加快,例如,1.5 s、2.0 s、2.5 s、3.0 s 时刻沉积颗粒分别为 2238、2809、2998、3042 个,同时沉积区域增大。颗粒沉积区域随着时间增加趋向于均匀和稳定,例如,计算时间为 1.5 s 和 2.0 s 时颗粒主要沉积在进口段和末尾段,当计算时间达到 2.5 s 时颗粒在三个特征区域沉积分布。实际工程中对于封闭的罐体无法获得其内部的颗粒沉积特征,为了保证颗粒沉积特征与试验具有较好的相似性,选择颗粒沉积趋于稳定的工况。对比图 4.32 可以说明模拟时间为 3 s 时颗粒沉积范围趋于稳定,本研究以计算时间为 3 s 开展相关工况模拟。

4.3.3.4 不同流量下颗粒分布特征分析

(1)流量对颗粒沉积范围影响分析

通过设置 120 m³/h、180 m³/h、240 m³/h 三种流量,在 0.122 g/L 浓度下进行过滤,分析流量大小对滤网颗粒沉积的影响,在计算时间 3 s 后的滤网颗粒分布图如图 4.33 所示。由图 4.33 可知,三种不同流量下颗粒分布呈现相似规律,呈"三角形"分布;上滤网沉积的颗粒单一主要为小型颗粒,下滤网沉积的颗粒数目和种类繁杂。当流量增大在相同时间内,颗粒数量与流量呈现正相关,例如,120 m³/h、180 m³/h、240 m³/h 流量下总沉积的颗粒数量分别为 21180、24165、25632 个。由图 4.33(a)、图 4.33(b)可知,下滤网沉积颗粒数量增长速率与颗粒浓度呈正相关。分析图 4.33 中 3 s 后沉积颗粒数量可知,120 m³/h、180 m³/h、240 m³/h 流量下沉积的数量为 11967、12604、12653 个。下滤网颗粒沉积区域随着流量增大逐渐增大,分析图 4.33 中 3 s 后沉积颗粒分布特点可知,下滤网 120 m³/h 下滤饼主要在中间段沉积;180 m³/h 下在过滤器进口段、中间段、出口段均有沉积;240 m³/h 下,颗粒在罐体的回水区域出现沉积($y=1.6\sim1.7$ m)。

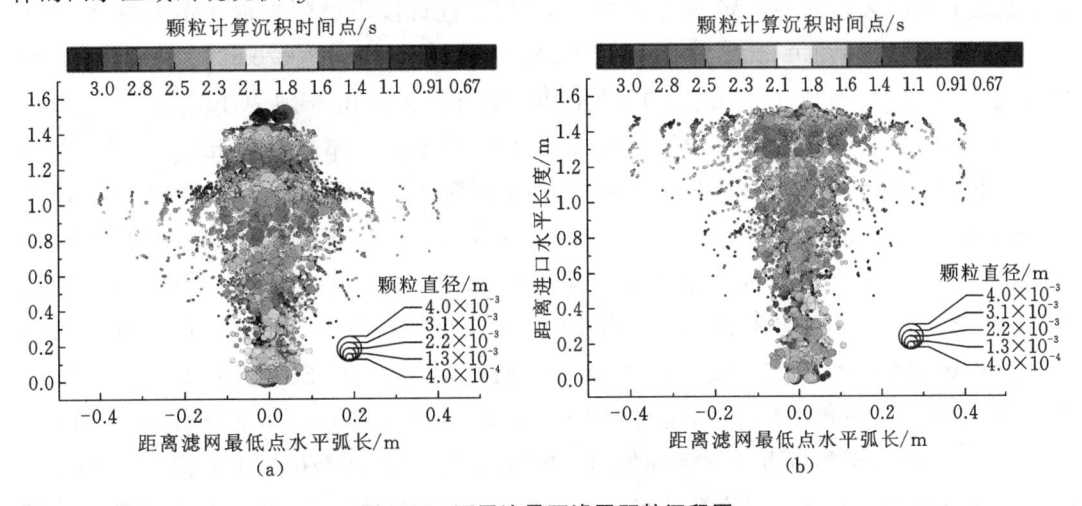

图 4.33 不同流量下滤网颗粒沉积图
(a) 120 m³/h;(b) 180 m³/h;(c) 240 m³/h

续图 4.33

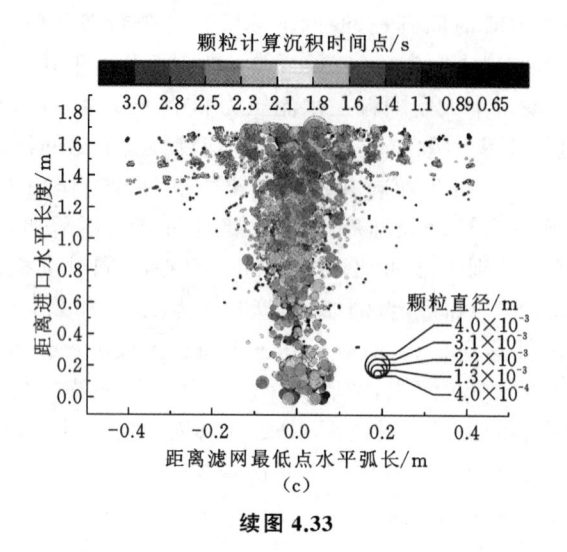

(2) 流量对沿轴线方向颗粒分布影响分析

图 4.34 所示为过滤流量对轴向颗粒沉积影响图。由图 4.34 可知，不同流量条件下泥沙过滤试验，具有相似的规律，进口段、中间段、出口段三个区域小型颗粒数目占比都大于 70%，出口段小型颗粒占比大于 90%，出口段的小型颗粒数目为各区域中最大值；三个区域中大型颗粒数目占比均小于 5%，在全区域中占比均小于 1%；随着流量增大全区域滤网沉积颗粒也逐渐增加，小型颗粒增长幅度最大。分析图 4.34 可知，相同流量下，沿轴向区域之间同一种颗粒类型占比变化显著，在 120 m³/h 中，进口段、中间段、出口段的小型颗粒数量和占比逐渐增加，颗粒的占比分别为 86.02%、92.11%、93.65%；中型颗粒占比逐渐减小，颗粒占比分别为 12.52%、7.14%、5.75%；大型颗粒占比沿轴线逐渐减小，颗粒占比为 1.46%、0.75%、0.60%。其他流量 180 m³/h、240 m³/h 下呈现相同的轴向变化规律。对图 4.34 中不同流量下相同区域同一种颗粒占比分析发现：①进口段小型颗粒占比不断降低，例如 120 m³/h、180 m³/h、240 m³/h 流量下占比分别为 86.02%、79.89%、70.92%；进口段中型颗粒占比不断增加，例如 120 m³/h、180 m³/h、240 m³/h 占比分别为 12.52%、17.36%、25.28%；进口段大型颗粒占比不断增加，例如 120 m³/h、180 m³/h、240 m³/h 占比分别为 1.46%、2.76%、3.80%。②中间段小型颗粒占比呈现先增长后降低的趋势，例如 120 m³/h、180 m³/h、240 m³/h 占比分别为 92.11%、92.53%、89.31%；中型颗粒占比先降低后增加，例如 120 m³/h、180 m³/h、240 m³/h 占比分别为 7.14%、6.77%、9.42%；大型颗粒占比先降低后增加，例如 120 m³/h、180 m³/h、240 m³/h 占比分别为 0.75%、0.70%、1.27%。③出口段小型颗粒占比逐渐增加，例如 120 m³/h、180 m³/h、240 m³/h 占比分别为 93.65%、93.79%、94.04%；中型颗粒占比逐渐降低，例如 120 m³/h、180 m³/h、240 m³/h 占比分别为 5.75%、5.63%、5.41%；大型颗粒占比逐渐降低，例如 120 m³/h、180 m³/h、240 m³/h 占比分别为 0.60%、0.58%、0.55%。不同流量下相同区域沿轴向颗粒数量呈现逐渐增加的趋势，三种类型颗粒也逐渐增加，随着流量的增大，沿轴线方向沉积颗粒数量增长。

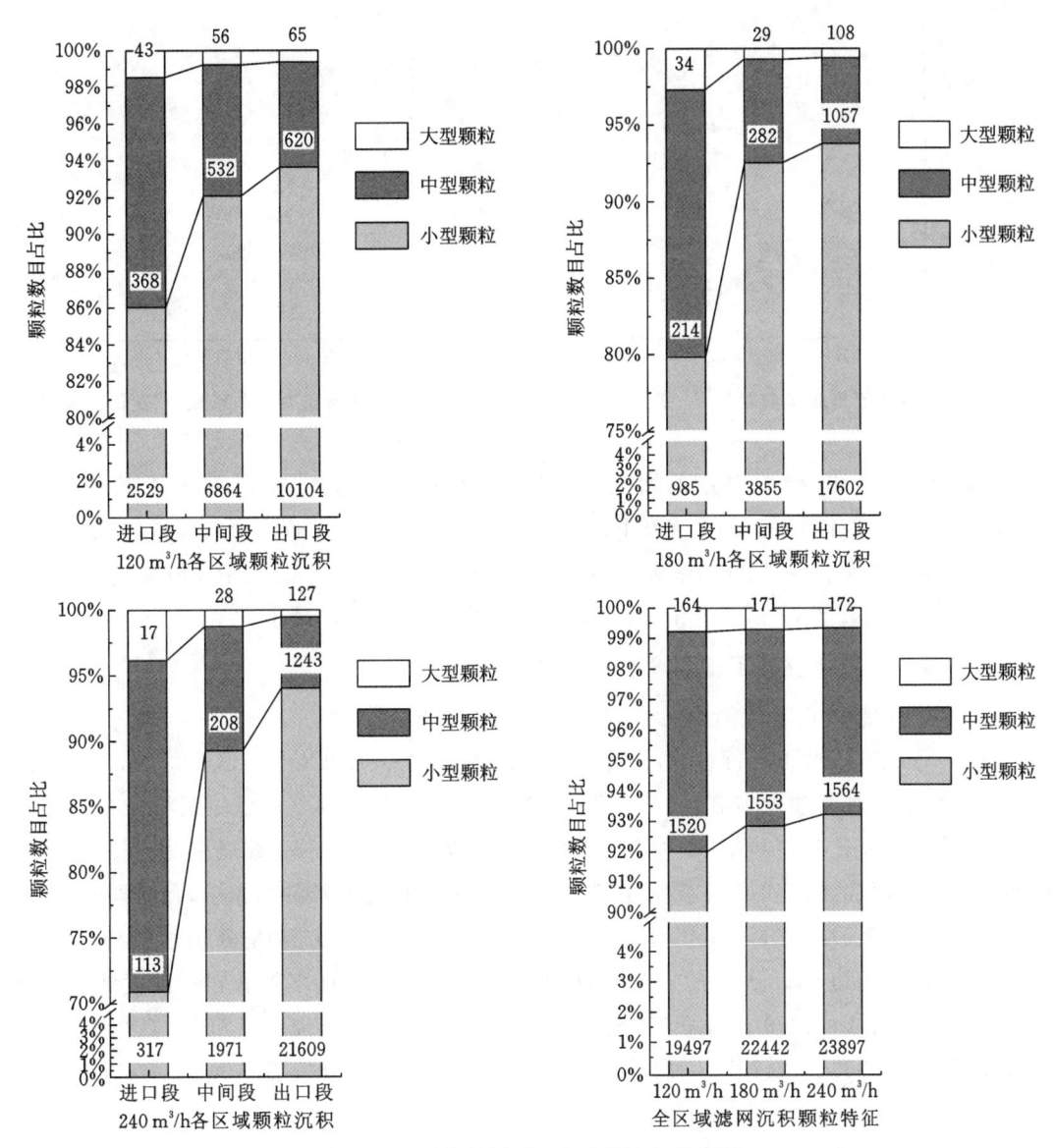

图 4.34 过滤流量对轴向颗粒沉积影响图

由图 4.35 和图 4.36 可知，不同区域颗粒的平均粒径 d_p 和粒径几何标准差 σ_g 具有差异，平均粒径和粒径几何标准差 σ_g 沿轴线皆呈现逐渐变小的趋势。由图 4.35 可知，随着流量的增大，进口段的颗粒平均粒径呈增大趋势，例如 120 m³/h、180 m³/h、240 m³/h 流量下的 d_p 分别为 300 μm、340 μm、370 μm。出口段颗粒平均粒径受流量的影响较小，三种流量下都为 200 μm 左右，其中 180 m³/h 下中间段平均粒径最小，240 m³/h 下在出口段的平均粒径最小。随进口流量增大，在水压力作用下进口的沉积的小型颗粒逐渐向中间段和出口段移动，因此导致中间段和出口段颗粒的平均粒径减小。

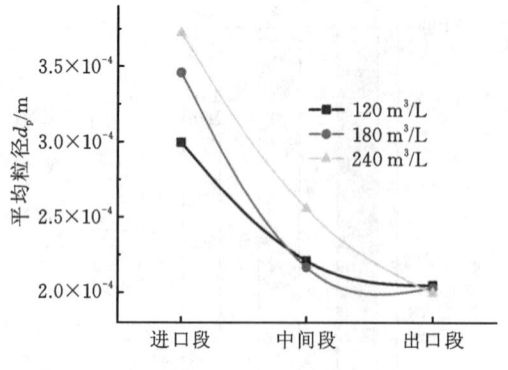

图 4.35　过滤流量对轴向颗粒 d_p 变化影响图 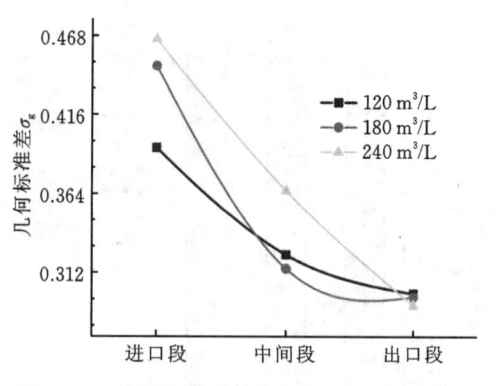　　图 4.36　过滤流量对轴向颗粒 σ_g 变化影响图

由图 4.36 可知,随着流量的增大,进口段的颗粒几何标准差 σ_g 呈增大趋势,例如 120 m³/h、180 m³/h、240 m³/h 流量下的 d_p 分别为 0.40、0.45、0.47。出口段颗粒几何标准差受流量的影响较小,颗粒分布最为均匀,三种流量下都为 0.3 左右,其中 180 m³/h 下中间段颗粒几何标准 σ_g 差最小,240 m³/h 下末尾段颗粒几何标准 σ_g 最小。

4.3.3.5　不同含沙量下颗粒分布表征分析

(1) 浓度对颗粒沉积范围影响

在 180 m³/h 流量下进行过滤,设置 0.122 g/L、0.279 g/L、0.309 g/L、0.336 g/L 四种浓度探讨颗粒浓度对泥沙颗粒在滤网沉积表征影响。在计算时间 3 s 后的颗粒分布结果如图 4.37 所示。由图 4.37 可知,四种不同浓度下颗粒集中分布呈现一致规律,呈现"三角形"分布;上滤网沉积的颗粒单一主要为小型颗粒,下滤网沉积的颗粒种类繁杂,在相同时间内,0.122 g/L、0.279 g/L、0.309 g/L、0.336 g/L 浓度下沉积的颗粒数量分别增加到 24166、55042、60944、66069 个。分析图 4.37 可知,沉积颗粒数量增长速率随着颗粒浓度增大而增大,例如 0.122 g/L、0.279 g/L、0.309 g/L、0.336 g/L 条件下 2～3 s 后沉积的颗粒数量为 11487、25972、28759、31202 个。颗粒沉积面积随着颗粒浓度增大呈现先增大后保持不变的趋势。

(2) 浓度对沿轴线方向颗粒分布影响分析

图 4.38 所示为颗粒浓度对轴向颗粒沉积影响图。由图 4.38 可知,不同颗粒浓度下含沙水源下过滤试验,具有相似的规律,进口段、中间段、出口段三个区域小型颗粒占比都大于 75%,出口段小型颗粒占比大于 90%,出口段的小型颗粒数量和颗粒占比都为整个滤网区域的最大值;三个区域中大型颗粒占比均小于 5%,在全区域中占比在 1% 左右。同一浓度下沿轴向沉积颗粒数量逐渐增加,三种类型颗粒也逐渐增多。分析图 4.38 可知,同一颗粒浓度中沿轴向颗粒数量和区域之间沉积颗粒类型占比都变化十分显著,例如在 0.122 g/L 中,进口段、中间段、出口段的小型颗粒数量和占比逐渐增加,颗粒的占比分别为 79.89%、92.53%、93.79%,中型颗粒占比逐渐减小,颗粒占比分别为 17.36%、6.77%、5.63%,大型颗粒沿轴线颗粒占比逐渐减小,颗粒占比为 2.76%、0.70%、0.58%,其他浓度 0.279 g/L、

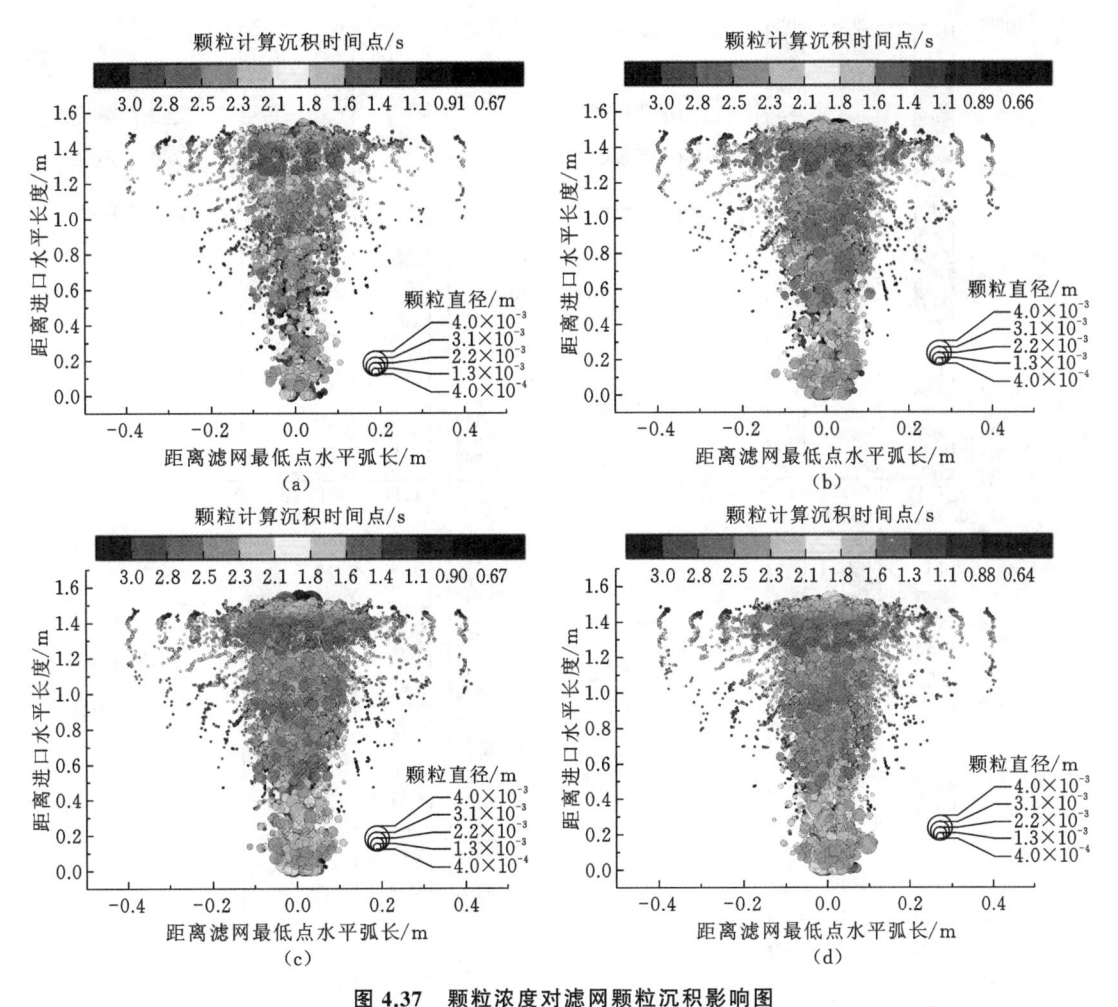

图 4.37 颗粒浓度对滤网颗粒沉积影响图
(a) 0.122 g/L,3 s;(b) 0.279 g/L,3 s;(c) 0.309 g/L,3 s;(d) 0.336 g/L,3 s

0.309 g/L、0.336 g/L下呈现相同的轴向变化规律。由图4.38可知,不同浓度下沿轴向同一区域同一类型颗粒统计分析可知,进口段和中间段三种类型颗粒占比呈现波动性变化,出口段具有较好的单调性变化,出口段小型颗粒不断增加,例如0.122 g/L、0.279 g/L、0.309 g/L、0.336 g/L下占比分别为93.79%、93.93%、94.08%、94.15%;中型颗粒占比逐渐降低,例如0.122 g/L、0.279 g/L、0.309 g/L、0.336 g/L下占比分别为5.63%、5.51%、5.38%、5.33%;大型颗粒占比逐渐降低,例如0.122 g/L、0.279 g/L、0.309 g/L、0.336g/L下占比分别为0.58%、0.56%、0.54%、0.51%。

由图4.39和图4.40可知,不同区域颗粒的平均粒径和粒径几何标准差具有差异,平均粒径和粒径几何标准差具有相似的变化趋势,沿轴线皆呈现逐渐变小的趋势。分析可知,出口段颗粒种类最单一,4种浓度几何标准差都为0.3左右;不同浓度下的滤饼结构参数相差不大,说明颗粒浓度对罐体进口段和中间段的滤饼结构参数影响较小。

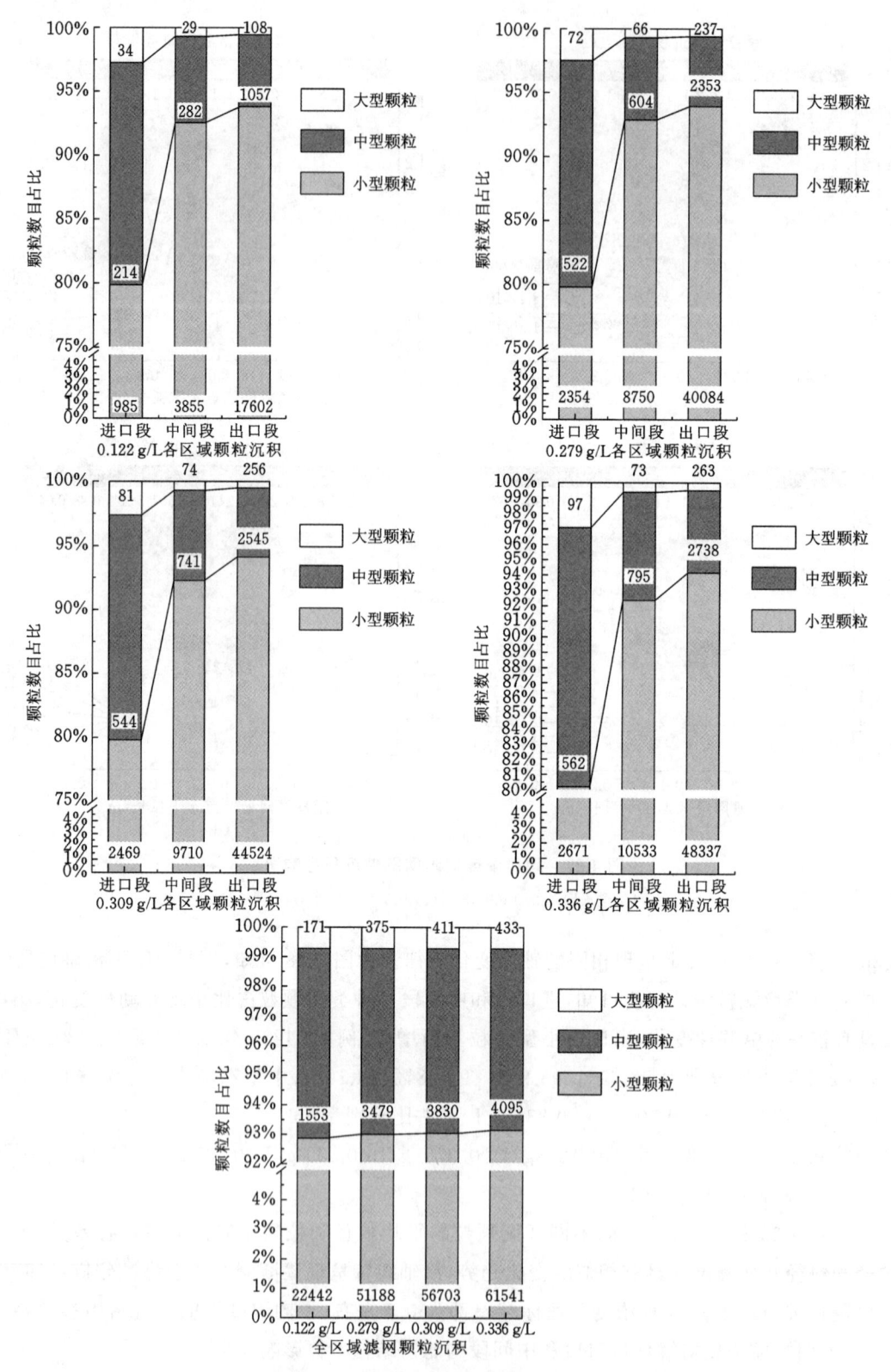

图 4.38　颗粒浓度对轴向颗粒沉积影响图

图 4.39 颗粒浓度对轴向颗粒 d_p 变化影响图　　图 4.40 颗粒浓度对轴向颗粒 σ_g 变化影响图

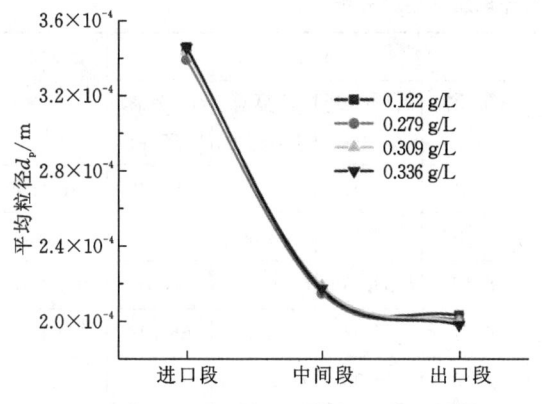

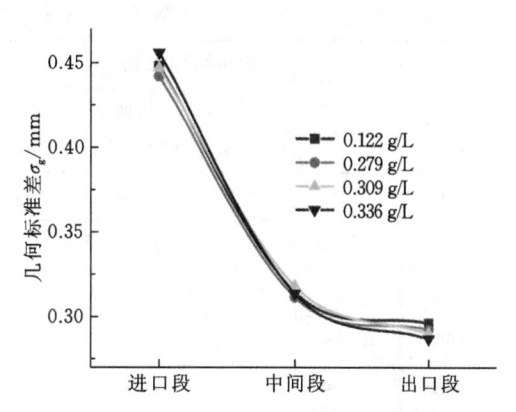

4.3.3.6 滤网滤饼表征参数及压降模型

根据不同流量和不同含沙量浑水试验结果，能够得到过滤器进出口压降的变化规律，进而对模型进行验证。数据采集是将罐体外壳拆解，采用游标卡尺和电子秤对滤饼几何参数和材料参数进行量测和统计，最后对数据进行整理，见表 4.11、表 4.12。将过滤器试验中进出口压降值与考虑滤饼结构参数的滤饼压降计算值进行对比分析见表 4.13，通过压降相对误差验证评价模型的可靠性。

表 4.11　不同流量下滤饼参数

流量 /(m³/h)	含沙量 /(g/L)	过滤结束后泥沙颗粒参数 质量/g	体积/mL	密度/(g/mL)	烘干后的泥沙颗粒参数 质量/g	体积/mL	密度/(g/mL)	滤饼层厚度/mm
120		1960	1000	1.96	1633	960	1.70	0.274
180	0.122	2000	1030	1.94	1667	989	1.69	0.280
240		2100	1050	1.87	1750	1008	1.74	0.294

表 4.12　泥沙浓度对滤饼参数影响

泥沙浓度 /(g/L)	流量 /(m³/h)	过滤结束后泥沙颗粒参数 质量/g	体积/mL	密度/(g/mL)	烘干后的泥沙颗粒参数 质量/g	体积/mL	密度/(g/mL)	滤饼层厚度/mm
0.122		2000	1020	1.96	1667	979	1.70	0.280
0.279	180	2780	1470	1.89	2317	1411	1.64	0.389
0.309		2990	1580	1.89	2492	1517	1.64	0.419
0.336		4620	2480	1.86	3850	2381	1.62	0.647

表 4.13　实测压降与计算压降差异分析

流量 /(m³/h)	含沙量 /(g/L)	滤饼结构参数 d_p 平均粒径/μm	σ_g 几何标准差/mm	关机前流量 Q/(m³/h)	滤饼压降 /kPa	滤网压降 /kPa	计算总压降/kPa	实测总压降/kPa	相对误差 /%
120	0.122	241.9	0.339	50	2.03	44.02	46.05	44.69	3.1
180	0.122	255.3	0.353	50	5.46	66.03	71.50	66.15	8.1
240	0.122	275.8	0.374	50	8.28	88.05	96.33	94.96	1.4
180	0.279	251.7	0.349	50	6.78	66.03	72.82	66.738	9.1
180	0.309	254.1	0.352	50	7.07	66.03	73.10	71.932	1.6
180	0.336	253.6	0.352	50	7.71	66.03	73.74	73.402	0.5

分析表 4.13 可知，流速对滤饼压降的模型更为明显，结合试验和模拟可知，滤网过滤过程中颗粒含沙量是影响网式过滤器滤网滤饼层厚度的主要因素，滤饼厚度随着含沙量增大而增大，滤饼颗粒平均粒径和几何标准差随着过滤流速增大而增大。

计算中考虑滤饼结构参数影响的滤饼压降模型压降与实际压降误差在 10% 以内，说明该模型具有较好的可靠性，同时滤饼的压降随着颗粒平均粒径和几何标准差增大而增大。

5 典型网式过滤器排污过程数值模拟

排污结构的核心是排污系统,过滤器清洗过程与过滤过程紧密相关,过滤器清洗过程是将滤网拦截的颗粒进行去除,以保证过滤器高效节能、稳定运行。目前大多数自清洗网式过滤器研究是对现有既定的过滤器结构进行相关试验与数值模拟研究,还未对排污过程中整个过滤器结构内的数值进行模拟,并且排污系统的模拟研究也皆未考虑旋喷管对排污系统的影响,排污系统参数改变对过滤器排污性能的影响研究也相对较少。本章通过 Fluent 数值模拟软件对卧式自清洗网式过滤器排污过程进行数值模拟,给出不同参数对自清洗网式过滤器排污系统的影响结果。基于含沙水源通过 CFD-DEM 耦合方法,结合翻板型网式过滤器试验结果介绍基于含沙水源清洗数值模拟研究的成果,对其清洗过程进行数值模拟,探究不同清洗流量和不同颗粒浓度对颗粒运动分布规律的影响。

5.1 卧式自清洗网式过滤器排污过程数值模拟

5.1.1 清水条件下排污过程数值模拟

5.1.1.1 物理模型及网格划分

排污系统包括带有矩形吸沙口的吸沙组件、排沙管,以及具有相反开口方向的水力旋喷管。本节采用 ICEM CFD 软件对自清洗网式过滤器三维建模及网格划分,直接采用非结构化网格,全部为四面体网格单元,网格数量为1189252,并进行网格的无关性检验,将网格节点数分别设置为 1.2、1.4、1.6、2.0 倍,将得到的增大网格数量的模型进行数值模拟,相同进水流速下,不同网格数量模型下压降变化在误差允许范围内,满足网格无关性检验要求。图 5.1 为网式过滤器三维模型及网格划分图。

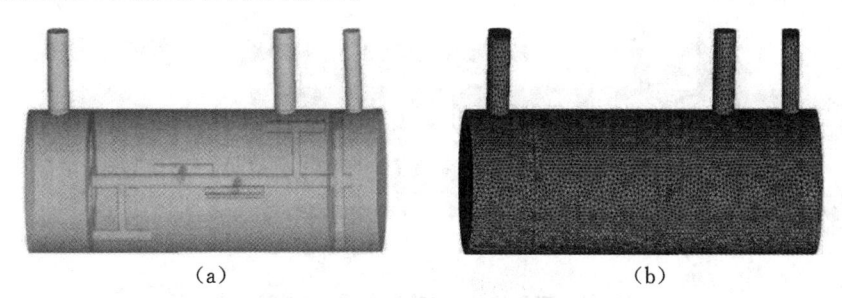

图 5.1　网式过滤器三维模型及网格划分
(a)过滤器三维模型;(b)网格划分

5.1.1.2 边界条件

入口边界类型采用速度入口,湍流强度为5%,水力直径为过滤器进水管直径;排污管出口边界类型设为压力出口,回流湍流强度取默认值,由于排污管与大气相通,且非满管流,所以出口压力设置为 0;将排污系统的吸沙组件的矩形进口和旋喷管的出口设定为内部面边界;由于在排污过程中关闭出水口,所以出水管出口设置为标准壁面函数。流体介质为清水,流体密度为 1000 kg/m³。由于过滤器内部存在回流与射流现象,故采用标准 k-ε 模型。数值计算采用定常的非耦合隐式算法;速度耦合选用 SIMPLEC 算法,差分格式选用二阶迎风格式,收敛残差标准均设为 1×10^{-4}。

5.1.1.3 不同进水流量下排污过程数值模拟结果分析

(1) 不同进水流量下排污过程压强场分析

自清洗网式过滤器排污系统内的压强分布对排污效果有较大的影响。图 5.2 所示为不同进水流量下排污过程压强云图。

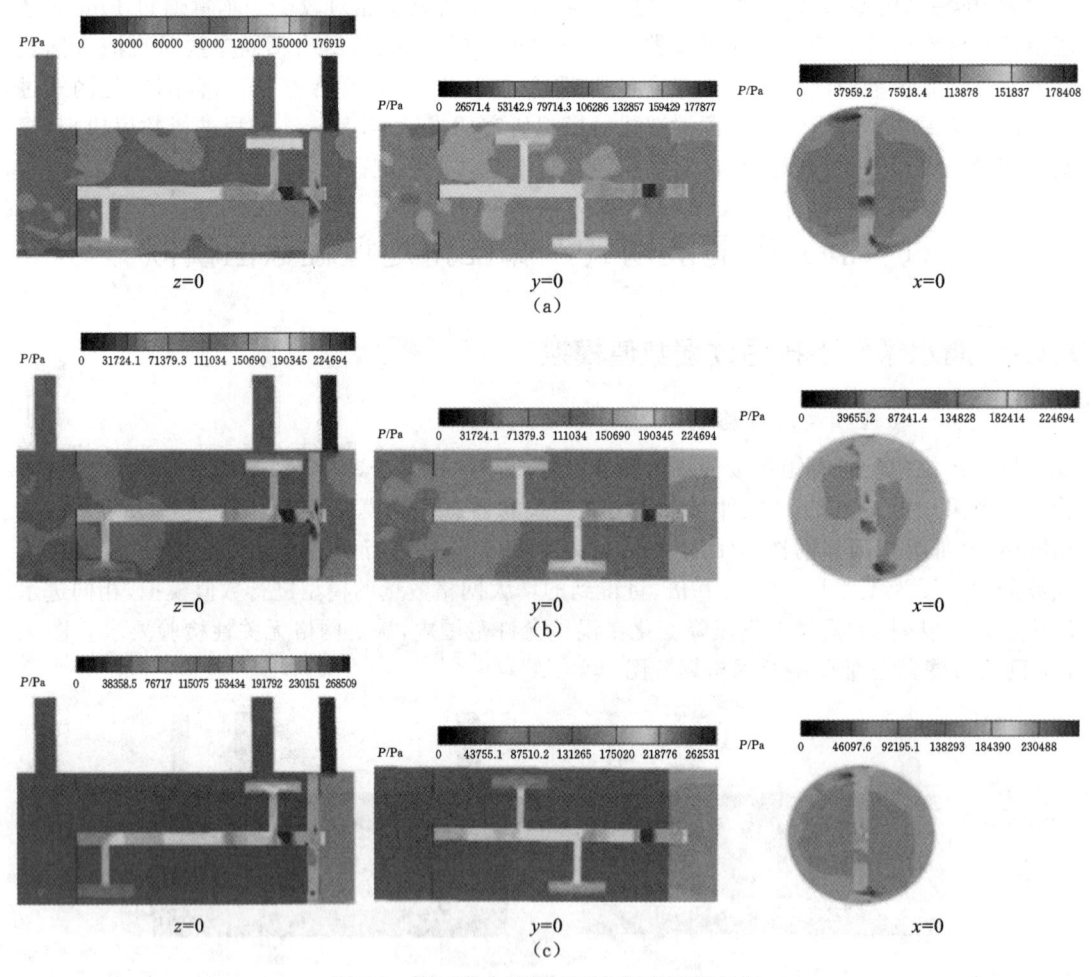

图 5.2 不同进水流量下排污过程压强云图
(a) 进口流量 $Q=50$ m³/h;(b) 进口流量 $Q=100$ m³/h;(c) 进口流量 $Q=150$ m³/h

从图 5.2 可以看出,排污系统中入口的压强最大,从入口到出口压强逐渐降低,在水力旋喷管处存在最小压强。在进水流量为 50 m³/h、100 m³/h 和 150 m³/h 这 3 种流量条件下,排污系统进出水口的水头损失分别为 105000 Pa、172970 Pa 和 250251 Pa,故进水流量越大,进出水口的压强差越大,越有利于将泥沙经由吸沙组件吸嘴挟带到水力旋喷管出口,从而减少泥沙在排污系统内的积聚。进水流量越小,吸沙组件内的压强分布越不均匀,对泥沙的吸附能力会有所降低,而且可能导致泥沙在吸沙组件两端积聚,影响排污效果,而且进水流量越小,二级过滤室内压强分布也越不均匀。由于排污系统依靠过滤器滤网堵塞而产生的内外压强差使吸沙组件吸嘴可吸附堆积在细滤网上的泥沙杂质,所以在不同进水流量状态下,排污系统清理泥沙和杂质的能力也有所不同,二级过滤室与排污系统压强差越大,排污效果越好。在排沙管最左侧也存在较大压强,进水流量越大其压强也就越大,可能对排污系统的稳定产生一定影响。另外,各吸沙组件之间存在压强梯度,压强从右到左逐渐降低。而且在排沙管右端压强较为均匀,经过第三个吸沙组件后,压强产生大幅度降低,特别是第四个吸沙组件与排沙管交接处,以及排沙管与旋喷管交界处有明显的低压区,会对排污系统造成破坏。

(2) 不同进水流量下排污过程速度场分析

图 5.3 所示为不同进水流量下排污过程速度云图。

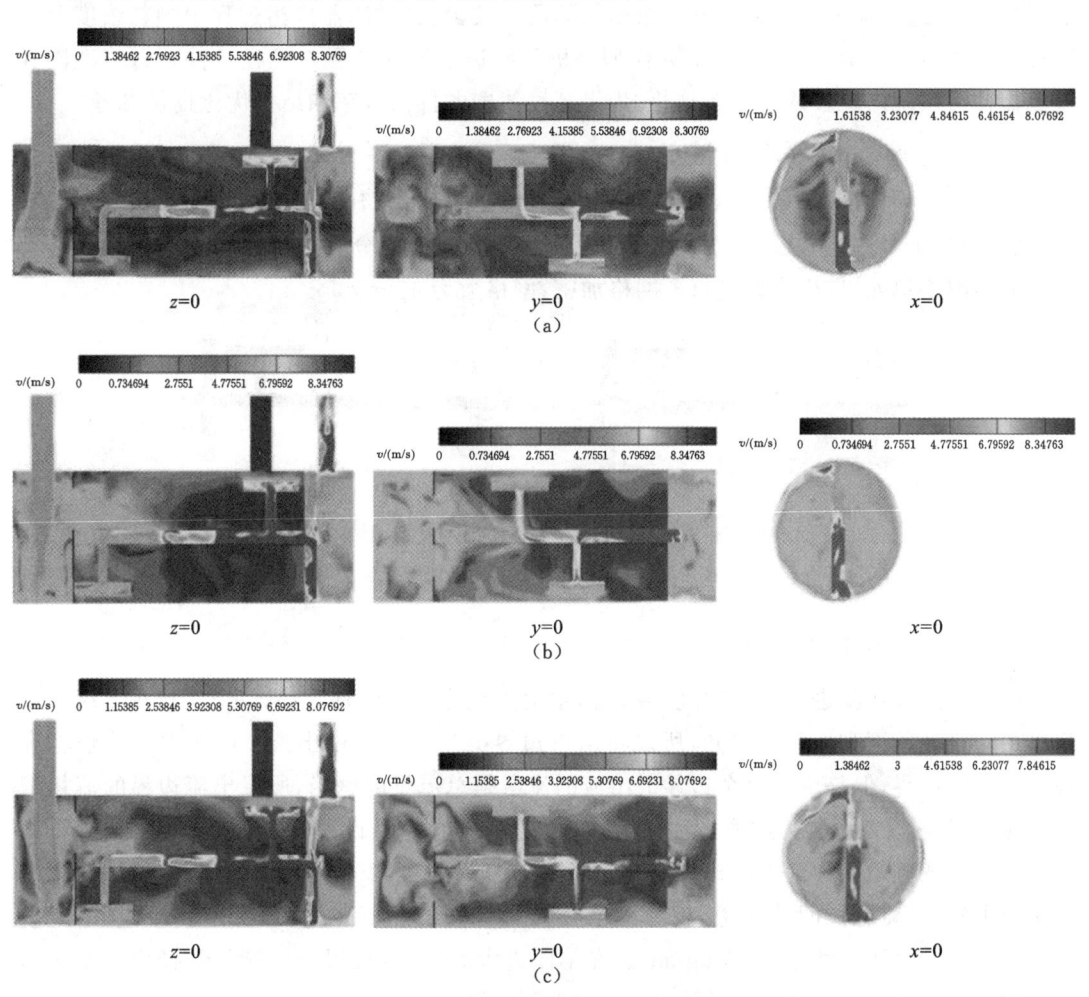

图 5.3 不同进水流量下排污过程速度云图
(a) 进口流量 $Q=50$ m³/h;(b) 进口流量 $Q=100$ m³/h;(c) 进口流量 $Q=150$ m³/h

从图 5.3 中可以看出,吸沙组件吸嘴处产生较高的流速,但由于局部水头损失的作用,水流在进入排沙管后流速有所降低。吸沙组件内的流速呈对称分布,并逐渐向两侧减小,进水流量越小,小流速区域面积就越大,易于造成泥沙的沉积。由于4个吸沙组件的影响,排沙管内的流速分布不均匀,进水流量越大,排沙管内流速分布越不均匀。在排沙管最左侧流速基本为0,这会造成泥沙大量淤积,而进水流量越大,排沙管内流速为0的区域面积越小,可一定程度上减少泥沙的沉积。另外,排污过程中4个吸嘴处流速有较大的差别,从右到左吸嘴处流速逐渐降低,最大流速出现在吸嘴4处,最小流速出现在吸嘴1处,流速差为2.96 m/s。排污系统吸嘴处流速大小与吸嘴产生的吸附吸力成正比,所以吸嘴的吸附吸力从右到左也逐渐减小,不利于泥沙完全排出,而且也不能均匀地清除滤网上泥沙。

5.1.2 浑水条件下排污系统数值模拟

在工程实际应用中,进水流速和泥沙颗粒粒径对过滤器选型和灌溉参数设置有重要影响,但二者对过滤器内部颗粒浓度分布影响的研究较少,且过滤器排污过程中颗粒浓度分布较难通过试验方法实现。采用DPM模型分析不同进水流速和颗粒粒径条件下自清洗网式过滤器排污系统内颗粒浓度分布规律,为提高过滤器的排污效率和结构优化提供参考。

5.1.2.1 物理模型及网格划分

排污系统同样采用ICEM CFD软件进行三维建模,图5.4(a)所示为排污系统三维模型图,共设置4个吸沙组件。图5.4(b)所示为排污系统网格划分图,采用了非结构网格,全部为四面体网格单元,进出水口进行了网格加密,网格数为45645。

图5.4 排污系统三维模型图及网格
(a)排污系统三维模型;(b)排污系统网格划分

5.1.2.2 边界条件

进水口选择速度进口,湍流强度为5%,水力直径为吸沙组件吸嘴宽度;在排污系统的出口处由于流动速度和压强都未知,所以将出口边界类型设为自由出流。虽然水力旋喷管存在2个出流边界,但是由于每个边界上出流的流量是总流量的一半,所以出流边界的流量权重设定为1;进出口设置为逃逸,壁面采用标准壁面函数,壁面设置为反射。

选择离散相模型作为求解模型,离散相稳态追踪,设置相间耦合,与连续相同时计算进行耦合求解,忽略颗粒间的碰撞,仅考虑液体与颗粒间的相互作用。入口颗粒质量浓度取 0.125 kg/m³,泥沙密度为1500 kg/m³。在不同进水流速下,设置最大颗粒粒径为300 μm,最小颗粒粒径为10 μm;在不同颗粒粒径条件下,设置进水流速为1 m/s。Particle Type设置为Inert;Injection Type设置为surface。选用SIMPLEC算法,差分格式选用二阶迎风格式,收敛残差标准设为1×10^{-4}。

5.1.2.3 不同进水流速下排污系统数值模拟结果分析

(1) 不同进水流速下压强场分析

图 5.5 所示为浑水工况、不同进水流速下排污系统压强云图。由图 5.5 可知,浑水条件和清水条件下排污系统内部压强分布规律基本一致,排污系统中吸沙组件入口的压强最大,从入口到出口压强呈梯度降低,在水力旋喷管两端处存在最小压强。进水流速越大,排污系统内压强越大,进出口压强差也越大,越有利于将泥沙经由吸嘴挟带到水力旋喷管的出口,从而减少泥沙在排污系统内的积聚。以吸嘴 1 与吸嘴 4 压强差值为例,进水流速为 1 m/s、3 m/s、5 m/s 时,吸嘴 1 和吸嘴 4 压强差值分别为 212036 Pa、437878 Pa、445224 Pa,故进水流速越大,各吸嘴处压强差越大,则各吸嘴与旋喷管出口的压强差值相差越大,导致排污系统内泥沙排出不均匀,靠近旋喷管的吸沙组件内可能会积聚泥沙颗粒。另外,根据压强云图可知,在浑水条件下,吸沙组件内压强分布较为均匀,并未存在低压区域。

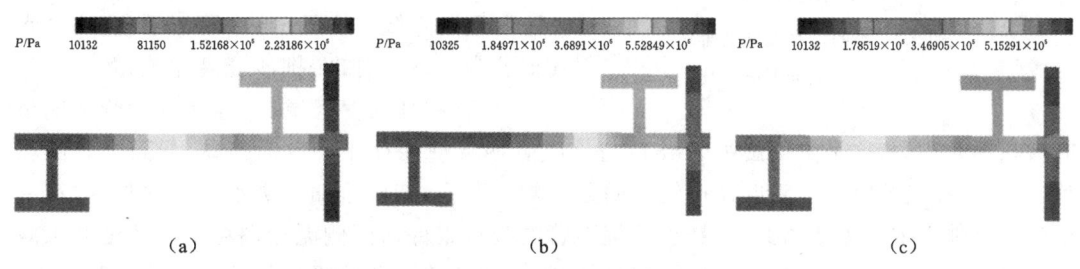

图 5.5 不同进水流速下排污系统压强云图
(a) $v=1$ m/s;(b) $v=3$ m/s;(c) $v=5$ m/s

(2) 不同进水流速下速度场分析

由图 5.6 可知,在吸沙组件吸嘴处存在较大流速,而且流速基本呈对称分布,但流速逐渐向两侧减小,在吸沙组件靠近排沙管侧流速较小。进水流速越大,吸沙组件与排沙管的连接管内流速越大,有利于泥沙由吸嘴排出,而且进水流速越大,旋喷管内流速也越大,但在旋喷管两端存在流速为 0 的区域,另外在排沙管两端也同样存在流速为 0 的区域,而在流速为 0 区域易造成泥沙淤积且不易排出。由于吸沙组件的影响,在浑水条件下同样会出现排沙管内的流速分布不均匀,且进水流速越大,排沙管内流速分布越不均匀,此外进水流速越大,排沙管与旋喷管连接处流速越大。

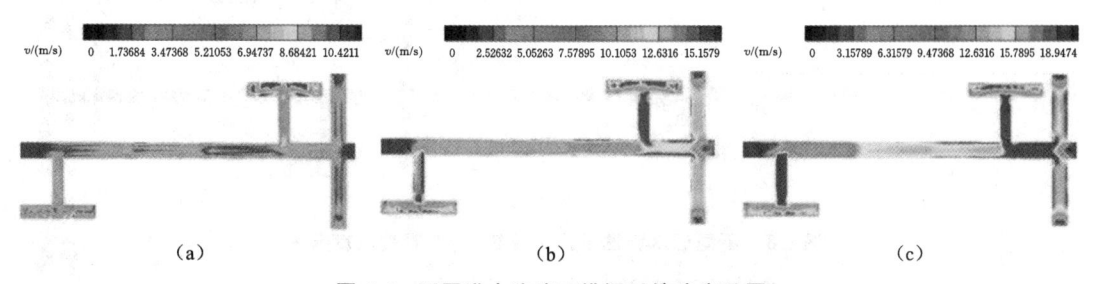

图 5.6 不同进水流速下排污系统速度云图
(a) $v=1$ m/s;(b) $v=3$ m/s;(c) $v=5$ m/s

5.1.2.4 不同工况下排污系统浓度场分布数值模拟分析

(1) 不同进水流速下浓度场分布特性

图 5.7 所示为不同进水流速下排污系统 $z=0$ 截面平均浓度变化曲线。不同进水流速与截面平均颗粒浓度之间的关系同样为幂函数关系,关系曲线为 $y=mx^n$,各参数 $m=0.0609, n=-0.891, R^2=0.998$,拟合度较好。

图 5.8 所示为不同进水流速下排污系统内颗粒浓度分布云图。从 1 m/s 到 11 m/s 排污系统截面平均颗粒浓度分别为 0.0611 kg/m³、0.0218 kg/m³、0.0147 kg/m³、0.0107 kg/m³、0.0101 kg/m³、0.0069 kg/m³,截面平均颗粒浓度逐渐降低。从图 5.8 中可以看出,当进水流速为 1 m/s 时,在排沙管最左侧,颗粒大量积聚,存在高浓度区域,并且在旋喷管两侧也有大量颗粒积聚,这是由于旋喷管开口与旋喷管两端壁面存在一定的距离,导致颗粒的积聚。另外,在吸沙组件两侧也存在较为明显的颗粒积聚,特别是随着进水流速的增加,第一个吸沙组件内浓度逐渐减少,但是靠近旋喷管的吸沙组件内两侧泥沙颗粒平均浓度并未减少,根据不同流速下的压强场数值模拟可知,靠近旋喷管一侧的吸沙组件内平均压强最小,导致颗粒不易排出。当进水流速逐渐增大时,排沙管最右侧颗粒浓度有所增加,排沙管最左侧和旋喷管两侧壁面的颗粒浓度逐渐减少,而且在吸沙组件内的颗粒浓度也随之降低。所以进水流速有利于排污系统内的颗粒运移及排出,可减少颗粒在排污系统内的积聚。

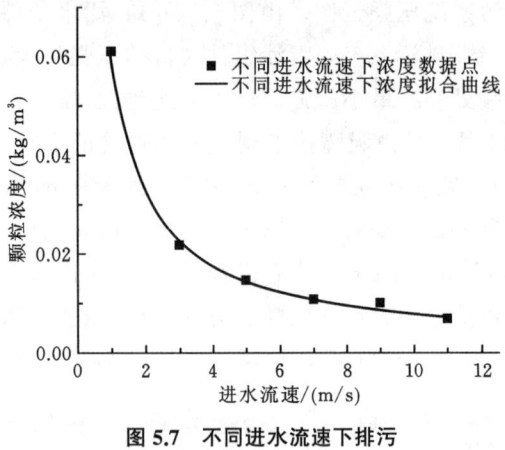

图 5.7 不同进水流速下排污系统 $z=0$ 截面浓度变化

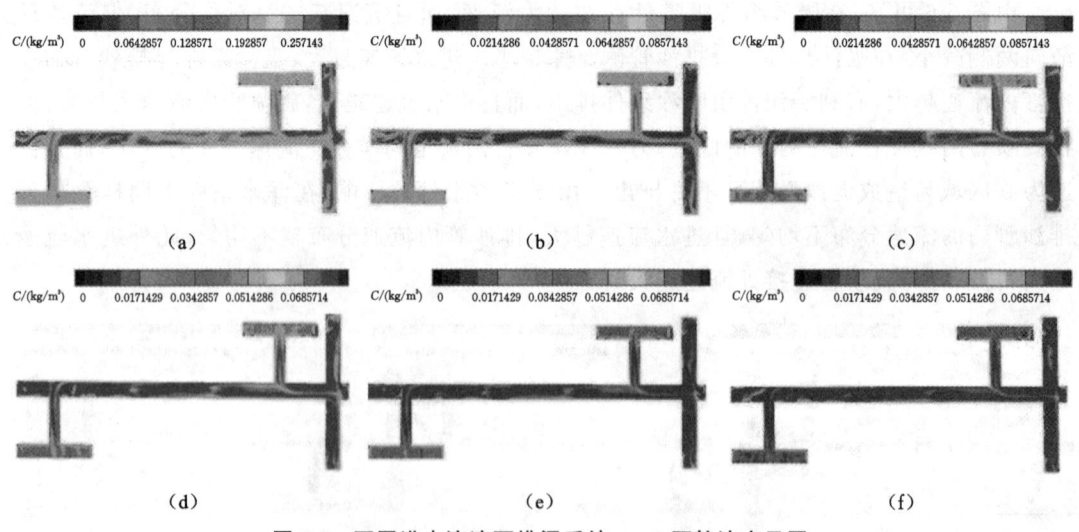

图 5.8 不同进水流速下排污系统 $z=0$ 颗粒浓度云图
(a) $v=1$ m/s;(b) $v=3$ m/s;(c) $v=5$ m/s;
(d) $v=7$ m/s;(e) $v=9$ m/s;(f) $v=11$ m/s

典型网式过滤器排污过程数值模拟

（2）不同颗粒粒径条件下浓度场分布特性

图 5.9 所示为进水流速为 1 m/s 条件下，不同颗粒粒径在 $z=0$ 截面平均浓度变化。排污系统不同颗粒粒径与截面平均颗粒浓度为二次函数关系，关系曲线为 $y=ax^2+bx+c$，其中 $a=4.04\times10^{-7}$，$b=-5.97\times10^{-5}$，$c=0.057$，$R^2=0.977$。

图 5.10 所示为不同颗粒粒径下排污系统内颗粒浓度分布云图。由图 5.10 可知，随着颗粒粒径增大，吸沙组件内颗粒浓度逐渐增大，特别是当颗粒粒径为 300 μm 时，颗粒在吸沙组件两侧壁面大量积聚。颗粒粒径从 50 μm 到 300 μm，截面的平均颗粒浓度分别为 0.0547 kg/m³、0.0551 kg/m³、0.0577 kg/m³、0.0581 kg/m³、0.0592 kg/m³、0.0623 kg/m³，截面平均颗粒浓度逐渐增大，但浓度增加幅度并不明显。随着颗粒粒径增大，排沙管和旋喷管内的颗粒浓度分布趋于不均匀，排沙管内的左右两端颗粒浓度增加，中部浓度降低，而旋喷管内两端壁面的颗粒浓度增加，特别是排沙管与旋喷管连接处颗粒浓度明显增加。另外，从图中可以看出，当颗粒从吸沙组件进入排沙管时，连接处右侧会形成浓度为 0 的区域，而且颗粒粒径越大颗粒浓度为 0 的区域面积也就越大，在实际工程中，该区域若是存在泥沙杂质的回落，则很难将该区域的泥沙排出，导致泥沙不断积聚。

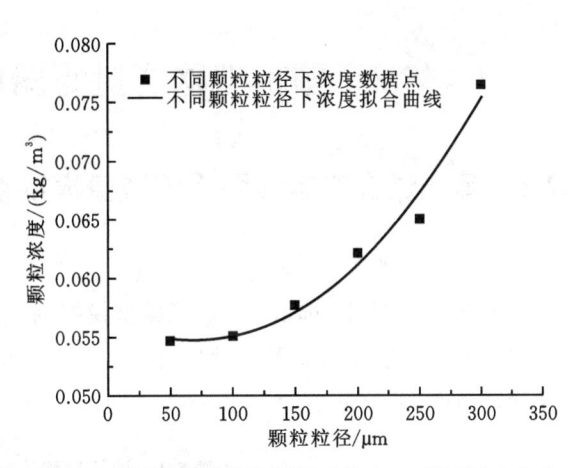

图 5.9 不同颗粒粒径下排污系统 $z=0$ 截面浓度变化

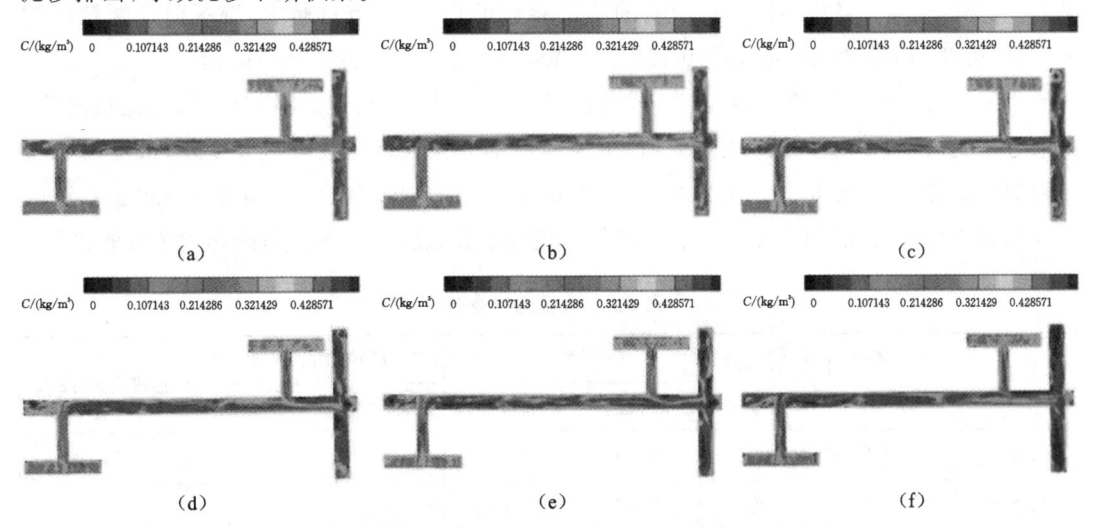

图 5.10 不同颗粒粒径下排污系统 $z=0$ 截面颗粒浓度云图

(a) $d_p=50$ μm；(b) $d_p=100$ μm；(c) $d_p=150$ μm；(d) $d_p=200$ μm；(e) $d_p=250$ μm；(f) $d_p=300$ μm

5.2 翻板型网式过滤器排污过程数值模拟

5.2.1 清洗过程的水沙两相流数值模拟参数设置

5.2.1.1 边界条件

在 Fluent 软件中,选取 k-ε 湍流模型模拟网式过滤器,可靠性较好。采用速度进口和压强出口。过滤器壁面均设置无滑移壁面。采用二阶迎风格式的 PISO 算法进行非稳态计算提高计算精度,参数见表 5.1。

表 5.1 清洗过程流态参数设置

清洗流量/(m³/h)	出口压力/Pa	重力加速度/(m/s²)	水力半径/m
120	0	9.8	0.1
180	0	9.8	0.1
240	0	9.8	0.1

在 EDEM 软件中,"颗粒工厂"位于进口管壁面重合处。本节采用研究网式过滤器固液流动时广泛使用的欧拉-拉格朗日耦合方法。过滤器外壳和泥沙颗粒物性参数设置参照第 4 章相关内容。

5.2.1.2 滤饼模型参数

模拟采用过滤过程形成的滤饼,通过 EDEM 软件提取过滤过程形成的滤饼,滤饼参数见表 5.2 和表 5.3。分析不同进口流量的滤饼参数可知,过滤流量越大,翻板前部颗粒数越少,翻板后部颗粒数越多,定义在 0.122 g/L 浓度下 120 m³/h、180 m³/h、240 m³/h 过滤流量形成的滤饼分别为滤饼Ⅰ、滤饼Ⅱ、滤饼Ⅲ,并把滤饼Ⅰ、滤饼Ⅱ、滤饼Ⅲ统称为流量滤饼。同一过滤流量下,不同浓度形成的滤饼,翻板前后部分颗粒占比没有显著变化,浓度与滤饼颗粒数量的增长,呈正相关。定义在 180 m³/h 流量下 0.279 g/L、0.309 g/L、0.336 g/L 浓度形成的滤饼分别为滤饼Ⅳ、滤饼Ⅴ、滤饼Ⅵ,并把滤饼Ⅳ、滤饼Ⅴ、滤饼Ⅵ统称为浓度滤饼。

表 5.2 流量滤饼参数

类型	泥沙浓度/(g/L)	过滤流量/(m³/h)	颗粒数/个 翻板前	颗粒数/个 翻板后	颗粒数占比/% 翻板前	颗粒数占比/% 翻板后	滤饼总颗粒数
滤饼Ⅰ	0.122	120	4389	16792	20.72	79.28	21181
滤饼Ⅱ	0.122	180	2857	21309	11.82	88.18	24166
滤饼Ⅲ	0.122	240	963	24415	3.79	96.21	25378

表 5.3 浓度滤饼参数

类型	过滤流量 /(m³/h)	泥沙浓度 /(g/L)	颗粒数/个 翻板前	颗粒数/个 翻板后	颗粒数占比/% 翻板前	颗粒数占比/% 翻板后	滤饼总颗粒数
滤饼Ⅳ	180	0.279	6584	48458	11.96	88.04	55042
滤饼Ⅴ	180	0.309	7111	53833	11.67	88.33	60944
滤饼Ⅵ	180	0.336	7623	58446	11.54	88.46	66069

5.2.2 不同清洗流量下滤饼颗粒特征分析

5.2.2.1 滤饼清洗颗粒分布分析

采用 120 m³/h、180 m³/h、240 m³/h 三种清洗流量对 0.122 g/L 浓度下 120 m³/h、180 m³/h、240 m³/h 流量条件下分别形成的滤饼Ⅰ、滤饼Ⅱ和滤饼Ⅲ进行清洗,分析清洗流量对流量滤饼颗粒清洗的差异(图 5.11、图 5.12、图 5.13)。

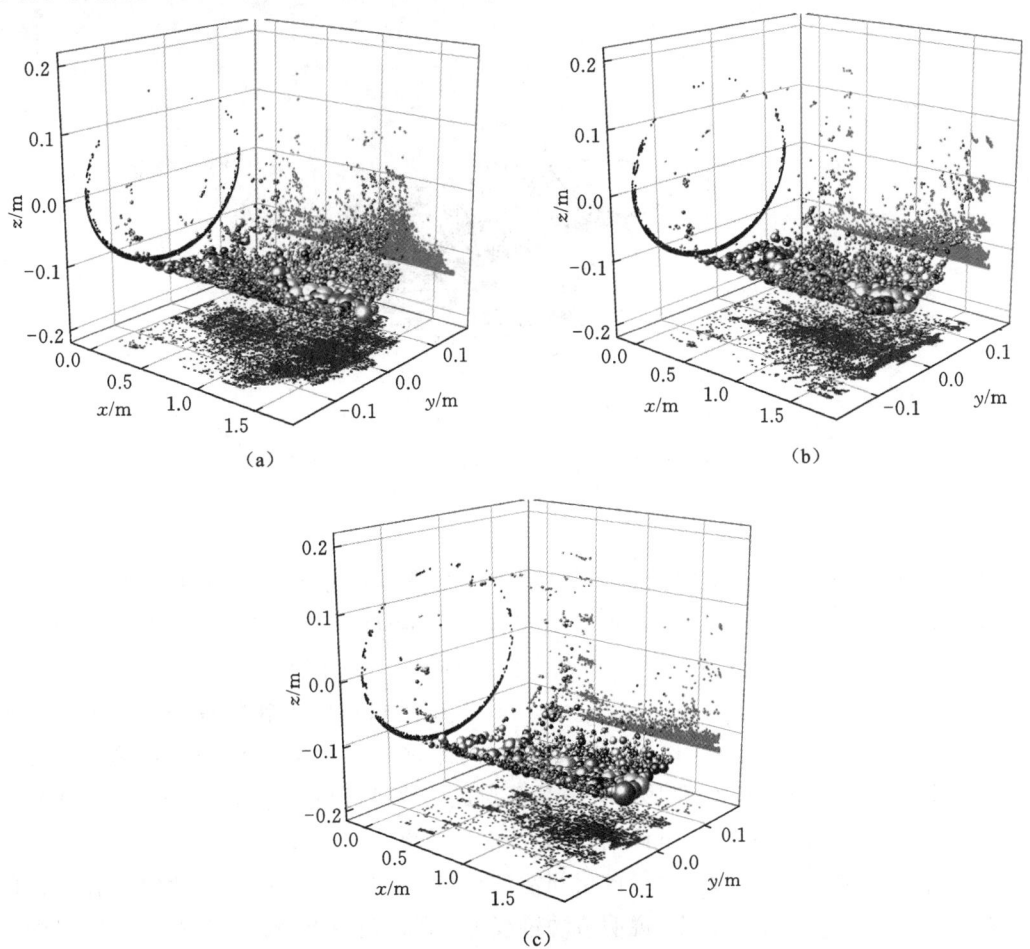

(a)

(b)

(c)

图 5.11 流量滤饼在 120 m³/h 清洗流量下颗粒运移规律
(a) 滤饼Ⅰ;(b) 滤饼Ⅱ;(c) 滤饼Ⅲ

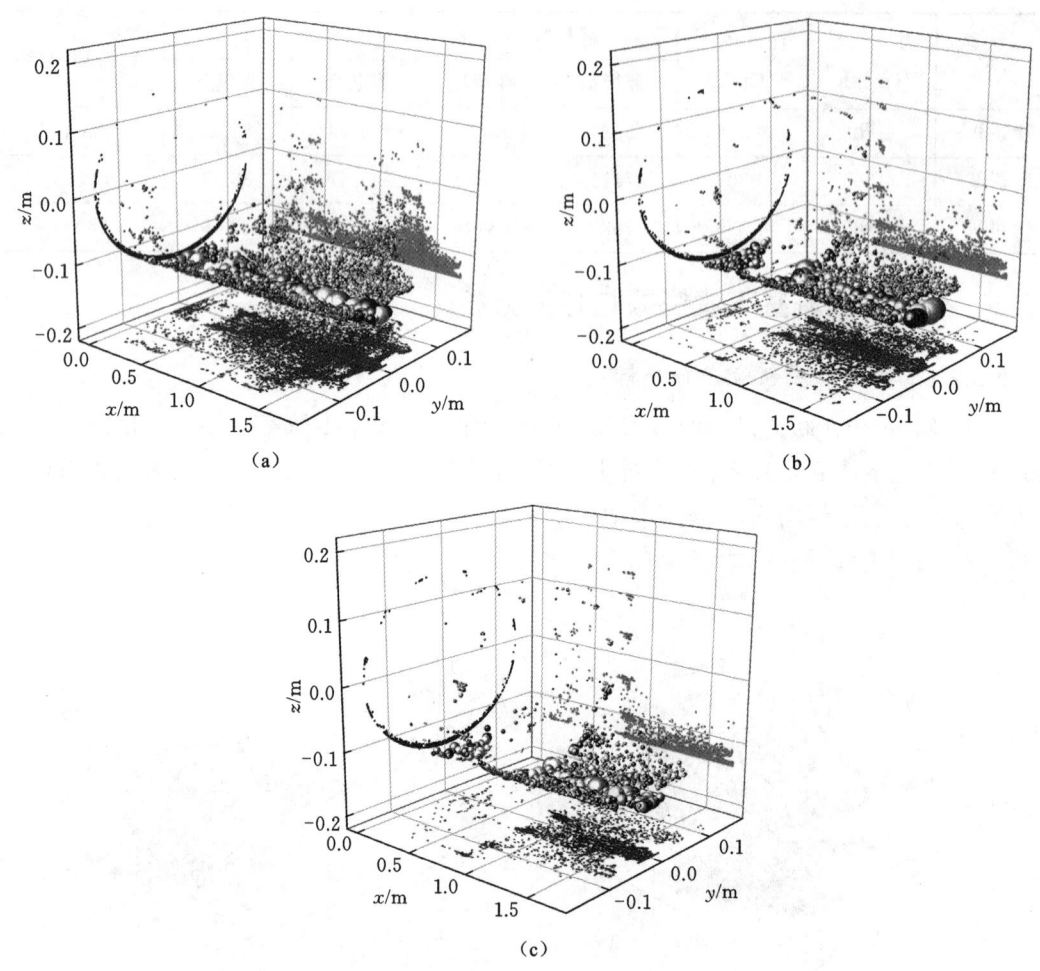

图 5.12 流量滤饼在 180 m³/h 清洗流量下颗粒运移规律
(a) 滤饼Ⅰ;(b) 滤饼Ⅱ;(c) 滤饼Ⅲ

对比图 5.11、图 5.12、图 5.13 可知,三种清洗流量下颗粒分布呈现相似规律,大量颗粒在水流作用下,逐渐向排污口运动,然而在进口段存在小范围的颗粒团聚,团聚小颗粒难以清理。随着流量的增大,团聚现象呈现削减。分析图 5.11(c)、图 5.12(c)、图 5.13(c)可知,滤饼Ⅲ在清洗流量 120 m³/h、180 m³/h、240 m³/h 下进口段团聚颗粒数分别逐渐减小至 1147、823、219 个。分析图 5.11 中 x-z 面投影可知,滤饼Ⅰ主要分布在下滤网,增加下滤网清洗的难度,然而滤饼Ⅱ和滤饼Ⅲ属于大流量下形成的滤饼,随着流量增大滤网颗粒能稳定附着在上滤网,可以同时清洗上、下滤网,提高了清洗效率。

分析图 5.13 中 x-y 面投影可知,在相同清洗流量下,滤饼Ⅰ、滤饼Ⅱ、滤饼Ⅲ在进口段残留颗粒分别为 1085、500、229 个,说明清洗过程进口段颗粒分布受过滤过程进口流量颗粒分布特征影响,相同的清洗流量下大流量形成的滤饼进口段颗粒更容易清洗。然而对于相同清洗流量下小流量形成的滤饼进口段清洗效率较低,进口段颗粒团聚严重。在实际工程

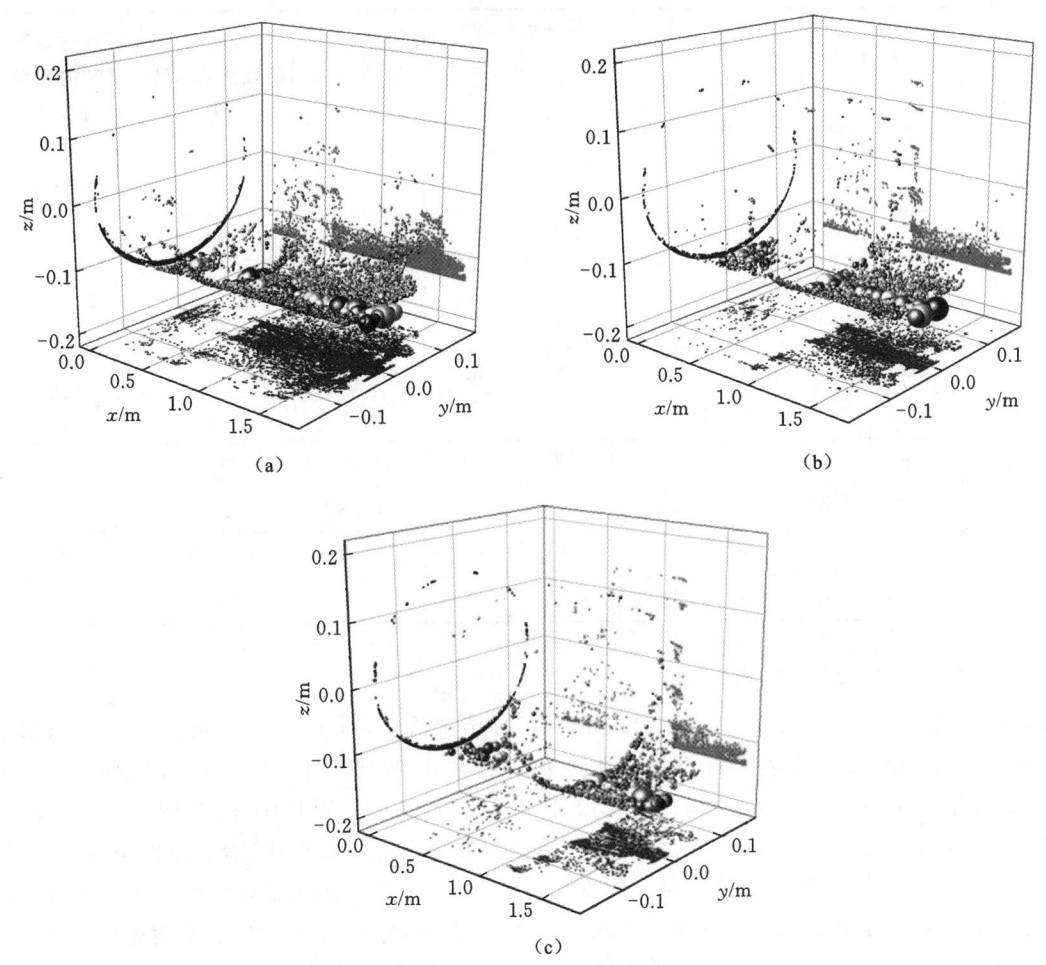

图 5.13　流量滤饼在 240 m³/h 清洗流量下颗粒运移规律
(a) 滤饼Ⅰ；(b) 滤饼Ⅱ；(c) 滤饼Ⅲ

中对于小流量形成的滤饼,可以通过前置翻板,进而降低进口段颗粒分布。

分析表 5.4 中滤饼Ⅰ、滤饼Ⅲ在 120 m³/h 清洗流量下,翻板前部颗粒数出现正向增长,滤饼Ⅲ原先流体中颗粒因流量降低出现沉积,同时清洗颗粒数量慢于沉积颗粒数量,进而导致滤饼颗粒数增加;滤饼Ⅰ初始过滤流量为 120 m³/h,采用 120 m³/h 清洗流量,清洗颗粒数量慢于沉积颗粒数量,进而导致总颗粒数出现正向增长。滤饼Ⅱ受两种因素影响较弱。180 m³/h、240 m³/h 清洗流量下翻板前部清洗后与清洗前颗粒比值皆为负增长,说明 180 m³/h、240 m³/h 清洗流量具有清洗效果,然而,翻板前部颗粒占比在 20% 左右,将导致前段淤积颗粒不能在二次清洗过程中得到清洗。

在 240 m³/h 清洗流量下,滤饼Ⅰ、Ⅱ、Ⅲ在翻板前部颗粒数占比皆小于 10%,翻板前部颗粒数分别为 1085、500、229 个,颗粒占比相近时,颗粒数差距主要与滤饼初始分布特征相关,因此颗粒冲洗效果受到初始颗粒分布特征影响。

表 5.4 流量滤饼清洗前后颗粒分布参数

清洗流量/(m³/h)	清洗后颗粒数/个 翻板前部	清洗后颗粒数/个 翻板后部	滤饼类型	清洗后总颗粒数/个	清洗后颗粒数占比/% 翻板前部颗粒占比	清洗后颗粒数占比/% 翻板后部颗粒占比	未清洗前翻板前颗粒数/个	翻板前部清洗后与清洗前颗粒比值/%	翻板前部被清洗的颗粒数与清洗前颗粒数比值/%
120	5606	19070	Ⅰ	24676	23	77	4393	128	28
120	2453	15673	Ⅱ	18126	14	86	2861	86	14
120	1247	5256	Ⅲ	6503	19	81	965	129	29
180	2942	13837	Ⅰ	16779	18	82	4393	67	33
180	1978	7605	Ⅱ	9583	21	79	2861	69	31
180	903	3279	Ⅲ	4182	22	78	965	94	6
240	1085	10944	Ⅰ	12029	9	91	4393	25	75
240	500	7415	Ⅱ	7915	6	94	2861	17	83
240	229	2874	Ⅲ	3103	7	93	965	24	76

5.2.2.2 滤饼清洗结果分析

通过设置 120 m³/h、180 m³/h、240 m³/h 三种清洗流量,对 180 m³/h 流量下 0.279 g/L、0.309 g/L、0.336 g/L 浓度条件下形成的滤饼进行清洗,分析清洗流量对滤网颗粒清洗效果、颗粒浓度对滤饼清洗效果影响(图 5.14、图 5.15、图 5.16)。对比图 5.14、图 5.15、图 5.16 可知,三种清洗流量下滤饼Ⅳ,滤饼Ⅴ,滤饼Ⅵ颗粒分布呈现相似规律,沿着滤网呈现条状分布,在相同的流量下,颗粒的浓度对于清洗效果影响较小,在 180 m³/h 流量下滤饼Ⅳ,滤饼Ⅴ,滤饼Ⅵ进口段团聚颗粒数分别为 3323、3582、3830 个;分析图 5.14 中 x-z 投影面可知,三种滤饼颗粒在滤饼上下均有分布,随着流量增大,上部滤网颗粒逐渐被清洗干净。

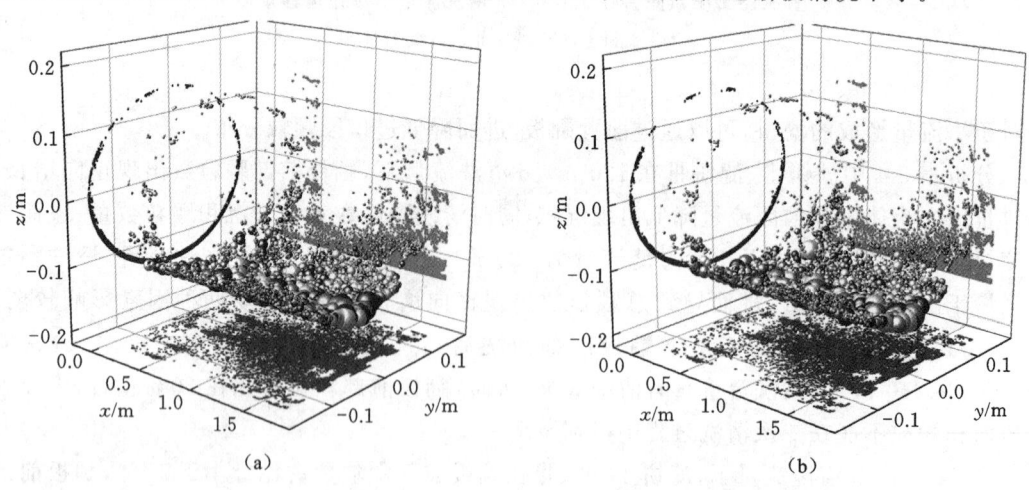

图 5.14 浓度滤饼在 120 m³/h 清洗流量下颗粒分布规律
(a) 滤饼Ⅳ;(b) 滤饼Ⅴ;(c) 滤饼Ⅵ

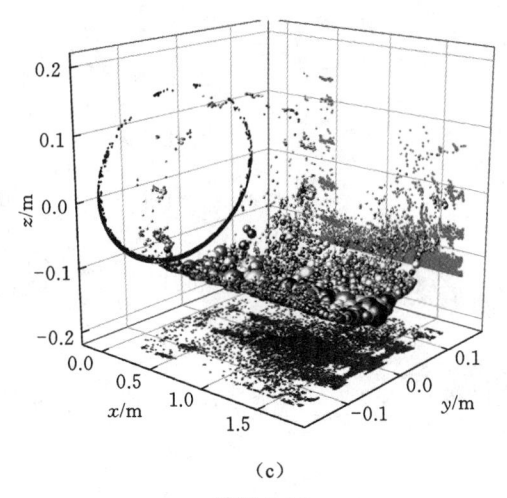

(c)

续图 5.14

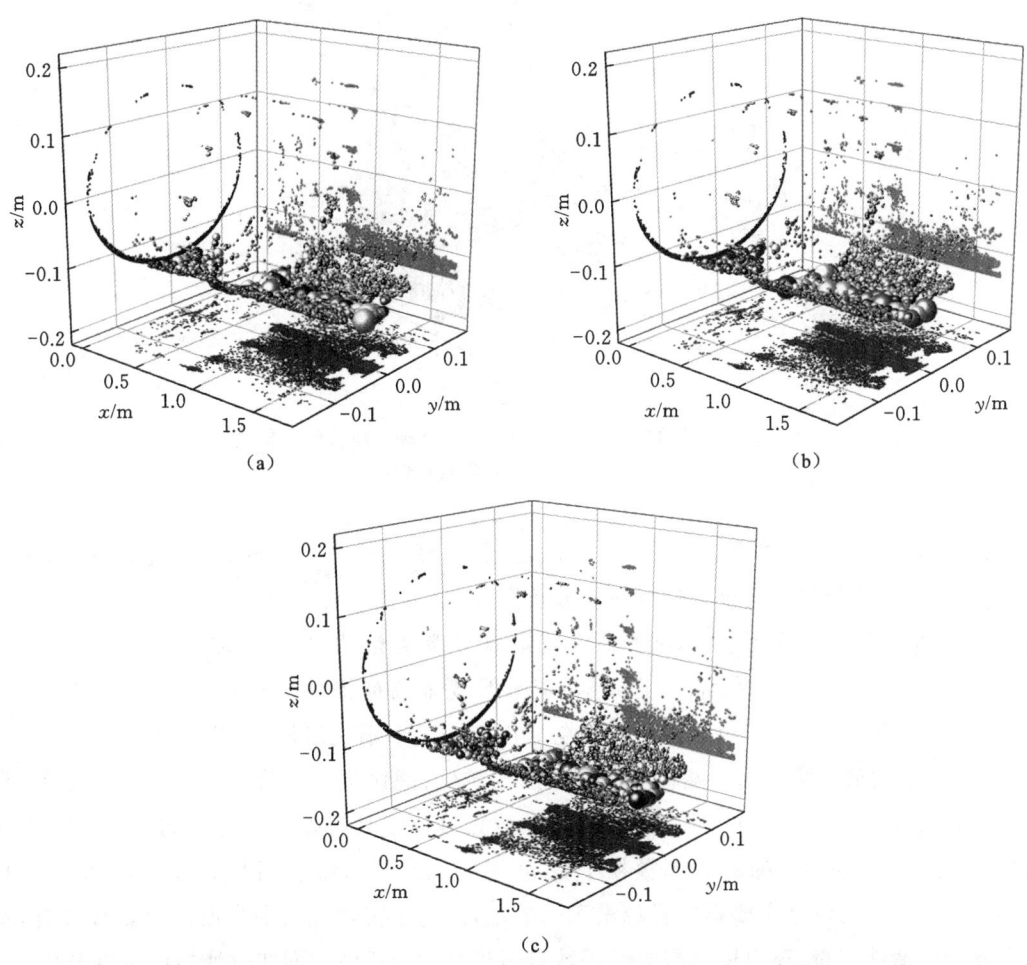

(a)

(b)

(c)

图 5.15 浓度滤饼在 180 m³/h 清洗流量下颗粒分布规律
(a) 滤饼Ⅳ；(b) 滤饼Ⅴ；(c) 滤饼Ⅵ

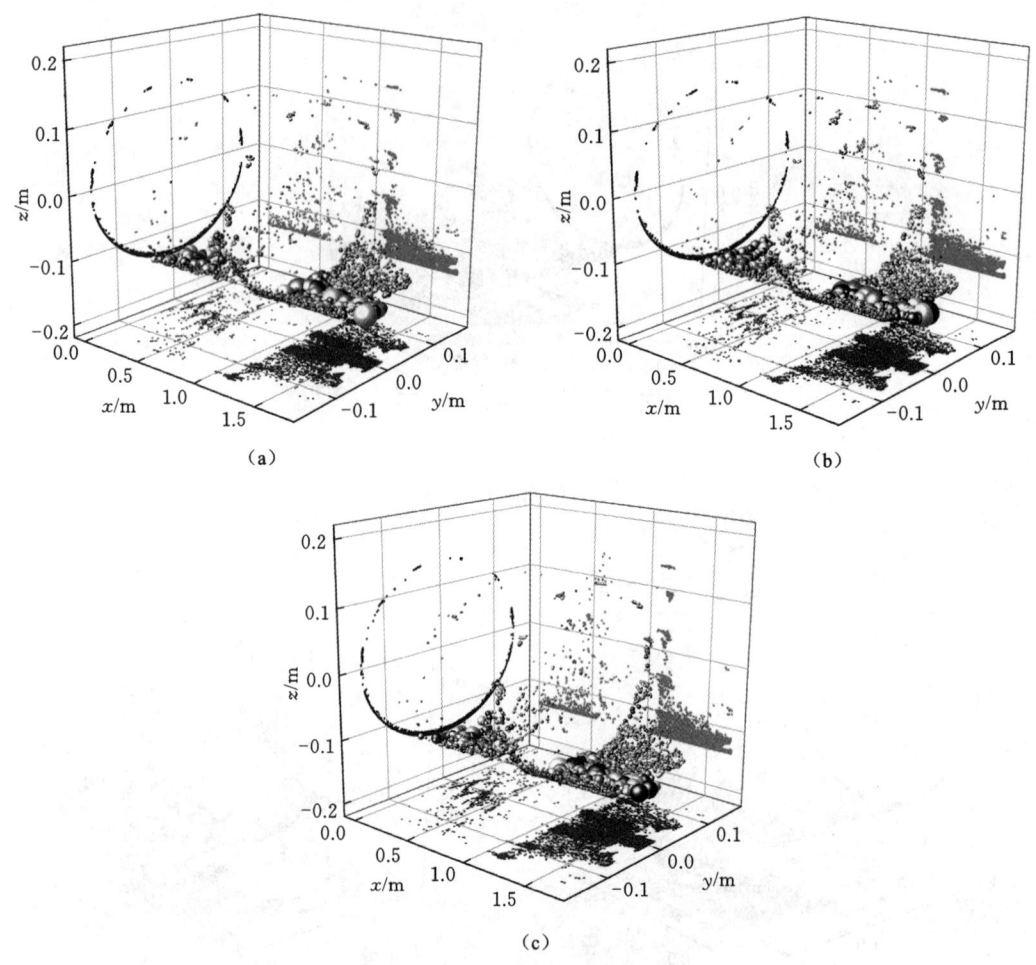

图 5.16　浓度滤饼在 240 m³/h 清洗流量下颗粒分布规律
(a) 滤饼Ⅳ；(b) 滤饼Ⅴ；(c) 滤饼Ⅵ

分析图 5.14 中 x-y 投影面可知滤饼Ⅳ、滤饼Ⅴ、滤饼Ⅵ在 120 m³/h 清洗流量下，清洗效果较差，进口段依然有大量颗粒分布。分析图 5.14(a)、图 5.15(a)、图 5.16(a) 中 y-z 投影面可知，上部滤网颗粒成团运动，随着清洗流量增大，颗粒运动的距离越大。

由表 5.5 可知，滤饼Ⅳ、Ⅴ、Ⅵ，在不同清洗流量下，分布特征相似，滤饼在 120 m³/h、180 m³/h 清洗流量下，翻板前部的颗粒数占比在 20%；在 240 m³/h 清洗流量下，翻板前部的颗粒数均低于 10%，说明清洗流量越大翻板前部颗粒占比越低；滤饼Ⅳ、Ⅴ、Ⅵ在相同清洗流量下，具有相同的翻板前部颗粒占比，但是翻板前部颗粒数目依然具有差异，例如，滤饼Ⅳ、Ⅴ、Ⅵ在 240 m³/h 清洗流量下，翻板前部颗粒个数为 780、837、939，翻板后部颗粒个数为 12324、13485、14612，说明浓度主要影响颗粒淤积的数量，因此在实际应用中当泥沙含量较高时，不仅需要考虑清洗流量，还应根据颗粒淤积数量适当控制分段清洗网式过滤器的清洗分段。

表 5.5 浓度滤饼清洗前后颗粒分布参数

清洗流量	清洗后颗粒数/个 翻板前部	清洗后颗粒数/个 翻板后部	滤饼类型	清洗后总颗粒数/个	清洗后颗粒数占比/% 翻板前部颗粒占比	清洗后颗粒数占比/% 翻板后部颗粒占比	未清洗前翻板前部颗粒数/个	翻板前部清洗后与清洗前颗粒比值/%	翻板前部被清洗的颗粒数与清洗前颗粒数比值/%
120	5470	21423	Ⅳ	26893	20.00	80.00	6598	83.00	27.00
120	5775	24440	Ⅴ	30215	19.00	81.0	7130	81.00	19.00
120	6211	27213	Ⅵ	33424	19.00	81.00	7639	81.00	19.00
180	3323	14034	Ⅳ	17357	19.00	81.00	6598	50.36	49.64
180	3582	15555	Ⅴ	19137	19.00	81.00	7130	50.24	49.76
180	3830	16875	Ⅵ	20705	18.00	82.00	7639	50.14	49.86
240	780	12324	Ⅳ	13104	6.00	94.00	6598	11.82	88.18
240	837	13485	Ⅴ	14322	6.00	94.00	7130	11.74	88.26
240	939	14612	Ⅵ	15551	6.00	94.00	7639	12.29	87.71

浓度滤饼清洗中采用了 240 m³/h 清洗流量,长时间的冲洗需要消耗大量水资源,在高浓度含沙量形成的滤饼中采用水流冲洗的分段网式过滤器,应当根据滤饼颗粒运动规律、沉积特点和分段颗粒的数量优化翻板位置。

5.2.2.3 清洗流量数学模型建立

分段网式过滤器滤饼在水流的作用下,滤饼颗粒跟随水流的运动,近似非均质流管道流动,进而可将清洗流量数值大小计算转化为非均质管道流动中颗粒临界速度计算问题。目前研究发现,在管道非均质流动中堆积颗粒是从管底开始滚动的,滑动的最高流速为堆积界限速度 v_c。管道流体速度大于堆积速度 v_c 时,管道底部的颗粒开始连续运动起来。堆积临界速度 v_c 主要受到流体黏度、颗粒密度、颗粒浓度、颗粒级配、颗粒粒径和管道直径等因素影响。因堆积速度受到多因素影响,计算堆积速度需要在特定的工况下,进行相应的模型计算,对管道输沙中的实测堆积速度进行回归分析统计,发现当颗粒尺寸分布为窄级配(0.38~1.69 mm),颗粒密度为 2.65 g/cm³,颗粒体积浓度 C_v 范围为 0.13~0.43 g/L 时,可以采用式(5.1)计算堆积速度:

$$v_c = S^{-0.05} \cdot \left(\frac{d}{D}\right)^{0.0135} \cdot Re^{0.0135} \cdot \sqrt{gD(\rho_s - \rho)} \tag{5.1}$$

$$Re = \frac{\rho v_s d}{\mu} \tag{5.2}$$

$$v_s = \frac{gd^2(\rho_s - \rho)}{18\mu} \tag{5.3}$$

式中 v_c——清洗速度;

g——重力加速度；
d——颗粒平均粒径；
D——管道直径；
S——颗粒浓度；
ρ_s——颗粒密度；
ρ——清水密度；
Re——雷诺数；
μ——清水动力黏度；
v_s——颗粒的沉降速度。

分析表5.6、表5.7的6种滤饼清洗数据可知，常用过滤流量下，最小的清洗流量范围为188～199 m³/h，与试验和模拟数据相符合。实际工程中，建议选择200 m³/h 清洗流量进行清洗，可以解决罐体长径比为4.25的常用灌溉流量过滤下的堵塞。

表5.6　流量滤饼清洗速度

滤饼类型	颗粒平均粒径/mm	沉积速度/(m/s)	雷诺数	清洗速度/(m/s)	清洗流量/(m³/h)
滤饼Ⅰ	3.0×10^{-4}	4.1×10^{-5}	4.1×10^{-6}	1.74	196
滤饼Ⅱ	3.5×10^{-4}	5.4×10^{-5}	6.3×10^{-6}	1.75	198
滤饼Ⅲ	3.7×10^{-4}	6.3×10^{-5}	7.8×10^{-6}	1.76	199

表5.7　浓度滤饼清洗速度

滤饼类型	颗粒平均粒径/mm	沉积速度/(m/s)	雷诺数	清洗速度/(m/s)	清洗流量/(m³/h)
滤饼Ⅳ	3.4×10^{-4}	5.2×10^{-5}	5.9×10^{-6}	1.68	190
滤饼Ⅴ	3.4×10^{-4}	5.4×10^{-5}	6.1×10^{-6}	1.67	189
滤饼Ⅵ	3.5×10^{-4}	5.4×10^{-5}	6.2×10^{-6}	1.66	188

6 典型网式过滤器结构优化研究

目前大多数自清洗网式过滤器研究是对现有既定的过滤器结构进行相关试验与数值模拟研究,还未对排污过程中整个过滤器结构内的数值进行模拟,并且排污系统的模拟研究也皆未考虑旋喷管对排污系统的影响,排污系统参数改变对过滤器排污性能的影响研究也相对较少。本章首先通过 Fluent 数值模拟软件对排污过程进行数值模拟,探究不同参数对自清洗网式过滤器排污系统的影响,得到排污系统最优结构参数。其次,翻板型网式过滤器的翻板的作用是在分段网式过滤器中决定二次清洗的空间,翻板位置决定二次清洗的效率,因此对翻板位置进行优化,可以提高翻板型网式过滤器的效果。最后,过滤器罐体结构影响水流在其内部的分布和水力特性,尤其是在排污过程中,因此,本章也进一步通过 Fluent 数值模拟软件对排污过程进行数值模拟,对翻板型网式过滤器翻板位置和罐体结构进行优化,提高其排污效率。

6.1 卧式自清洗网式过滤器排污系统结构优化

6.1.1 排污系统优化方案

为了研究吸沙组件吸嘴开孔尺寸和旋喷管开口尺寸对排污系统内部流场的影响,设置 6 组优化方案进行比选,如表 6.1 所示。

表 6.1 不同方案设置

方案	吸嘴 1 宽度/mm	吸嘴 2 宽度/mm	吸嘴 3 宽度/mm	吸嘴 4 宽度/mm	旋喷口直径/mm
方案 1	18	16	14	20	35
方案 2	16	12	8	20	35
方案 3	14	8	2	20	35
方案 4	2	4	6	20	35
方案 5	2	4	6	20	30
方案 6	2	4	6	20	20

6.1.2 不同优化方案下数值模拟结果分析

6.1.2.1 不同方案下压强云图分析

图 6.1 所示为排污系统不同结构优化方案下得到的压强云图。由图 6.1 可以看出,6 组方案中一级过滤室与二级过滤室均没有明显的压强变化。方案 1～5 中排沙管内压强分布相较于方案 6 较为不均匀,靠近旋喷管的吸沙组件与排沙管交接处存在明显的低压区,方案

1与方案4最为明显,方案3和方案5的相对较小,易导致排污系统的不稳定,不利于泥沙的排出,也易于导致泥沙在排沙管内的淤积。而方案6排沙管内压强顺水流方向呈梯度降低,有利于泥沙随水流排出,所以排污系统清理泥沙效率相对较高,过滤器的排污周期相对较短。从表6.2可以看出,方案6吸嘴处的压强基本为方案1~5压强的2~3倍,这是由于旋喷管出口减小,导致吸嘴压强明显增加,同时,一级过滤室与二级过滤室内压强也明显增加,增大了过滤器运行的危险性。吸沙组件吸附吸力与过滤器内压降呈正相关,与方案5相比,吸嘴尺寸不变的情况下,方案6过滤器内部压降较大,其吸附吸力也较大,有利于增强排污系统对滤网上泥沙的吸附清除,提高滤网清洗效率。

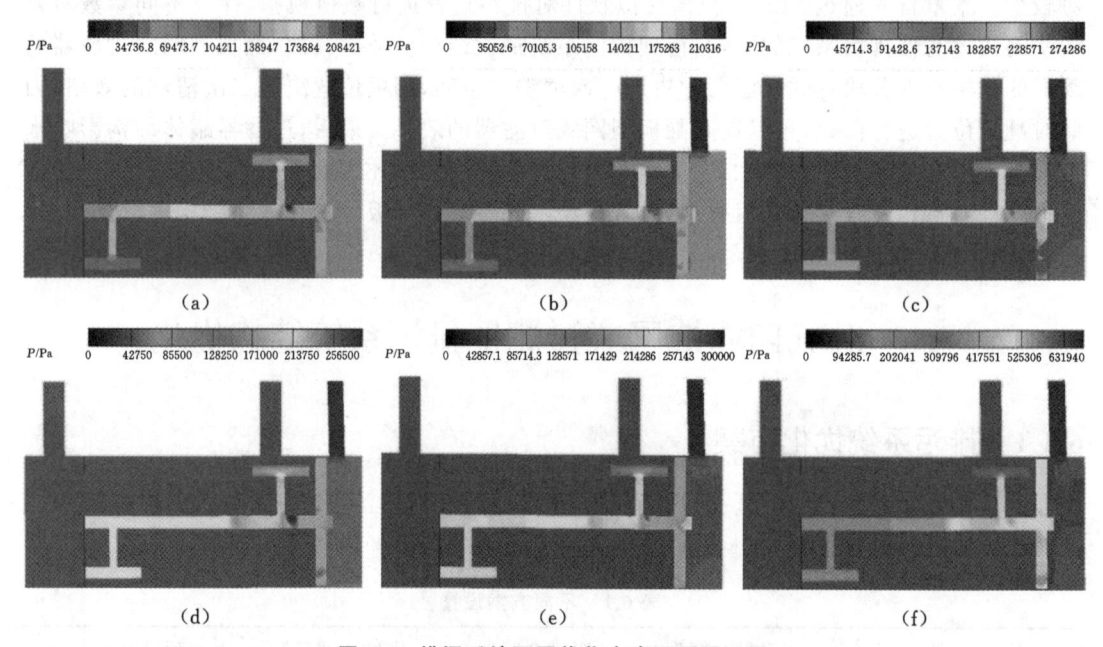

图6.1 排污系统不同优化方案下压强云图

(a) 方案1;(b) 方案2;(c) 方案3;(d) 方案4;(e) 方案5;(f) 方案6

表6.2 排污系统不同优化方案下各吸嘴进口压强

方案	吸嘴1进口压强/kPa	吸嘴2进口压强/kPa	吸嘴3进口压强/kPa	吸嘴4进口压强/kPa
原型	189.79	189.63	189.54	186.14
方案1	217.79	219.63	219.74	216.14
方案2	218.08	218.38	218.34	212.99
方案3	220.52	221.97	222.04	218.37
方案4	263.47	272.65	276.34	273.29
方案5	275.55	280.47	284.47	296.60
方案6	641.79	646.76	650.30	661.31

6.1.2.2 不同方案下速度云图分析

图 6.2 所示为排污系统不同结构优化方案下得到的速度云图。根据不同优化方案的速度云图分析可知,排污系统的吸嘴和旋喷管出口尺寸改变对一级过滤室内流场分布基本不产生影响,但对二级过滤室内流场分布产生较为明显的影响,方案 6 中二级过滤室内流场紊动最为剧烈,流速为 0 区域面积也最小。对比 6 组方案可以看出,方案 3 中,旋喷管上下平均流速基本相同,而其他 5 组方案中,旋喷管内下部的平均流速大于上部平均流速。方案 1、2、3 分别优化了吸嘴 1、2、3 的宽度变化梯度,宽度变化梯度分别为 2 mm、4 mm、6 mm,宽度梯度越大,3 个吸嘴的进水流速越大。对比 3 个方案中吸嘴 1~3 的流速,原型与方案 1 逐渐增大,而方案 2 与方案 3 逐渐减小。方案 3 中吸嘴 1 的流速与吸嘴 4 基本接近,但与吸嘴 2 和吸嘴 3 流速相差较大,为增大吸嘴 2 和吸嘴 3 的进水流速,则设置了方案 4。方案 4 中 3 个吸嘴宽度为前三个方案的逆变化梯度,从表 6.3 中可以看出,吸嘴 1、2、3 进水流速基本接近,但吸嘴 4 流速相对较小,因此通过改变旋喷管出口直径,增大吸嘴 4 的流速。从方案 5 和方案 6 吸嘴流速可看出,各吸嘴流速趋于均匀,而方案 6 中 4 个吸嘴的流速更加接近,且吸嘴 4 流速也有所增大,有利于均匀吸附滤网上的泥沙杂质。

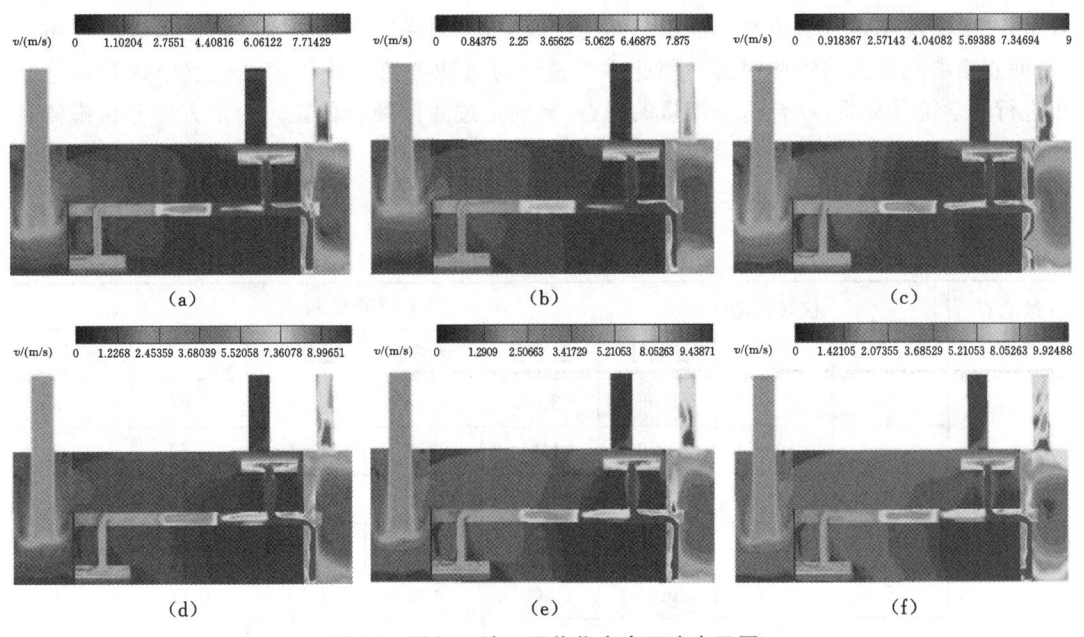

图 6.2 排污系统不同优化方案下速度云图
(a) 方案 1;(b) 方案 2;(c) 方案 3;(d) 方案 4;(e) 方案 5;(f) 方案 6

表 6.3 排污系统不同优化方案下不同吸嘴进口速度

方案	吸嘴 1 进口速度/(m/s)	吸嘴 2 进口速度/(m/s)	吸嘴 3 进口速度/(m/s)	吸嘴 4 进口速度/(m/s)
原型	1.57	1.65	1.82	4.53
方案 1	1.89	2.88	3.43	4.96
方案 2	2.70	2.16	2.10	4.48

续表6.3

方案	吸嘴1进口速度/(m/s)	吸嘴2进口速度/(m/s)	吸嘴3进口速度/(m/s)	吸嘴4进口速度/(m/s)
方案3	4.97	3.61	2.88	4.81
方案4	6.62	7.17	6.5	5.20
方案5	6.56	6.37	5.93	5.14
方案6	6.49	6.24	5.90	5.54

6.2 翻板型网式过滤器翻板位置及罐体结构优化

6.2.1 翻板最佳位置分析

翻板的作用是在分段网式过滤器中，决定二次清洗的空间。翻板位置决定二次清洗的效率，二次清洗则是首次清洗的继续。在传统研究中，因无法得知一次过滤的颗粒的分布区域，而直接将翻板放到罐体中部。因此本节通过对过滤器第一阶段清洗过程中颗粒运移分布进行数学统计分析，结合清洗流量的特点，来确定过滤器翻板位置。为了方便分析罐体各区域颗粒分布，把过滤器罐体沿轴线划分为17个小区域，其中1~8为翻板前部，9~17为翻板后部。17个小区域的质量统计结果见表6.4。

表6.4 清洗后滤饼质量分布

过滤器分段	区域	区域范围/m	滤饼质量/g					
			滤饼Ⅰ	滤饼Ⅱ	滤饼Ⅲ	滤饼Ⅳ	滤饼Ⅴ	滤饼Ⅵ
翻板前部	1	0.0~0.1	5.96	2.05	0.24	3.34	2.87	2.23
	2	0.1~0.2	1.73	1.11	0.98	3.56	2.70	3.65
	3	0.2~0.3	0.15	0.20	0.25	0.95	1.47	2.04
	4	0.3~0.4	0.06	0.03	0.03	0.21	0.26	0.33
	5	0.4~0.5	0.07	0.05	0.02	0.11	0.11	0.14
	6	0.5~0.6	0.01	1.44	0.01	0.01	0.01	0.01
	7	0.6~0.7	0.02	10.58	0.00	0.02	0.04	0.02
	8	0.7~0.8	12.92	2.22	1.63	15.70	18.43	20.21
翻板后部	9	0.8~0.9	5.30	2.15	7.85	14.48	16.13	15.15
	10	0.9~1.0	4.45	2.89	1.32	6.13	7.16	7.01
	11	1.0~1.1	4.98	5.72	1.47	7.29	8.91	10.79
	12	1.1~1.2	3.77	3.77	1.75	10.78	12.56	13.77
	13	1.2~1.3	3.69	4.76	2.94	9.29	9.09	10.75

续表6.4

过滤器分段	区域	区域范围/m	滤饼质量/g					
			滤饼Ⅰ	滤饼Ⅱ	滤饼Ⅲ	滤饼Ⅳ	滤饼Ⅴ	滤饼Ⅵ
翻板后部	14	1.3~1.4	3.92	5.36	2.38	11.22	11.77	12.03
	15	1.4~1.5	4.81	4.15	4.20	10.07	12.63	13.21
	16	1.5~1.6	14.39	3.43	3.07	7.32	7.60	8.90
	17	1.6~1.7	38.01	18.77	3.93	8.93	10.40	10.75

分析表6.4可知,滤饼Ⅰ、滤饼Ⅱ、滤饼Ⅲ在清洗后翻板前部残留滤饼总质量分别为20.92 g、17.68 g、3.16 g;滤饼Ⅰ、滤饼Ⅱ、滤饼Ⅲ在清洗后翻板后部残留滤饼总质量分别为83.32 g、51.00 g、28.91 g,说明流量滤饼因过滤流量不同形成滤饼时,过滤流量越大导致颗粒沉积区域主要过滤器的中后段,减轻了翻板前部的清洗压力。可知过滤流量增大将减小翻板型网式过滤器第二阶段的颗粒残留度。

滤饼Ⅳ、滤饼Ⅴ、滤饼Ⅵ在清洗后翻板前部残留滤饼质量分别为23.90 g、25.89 g、28.63 g;滤饼Ⅳ、滤饼Ⅴ、滤饼Ⅵ在清洗后翻板后部残留滤饼质量分别为85.51 g、96.25 g、102.36 g;说明浓度滤饼因过滤浓度差异导致质量分布出现差异,过滤浓度越大,清洗后罐体全区域滤饼质量越大,尤其对翻板后部滤饼残留质量影响更大,进而加重了翻板型网式过滤器第二阶段清洗压力。

定义颗粒残留度 η 为过滤器清洗后滤饼颗粒数与过滤器过滤结束后滤饼颗粒数的比值,颗粒残留度越大说明颗粒清洗的效果越差,当泥沙颗粒残留度 $\eta=1$ 时,表示区域内泥沙颗粒没有减少,当颗粒残留度为 $\eta=0$ 时,表示区域内没有颗粒沉积。过滤器清洗后滤饼颗粒轴线分布如图6.3所示。

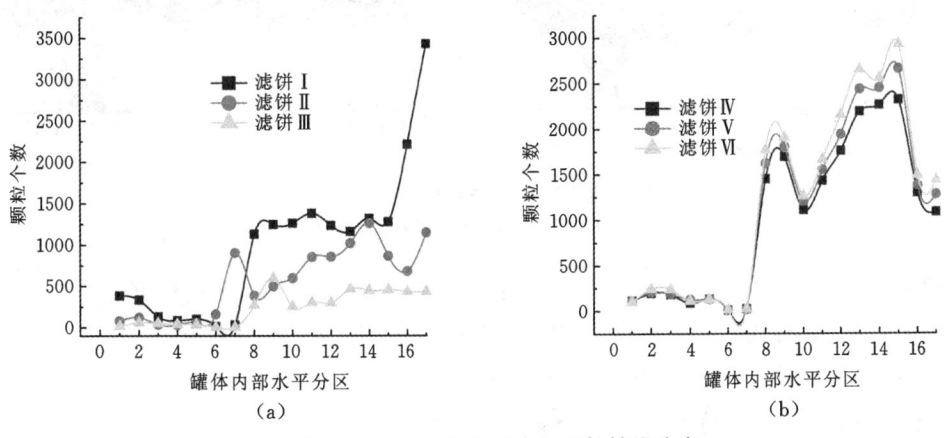

图6.3 过滤器清洗后滤饼颗粒轴线分布
(a) 流量滤饼;(b) 浓度滤饼

分析图6.3(a)可知,滤饼Ⅰ、滤饼Ⅲ颗粒数在区域7后开始递增,滤饼Ⅱ颗粒数在区域6后开始递增;滤饼Ⅰ翻板后部颗粒最多,第二阶段清洗颗粒占比增加。因此滤饼分布特征将影响其清洗颗粒分布和颗粒残留度;流量滤饼翻板最优位置在区域6后,可以有效降低第一阶段清洗负荷。分析图6.3(b)可知,浓度滤饼清洗后颗粒的分布呈现相似的变化,在区域6后颗粒开始递增,说明浓度越大翻板后部颗粒数增长的速度越快,同时浓度越大,翻板型网式过滤器第二阶段清洗负担越大,浓度滤饼翻板最优位置为区域6。综上所述,对于长径比为4.25的过滤器罐体,翻板最优位置为罐体轴线的0.3~0.4 m处。

6.2.2 过滤器罐体结构优化

6.2.2.1 过滤器罐体优化方案

在清洗过程中可以发现下滤网出现团聚现象,进口段出现了颗粒团聚现象,通过分析过滤器的流速云图可知,在进口段($x=0.1\sim0.2$ m)形成回流区,回流区因流速紊乱,进而导致颗粒的团聚。根据分析结果,对过滤器的外壳进行优化,如图6.4所示,对进水管后至罐体中间段($x=0\sim0.85$ m)进行了变径处理,$x=0$ m,$r=0.14$ m,$x=0.85$ m,$r=0.2$ m,来减弱进口段回流。对变径罐体进行清水条件下的过滤模拟,其压强和流速云图如图6.5所示。

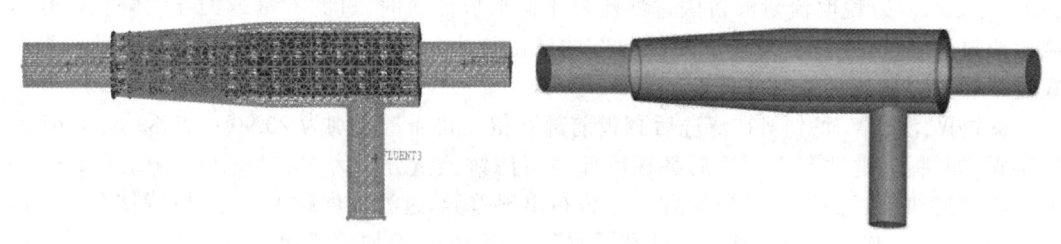

图6.4 变径罐体网格图和模型图

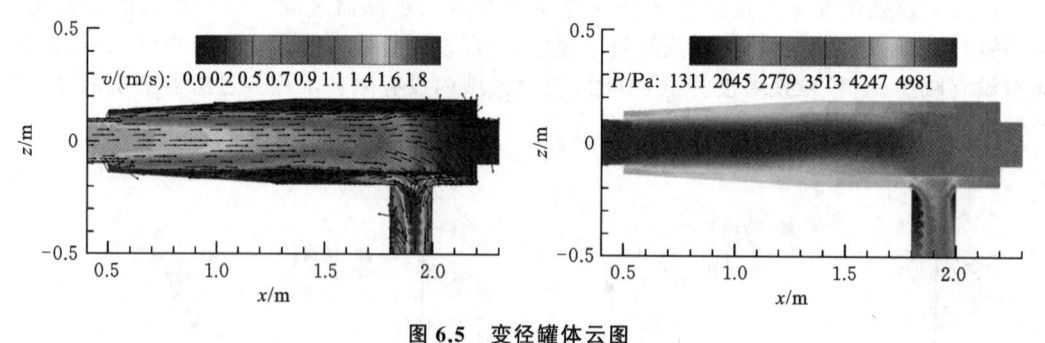

图6.5 变径罐体云图
(a)流速云图;(b)压强云图

由图6.5可知,进水管后设置了渐变段,使得在罐体0~0.5 m处靠近滤网上下两侧边壁处的涡流区缩减,同时0.5~1.7 m段压力分布均匀。相对于原罐体,优化后的结构速度、压力分布平滑。因此采用变径清洗结构的设计,水力特性得到优化并且可行。

6.2.2.2 结构优化后的过滤结果分析

采用过滤流量为180 m³/h和泥沙颗粒浓度为0.122 g/L的过滤边界条件,分析对比不同罐体结构对含沙水源下的滤饼颗粒分布的影响,如图6.6所示。分析图6.6中y-z投影面可知,优化后罐体颗粒分布主要集中在下滤网,原罐体颗粒在上下均有分布;分析x-y投影面可知,变径罐体在进口段分布均匀,变径罐体、原罐体滤饼颗粒总数分别为26049、24166个,变径罐体在相同的工况下沉积的颗粒增多;分析y-z投影面可知,变径罐体的滤饼沿轴线分布均匀。

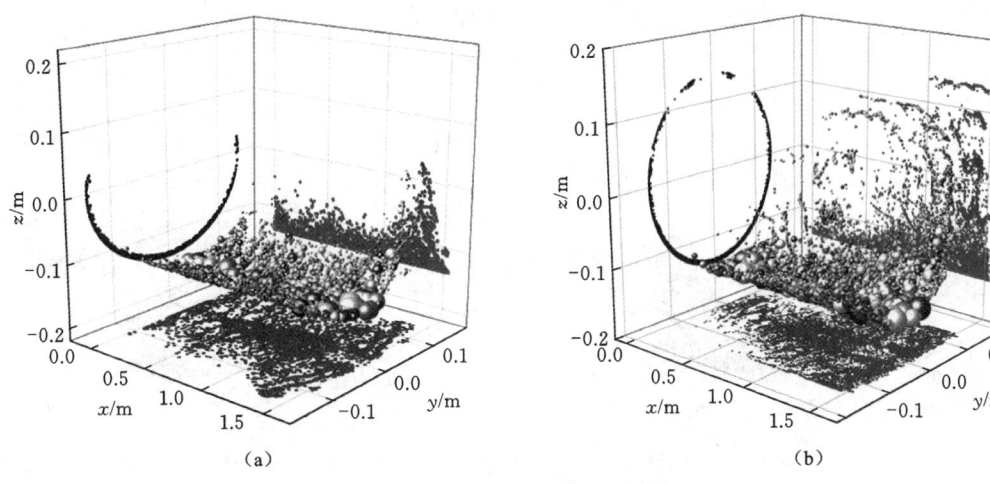

图 6.6 罐体优化前后滤饼分布对比
(a) 变径罐体过滤 3 s；(b) 原罐体过滤 3 s

分析图 6.7(a)可知，变径罐体在进口段平均粒径变化平稳，即变径罐体在进口段的颗粒分布均匀性优于原罐体。分析图 6.7(b)可知，变径罐体在进口段几何标准差波动变化小于原罐体，即变径罐体在进口段颗粒种类变化均匀性优于原罐体。

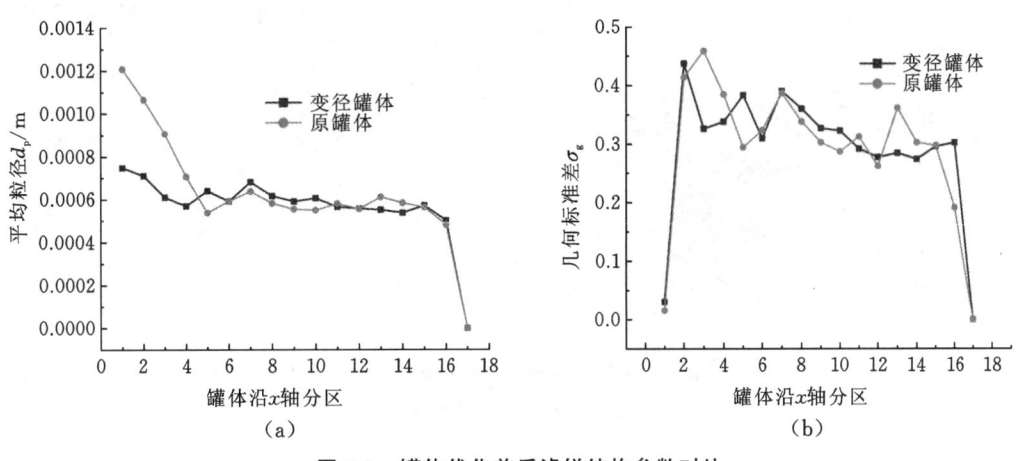

图 6.7 罐体优化前后滤饼结构参数对比
(a) 平均粒径；(b) 几何标准差

6.2.2.3 结构优化后的清洗效果分析

采用过滤流量为 180 m³/h 和泥沙颗粒浓度为 0.122 g/L 的经过滤作用后的滤饼，作为清洗模拟的边界条件，分析对比不同罐体结构对含沙水源下清洗后颗粒残留度的影响。

采用 180 m³/h、240 m³/h 两种清洗流量，对变径罐体 180 m³/h 流量下 0.122g/L 浓度形成的滤饼进行清洗，分析对比变径罐体与原罐体滤网的网面颗粒清洗残留度、颗粒分布特征，如图 6.8、图 6.9 所示。

(a)　　　　　　　　　　　　　　　　　(b)

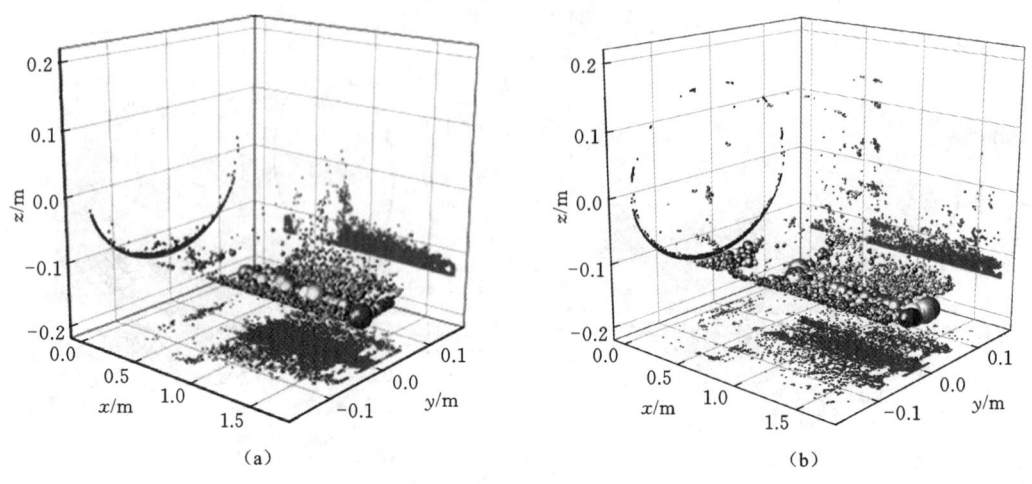

图 6.8　罐体优化前后 180 m³/h 清洗流量下清洗效果对比
(a) 变径罐体；(b) 原罐体

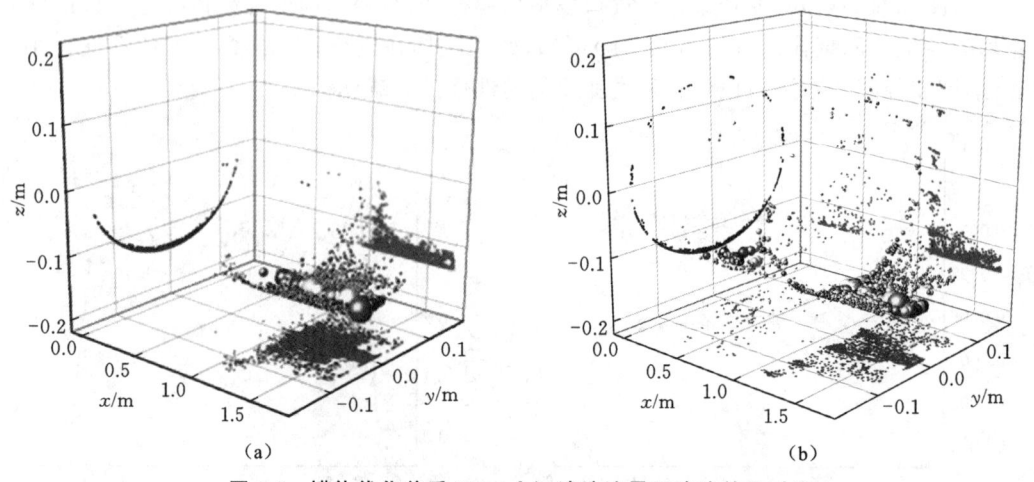

(a)　　　　　　　　　　　　　　　　　(b)

图 6.9　罐体优化前后 240 m³/h 清洗流量下清洗效果对比
(a) 变径罐体；(b) 原罐体

对比图 6.8、图 6.9 可知，两种清洗流量下 2 种罐体颗粒分布呈现相似规律，沿着滤网呈现条状分布，在相同的流量下，变径罐体进口段颗粒分布数小于原罐体，其中进口段颗粒分别为 1719、1978 个；变径罐体翻板后颗粒分布数多于原罐体，在 240 m³/h 流量下，变径罐体滤饼团聚颗粒现象被消除，在 240 m³/h 流量下变径罐体、原罐体进口段团聚颗粒数分别为 6、500 个。

分析图 6.9 中 x-z 投影面可知，变径罐体滤饼颗粒全在滤网下侧，变径罐体主要清洗区域为滤网下侧、过滤高效区域也在下部，因下部滤饼颗粒分布均匀，说明颗粒过滤过程在下滤网均匀。分析图 6.8 中 x-y 投影面可知，2 种罐体在 180 m³/h 清洗流量下，颗粒残留度 η 更大，进口段依然有大量颗粒分布。分析图 6.8(a)、6.9(a) 中 y-z 投影面可知，变径罐体随着清洗流量增大，翻板过滤器前段的颗粒得到完全的清除。

过滤器优化后清洗效果对比见表6.5。由表6.5可知,变径罐体和原罐体的清洗效果和对比宏观结果显示变径罐体具有更好的清洗效率,进口段颗粒的团聚效果得到消除,随着流量增大,变径罐体清洗效果得到进一步加强;通过对比分析翻板前后颗粒数占比可知,变径罐体在翻板后部沉积的颗粒多于原罐体,说明变径罐体在第二阶段清洗负荷增加,实际工程中可以将翻板位置前移,增大后端清洗空间来减少第二阶段滤网单位面积清洗负荷。

表6.5 过滤器优化后清洗效果对比

类型	清洗流量 /(m³/h)	颗粒数/个 翻板前	颗粒数/个 翻板后	颗粒数占比/% 翻板前	颗粒数占比/% 翻板后	滤饼总颗粒数
变径罐体	180	1719	8228	17.3	82.7	9947
变径罐体	240	6	7503	0.1	99.9	7509
原罐体	180	1978	7605	20.6	79.4	9583
原罐体	240	500	7415	6.3	93.7	7915

7 泵前无压网式过滤器水力特性研究

目前节水农业灌溉市场中,反冲洗式过滤器应用最为普遍,但该类传统过滤器的设计使其在使用时存在自动化程度较低,水头损失较大,生产、运行成本过高等不足之处。为进一步满足"农业高效节水"供给侧结构性改革发展目标,基于现有网式过滤器研究方法和研究成果,对泵前无压网式过滤器开展相关试验研究:针对其过滤性能、排污性能及堵塞机理进行研究;结合统计学理论,分析影响泵前无压网式过滤器水力特性因素作用机理及影响程度,以填补目前泵前无压网式过滤器研究,同时为泵前无压网式过滤器与有压网式过滤器串联使用提供理论依据。

7.1 试验方案

试验内容主要包括过滤器过滤试验、过滤器堵塞试验及过滤器自清洗试验。在过滤试验中,选用了48目和60目两种规格的滤网,并采用原型浑水进行试验。以过滤流量、自清洗网筒转速、自清洗流量和初始加沙量为关键因子,通过改变不同水源杂质的配比和种类,以及进水含杂量等因素,重点研究了过滤器在不同工况下的堵塞作用。通过改变水源杂质配比、种类和进水含杂量等参数,观察了过滤器的堵塞情况,并分析了堵塞机理。在自清洗试验中,探究了泵前无压过滤器的自清洗组件对于堵塞问题的解决能力,通过调整自清洗网筒转速和自清洗流量等参数,观察了清洗效果,并评估了自清洗组件的性能。这些试验结果不仅有助于更深入地理解过滤器的性能特点,还为优化过滤器的设计和运行提供了重要依据。

7.1.1 泵前无压网式过滤器结构

泵前无压网式过滤器主要由浮筒、滤筒转动电机、挡污板、滤筒、支架和自清洗装置构成,整体结构和参数如图7.1和表7.1所示。

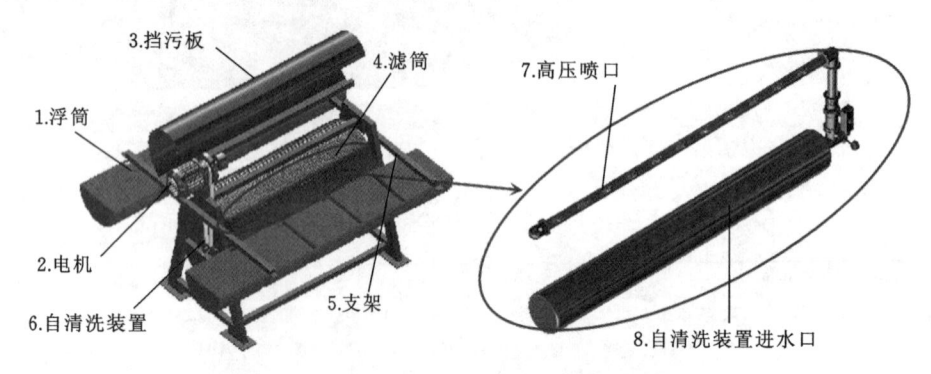

图 7.1 泵前无压网式过滤器整体结构示意图

7 泵前无压网式过滤器水力特性研究

表 7.1 泵前无压网式过滤器整体结构参数表

参数	单位	值	参数	单位	值
入水处尺寸	mm	125	滤网径向尺寸	mm	900
取水处尺寸	mm	125	滤网轴向尺寸	mm	1350
滤筒径向尺寸	mm	900	目数	目	48/60
滤筒轴向尺寸	mm	1400			

经沉沙池沉淀的灌溉用含沙水在水泵的作用下被抽入过滤器。在过滤器中,水从滤网的外侧向内侧流动,进行过滤。这个过程中,大于滤网孔径的杂质被拦截下来,并在滤网外侧逐渐形成堆积。这些堆积的杂质如果不及时清除,会导致过滤器的堵塞,影响过滤效果。为了解决这个问题,过滤器内部设计了一个滤筒中心自清洗组件。这个组件上的 Y 型过滤器起到了二次过滤的作用,确保了进入自清洗系统的水的质量。当需要进行清洗时,位于过滤器内部的喷水管开始工作,高压水流通过喷水孔喷向滤筒。这股强劲的水流能够将附着在滤筒上的泥沙或有机物杂质反向冲出,从而实现自动清洗的效果。自清洗装置位于过滤器内部的滤筒中心,这样的设计使得清洗过程更加高效和彻底。同时,由于清洗是在过滤器内部进行的,因此不会对外部环境造成影响,也避免了人工清洗的麻烦。这种带有自清洗功能的过滤器能够有效地解决灌溉用含沙水过滤过程中的堵塞问题,提高过滤效率,延长使用寿命。同时,其自动化的清洗过程也极大减轻了人工维护的负担。

7.1.2 试验装置结构

本次试验的整机结构主要由三大系统组成:加沙搅拌系统、过滤系统及回水系统。这三个系统协同工作,共同构成了一个完整的过滤循环系统,用于模拟和研究泵前无压网式过滤器在实际运行中的性能表现。本次试验设备整体为过滤循环系统,试验系统装置见图 7.2,试验系统辅助设备参数见表 7.2。

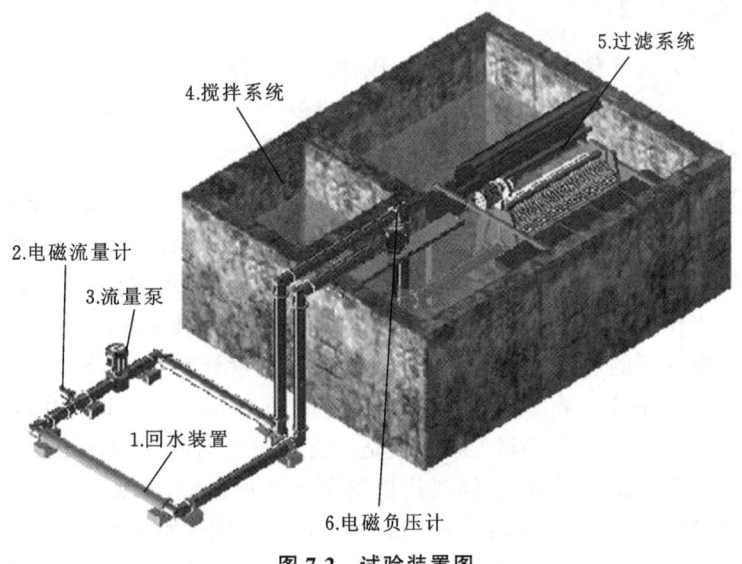

图 7.2 试验装置图

表 7.2　试验配套设备汇总

设备名称	单位	值
三相异步电动机	个	1
变频调节柜	个	2
高精度负压表	个	1
电磁流量计	个	1
蓄水池	mm×mm×mm	4500×3500×1850
沉沙搅拌池	mm×mm×mm	1700×1800×1850

（1）加沙搅拌系统：该系统主要负责模拟含沙水源，并确保水中的杂质分布均匀。通过加入预定量的沙粒和其他杂质，再经过搅拌设备的充分混合，可以生成具有不同含沙浓度和水质特性的试验水源。这为后续的过滤试验提供了可靠且可重复的水质条件。

（2）过滤系统：作为试验的核心部分，过滤系统包括泵前无压网式过滤器及其相关组件。含沙水在经过过滤器时，会被滤网拦截下大于孔径的杂质颗粒，从而实现水的净化。过滤器的性能表现将直接影响到整个系统的过滤效率和出水质量。因此，在试验中需要重点关注过滤器的水头损失、堵塞情况及自清洗效果等关键指标。

（3）回水系统：回水系统的主要作用是将经过过滤的水重新收集并循环利用。这样不仅可以节约水资源，还可以确保试验过程中水质的稳定性和一致性。通过回水管道和循环泵等设备，可以将过滤后的水再次引入加沙搅拌系统进行新一轮的试验。同时，回水系统还配备了必要的监测和调节设备，以确保循环水的质量符合试验要求。

（4）试验系统装置及辅助设备参数：包括设备的型号、规格、性能指标等关键信息，是确保试验顺利进行和结果准确性的重要依据。在试验过程中，需要根据这些参数对设备进行合理的操作和维护，以确保其正常运行并满足试验要求。

7.1.3　分项试验设置

本项目在水工水力试验大厅建立泵前无压过滤器试验装置平台来完成试验部分的相关工作。

7.1.3.1　过滤器水头损失试验与过滤试验

根据实际情况使用 48 目滤网，采用原型浑水试验，以过滤流量、自清洗网筒转速、自清洗流量和初始加沙量为因子，根据响应面理论设计四因子三级响应面试验，按照无压网式过滤器实际运行情况选择试验参数。根据实际情况表明，电机催动滤筒转速为 4 r/min 时，无压网式过滤器的工作质量最优，故设置自清洗滤筒转速 B 为 1 r/min、2.5 r/min、4 r/min。采用最不利水力条件下的管道运行场景，要求灌水器流量计算精度，因此设置流量因子 A 为 120 m^3/h、130 m^3/h、140 m^3/h、150 m^3/h、160 m^3/h、170 m^3/h，取得中间值 3 个流量为 120 m^3/h、140 m^3/h、160 m^3/h。试验确定合适的含沙量范围，既要确保满足试验需要，又不能过高以致无法抽取样品进行试验；同时还要避免含沙量过低，避免试验时间过长，设置初始含沙量因子 D 为 0.2 kg/m^3、0.5 kg/m^3、0.8 kg/m^3。根据试验参数组合，结合自清洗喷口扩散断面计算，确定自清洗流量抽取总流量 C 为 1 m^3/h、5 m^3/h、20 m^3/h，过滤系统分别装有1支压力表,1支流量表,待示数稳定后,记录压力表和流量表的读数,为浑水试验提供基础的数据,图7.3所示为过滤试验图。

图7.3 过滤试验图

安装并检查48目滤网,确保无破损;制备浑水,按照设计要求的初始含沙量进行调配;检查所有测量仪表(压力表、流量表)的准确性和校准情况。操作阶段:开启过滤系统,缓慢增加进水流量至设计值,并记录初始的压力和流量数据;保持恒定的进水流量和含沙量,持续运行一段时间,直至系统达到稳定状态;在稳定状态下,记录压力表和流量表的读数。数据记录与分析:对比初始和稳定状态下的压力和流量数据,计算水头损失;分析不同流量下的水头损失变化趋势。

7.1.3.2 过滤器堵塞试验

试验过程中,分别改变水源杂质配比和种类、进水含沙量的大小来对堵塞作用进行研究。在试验过程中记录进出水口压力表读数、流量表读数和滤饼的结构参数,在不同水源杂质条件下,包括使用不同含量纯泥沙、不同配比下的纯有机物杂质、不同配比下的有机物泥沙混合杂质三种情况,对泵前无压过滤器滤网的堵塞进行研究,调查地区实际水源杂质成分比例,依据这个比例,本试验的混合材料沙石和有机物采用9:1、7:3、5:5的配比;采用最不利水力条件下的管道运行场景,要求灌水器所有流量变差不超过20%的计算精度,因此设置流量因子确定试验流量为120 m³/h、140 m³/h、160 m³/h;按照杂质含量不会过高造成不能抽取试验样品同时也不会过低而使试验过长原则,设置初始杂质含量为0.2 kg/m³、0.5 kg/m³、0.8 kg/m³。过滤系统分别装有一支压力表,一支流量表,等到堵塞后,取出滤饼测量滤饼孔隙率、厚度,滤饼压降由总体压降减去清水条件滤网压降获得,图7.4所示为堵塞试验图。

图7.4 堵塞试验图

确保过滤器清洁,无残留物。制备不同配比的杂质浑水(纯泥沙、纯有机物、混合物)。

操作阶段:以设计的流量和含沙量开始进水,观察过滤器的运行情况。逐步增加进水的杂质含量,模拟堵塞过程。当过滤器出现明显的堵塞(如压力急剧上升)时,停止试验。

数据记录与分析:在堵塞发生前后,分别记录压力和流量数据。取出堵塞后的滤饼,测量其质量、厚度和孔隙率。

7.1.3.3 过滤器自清洗试验

在经由不同水源杂质堵塞后,对泵前无压过滤器展开自清洗试验,探究泵前无压过滤器的自清洗组件对于堵塞问题的解决能力,试验过程中,分别改变不同水源杂质配比、初始流量和转速来对自清洗作用进行研究。在试验过程中记录进出水口压力表读数、流量表读数和滤饼破坏的结构参数,在不同水源杂质条件下,包括使用不同含量纯泥沙、不同配比下的纯有机物杂质、不同配比下的有机物泥沙混合杂质三种情况,本试验的混合材料沙石和有机物采用9∶1、7∶3、5∶5的配比;采用最不利水力条件下的管道运行场景,因此设置自清洗射流组件流量确定试验流量为 1 m³/h、5 m³/h、20 m³/h;自清洗滤筒转速按照实际情况设置为 1 r/min、2.5 r/min、4 r/min。等到自清洗过程结束后,测量排污口含杂量、冲洗滤饼破坏深度、过滤器上浮流量、冲洗结束压降,得出泵前过滤器的清洁能力的变化,以及分析过滤器自清洗组件射流喷洗流量及转速影响的流量和压力,图 7.5 所示为自清洗试验图。

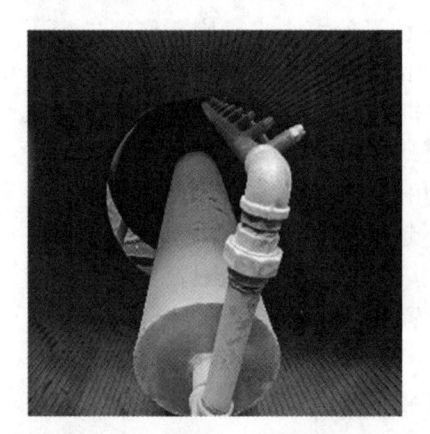

图 7.5 自清洗试验图

确保过滤器处于堵塞状态,以模拟自清洗前的条件。检查自清洗系统的运行状况,包括喷洗组件和驱动机构。

操作阶段:启动自清洗程序,记录清洗过程中的压力和流量变化。观察清洗过程中滤饼的破坏情况和排污口的杂质排出情况。当清洗完成(压力恢复到初始水平或流量恢复稳定)后,停止试验。

数据记录与分析:对比清洗前后的压力和流量数据,评估清洗效果,测量清洗后滤饼的剩余厚度和质量。

7.2 基于响应面的过滤器过滤过程水力性能试验研究

在我国西北地区水源杂质较多的地区，过滤器是微灌系统的核心设备，但是过滤器使用频繁，也导致能量损耗增加。因此，深入研究过滤器的水力性能对于了解其能量损耗情况具有重要意义。本章针对泵前无压网式过滤器，通过响应面分析综合因子变化对其水力性能的影响，建立了水头损失的预测模型。利用中心组合试验设计理论建立的模型具有较高的预测精度，在分析的因子中，过滤流量对水头损失的影响最为显著，远超过初始含沙量等其他因子。通过模型优化，得到了使水头损失最小化的参数组合，为无压网式过滤器的高效运行提供了科学依据。

7.2.1 过滤器水头损失理论分析

过滤器的总水头损失由携沙水流通过过滤器产生的沿程水头损失和局部水头损失组成，无压网式过滤器处于沉沙池中的水面上，由于尺寸较大，无压过滤器相对于传统的立式和卧式网式过滤器来说，过滤器沿程水头损失不可忽略，计算式为：

$$H = \sum h_j + \sum h_f \tag{7.1}$$

式中　H——网式过滤器的总水头损失，kPa；

$\sum h_j$——网式过滤器的局部水头损失总和，kPa；

$\sum h_f$——网式过滤器的沿程水头损失总和，kPa。

由于无压网式过滤器大部分装置处于沉沙池的水中，为了减少机械振动及水流对测量仪器的影响，出于保护高精度负压表的考虑，将一段管长纳入整体过滤器水头损失考虑范围内，图 7.6 所示为过滤器水头损失选取截面位置图，面 1 为总水头损失计算开始截面，面 2 为总水头损失计算结束截面。

$$\sum h_j = \sum \xi_i \cdot \frac{v^2}{2g} \tag{7.2}$$

$$\sum h_f = \sum \lambda \cdot \frac{l}{R} \cdot \frac{v^2}{2g} \tag{7.3}$$

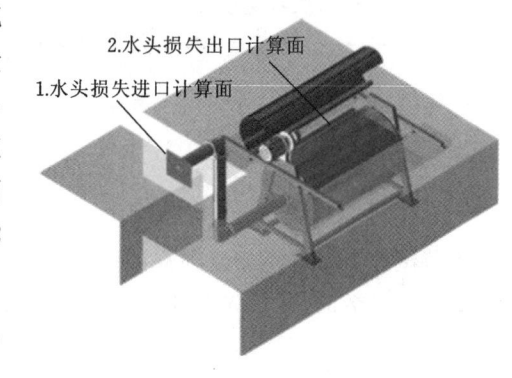

图 7.6　过滤器水头损失选取截面位置

式中　ξ_i——各部分局部阻力系数；

v——流体流速，m/s；

g——重力加速度，m/s²；

λ——沿程阻力系数；

R——水力半径，m；

l——沿程长度，m。

结合水力学连续性方程 $Q = v \times A$ 可以得到水头损失与流量的关系式：

$$H = \left(\sum \xi_i + \sum \lambda \cdot \frac{l}{R}\right) \cdot \frac{Q^2}{2A^2 g} \tag{7.4}$$

式中　Q——流量，m^3/h；

　　　A——计算截面面积，m^2。

7.2.2　响应函数设置及过滤器原型试验

7.2.2.1　设置响应函数

为了确定适用于泵前无压网式过滤器装置的最佳参数组合，本研究以过滤流量、自清洗网筒转速、自清洗装置流量及初始加沙量为关键影响因素，并以水头损失作为主要评价指标，进行四因素三水平响应面分析。通过这一系统的研究方法，全面评估各因素对过滤器性能的综合影响，为优化设计和实际应用提供有力的数据支撑。

设定响应面函数，以建立过滤流量、自清洗网筒转速、自清洗装置流量和初始加沙量等影响因素与水头损失之间的数学模型关系。通过该函数，分析各因素间的交互作用及其对水头损失的影响程度：

$$I_{ij} = a_0 + \sum_{j=1}^{n} a_j x_j + \sum_{i=1}^{n} \sum_{j=1}^{n} a_{ij} x_i x_j \tag{7.5}$$

式中　I_{ij}——构造响应面函数；

　　　a_0——常数项系数；

　　　a_j——一次项系数；

　　　a_{ij}——二次项系数；

　　　x_i, x_j——自变量，不同因素试验值。

简化的响应函数 $\widetilde{I}_{ij}$：

$$\widetilde{I}_{ij} = \sum_{i=1}^{k-1} \beta_i x_i \tag{7.6}$$

式中　β_j——构造系数。

本节试验需要进行相互独立的 m 组，每次进行试验各个变量所需参数的取值不同，为了确定响应面函数的值，首先需要确定构造系数 β_j，就可以得到响应面函数值：

$$\left.\begin{array}{l} \widetilde{I}_{ij}^{(0)} = \sum_{i=0}^{k-1} \beta_i x_i^{(0)} \\ \widetilde{I}_{ij}^{(1)} = \sum_{i=0}^{k-1} \beta_i x_i^{(1)} \\ \vdots \\ \widetilde{I}_{ij}^{(m-1)} = \sum_{i=0}^{k-1} \beta_i x_i^{(m-1)} \end{array}\right\} \tag{7.7}$$

为了让 $\sum_{j=0}^{m-1} (\varepsilon^{(j)})^2$ 极小，得到最接近试验数据点的响应面，采用最小二乘法进行优化。

通过这种方法,能够确保所构建的响应面模型在最小化误差的同时,紧密地拟合试验数据,为后续的分析和预测提供坚实的基础。

$$S(\beta) = \sum_{j=0}^{m-1} (\varepsilon^j)^2 = \sum_{j=0}^{m-1} \Big(\sum_{i=0}^{k-1} \beta_i x_i^j - y^j\Big)^2 \tag{7.8}$$

将式(7.5)至式(7.8)进行综合整理,可以将其转化为矩阵形式表达,以便进行更为简洁和高效的计算与分析:

$$(X\beta - Y)^{\mathrm{T}} X = 0 \tag{7.9}$$

其中:

$$X = \begin{bmatrix} 1 & x_1^{(0)} & x_2^{(0)} & \cdots & x_{k-1}^{(0)} \\ 1 & x_1^{(1)} & x_2^{(1)} & \cdots & x_{k-1}^{(1)} \\ \vdots & \vdots & \vdots & & \vdots \\ 1 & x_1^{(m-1)} & x_2^{(m-1)} & \cdots & x_{k-1}^{(m-1)} \end{bmatrix}, \quad Y = \begin{bmatrix} y^{(0)} \\ y^{(1)} \\ \vdots \\ y^{(m-1)} \end{bmatrix}, \beta = \begin{bmatrix} \beta^{(0)} \\ \beta^{(1)} \\ \vdots \\ \beta^{(m-1)} \end{bmatrix}。$$

7.2.2.2 Box-Behnken过滤器原型试验

依据试验参数组合,结合Box-Behnken设计中心原则,以过滤流量、自清洗滤筒转速、自清洗流量和初始加沙量为因子,根据响应面理论(Response Surface Methodology,RSM)设计四因子三级响应面试验。

Box-Behnken设计是一种常用于响应面方法(Response Surface Methodology,RSM)的试验设计策略,其主要应用于多因素、多水平的试验优化过程中。该设计以其高效性和实用性在多个学科领域,特别是工程、生物技术和农业科学等领域中得到了广泛应用。其核心原则主要包括以下几点:

设计结构:Box-Behnken设计是一种部分因子设计,它不包括所有可能的组合,但足以估计二次模型中的参数。该设计通过组合不同水平的因素,以最少的试验次数获得最大的信息。

旋转性:Box-Behnken设计具有旋转性,这意味着在设计空间内任何方向上,等距离的点提供相同数量的信息。这一特性使得预测模型在整个设计空间内具有一致的精度。

模型拟合与优化:通过Box-Behnken设计收集的数据通常用于拟合二次多项式模型。这些模型能够描述因素与响应之间的非线性关系,并通过响应曲面图直观地展示出来。研究者可以利用这些模型来识别最佳因素组合,以最大化或最小化响应变量。

表7.3所列为响应面基础因子表,表明试验设计因素和组次。

表7.3 试验设计基础因子表

层次	流量/(m³/h)	自清洗滤筒转速/(r/min)	自清洗流量/(m³/h)	初始含沙量/(g/L)
−1	120	1	1	0.2
0	140	2.5	10.5	0.5
1	160	4	20	0.8

设定关于水头损失的响应面工况,表7.4所列为无压网式过滤器装置响应面实测结果。

表 7.4 无压网式过滤器负压值试验实测结果

标准编号	次序编号	流量/(m³/h)	转速/(r/min)	自清洗流量/(m³/h)	初始含沙量/(g/L)	负压值/kPa
23	1	140	1	10.5	0.8	−19.66
16	2	140	4	20	0.5	−18.19
3	3	120	4	10.5	0.5	−19.14
17	4	120	2.5	1	0.5	−19.06
10	5	160	2.5	10.5	0.2	−22.58
27	6	140	2.5	10.5	0.5	−20.48
11	7	120	2.5	10.5	0.8	−19.06
18	8	160	2.5	1	0.5	−23.24
9	9	120	2.5	10.5	0.2	−19.16
13	10	140	1	1	0.5	−19.38
1	11	120	1	10.5	0.5	−18.41
19	12	120	2.5	20	0.5	−16.06
14	13	140	4	1	0.5	−21.54
8	14	140	2.5	20	0.8	−17.48
20	15	160	2.5	20	0.5	−19.79
25	16	140	2.5	10.5	0.5	−20.48
7	17	140	2.5	1	0.8	−20.4
4	18	160	4	10.5	0.5	−23.52
15	19	140	1	20	0.5	−16.96
22	20	140	4	10.5	0.2	−21.32
5	21	140	2.5	1	0.2	−20.72
2	22	160	1	10.5	0.5	−21.28
21	23	140	1	10.5	0.5	−19.34
6	24	140	2.5	20	0.2	−17.54
24	25	140	4	10.5	0.8	−21.18
26	26	140	2.5	10.5	0.5	−20.48
29	27	140	2.5	10.5	0.5	−20
12	28	160	2.5	10.5	0.8	−22.52
28	29	140	2.5	10.5	0.5	−20.01

7.2.3 水头损失模型计算与方差分析

为了更好地展示试验值的离散程度以及比较不同试验组之间的差异程度,根据方差分析表(表 7.5)绘制方差分析图(图 7.7),直观展示试验点的分布情况及不同组之间的差异性,为下文的响应面分析提供进一步的判断依据。其中,表 7.5 为水头损失多因素方差的分析结果,图 7.7 为过滤器水头损失多因素方差分析图,失拟项值为 0.8044,可知方差分析满足要求。

表 7.5 水头损失多因素方差

因子	离差平方	独立坐标数	离差平方和与自由度比	F 值	p 值
模型	90.9	14	6.49	142.86	<0.0001
A-A	40.48	1	40.48	890.68	<0.0001
B-B	8.1	1	8.1	178.26	<0.0001
C-C	27.97	1	27.97	615.39	<0.0001
D-D	0.0108	1	0.0108	0.2376	0.6335
AB	0.57	1	0.57	12.54	0.0033
AC	0.0506	1	0.0506	1.11	0.3091
AD	0.0004	1	0.0004	0.0088	0.9266
BC	0.2162	1	0.2162	4.76	0.0467
BD	0.0529	1	0.0529	1.16	0.2989
CD	0.0169	1	0.0169	0.3718	0.5518
A^2	1.23	1	1.23	27.06	0.0001
B^2	0.0176	1	0.0176	0.3872	0.5438
C^2	10.09	1	10.09	221.96	<0.0001
D^2	0.0394	1	0.0394	0.8665	0.3677
残差	0.6363	14	0.0454		
失拟项	0.3655	10	0.0365	0.5399	0.8044
误差	0.2708	4	0.0677		
合计	91.54	28			

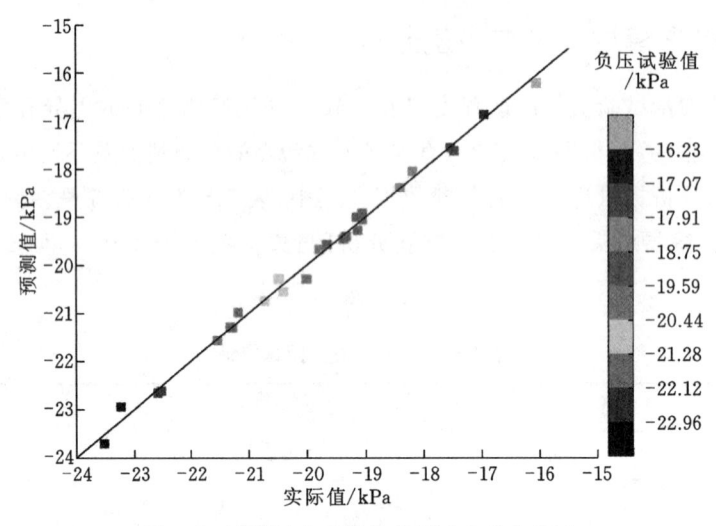

图 7.7　过滤器水头损失多因素方差分析图

水头损失的方程模型为：

$$H = -30.70743 + 0.239033 \times A + 0.799055 \times B - 0.241759 \times C + 0.799659 \times D - 0.012583 \times A \times B + 0.000592 \times A \times C - 0.001667 \times A \times D + 0.016316 \times B \times C + 0.255556 \times B \times D - 0.022807 \times C \times D - 0.001089 \times A^2 + 0.023148 \times B^2 + 0.013818 \times C^2 - 0.865741 \times D^2 \tag{7.10}$$

指标函数由多个因素共同影响，多个因素对目标的影响不是独立的，存在对因变量的共同影响。利用多因素方差分析，建立14个自由度的多因素方差分析表，由表7.5可知，水头损失总模型方差对应的 p 值小于0.001，水头损失总模型显著项差异明显，随机变量模型的决定系数 R^2 为0.9861，其中失拟项方差对应 p 值大于0.05，故总模型与试验值偏差不显著，表明水头损失总模型对试验值的代表性良好。对于水头损失模型，A-A 流量、B-B 转速、C-C 自清洗流量，这几项因子对应 p 值小于0.01，故这3项因子对于总模型的影响显著，表明这3项因子对模型影响效果较强；D-D 初始含沙量的 p 值大于0.05，表明初始含沙量项对总模型影响效果较弱。

7.2.4　水头损失中各响应因子的贡献率

以系统估算的绝对值作为参考指标，建立各因子贡献反映表，见表7.6。由表7.6可知，水头损失影响因素的贡献率由大到小排序：A-A、C-C、C^2、B-B、A^2、AB、BC、BD、AC、D^2、CD、B^2、D-D、AD。计量系统估算模型适应实际情况越好，其数值越大，自变量对因变量的解释程度就越好。由表7.6可知，截距表示当所有预测变量的取值都为0时，响应变量的预测平均值，截距值表明各项因子的均等响应值，按照均等响应值为中心，VIF＝1表明处于正交关系，VIF≥1说明其具有相互表示性，VIF 可以反映各因素之间的相关性。本模型仅二次效应因子部分4项 VIF 值为1.08，故本模型所有因子项不可以相互代替。图7.8所示为各部分响应面因子对应水头损失的系统估算值。

表 7.6　响应因子对指标水头损失的贡献反映

层次	系统估算值	标准误差	95% CI 下限	95% CI 上限	VIF
截距	−20.29	0.0953	−20.49	−20.09	
A-A	−1.84	0.0615	−1.97	−1.7	1
B-B	−0.8217	0.0615	−0.9537	−0.6897	1
C-C	1.53	0.0615	1.39	1.66	1
D-D	0.03	0.0615	−0.102	0.162	1
AB	−0.3775	0.1066	−0.6061	−0.1489	1
AC	0.1125	0.1066	−0.1161	0.3411	1
AD	−0.01	0.1066	−0.2386	0.2186	1
BC	0.2325	0.1066	0.0039	0.4611	1
BD	0.115	0.1066	−0.1136	0.3436	1
CD	−0.065	0.1066	−0.2936	0.1636	1
A^2	−0.4354	0.0837	−0.6149	−0.2559	1.08
B^2	0.0521	0.0837	−0.1274	0.2316	1.08
C^2	1.25	0.0837	1.07	1.43	1.08
D^2	−0.0779	0.0837	−0.2574	0.1016	1.08

结合图 7.8 和表 7.6 分析，可以得出以下结论：

（1）对于主因子部分，A 流量、C 自清洗流量及 B 转速项系统估算值远大于初始含沙量项系统估算值，流量项比自清洗流量项系统估算值高 16.84%，自清洗流量项比转速项高 46.29%，转速项比初始含沙量项系统估算值高 96.34%。

（2）对于交互因子部分的 AB 项、BC 项、BD 项、AC 项、CD 项、AD 项，利用数据的大小可以清晰地划分为三个部分，AB 项和 BC 项系统估算值高于其他所有交互因子项，AB 项系统估算值比 BD 项高 88.94%，BC 项系统估算值比 BD 项高 50.37%，CD 项的系统估算值比 AD 项高 84.61%。

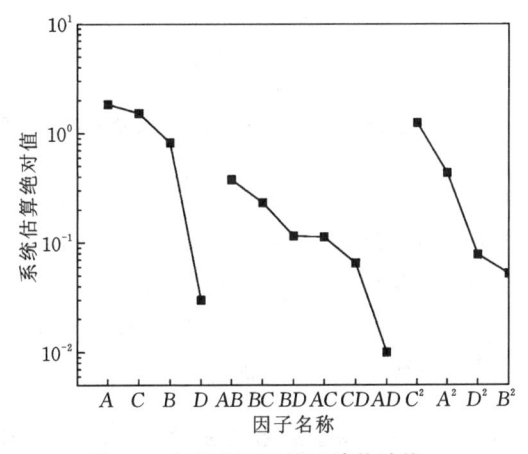

图 7.8　各部分因子的系统估计值

（3）对于二次效应因子部分来说，也可以根据数值的大小清晰地划分为三个部分，A^2 项的系统估算值比 C^2 项的系统估算值高 187%，C^2 项的系统估算值比 B^2 项和 D^2 项分别高 95.83% 和 134%。

综上所述,所有因子的 VIF 值为 1 或 1.08,表示不存在多重共线性问题。首先,对于主因子部分,A 流量、C 自清洗流量及 B 转速项系统估算值远大于 D 初始含沙量项,流量项比自清洗流量项系统估算值高出 16.84%,自清洗流量项比转速项高出 46.29%,转速项比初始含沙量项系统估算值高出 96.34%。其次,对于交互因子部分的 AB 项、BC 项、BD 项、AC 项、CD 项、AD 项,根据表 7.6 中的系统估算值可以划分为 3 个部分,AB 项和 BC 项高于其他所有交互因子项,AB 项比 BD 项高出 88.94%,BC 项比 BD 项高出 50.37%,CD 项比 AD 项的系统估算值高出 84.61%。最后,对于二次效应因子部分,A^2 项的系统估算值比 C^2 项的系统估算值高出 187%,C^2 项的系统估算值比 B^2 项和 D^2 项估计分别高出 95.83% 和 134%。

7.2.5 过滤流量与滤筒转速对水头损失的响应分析

图 7.9 所示为过滤流量与滤筒转速对负压值的响应曲面。由图 7.9 可知,当 B 滤筒转速的数值确定时,负压值随着 A 流量的升高而降低,所以对于本响应面,过滤器的水头损失变化趋势与 A 流量相同。而当 A 流量确定时,负压值随着 B 滤筒转速的升高而降低,过滤器的水头损失的变化趋势和 B 滤筒转速相同。

在 A 流量小于 150 m³/h,B 转速大于 2.5 r/min 时,响应面上部的高负压值区域的曲率数值较小,但是面积较大;垂直于等高线方向,负压值急剧减小,表明此处水头损失变化速率较大,当过滤流量升高时,处于过滤器内部的水流流态变得更加紊乱,说明其所受各方合力升高,导致水头损失增加。

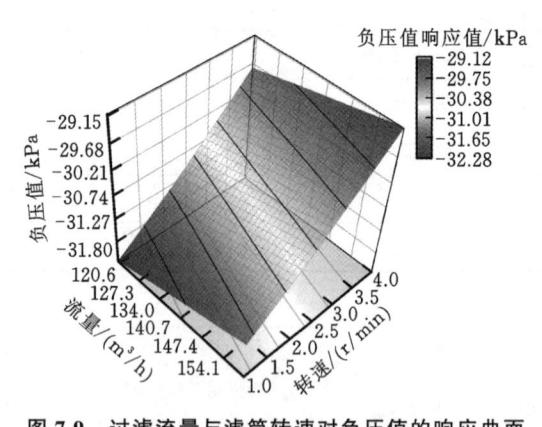

图 7.9 过滤流量与滤筒转速对负压值的响应曲面

加。由于滤筒与水流接触面大,但是上方有空气,对水流层不具有压实作用,当转速在低水平时,滤筒的滤网间隙对水流的作用力较小,在杂质层容易穿过滤网装置,减少泥沙颗粒与滤筒的碰撞次数,导致水头损失较小。

A 过滤流量与 B 滤筒转速的联合作用对水头损失共同起正向促进效应;本响应面的联合作用对过滤器的整体水流通过能力降低影响较小,其中流量项为本响应面的主效应因子。

7.2.6 过滤流量与自清洗流量对水头损失的响应分析

图 7.10 所示为过滤流量与自清洗流量对负压值的响应曲面。由图 7.10 可知,当 C 自清洗流量确定时,负压值随 A 流量的增大而减小,对于本响应面,水头损失和 A 流量变化趋势一致。当 A 流量确定时,负压值随 C 自清洗流量的升高而升高,水头损失和 C 自清洗流量的变化趋势相反。

在 A 流量为 130~160 m³/h 的区间内时,负压值的变化更为剧烈,上部响应面的负压值急剧增大的同时,曲率变化也较大;其次,垂直于图 7.10 中等高线方向,图 7.10 上部等高线密度激烈变化,下部区域等高线密度更集中于混杂状态,这表明当过滤流量小于 140.7 m³/h 和自清洗流量小于 12.8 m³/h 的联合工况下,负压值的变化更平缓,而对于过滤流量和自清洗流量都处于上述工况以外的情况,负压值的变化明显更剧烈。

A 过滤流量与 C 自清洗流量的联合作用对水头损失共同起负向抑制效应;本响应面的联合作用对过滤器的整体水流通过能力降低影响较大,其中自清洗流量项为本响应面的主效应因子。

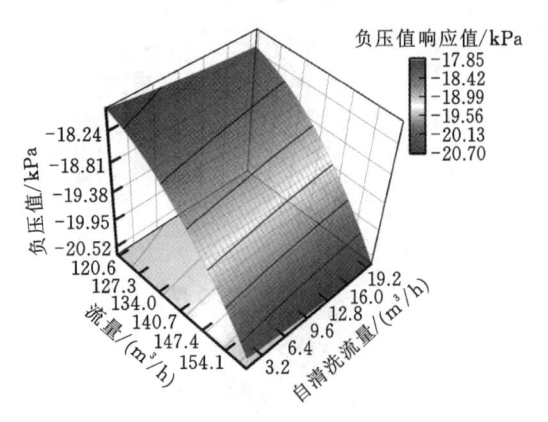

图 7.10 过滤流量与自清洗流量对负压值的响应曲面

7.2.7 过滤流量与初始含沙量对水头损失的响应分析

图 7.11 所示为过滤流量与初始含沙量对负压值的响应曲面。由图 7.11 可知,当 D 初始含沙量一定时,负压值随着 A 流量的增大而减小,水头损失随 A 流量的增大而增大。而当 A 流量保持恒定时,在当前图 7.11 的响应面分析框架内,观察到负压值与 D 初始含沙量的相互作用并不明显,未能呈现出统计意义上的显著关联,这表明在灌溉水源的流量为 120~160 m³/h、颗粒质量浓度为 0.2~0.8 g/L,以及反清洗装置的反冲洗流量为 1~20 m³/h、滤筒转速为 1~4 r/min 梯度下,初始含沙量这个因素可能不是主导本响应变量变化的主要因素。

结合表 7.6 响应因子对指标水头损失的贡献反映分析,在本响应面激烈变化区域中,因为初始含沙量不是本响应变量变化的主因子,负压值变化较优位置集中于响应面较边缘区域。

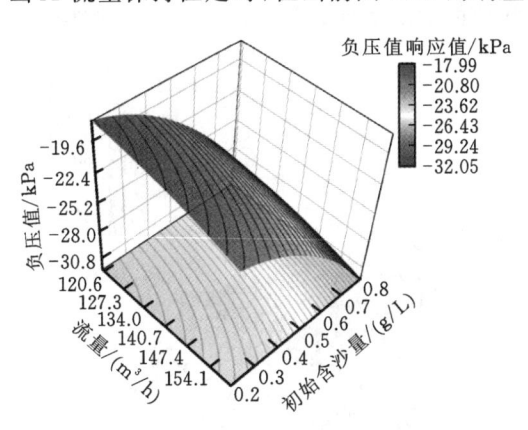

图 7.11 过滤流量与初始含沙量对负压值的响应曲面

7.2.8 滤筒转速与自清洗流量对水头损失的响应分析

图 7.12 所示为滤筒转速与自清洗流量对负压值的响应曲面。由图 7.12 可知,当 C 自清洗流量一定时,负压值随 B 转速项的增大而减小,所以水头损失和 B 转速项的变化趋势一致。当 B 转速项一定时,负压值随 C 自清洗流量的升高而升高,所以水头损失和 C 自清洗流量的变化趋势相反。

在 B 转速小于 4 r/min 和 C 自清洗流量为 3.2~16 m³/h 时,图 7.12 负压值曲率变化更剧烈,变化幅度比图 7.10 更平缓,根据图 7.12 中等高线的标示,响应面图形的最佳路径上升呈现较高的曲率变化。同时,随着最佳路径的曲率增加,可观察到负压值的变化逐渐减小，因此，与图7.9、图7.10、图7.11相比，图7.12的负压值变化更均匀，混掺现象较少。综上所述，对于初始含沙量和自清洗流量都处于较小情况下，本响应面的负压值变化较小，而对于初始含沙量和自清洗流量处于较大情况下，本响应面的负压值变化较大，分析负压值可知，水头损失随着自清洗流量的升高而减少，并且随着转速的升高而升高的原因为滤筒与水流的接触面不是完全密闭的，水流没有全部淹没滤筒，水头损失取决于泥沙颗粒与滤筒的碰撞次数和进入概率。

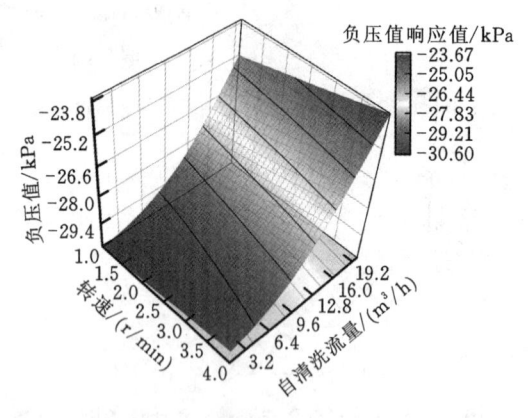

图7.12 滤筒转速与自清洗流量对负压值的响应曲面

进一步分析可得，B滤筒转速与C自清洗流量的联合作用对水头损失起负向抑制效应；本响应面的联合作用对于过滤器的整体水流通过能力降低影响较大，其中自清洗流量项为此响应面的主效应因子。

7.2.9 滤筒转速和自清洗流量与初始含沙量对水头损失的响应分析

图7.13所示为滤筒转速与初始含沙量对负压值的响应曲面，图7.14所示为自清洗流量与初始含沙量对负压值的响应曲面。

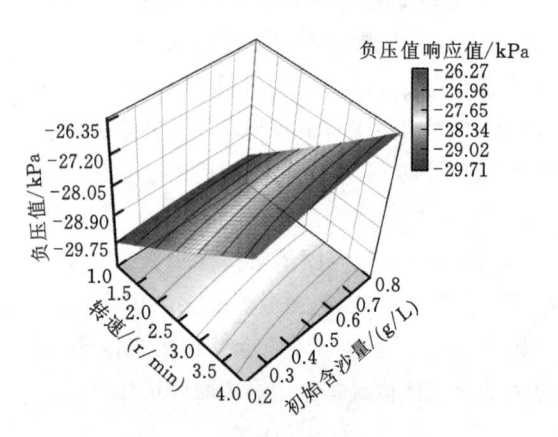

图7.13 滤筒转速与初始含沙量对负压值的响应曲面

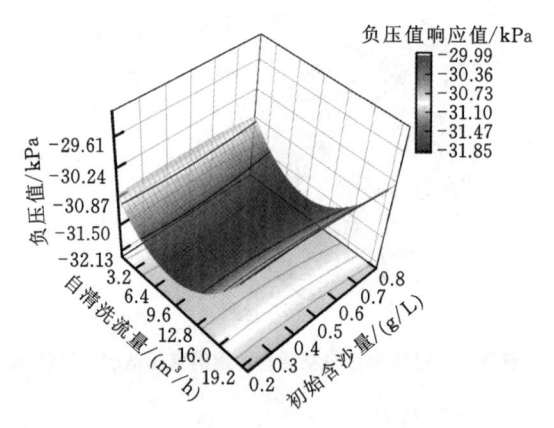

图7.14 自清洗流量与初始含沙量对负压值的响应曲面

由图7.13和图7.14可知，当D初始含沙量一定时，负压值随B转速项的增大而减小，负压值随C自清洗流量的增大而增大。由图7.13和图7.14中等高线的标识可知，随着D初始含沙量的增加，负压值变化不明显，这与图7.11响应面观察到负压值与D初始含沙量的相互作用并不明显的结论相互验证。图7.13整体变化平滑，图7.14响应值曲面受自清洗流量影响较大，图7.13和图7.14响应面激烈变化区域中，因为初始含沙量不是本响应变量变化的主因子，负压值曲率变化较小的区域集中于响应面较边缘区域。

7.2.10 模型修正

利用响应面分析对回归方程进行修正,分别用不同方法对模型进行优化统计,表 7.7 所列为模型选择的统计结果。由表 7.7 可知,Linear 模型和 Quadratic 模型的 p 值均小于 0.0001,Quadratic 模型和 Cubic 模型的失拟项均远大于其他模型,结合失拟项、模型调整 R^2 及模型预测 R^2,Quadratic 模型可以更好地对应试验指标。

表 7.7 模型选择的统计结果

模型	p 值	F 值	调整 R^2	预测 R^2	选择标注
Linear 模型	<0.0001	0.0161	0.8091	0.7479	
2FI 模型	0.9746	0.0096	0.7609	0.5094	
Quadratic 模型	<0.0001	0.8044	0.9861	0.9724	优选
Cubic 模型	0.7786	0.5552	0.9815	0.8497	

结合表 7.7 及表 7.5 中因子的 p 值及失拟项可得,水头损失总模型是显著的,只有 0.01% 的可能是由于误差产生表中的 F 值(失拟值),在这种情况下,A、B、C、AB、BC、A^2、C^2 是显著的模型项,2FI 模型和 Cubic 模型的 p 值大于 0.1000 表示这两个模型不显著。Quadratic 模型 F 值为 0.8044,意味着模型的拟合缺失对于整体的纯误差不显著,非显著失拟良好,预测 R^2 为 0.9724,与调整 R^2 为 0.9861 合理一致,即差异小于 0.2。表 7.8 所列为根据修正后的模型计算出 10 个水头损失的最优值选择表。

表 7.8 优选指标

编号	A 流量 /(m³/h)	B 转速 /(r/min)	C 自清洗流量 /(m³/h)	能量损失 /kPa	期望指标	选择标注
1	120.035	1.306	19.986	16.045	1	优选
2	120.221	1.485	19.991	16.040	1	
3	120.443	1.418	19.997	16.027	1	
4	121.687	1.331	19.980	16.047	1	
5	124.941	1.000	19.983	16.059	1	
6	120.198	1.112	19.934	16.024	1	
7	120.257	1.319	19.836	16.058	1	
8	124.399	1.013	19.998	16.039	1	
9	120.236	1.015	19.978	16.033	1	
10	122.803	1.110	19.958	16.026	1	

10 个值的期望函数指标均为 1,表示满足要求。优选第 1 个值,即本模型的最佳值,流量为 120.035 m³/h,转速为 1.306 r/min,自清洗流量为 19.986 m³/h,满足能量损失最小为 16.045 kPa。

7.3 基于三维响应的过滤器堵塞滤饼特征机理及试验分析

网式过滤器在拦截灌溉水源中的杂质、提高水质方面发挥着重要作用，但随之而来的堵塞问题也不容忽视。因此，深入研究大田网式过滤器的滤饼堵塞特性和机理，对于揭示堵塞成因、优化过滤器设计和实现能量高效利用具有重要意义。本节针对无压网式过滤器，在考虑灌溉水源杂质与滤网特性的基础上，成功构建了滤饼模型，并通过试验验证其准确性。利用响应面分析，建立了高精度的滤饼性质预测模型，揭示了关键因素对滤饼特性的影响。进一步地，提出了最佳过滤条件，为实际应用提供了指导。最后，结合剪切流特性，修正了滤饼模型，增强了其在复杂环境下的适用性。

7.3.1 试验调研及试验工况选取

（1）受泵吸力的影响，灌溉用水在经过沉沙池沉淀后，会进入过滤器，并从滤网的外侧逐渐过滤至内侧。在此过程中，大于滤网孔径的杂质会在滤网表面堆积，随着时间的推移，逐渐形成滤饼。

（2）为了深入研究这一现象，本章主要采用60目的滤网作为研究对象，并进行了原型浑水试验。试验过程中，重点观察过滤流量、水源条件、滤饼厚度、滤饼孔隙率，以及过滤器滤网压降等关键因素的影响，表7.9所列为经过调研后的不同调查地区灌溉水源成分表。

表7.9 不同调查地区灌溉水源的水源成分

调查地区	灌溉水源	无机物含量/%			有机物含量/%		
		砂石	絮类	其他	藻类	浮游	其他
乌尔禾137团四连	雪山融水	45	5	6	18	22	4
乌尔禾137团六连	雪山融水	47	3	5	22	17	6
北屯187团八连	额尔齐斯河水	70	5	3	10	8	4
北屯187团九连	额尔齐斯河水	68	4	3	12	9	6
和什托洛盖一八四团一连	井水	85	2	4	2	2	5
和什托洛盖一八四团三连	井水	87	3	5	1	1	3

（3）基于表7.9的水源成分表比例，本试验在混合材料中采用了沙石与有机物的不同配比，分别为9:1、7:3和5:5。同时，在最不利水力条件下进行管道运行模拟，以确保灌水器的流量变化不超过20%的计算精度。为此，确定了试验流量分别为120 m³/h、140 m³/h和160 m³/h。在设定初始杂质含量时，遵循原则，既要避免含量过高导致无法抽取试验样品，又要防止含量过低而使试验时间过长，因此，将初始杂质含量设定为0.2 kg/m³、0.5 kg/m³和0.8 kg/m³。过滤系统中配备了一支压力表和一支流量表，以便实时监测过滤过程中的压

力和流量变化。当过滤器发生堵塞时,取出滤饼进行测量,测量内容包括滤饼的孔隙率、厚度及压降。其中,滤饼的压降是通过总体压降减去清水条件下滤网的压降来获得的。

7.3.2 大田灌溉网式过滤器过滤机理理论分析

7.3.2.1 Ruth 过滤模型

液体通过多孔隙介质层一般以 Ruth 的研究为理论基础,该过程被视为死端过滤[2],并可以用下式进行描述:

$$q = \frac{1}{A}\frac{dV}{d\theta} = \frac{dv}{d\theta} = \frac{p}{\mu(R_c + R_m)} \tag{7.11}$$

式中　q——任意时间所对应的过滤速度;
　　　A——过滤面积,m^2;
　　　V——总滤液量,m^3;
　　　v——单位面积滤液量,m^3/m^2;
　　　θ——时间,s;
　　　p——过滤压,Pa;
　　　μ——滤液的黏度,Pa·s;
　　　R_c——单位面积滤饼阻力,m^{-1};
　　　R_m——单位面积过滤介质阻力,m^{-1}。

其中:

$$R_c = \frac{a_{av}W}{A} \tag{7.12}$$

式中　a_{av}——滤饼平均过滤比阻,m/kg;
　　　W——滤饼内固体质量,kg。

7.3.2.2 考虑实际灌溉水源和滤网特性过滤方程调整

在灌溉实践中,通常从河道或井中取水,考虑到大田灌溉中网式过滤器的特殊结构和操作条件,需要对 Ruth 过滤方程进行定制化的调整。首先,大田灌溉水源中的杂质种类和浓度与河道水或井水可能存在差异,这会影响过滤过程中杂质的堆积和滤饼的形成。因此,在应用 Ruth 方程时,需要根据实际水源的杂质特性来调整方程中的相关参数,本章根据河道或井中取水对 Ruth 进行优化;其次,大田灌溉网式过滤器的滤网孔径和材质也会影响过滤效果。不同孔径的滤网对杂质的拦截能力不同,而滤网的材质则会影响其与杂质的相互作用,本章根据楔形滤网特征对 Ruth 进行优化。因此,在应用 Ruth 方程时,需要考虑滤网特性对过滤过程的影响,并相应地调整方程中的参数。

综上所述,通过考虑水源杂质特性、滤网特性,可以对 Ruth 过滤方程进行定制化的调整和优化,使其更适用于大田灌溉网式过滤器的过滤机理应用,这将有助于提高过滤器的设计效率和运行性能,为农田灌溉提供更可靠的水质保障,方程如下:

$$\frac{dq}{d\theta} = \frac{p - p_m}{\mu R_c} = \frac{(p - p_m)(1 - ms)}{\mu s \rho a_{av} V|_t} \tag{7.13}$$

$$\alpha_{av} = \frac{\Delta P}{\int_0^{\Delta P}\left(\frac{1}{\alpha}\right)\mathrm{d}p} \approx \frac{k(1-\varepsilon)S_0^2}{\rho\varepsilon^3} \tag{7.14}$$

式中　p_m——过滤介质的压力损失,Pa；

　　　s——料浆中的固体浓度,kg/m³；

　　　m——滤饼的湿干质量比；

　　　k——Kozeny-Carman 常数,一般取 5；

　　　S_0——比表面积。

7.3.2.3　泵前无压网式过滤器的运行环境

无压过滤器被安置在蓄水池,周边水流状态呈现出不规则的紊流特性。这种紊流状态对过滤器的运行和滤饼的形成产生了显著影响。在长时间的运行过程中,由于水流的不断冲刷和杂质的逐渐堆积,过滤器内逐渐形成了堵塞的滤饼。这种滤饼不仅影响了过滤器的过滤效率,还可能对灌溉系统的正常运行造成一定的阻碍。

图 7.15 清晰地展示了堵塞滤饼的形态和特征。从图 7.15 中可以看出,滤饼呈现出不规则的形状,其表面粗糙且充满了各种大小的颗粒和杂质。这些颗粒和杂质在过滤过程中被拦截下来,逐渐形成了滤饼的主要构成部分。同时,由于水流的不断作用,滤饼内部也可能形成了一定的空隙和通道,这些空隙和通道进一步影响了过滤器的过滤效果和压降特性。

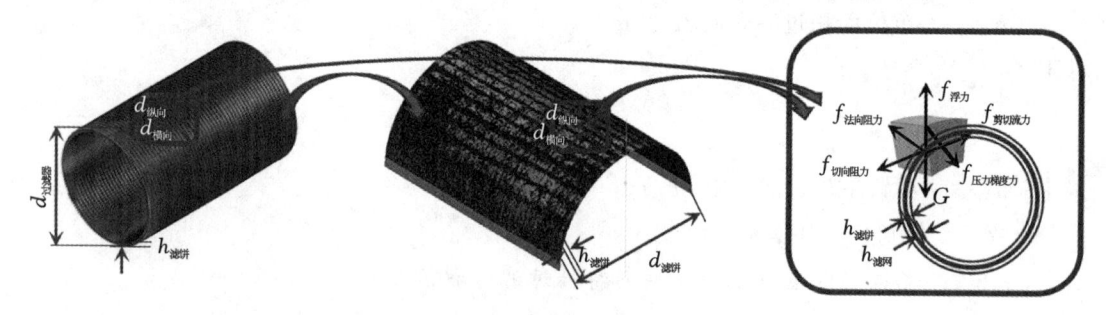

图 7.15　剪切流过滤受力

因此,对于无压过滤器而言,在设计和运行过程中需要充分考虑水流状态对滤饼形成的影响,并采取相应的措施来优化过滤器的结构和运行参数,以降低滤饼堵塞的风险并提高过滤器的整体性能。同时,定期清理和维护过滤器也是保持其正常运行和延长使用寿命的重要措施之一。

7.3.2.4　考虑运行环境的有效剪切速率推导

(1) 按照流体力学理论,对管内截面的流体进行了详尽的平衡受力分析。在这个过程中,应特别关注管壁处的剪应力,这对于流体的运动状态和管道的运行特性有着至关重要的影响。

$$\tau = \frac{\Delta PD}{4L} \tag{7.15}$$

式中　ΔP——液体沿管道流动产生的摩阻损失,Pa；

D——管道直径，m；

L——管道长度，m。

又根据达西定律，即流体通过多孔介质时的流速与压降成正比，与介质的渗透性成反比：

$$\Delta P = \rho g \lambda \frac{L}{D} \cdot \frac{v^2}{2g} \tag{7.16}$$

式中　ρ——液体密度，kg/m³；

　　　g——重力加速度，m/s²；

　　　λ——达西摩擦系数；

　　　v——流体平均流速，m/s。

联立代入剪应力后，可以得到流体在多孔介质中流动时，流速、压降、介质渗透性，以及管壁处剪应力之间的关系式。这个关系式综合考虑了滤网流体动力学特性和多孔介质的物理特性。

具体来说，根据达西定律，流速与压降成正比，与介质的渗透性成反比。而管壁处的剪应力则与流速梯度有关，流速梯度越大，剪应力越大。因此，将剪应力代入达西定律中，就可以得到一个包含流速、压降、渗透性和剪应力四个变量的关系式，即：

$$\tau = \frac{\rho v^2}{8} \lambda \tag{7.17}$$

（2）牛顿流体的流变方程描述了流体的应力与应变率之间的关系，对于简单的剪切流动，它可以表示为剪切应力与剪切速率之间的线性关系，而摩阻系数（有时也被称为摩擦因子）通常用于描述流体在管道或其他通道内流动时的阻力。

联立上述方程，可以得到剪切应力与摩阻系数之间的关系。对于圆管内的层流，可以利用已知的流速分布来计算管壁处的剪切应力，并通过摩阻系数的定义来计算它。流速分布是抛物线形的，管壁处的剪切应力是最大的，并且可以通过流体的动力黏度和最大速度梯度来计算。

$$\tau = \mu \frac{\mathrm{d}u}{\mathrm{d}r} \tag{7.18}$$

式中　μ——流体动力黏度，Pa·s；

　　　u——管流的流动速度，m/s；

　　　r——管道半径，m。

$$\lambda = \frac{64}{Re} = \frac{64\mu}{2v r \rho} \tag{7.19}$$

式中　λ——阻力系数；

　　　Re——雷诺数。

代入剪应力方程后，可以进一步推导出与摩阻系数相关的表达式，通过牛顿流体的流变方程来计算，即剪切应力等于动力黏度与速度梯度的乘积：

$$\mu \frac{\mathrm{d}u}{\mathrm{d}r} = \frac{\rho v^2}{8} \cdot \frac{64\mu}{2v(r+h)\rho} \tag{7.20}$$

式中 h——滤饼厚度，m。

7.3.2.5 只考虑恒压过滤下的剪切流运动化简

图7.16所示为N-S方程微元受力图，鉴于不可压缩流体的特性，结合连续性方程与纳维-斯托克斯（Navier-Stokes）方程来深入剖析流体的运动规律。

通过联合运用这两个方程，能够全面而准确地把握流体运动的本质特征，为无压网式过滤器的性能分析和优化设计提供理论支撑：

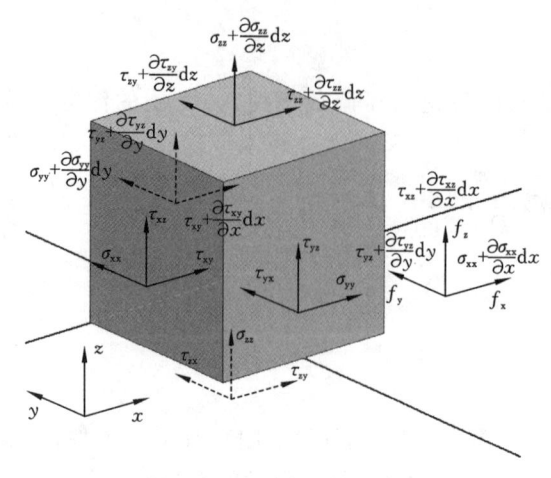

图7.16 N-S方程微元受力

$$\frac{\partial u}{\partial x}+\frac{\partial v}{\partial y}+\frac{\partial w}{\partial z}=0 \tag{7.21}$$

$$\left.\begin{aligned}\frac{\mathrm{d}u}{\mathrm{d}t}&=f_x-\frac{\partial P}{\rho\partial x}+\frac{\mu}{\rho_f}\left(\frac{\partial^2 u}{\partial x^2}+\frac{\partial^2 u}{\partial y^2}+\frac{\partial^2 u}{\partial z^2}\right)\\ \frac{\mathrm{d}v}{\mathrm{d}t}&=f_y-\frac{\partial P}{\rho\partial y}+\frac{\mu}{\rho_f}\left(\frac{\partial^2 v}{\partial x^2}+\frac{\partial^2 v}{\partial y^2}+\frac{\partial^2 v}{\partial z^2}\right)\\ \frac{\mathrm{d}w}{\mathrm{d}t}&=f_z-\frac{\partial P}{\rho\partial z}+\frac{\mu}{\rho_f}\left(\frac{\partial^2 w}{\partial x^2}+\frac{\partial^2 w}{\partial y^2}+\frac{\partial^2 w}{\partial z^2}\right)\end{aligned}\right\} \tag{7.22}$$

式中，u、v和w为微元体三个方向的速度；x、y和z为微元体三个方向的坐标距离。

考虑到剪切流动的影响，以及在恒压过滤过程中的特定条件，可以对描述无压网式过滤器行为的方程进行有针对性的化简。这样的化简不仅有助于更清晰地揭示过滤器堵塞滤饼的特征机理，还能为后续的实际应用提供更为便捷和准确的数学模型：

$$\left.\begin{aligned}-\frac{1}{\rho_f}\frac{\partial P}{\partial x}+v\left(\frac{\partial^2 u}{\partial y^2}+\frac{\partial^2 u}{\partial z^2}\right)&=0\\ \frac{\partial P}{\partial y}&=0\\ \frac{\partial P}{\partial z}&=0\end{aligned}\right\} \tag{7.23}$$

由于压力P仅为x的函数，与y和z无关，因此可以进一步对方程进行化简：

$$P_u=\frac{\partial P}{\partial x}=\frac{\Delta P}{l}=-\mu\frac{\partial^2 u}{\partial x^2} \tag{7.24}$$

式中 P_u——压力梯度，Pa/m。

将剪应力方程与流变方程进行联立，从而得到关于流体在无压网式过滤器中流动时剪切应力与流体性质之间关系的更为深入的描述：

$$\frac{\partial\left(\frac{4v}{r}\right)}{\partial x}=\frac{\Delta P}{l}=\mu\frac{\partial^2 u}{\partial x^2}\Rightarrow (r+h)^2=\frac{4vl}{\mu\Delta P} \tag{7.25}$$

7.3.2.6 适用于大田灌溉过滤器滤饼层方程的建立

对于大田灌溉中使用的无压网式过滤器，将相关参数代入 Ruth 方程后，可以推导出流量、压降、滤饼渗透性，以及厚度之间的数学关系表达式：

$$\frac{\mathrm{d}q}{\mathrm{d}\theta} = \frac{\Delta P}{\mu s \rho \alpha_{av} \int_0^t \frac{q \mathrm{d}t}{1-ms}} = \frac{\sqrt{\Delta P}(1-ms)}{4\pi s \alpha_{av} h \sqrt{vl}} \tag{7.26}$$

上述表达式不仅揭示了这些关键参数之间的内在联系，还提供了一种量化分析过滤器性能的有效方法，通过这一表达式，可以更准确地预测不同工况下过滤器的流量和压降变化，以及滤饼的渗透性和厚度对过滤器性能的影响。

7.3.3 由公式导出指标的试验因子说明

7.3.3.1 因子选用

在根据推出的公式选择影响无压网式过滤器中滤饼孔隙率、压降、厚度的关键因子时，考虑了多种可能的影响因素，最终选定配比、杂质浓度和初始流量作为关键因子，主要基于以下几点理由：

（1）配比：在无压网式过滤器中，滤液的配比会直接影响滤饼的形成和性质。不同的配比可能导致滤饼的结构、密度和渗透性发生显著变化，从而影响滤饼孔隙率、压降、厚度。因此，通过调整配比，可以有效控制滤饼孔隙率、压降、厚度，提高过滤效率。

（2）杂质浓度的影响：杂质浓度是另一个关键因子，因为它直接关系到滤饼中固体颗粒的数量和分布。高浓度的杂质可能导致滤饼更加厚重和致密，从而改变滤饼孔隙率、压降、厚度。相反，低浓度的杂质可能形成较为松散的滤饼，滤饼孔隙率、压降、厚度相对变化角度也会不同。因此，研究杂质浓度对滤饼孔隙率、压降、厚度的影响至关重要。

（3）初始流量的作用：初始流量决定了流体通过过滤器的速率，进而影响滤饼的形成速度和最终结构。高初始流量可能导致滤饼迅速形成且结构紧密，而低初始流量则允许更多的时间和空间供颗粒重新排列，形成较为松散的滤饼。因此，初始流量是影响滤饼孔隙率、压降、厚度不可忽视的因素。

基于表 7.9 的水源成分表比例，本试验在混合材料中采用了沙石与有机物的不同配比，分别为 9:1、7:3 和 5:5。同时，在最不利水力条件下进行管道运行模拟，以确保灌水器的流量变化不超过 20% 的计算精度。为此，确定了试验流量分别为 120 m³/h、140 m³/h 和 160 m³/h。在设定初始杂质含量时，遵循原则，既要避免含量过高导致无法抽取试验样品，又要防止含量过低而使试验时间过长，因此，将初始杂质含量设定为 0.2 kg/m³、0.5 kg/m³ 和 0.8 kg/m³。

7.3.3.2 因素归一化指标处理

为了消除不同量纲和数量级对模型的影响，提高数据分析的准确性和可靠性，将上述配比、杂质浓度和初始流量这三个关键因子进行了归一化处理。通过将它们的值转换到相同的尺度（-1、0、1）上，确保了在后续的响应面分析和模型建立中，每个因子都能以相同的权重被考虑，从而更准确地揭示了它们与滤饼孔隙率、压降、厚度之间的内在联系。

7.3.4 堵塞滤饼孔隙率影响因素试验分析

以配比、初始流量和杂质浓度为试验因子，依据响应面理论设计了三因子三级的试验方案。通过这一系统的试验设计，深入探究滤饼孔隙率与各项因子之间的内在联系。表7.10所示为滤饼响应试验结果表，展示试验设计及所获得的结果，为进一步分析和解读数据提供参考。

表7.10 滤饼孔隙率试验结果表

标准编号	次序编号	配比指标	浓度指标	流量指标	孔隙率试验结果
6	1	1	0	−1	0.875563
15	2	0	0	0	0.618204
1	3	−1	−1	0	0.136843
3	4	−1	1	0	0.135614
2	5	1	−1	0	0.811700
12	6	0	1	1	0.528757
14	7	0	0	0	0.618204
9	8	0	−1	−1	0.627639
7	9	−1	0	1	0.075408
11	10	0	−1	1	0.467868
8	11	1	0	1	0.818686
10	12	0	1	−1	0.682012
4	13	1	1	0	0.842984
13	14	0	0	0	0.618204
5	15	−1	0	−1	0.142213

7.3.4.1 滤饼孔隙率子因子模型

进行多因素方差分析，并据此建立了滤饼孔隙率的因子模型，分析的结果和模型的详细信息见表7.11和表7.12，这些数据为深入理解和优化过滤过程提供有力的支持。

表7.11 滤饼孔隙率多因素方差分析

因子	离差平方	独立坐标数	离差平方和与自由度比	F值	p值
Model	1.1000	9	0.1223	94.01	<0.0001
A-配比	1.0200	1	1.0200	785.52	<0.0001
B-浓度	0.0026	1	0.0026	2.03	0.2136
C-流量	0.0238	1	0.0238	18.33	0.0079
AB	0.0003	1	0.0003	0.2032	0.6710

续表7.11

因子	离差平方	独立坐标数	离差平方和与自由度比	F 值	p 值
AC	0.0000	1	0.0000	0.0189	0.8959
BC	0.0000	1	0.0000	0.0082	0.9315
A^2	0.0510	1	0.051	39.20	0.0015
B^2	0.0013	1	0.0013	1.02	0.3599
C^2	0.0019	1	0.0019	1.47	0.2800
残差	0.0065	5	0.0013		
失拟项	0.0065	3	0.0022		
误差	0	2	0		
合计	1.11	14			
R^2	0.9941				

表 7.12 滤饼孔隙率因子方程模型

R:孔隙率	∑ 系数×因子									
因子	常数	配比	浓度	流量	配比×浓度	配比×流量	浓度×流量	配比²	浓度²	流量²
系数	0.6182	0.3574	0.0182	0.0546	0.0081	0.0025	0.0016	0.1175	0.0189	0.0227

对表 7.12 中的试验数据进行深入分析，滤饼孔隙率因子模型的 F 值高达 94.01，表明该模型在统计学上具有显著意义，仅有 0.01% 的概率是由系统误差所导致，这进一步验证了模型的可靠性和准确性。

在模型中，注意到 A、C 及 A^2 是显著的模型项，其 p 值均小于 0.05，表明其对滤饼孔隙率具有显著影响。特别是因子配比和初始流量，其 p 值远小于 0.01，这充分证明了它们在试验组和对照组之间的差异极为显著，对滤饼孔隙率的影响效果较强。这可能与配比和初始流量在过滤器工作过程中直接影响流体的通过速率和滤饼的形成有关。

然而，杂质浓度的 p 值大于 0.05，表明其对模型的影响效果相对较弱。这并不意味着杂质浓度在过滤过程中无足轻重，而可能是由于在本试验条件下，其影响未能充分体现。在未来的研究中，可以考虑进一步细化对杂质浓度的控制，或者探索其他与杂质相关的因素，以更全面地揭示其对滤饼孔隙率的影响。

此外，模型的可决系数 R^2 为 0.9941，说明模型能够解释近乎全部的响应值变化，这进一步证明了模型的优异拟合度和对试验结果的良好代表性。这也为后续深入研究无压网式过滤器的堵塞滤饼特征机理提供了实用的工具和有力的支持。

7.3.4.2 堵塞滤饼孔隙率的变化效应分析

图 7.17 为各个因素对滤饼孔隙率三维响应条状图，其中图 7.17(a)所示为配比和浓度对滤饼孔隙率的影响，图 7.17(b)所示为配比和流量对滤饼孔隙率的影响，图 7.17(c)所示为浓度和流量对滤饼孔隙率的影响，直观展示杂质配比、杂质浓度和初始流量对滤饼孔隙率的影响。通过深入分析该响应曲面，可以得出以下结论：

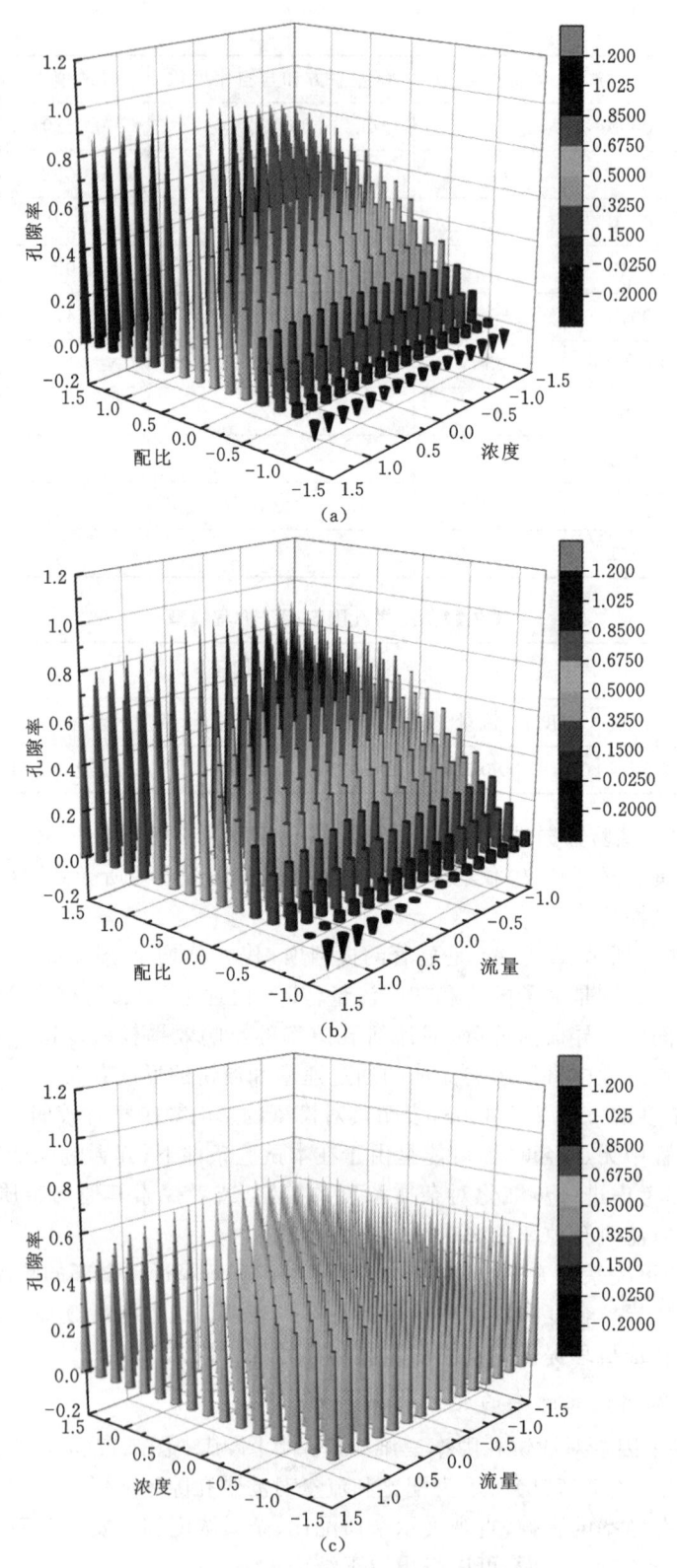

图 7.17 滤饼孔隙率三维响应条状图

在杂质配比 A 保持一定的情况下,滤饼孔隙率随杂质浓度 B 的增大而呈现增大趋势,但增加幅度相对较小。这表明杂质浓度的增加在一定程度上有助于滤饼孔隙的形成,但其影响相对有限。同时,滤饼孔隙率随初始流量 C 的增大而减小,这意味着在较高的流量下,流体通过滤网时形成的滤饼更为致密,孔隙率相应更低。

另一方面,当杂质浓度 B 保持一定时,滤饼孔隙率随初始流量 C 的升高而呈现升高趋势。这一现象可能与流体在较高流量下对滤网的冲刷作用增强有关,导致滤饼的形成过程受到影响,孔隙率相应增大。

综上所述,杂质配比、杂质浓度和初始流量是影响无压网式过滤器中滤饼孔隙率的关键因素。通过响应曲面图 7.17 的直观展示和深入分析,可以更全面地理解这些因子对滤饼孔隙率的影响规律,为后续的优化设计和操作提供有力支持。在未来的研究中,将进一步探索这些因子之间的相互作用机制,以期更深入地揭示无压网式过滤器的堵塞滤饼特征机理。

在深入探索无压网式过滤器的堵塞滤饼特征机理时,结合滤饼孔隙率三维响应条状图来规划滤饼孔隙率模型的最不利结果。通过分析响应曲面图 7.17,确定了各因子在影响滤饼孔隙率时的最佳和最差条件。

具体而言,图 7.17(a) 显示,在杂质配比为 9∶1 且杂质浓度为 0.2 kg/m³ 时,滤饼孔隙率达到最低点,相反,当杂质配比调整为 5∶5 且杂质浓度增加到 0.8 kg/m³ 时,滤饼孔隙率达到最高点,这表明杂质配比和浓度对滤饼孔隙率有着显著的影响。同样地,图 7.17(b) 揭示了当杂质配比为 9∶1 且初始流量为 160 m³/h 时,滤饼孔隙率处于最低状态。而在杂质配比为 5∶5 且初始流量为 120 m³/h 的条件下,滤饼孔隙率达到峰值。这表明初始流量也是影响滤饼孔隙率的关键因素之一。最后,图 7.17(c) 表明,在杂质浓度为 0.8 kg/m³ 且初始流量为 120 m³/h 的条件下,滤饼孔隙率最低。然而,当杂质浓度降低至 0.2 kg/m³ 且初始流量增加到 160 m³/h 时,滤饼孔隙率达到最高点。

综合以上分析,设置相应的边界条件,并利用相应模型进行计算。计算结果表明,在有机物浓度分数为 0.617、杂质浓度为 0.886 kg/m³、初始流量为 144.780 m³/h 的条件下,滤饼孔隙率达到最高值 0.885。这一结果提供了优化过滤器设计和操作的重要参考,有助于提升过滤器在大田灌溉等实际应用中的性能和效率。

7.3.5 堵塞滤饼压降影响因素试验分析

针对过滤器中滤饼压降的研究,依据试验参数组合,选择了配比、杂质浓度和初始流量作为关键因子,并按照响应面方法理论进行了三因子三级的响应面试验分析,表 7.13 为过滤器装置响应面函数计算表,记录了各因子在不同水平下的滤饼压降结果,反映了它们之间的相互作用和影响趋势。深入剖析配比、杂质浓度和初始流量对滤饼压降均有影响,且它们之间的影响关系并非简单的线性关系。

表 7.13 滤饼压降试验结果表

标准编号	次序编号	配比指标	流量指标	浓度指标	压降试验结果/kPa
6	1	1	0	−1	21.6117
15	2	0	0	0	20.7000
1	3	−1	−1	0	18.5667

续表7.13

标准编号	次序编号	配比指标	流量指标	浓度指标	压降试验结果/kPa
3	4	−1	1	0	20.6680
2	5	1	−1	0	19.6230
12	6	0	1	1	22.7000
14	7	0	0	0	20.7000
9	8	0	−1	−1	18.8000
7	9	−1	0	1	25.2140
11	10	0	−1	1	22.6000
8	11	1	0	1	23.5300
10	12	0	1	−1	18.8000
4	13	1	1	0	23.4400
13	14	0	0	0	20.7000
5	15	−1	0	−1	16.4000

7.3.5.1 堵塞滤饼压降子因子模型

针对过滤器在堵塞滤饼形成过程中的压降变化,进行多因素方差分析,并据此建立了滤饼压降的子因子模型,分析的结果详细展示在表7.14中,为深入理解和优化过滤器的性能提供了重要依据。

表 7.14 滤饼压降多因素方差分析

因子	离差平方	独立坐标数	离差平方和与自由度比	F 值	p 值
Model	66.39	6	11.06	10.38	0.0021
A-配比	6.76	1	6.76	6.35	0.0359
B-浓度	4.53	1	4.53	4.25	0.0733
C-初始流量	42.47	1	42.47	39.84	0.0002
AB	0.7359	1	0.7359	0.6903	0.4302
AC	11.89	1	11.89	11.15	0.0102
BC	0.0025	1	0.0025	0.0023	0.9626
残差	8.53	8	1.07		
失拟项	8.53	6	1.42		
误差	0	2	0		
合计	74.91	14			
R^2	0.8862				

通过表 7.14 的数据，可以清晰地看到不同因子对滤饼压降的影响程度。这些因子的显著性和交互作用都在模型中得到了充分体现，有助于更全面地把握过滤器的工作机理。

这一子因子模型的建立，不仅揭示了无压网式过滤器在堵塞滤饼形成过程中压降的变化规律，也为后续的优化设计提供了有力支持。通过对模型中显著因子的调整和优化，可以有效降低过滤器的压降，提高其工作效率和使用寿命。

关于过滤器在堵塞滤饼形成过程中的压降变化，经过深入研究和多因素方差分析，得出了方程模型，具体细节如表 7.15 所示。方程模型揭示滤饼压降与各种关键因子之间的数学关系，为进一步优化过滤器设计和操作提供基础。通过表 7.15 可以了解到各个因子对滤饼压降的具体影响，以及如何通过调整这些因子来实现对压降的有效控制。

表 7.15　滤饼压降因子方程模型

R：压降	= $\sum$ 系数 × 因子						
因子	常数	配比	浓度	流量	配比×浓度	配比×流量	浓度×流量
系数	20.93689	0.919504	0.752292	2.30404	0.428917	−1.72392	0.025

在表 7.14 中呈现的滤饼压降模型结果显示，模型的 F 值对应的 p 值小于 0.05，这表明模型的整体拟合度良好，显著项之间的差异较为明显。同时，可决系数 R^2 为 0.8862，意味着模型能够解释约 88.62% 的响应值变化，显示出模型具有较高的预测精度。

进一步分析各因子对滤饼压降模型的影响，发现配比和初始流量的 p 值均小于显著水平 0.05，这表明这两个因子在模型中起到了重要作用，对滤饼压降有显著影响。换言之，配比和初始流量的变化会导致滤饼压降的显著差异，因此在优化过滤器设计时需要重点关注这两个因素。相对而言，杂质浓度的 p 值大于 0.05，表明该因子在模型中的影响效果较弱。这并不意味着杂质浓度对滤饼压降没有影响，而是相对于配比和初始流量来说，其影响程度较小，在实际应用中，仍然需要考虑杂质浓度对过滤器性能的综合影响，以便制定出更为全面的优化策略。

7.3.5.2　堵塞滤饼压降的变化效应分析

图 7.18 所示为过滤器在滤饼形成过程中，关于滤饼压降与多个关键因素之间三维响应条状图，其中图 7.18(a) 为配比和浓度对滤饼压降的影响，图 7.18(b) 为配比和流量对滤饼压降的影响，图 7.18(c) 为浓度和流量对滤饼压降的影响。

当杂质配比 A 保持不变时，观察到滤饼压降随着杂质浓度 B 的增大而逐渐增大，但增幅相对较小，这表明，在一定程度上，杂质浓度的增加会导致滤饼更加致密，从而使压降增大，然而，与杂质浓度相比，初始流量 C 对滤饼压降的影响更为显著。随着初始流量的增大，滤饼压降呈现出明显的减小趋势，且减小幅度较大。这可能是因为较高的流量有助于冲散和分散杂质颗粒，形成较为松散的滤饼结构，从而降低压降。

另一方面，在保持杂质浓度 B 恒定的条件下，发现滤饼压降随着初始流量 C 的升高而升高。这一结果似乎与之前的观察相矛盾，但实际上揭示了初始流量与滤饼压降之间的复杂关系。这可能是由于在较高的流量下，杂质颗粒更容易被迅速带到过滤器的出口处，形成较为厚实的滤饼，从而导致压降增大。

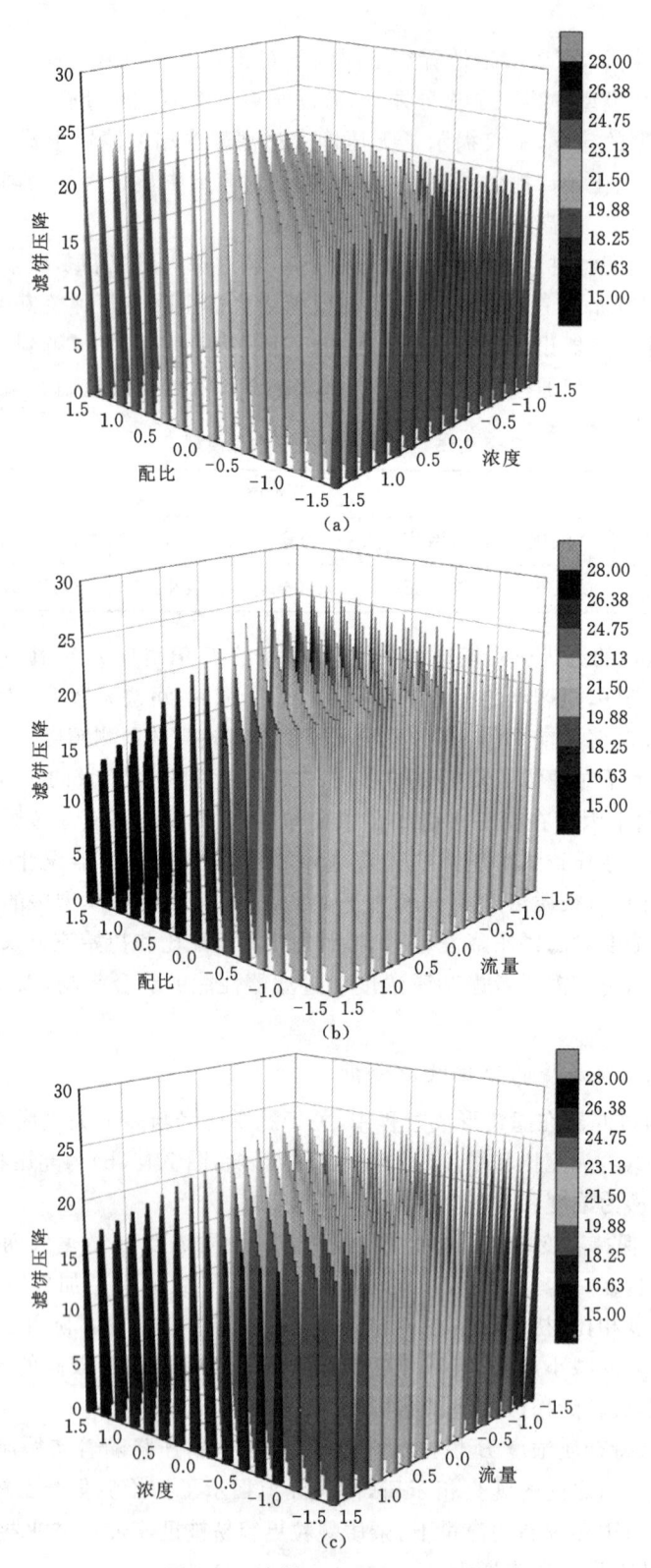

图 7.18 滤饼压降三维响应条状图

综上所述,通过对响应曲面图 7.18 的深入分析及试验过程的细致观察,可以更加全面地理解过滤器在滤饼形成过程中各因子对滤饼压降的影响及相互作用机制。

通过试验,确定了各因素之间的相互作用及对滤饼压降的影响。在图 7.18(a)中,当杂质配比为 9∶1 且杂质浓度为 0.2 kg/m³ 时,滤饼压降达到最低点,表明在此条件下,滤饼结构较为松散,流体通过时的阻力较小。相反,在杂质配比为 5∶5 且杂质浓度为 0.8 kg/m³ 时,滤饼压降处于最高点,说明此时滤饼更加密实,流体通过时受到的阻碍较大。

在图 7.18(b)中,当初始流量为 120 m³/h 且杂质配比为 9∶1 时,滤饼压降最低。这表明在较低的流量下,流体有足够的时间在过滤器中扩散和分散,形成较为均匀的滤饼。然而,当流量增加到 160 m³/h 时,即使在相同的杂质配比下,滤饼压降也显著升高,这可能是因为高流量导致杂质颗粒迅速堆积,形成较为密实的滤饼结构。

在图 7.18(c)中,滤饼压降的变化趋势与图 7.18(b)相似。在较低的杂质浓度 0.2 kg/m³ 和初始流量 120 m³/h 下,滤饼压降最低。而在较高的杂质浓度 0.8 kg/m³ 和初始流量 160 m³/h 下,滤饼压降最高。这进一步证实了杂质浓度和初始流量对滤饼压降的显著影响。

基于上述试验结果和边界条件,利用相应模型进行计算优化。当有机物浓度分数设置为 0.101、杂质浓度为 0.520 kg/m³、初始流量为 121.342 m³/h 时,模型预测滤饼压降将达到最低值 16.298 kPa。这一结果为优化无压网式过滤器操作条件提供了依据,有助于实现更高效的过滤性能和更长的过滤器使用寿命。

7.3.6 堵塞滤饼厚度影响因素试验分析

为了深入探究滤饼厚度与杂质配比、杂质浓度及初始流量之间的关系,设计了响应面试验。在此次试验中,选取配比、杂质浓度和初始流量这三个关键因子,每个因子均设置三个水平,系统地观察了滤饼厚度的变化情况,试验结果记录于表 7.16 中,该表展示了各因子在不同水平组合下对滤饼厚度的影响。

表 7.16　滤饼厚度试验结果表

标准编号	次序编号	配比指标	流量指标	浓度指标	厚度试验结果/mm
6	1	1	0	−1	0.286777
15	2	0	0	0	0.39333
1	3	−1	−1	0	0.27046
3	4	−1	1	0	0.295527
2	5	1	−1	0	0.273914
12	6	0	1	1	0.520000
14	7	0	0	0	0.39333
9	8	0	−1	−1	0.260000
7	9	−1	0	1	0.297048
11	10	0	−1	1	0.39333

续表7.16

标准编号	次序编号	配比指标	流量指标	浓度指标	厚度试验结果/mm
8	11	1	0	1	0.493333
10	12	0	1	−1	0.380000
4	13	1	1	0	0.426778
13	14	0	0	0	0.36666
5	15	−1	0	−1	0.281905

7.3.6.1 堵塞滤饼厚度子因子模型

经过多因素方差分析的深入探究,针对滤饼厚度这一关键指标,构建出了子因子模型。方差分析结果见表7.17,其中涵盖了各因子对滤饼厚度影响的细致剖析。通过这一模型,能够更清晰地理解各因子间的交互作用,以及对滤饼厚度产生的具体影响,为后续的优化和改进提供了坚实的数据支撑和理论依据。

表 7.17 滤饼厚度多因素方差分析

因子	离差平方	独立坐标数	离差平方和与自由度比	F 值	p 值
Model	0.0944	9	0.0105	26.88	0.001
A-配比	0.0141	1	0.0141	36.15	0.0018
B-浓度	0.0225	1	0.0225	57.78	0.0006
C-流量	0.0306	1	0.0306	78.54	0.0003
AB	0.0041	1	0.0041	10.47	0.0231
AC	0.0092	1	0.0092	23.49	0.0047
BC	0.0000	1	0.0000	0.0285	0.8725
A^2	0.0125	1	0.0125	32.03	0.0024
B^2	0.0003	1	0.0003	0.8728	0.3931
C^2	0.0007	1	0.0007	1.72	0.2462
残差	0.002	5	0.0004		
失拟项	0.0015	3	0.0005	2.07	0.3416
误差	0.0005	2	0.0002		
合计	0.0963	14			
R^2	0.9798				

表7.18为滤饼厚度因子方程模型系数,该模型详细展示了滤饼厚度与杂质配比、杂质浓度及初始流量之间的数学关系,为深入理解这些关键因素如何共同影响滤饼厚度的变化提供了有力的工具。利用这一模型,可以对无压网式过滤器的操作参数进行优化,以期在保证过滤效果的同时,降低滤饼的厚度,减少过滤器的维护成本,延长其使用寿命。

表 7.18　滤饼厚度因子方程模型

R:厚度 因子	\multicolumn{10}{c}{$\sum$ 系数 × 因子}
因子	常数	配比	浓度	流量	配比×浓度	配比×流量	浓度×流量	配比²	浓度²	流量²
系数	0.384444	0.041983	0.053075	0.061879	0.031949	0.047853	0.001668	0.058169	0.009602	0.013494

经过对表7.17的分析，该模型的 F 值高达26.88，意味着仅有0.10%的概率是由系统误差所导致，表明模型在解释滤饼厚度变化方面具有很高的可靠性。

模型多因素方差的 p 值小于0.05，证实了模型显著项之间的差异明显。在这种情况下，A 杂质配比、B 杂质浓度、C 初始流量、AB、AC 及 A^2 均被识别为显著的模型项。这些变量不仅单独对滤饼厚度有显著影响，它们之间的交互作用也是不可忽视的。模型的可决系数 R^2 为0.9798，意味着模型能够解释近98%的响应值变化，进一步证明模型的显著性和对试验结果的代表性。杂质配比、杂质浓度和初始流量这三个因子的 p 值均远低于显著值0.01，这充分证明了这些因子在模型中的重要性和对滤饼厚度的显著影响。

综上所述，滤饼厚度模型不仅具有统计学上的显著性，而且对实际试验结果具有出色的代表性，这将为进一步优化无压网式过滤器的设计和操作提供有力的支持。

7.3.6.2　堵塞滤饼厚度的变化效应分析

图7.19所示为滤饼厚度三维响应条状图，直观地揭示了杂质配比、杂质浓度和初始流量这三个关键因素如何共同影响滤饼厚度的变化，其中图7.19(a)所示为配比和浓度对滤饼厚度的影响，图7.19(b)所示为配比和流量对滤饼厚度的影响，图7.19(c)为浓度和流量对滤饼厚度的影响，基于试验数据成功构建了滤饼厚度的模型。

首先，当 A 杂质配比保持恒定时，发现滤饼厚度随着 B 杂质浓度的增大而增大。这可能是因为杂质浓度的增加导致单位体积内颗粒数量增多，从而在过滤过程中形成更加密实的滤饼。然而，值得注意的是，这种增厚的幅度在不同杂质配比下呈现出较大的差异。这表明杂质配比对滤饼厚度的影响并非线性，而是与其具体组成和颗粒特性密切相关。因此，在优化过滤器性能时，需要仔细考虑杂质配比的选择，以实现理想的滤饼厚度和过滤效果。

其次，当 C 初始流量增大时，滤饼厚度也呈现出增大的趋势。这可能是因为较高的流量导致流体通过过滤器时的冲击力增大，使得颗粒更容易被带到过滤器的出口处并形成较厚的滤饼。与杂质浓度的影响相似，初始流量对滤饼厚度的影响程度也受到杂质配比的显著影响。这进一步强调了杂质配比在滤饼形成过程中的重要性，并提示在实际操作中需要综合考虑杂质配比和初始流量的匹配关系。

此外，在保持 B 杂质浓度恒定的情况下，滤饼厚度随着 C 初始流量的升高而升高。这一发现揭示了初始流量与杂质浓度之间可能存在的协同作用。当流量较高时，即使杂质浓度保持不变，由于流体的冲刷作用增强，颗粒在过滤器中的停留时间缩短，从而更容易形成较厚的滤饼。因此，在优化过滤器设计时，需要合理控制初始流量的大小，以平衡过滤效率和滤饼厚度之间的关系。

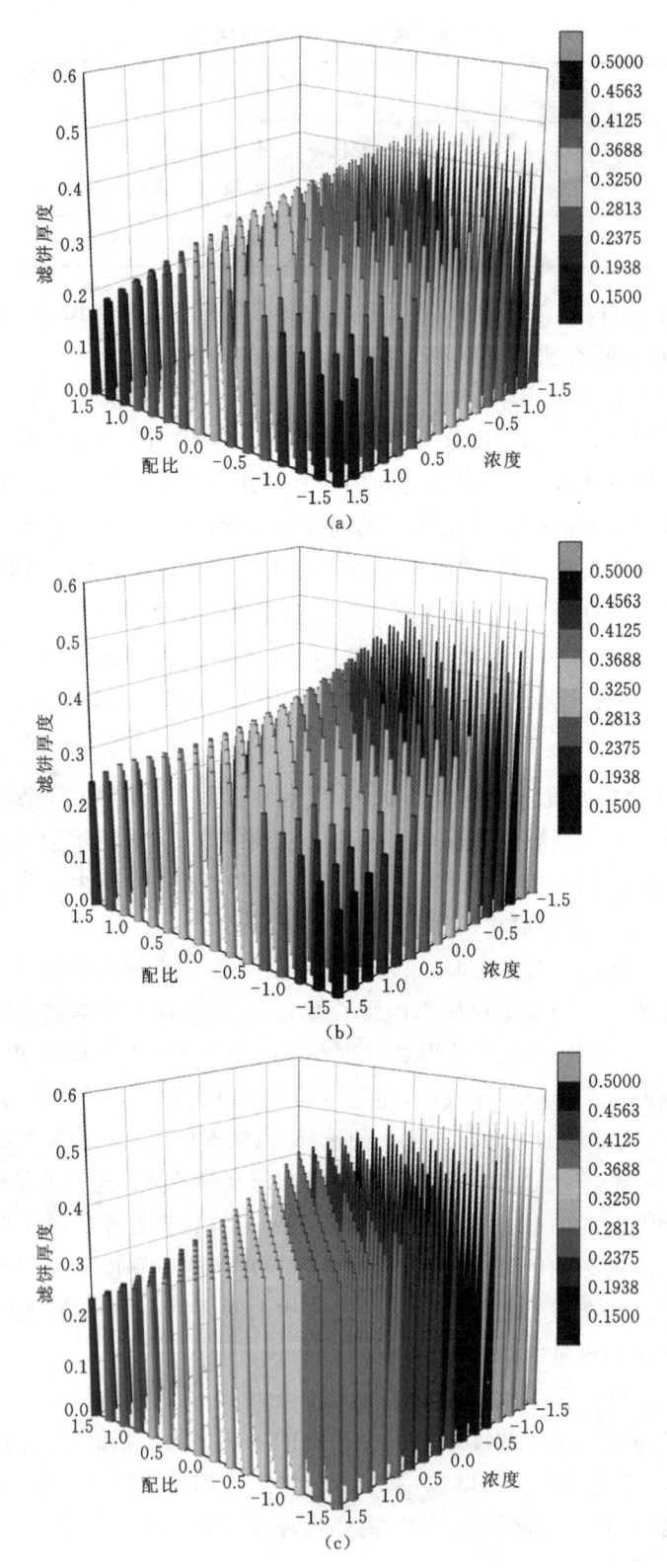

图 7.19 滤饼厚度三维响应条状图

在图 7.19(a)中,滤饼厚度在杂质配比为 9∶1 且杂质浓度为 0.2 kg/m³ 时达到了最低点;相反,当杂质配比变为 5∶5 且杂质浓度增加到 0.8 kg/m³ 时,滤饼厚度达到最高点,这暗示着较高浓度的杂质和中等配比对滤饼的增厚有显著影响。

观察图 7.19(b)发现,在杂质配比保持为 5∶5 时,滤饼厚度随着初始流量的增加而有所变化。具体来说,当初始流量为 120 m³/h 时,滤饼厚度达到最低,而当初始流量增至 160 m³/h 时,滤饼厚度则攀升至最高点。这表明初始流量的调控对滤饼厚度具有直接且显著的影响。

进一步观察图 7.19(c)可知,在固定杂质浓度的条件下,滤饼厚度同样随着初始流量的变化而波动。当杂质浓度较低为 0.2 kg/m³ 且初始流量为 120 m³/h 时,滤饼厚度最低;而当杂质浓度升高至 0.8 kg/m³ 且初始流量增加到 160 m³/h 时,滤饼厚度则达到最高。这再次印证了杂质浓度和初始流量在滤饼形成过程中的重要性。

基于以上发现,通过设置特定的边界条件并利用相应模型进行计算优化。结果表明,当有机物浓度分数设置为 0.478、杂质浓度控制在 0.277 kg/m³ 且初始流量调整为 123.014 m³/h 时,滤饼厚度可以达到最低值,仅为 0.232 mm。这一发现对于优化无压网式过滤器的操作条件以实现最佳过滤效果具有重要意义。通过精准控制这些关键参数,可以显著降低滤饼厚度,从而提高过滤器的性能,延长使用寿命。

7.3.7 剪切受力滤饼模型修正

将上述三个模型代入式(7.26)后,得到了剪切流下的滤饼修正模型,见式(7.27)。这一修正模型不仅综合了杂质配比、杂质浓度和初始流量这三个关键因素对滤饼厚度的影响,还考虑了剪切流这一特殊过滤条件对滤饼形成过程的独特作用。具体来说,修正模型中的每一个参数都反映了相应因素在剪切流过滤中的实际贡献。通过这一模型,可以更加准确地预测和控制滤饼的厚度,从而优化过滤器的性能。此外,该修正模型还提供了一种有效的工具,用于分析和解释剪切流过滤过程中的各种现象和问题。

$$\frac{\mathrm{d}q}{\mathrm{d}\theta} = \frac{C_1(1-ms)\varepsilon^3 \sqrt{\Delta P}}{C_3 s S_0^2 h(1-C_2\varepsilon)\sqrt{vl}} \tag{7.27}$$

式中,C_1, C_2, C_3 为系数;A, B, C 为试验修正子因子,$A, B, C \in [-1, 1]$。

$$C_1 = \sqrt{(20.936 + 0.920A + 0.752B + 2.304C)}$$
$$C_2 = 0.618 + 0.357A$$
$$C_3 = 32.542\pi$$

7.3.8 有机压缩滤饼模型匹配问题

如图 7.20 所示,在滤饼因子模型与试验结果的匹配中,模型对于初始流量和杂质浓度的预测与试验数据较为吻合,展现出了较好的一致性。然而,对于试验用料中有机物含量配比的百分数,模型的匹配效果略显不足,存在一定的偏差。

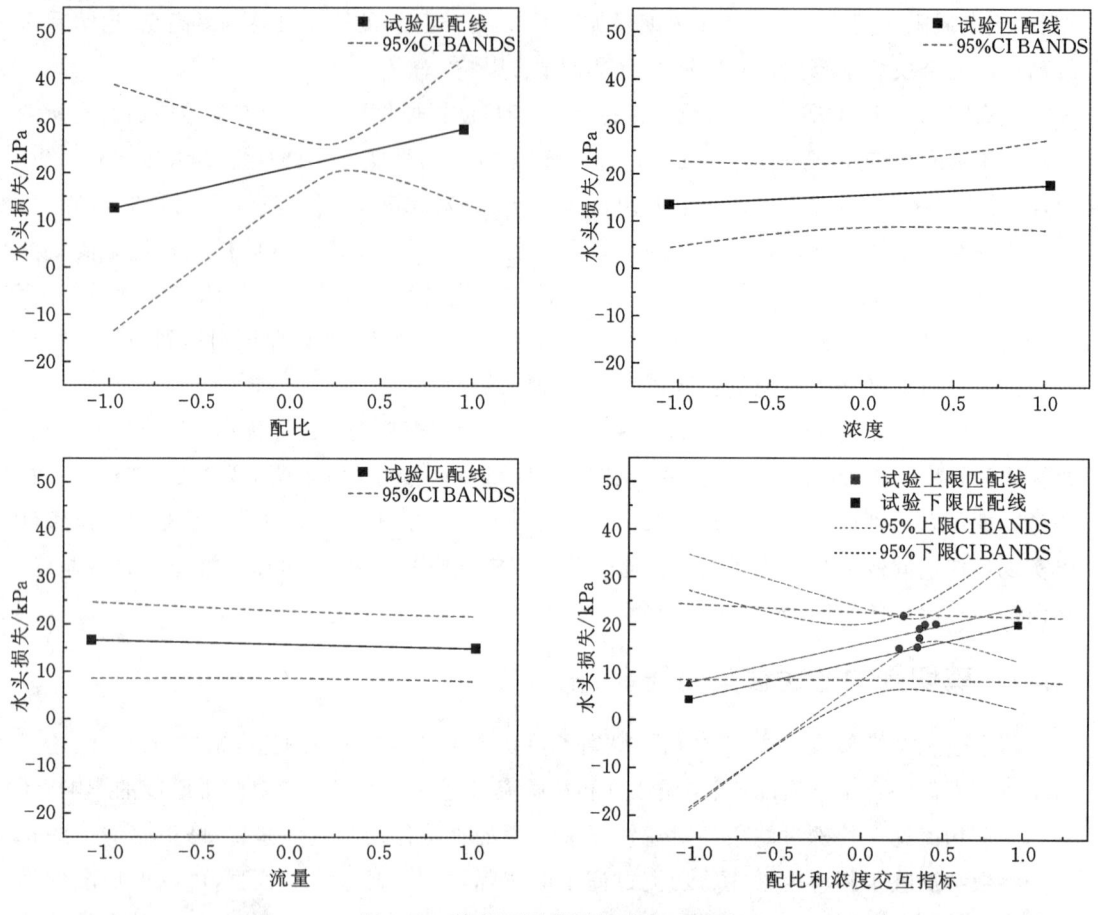

图 7.20 滤饼因子模型与试验匹配图

针对这一情况,有必要对有机物配比在未来进行更为细致的研究。特别是在纯有机物或有机物与杂质混合的大田过滤环境中,与泥沙形成的滤饼相比,这类滤饼的压缩性往往更大[6]。当滤饼被压缩到一定程度时,其内部流动状态将发生显著变化[7]。

因此,为了更准确地描述和预测滤饼的形成过程及其性质,需要对有机物配比的影响进行更深入的分析。未来的研究中,应该重点关注这一拐点,即滤饼内部流动状态发生变化的临界点,以期通过更精细的模型构建和试验设计,提升滤饼因子模型的预测精度,并扩大其适用范围。

当需要考虑滤饼内部的运动时,滤饼的内部滤液流速将不可避免地发生变化。这种变化是滤饼内部颗粒重新排列、颗粒间空隙的改变,以及流体通道的形成与闭合等复杂过程所导致的。随着滤饼逐渐压实,其内部结构变得更加致密,流速可能会减慢,流动路径也可能变得更加曲折。因此,在深入研究滤饼形成与过滤性能时,滤饼内部滤液流速的变化是一个不可忽视的关键因素,它对于理解滤饼的动态行为和优化过滤过程具有重要意义:

$$u = \frac{\partial p_s}{\mu \alpha_{avp} \rho \partial w} \tag{7.28}$$

式中　α_{avp}——滤饼的部分比阻；

　　　p_s——部分滤饼压缩压力；

　　　w——滤饼固体体积。

由于滤饼内部滤液流速的变化，滤饼的过滤特性也会随之改变。因此，为了更准确地描述滤饼的过滤性能，需要对滤饼的过滤比阻进行修正。这一修正应综合考虑滤饼内部颗粒的排列、空隙率、流体通道的形态及流速变化等因素。通过深入分析这些因素对过滤比阻的影响，可以建立更为精确的过滤模型，为过滤器的优化设计和操作提供更为可靠的指导。同时，这也将有助于更深入地理解滤饼形成与过滤过程中的动态行为，为相关领域的研究和应用提供有价值的参考：

$$\alpha_{avp} = C_2 \alpha_{avR} \tag{7.29}$$

其中：

$$C_2 = \int v_y \left(\frac{w}{w_0} \right) dw$$

式中　α_{avR}——Ruth 的平均过滤比阻；

　　　C_2——考虑压缩性的修正系数；

　　　v_y——压缩性滤饼过滤速度；

　　　$\dfrac{w}{w_0}$——滤饼固体体积压缩分量。

7.4　基于矩阵分析的过滤器冲洗效果试验分析

本节通过深入的理论分析和试验研究，详细探讨了过滤器自清洗时射流清洗组件的紊动冲击射流特性，推导出适用于泵前无压网式过滤器清洗组件的切应力计算公式，并深入分析了影响切应力的关键因素。通过原型试验，进一步揭示这些因素的变化规律，为过滤器的优化设计和操作提供了坚实的理论和实践依据。研究结果表明，射流流动区域划分、上浮流量变化规律，以及冲洗结束压降的影响因素分析对于提升过滤器清洗效率和滤饼去除机制至关重要。在特定条件下，通过优化参数设置，显著降低了清洗后的网式过滤器压降，从而提升了过滤器的整体性能。

7.4.1　试验装置细化与因子选用

7.4.1.1　试验装置细化说明

在新疆地区，灌溉水源中富含泥沙和有机物等杂质，这些杂质容易使一般灌溉系统的网式过滤器堵塞，形成一层滤饼。堵塞会阻碍水源进入灌溉系统，导致过滤效率显著降低。为了有效解决这一问题，泵前无压网式过滤器采用了射流反冲洗的方式。

图 7.21 所示为过滤器射流清洗组件细部图。具体来说，本研究过滤器在滤筒内部设置了反冲洗管，通过从内部喷射流体来冲刷滤网表面形成的滤饼，使其破碎或脱落。同时，辅助滤筒的转动可以确保清洗过程更加均匀和彻底。

图 7.21　过滤器射流清洗组件细部图

射流作为本试验装置反冲洗组件的核心技术,其原理是利用流体通过特定形状的喷嘴后形成的高速射流来冲击和破坏滤饼。在本装置中射流流体是经过二次过滤的水源,其中第一次过滤由滤筒自身完成,第二次过滤则由自清洗组件前端的 Y 型网式过滤器完成,图 7.22 所示为射流自清洗组件首部 Y 型过滤器。

图 7.22　射流自清洗组件首部 Y 型过滤器

当射流流体射入与其特征相同的广阔区域时,就形成了淹没自由射流。根据流体的流动状态,淹没自由射流可分为层流和紊流两种,在本装置中,经过手持式多普勒流速仪检测,喷射水流为自由紊动射流。此外,圆形紊动冲击射流在本装置中也发挥了重要作用。它是指紊流流体通过圆形出口射向固体壁面的一种冲击流动。与平面射流相比,圆形射流在三维角度上能够更好地处理滤饼,使其破坏得更加均匀和彻底。这有助于提高水的有效利用率,在节水节能的同时实现滤筒的高效清洗。

7.4.1.2　因子选用

在研究泵前无压网式过滤器的射流自清洗组件时,将影响因子设为杂质配比、自清洗射流流量及滤筒转速的原因如下:

(1) 杂质配比:杂质配比反映了水源中不同种类杂质的含量比例。不同杂质的物理和化学性质不同,它们在滤网上的附着方式和牢固程度也会有所差异。因此,了解杂质配比对于评估射流清洗的效果至关重要。如果某种特定类型的杂质在滤网上形成了难以清洗的沉积物,那么就需要调整射流清洗的参数或策略来更有效地应对这种杂质。

(2) 自清洗射流流量:自清洗射流流量是影响清洗效果的关键因素。流量的大小决定了射流对滤网表面沉积物的冲击力和破坏力。如果流量过小,可能无法有效地清除沉积物;而如果流量过大,则可能浪费能源并对滤网造成不必要的损伤。因此,通过研究不同射流流量下的清洗效果,可以找到最佳的流量范围,以实现高效且安全的清洗。

(3) 滤筒转速:滤筒转速是影响清洗均匀性和效果的重要因素。在射流清洗过程中,滤筒的旋转可以使滤网表面各个部位都能受到射流的冲击,从而实现更均匀的清洗。同时,适当的转速还可以帮助松动和去除附着在滤网上的沉积物。因此,研究滤筒转速对清洗效果的影响,有助于确定最佳的旋转速度,以提高清洗效率和延长滤网的使用寿命。

综上所述,将杂质配比、自清洗射流流量及滤筒转速作为影响因子进行研究,可以更全面地评估无压网式过滤器射流自清洗组件的性能表现,并为优化设计和实际应用提供有力支持。这些研究成果对于提高过滤器的过滤效率、降低运行成本,以及促进灌溉系统的可持续发展具有重要意义。

在不同水源杂质条件下,包括使用不同含量纯泥沙、不同配比下的纯有机物杂质、不同配比下的有机物泥沙混合杂质三种情况,本试验的混合材料依据调研结果,沙石和有机物采用 9∶1、7∶3、5∶5 的配比;采用最不利水力条件下的管道运行场景,因此设置射流组件试验清洗流量为 1 m³/h、10.5 m³/h、20 m³/h;自清洗滤筒转速按照实际情况设置为 1 r/min、2.5 r/min、4 r/min。

7.4.1.3 堵塞工况设置与依据

为了测试其射流自清洗效果,设置以下详细的堵塞工况,同时明确其堵塞程度,并提供相应的设置依据。

(1) 目标堵塞程度

中度堵塞,流量减少至初始流量的 70%～75%,或滤饼厚度和压降达到预定的中度堵塞阈值。工况参数:杂质浓度,设定杂质浓度为 0.75 kg/m³。这一浓度是根据大田灌溉水源中常见的中等杂质浓度来确定的,以确保过滤器在试验过程中能够达到中度堵塞状态。流量条件:初始流量设定为 150 m³/h。这一流量是根据过滤器的设计规格和正常工作条件下的处理流量来确定的,以确保在试验过程中能够充分展现过滤器的堵塞情况和自清洗性能。

(2) 依据

中度堵塞的定义是基于过滤器的实际运行经验和性能评估需求。流量减少至初始流量的 70%～75% 通常被认为是过滤器性能开始显著下降的点,此时进行自清洗是恢复过滤器性能的有效手段。滤饼厚度和压降的阈值则是根据过滤器的设计和运行特性,以及在实际应用中可接受的性能损失来确定的。杂质浓度:0.75 kg/m³ 的杂质浓度是根据实地采样和分析结果得出的中等浓度值。这一浓度能够确保过滤器在试验过程中形成明显的滤饼,并达到中度堵塞状态,从而充分测试其自清洗效果。同时,这一浓度也代表了过滤器在实际应用中可能遇到的常见堵塞情况。流量条件:初始流量设定为 150 m³/h 是基于过滤器的设计规格和实际运行数据。这一流量能够确保过滤器在正常工作状态下运行,并在试验过程中充分展现其处理能力和堵塞情况。

7.4.2 过滤器反冲洗射流分析

7.4.2.1 过滤器反冲洗射流的基本分区特性

在圆形紊动冲击射流的研究中,当探讨紊动射流对固体壁面的冲击效应时,理论模型通常将射流划分为三个明确的流动区域,如图 7.23 所示。为了更深入地研究射流对滤饼的解构作用,本节依据实际试验观测的射流形态,同样将过滤器的反冲洗射流细分为三个区域。

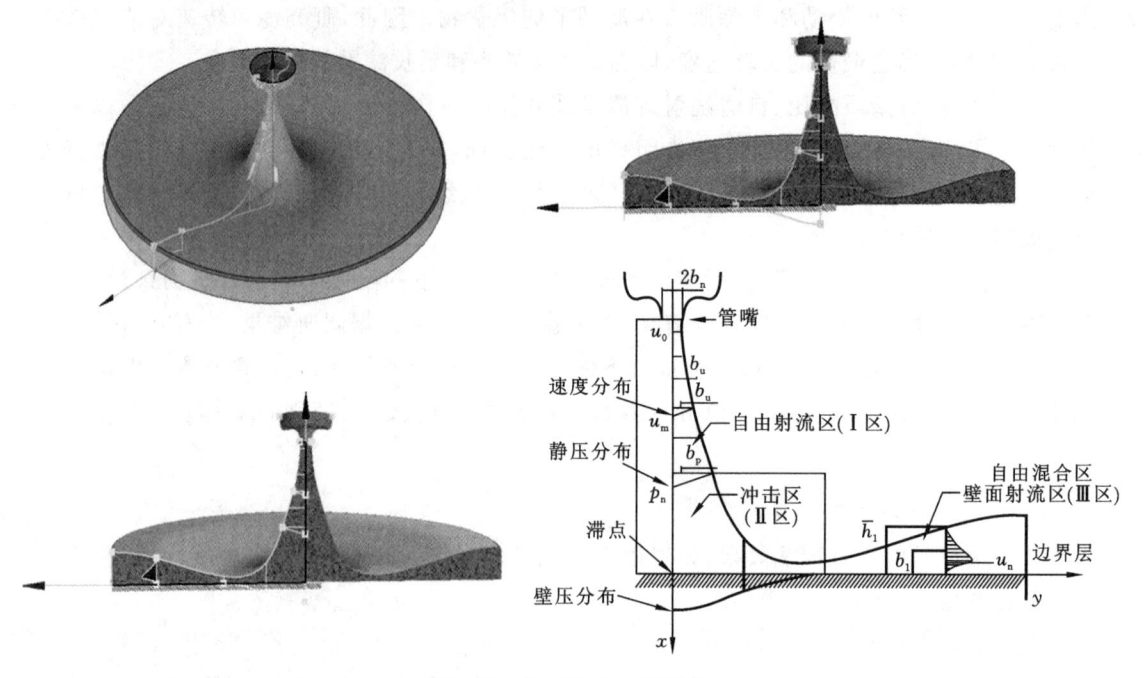

图 7.23 射流冲击滤饼流动

首先是第Ⅰ区域,即自由射流区。在这一阶段,水流刚从圆形自清洗管件中喷涌而出,尚未触及滤筒或滤饼。因此,该区域的自清洗射流展现出与自由射流相似的运动特性,其核心由势流构成,外围则被剪切层所包围。接着是第Ⅱ区域,也就是冲击区域。这标志着自清洗管中的水流开始与滤筒或滤饼发生接触,水流因撞击滤饼而导致流速矢量发生显著变化,无论是速度大小还是方向都经历了剧烈的变动。这种急剧的能量转换也意味着该区域内的压强经历了剧烈的变化。最后是第Ⅲ区域,即壁面射流区。在这一区域中,自清洗水流在冲击壁面后向四周扩散。根据其受力情况的不同,最外层与自由射流的运动特性相似,而最内层则是自清洗水流与滤饼层的直接接触层。

7.4.2.2 过滤器反冲洗射流的速度剖面分析

为了更精确地分析自清洗组件的流速特性,将组件从滤筒中取出,使用声学多普勒流速仪进行了详细的流速检测,从流速仪导出的文档中,选取峰值点作为关键数据,实测了Ⅰ区和Ⅱ区在 x 方向上的速度 u,并记录了速度的最大值 u_m。同时,还确定了速度半值宽 b_u,即在速度达到最大值一半时所对应的 y 值。

考虑到每次试验工况的流量示数在小尺度范围内难以达到相对稳定的阶段,对所有试验数据点进行了无量纲化处理。这样处理后的数据,能够更直观地反映不同 x/H 位置处的速度剖面特性。以速度最大值 u_m 和速度半值宽 b_u 为比尺,对无量纲化后的速度剖面进行了拟合,并得到了如图 7.24 所示的速度剖面拟合公式图。在图 7.24 中,可以清晰地观察到自清洗组件的射流速度与最大速度之间的比值随着长度比尺的增加而呈现的变化趋势。初始阶段,这一比值缓慢下降,这明显对应于紊动冲击射流的第一个分区阶段,即自由射流区。在这一阶段,自清洗射流刚从组件中喷出,未受到外部阻碍,因此表现出自由射流的运动特性。

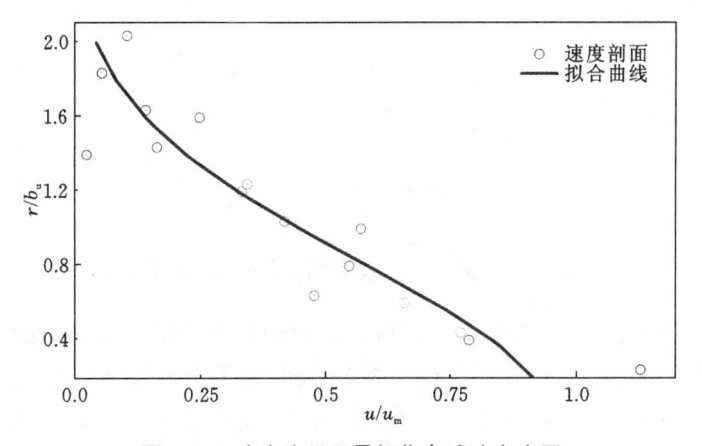

图 7.24　速度比尺无量纲化点试验密度图

随后,当进入冲击区时,流体遇到阻碍,导致流速急剧下降,对于不同 x/H 位置的速度剖面,采用速度最大值 u_m 和速度半值宽 b_u 进行无量纲化处理。处理后的结果显示,自清洗组件的射流速度与最大速度之间的比值与长度比尺之间存在数学关系,这一关系可以通过一条曲线来描述,具体公式如下:

$$\frac{u}{u_\mathrm{m}} = \exp(-0.681\eta_\mathrm{u}^2) \tag{7.30}$$

其中:

$$\eta_\mathrm{u} = \frac{r}{u_\mathrm{m}}$$

式中　r——点到中轴的距离,m。

7.4.2.3　过滤器壁面切应力的计算与实测

过滤器的反冲洗过程中,冲击射流对壁面产生的切应力是一个关键参数,它对于理解过滤器的清洗效率和滤饼的去除机制至关重要。多普勒测速仪主要用于测量速度,但通过对近壁面区域的速度分布进行精确测量,也可以间接推算出切应力。

具体来说,切应力(τ)与流体的动力黏度(μ)和速度梯度($\mathrm{d}v/\mathrm{d}y$)有关,其关系可以用以下公式表示:

$$\tau = \mu \frac{\mathrm{d}v}{\mathrm{d}y} \tag{7.31}$$

经过对前文所述过滤器反冲洗射流冲击速度 u、速度最大值 u_m、速度半值宽 b_u,以及距离实测值的综合分析,计算得出了壁面的切应力,考虑到每次试验工况的流量示数在小尺度范围内难以达到相对稳定状态,对不同径向距离的壁面切应力进行了无量纲化处理,处理后的壁面切应力无量纲化点密度如图 7.25 所示。

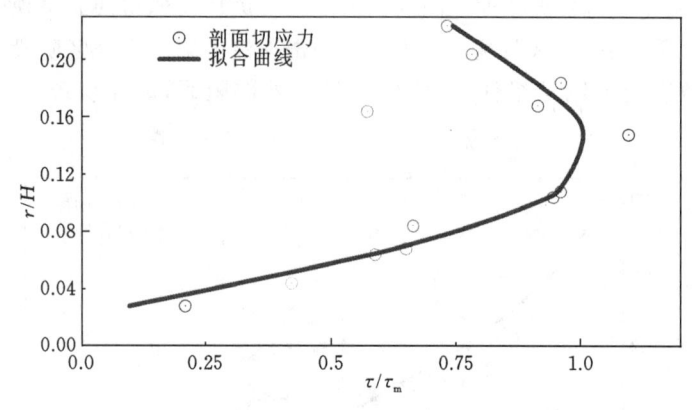

图7.25 壁面切应力比尺无量纲化点密度图

根据图7.25的数据,可以观察到自清洗组件的切应力与最大切应力的比值随着半径比尺的增加分为两个阶段。首先是近似线性上升阶段,接着是急剧下降阶段。在近似线性上升阶段,射流切应力的降低与自由射流区的流动特性相似,表明射流在刚从自清洗组件中喷出时未受到阻碍,可以自由运动。此外,图7.25显示,在这一阶段,曲线点分布相对均匀,表明流速变化较为稳定。然而,当射流进入冲击区时,流体遇到阻碍,导致射流速度急剧下降,进入急剧下降阶段。与第一阶段相比,第二阶段的曲线点密度变化较大,说明流速变化更为剧烈。

此外,根据统计数据,切应力和切应力最大值的比值的均值为0.150,标准差为0.078,最小值为0.030,最大值为0.228。这些数据进一步证实了上述变化趋势的可靠性。

7.4.2.4 过滤器反冲洗射流模型的化简与建立

在本节的泵前无压网式过滤器试验中,采用了新疆各团场的井水或河道水作为灌溉水源。在进行射流计算时,将这一前提条件引入了雷诺方程,即考虑了不可压缩流体的紊流边界层方程。针对本节具体的试验仪器而言,自清洗射流管喷出的组件呈现出轴对称紊流运动的特性。因此,可以对不可压缩流体的紊流边界层方程进行简化处理。基于这一简化,可以得到轴对称紊流边界层方程:

$$u\frac{\partial u}{\partial x}+v\frac{\partial u}{\partial r}=-\frac{1}{\rho}\frac{\partial p}{\partial x}+\frac{1}{\rho r}\frac{\partial (r\tau)}{\partial r} \qquad (7.32)$$

(1) 如图7.23里面的标记,在壁面处,也就是$x=H$的地方,由于贴近壁面,自清洗组件喷出的射流到此为止,距离达到最大值,不管是x方向,还是r方向的速度梯度都是0,所以式(7.32)左侧项可以化简,由此得到式(7.33)。

(2) 如图7.23中的标记所示,在自清洗组件的试验过程中,当射流达到壁面,即$x=H$的位置时,由于紧密贴近壁面,射流无法继续向前流动,从而达到了其距离的最大值。在这一点上,无论是在x方向还是r方向上,速度梯度均为0,这是由于流体与壁面的紧密接触导致速度的完全耗散。基于这一试验现象,对式(7.32)的左侧项进行了进一步的化简:

$$\frac{\partial p}{\partial x}=\frac{1}{r}\frac{\partial (r\tau)}{\partial r} \qquad (7.33)$$

在本节的试验过程中,采用具有确定结构的滤筒,这意味着自清洗组件的射流从喷嘴出发到达壁面,即滤筒的距离是已知的,用 H 来表示这一距离。基于这一已知条件,沿着 x 方向对式(7.32)进行了积分处理:

$$\left(r\frac{\partial u}{\partial x}\right)_H = \frac{\mathrm{d}(r\tau)}{\mathrm{d}r} \tag{7.34}$$

在此处,基于试验观察提出一个假设:自清洗组件的射流管喷出的压力分布存在相似性。这一假设的提出源于自清洗射流压力场分布在不同情况下展现出的相似特征。尽管流体的实际行为可能受到多种因素的影响,如流体的可压缩性、稳定性等,但在理想情况下,当这些因素保持一定时,描述流体运动的基本方程将保持一致,从而导致压力分布的相似性。但在实际应用中,必须认识到不同情境会带来的压力分布变化:

$$\frac{p}{p_m} = f(\eta) = \exp(-k\eta^2) \tag{7.35}$$

根据式(7.35),对式(7.34)进行了进一步的化简处理:

$$\left(r\frac{\partial p}{\partial x}\right)_H = (p'_m b_p)_H \eta f - p_s (b'_p)_H \eta^2 f' \tag{7.36}$$

式中　p'_m——p_m 对 x 的微分;

　　　b'_p——b_p 对 x 的微分;

　　　f'——f 对 η 的微分;

　　　p_s——滞点压力,N。

在过滤器的反冲洗管紊动冲击射流流动分析中,对于不同 x/H 位置的速度剖面,通过采用速度比尺 u_m 和速度半值宽 b_u 进行无量纲化处理后,自清洗组件的射流速度与最大速度的比值与长度比尺之间的关系可以精确地用公式拟合,因此,可以得出结论:轴线压力与滞点压力的比值,以及半值宽压力与 H 的比值,均是 x/H 的函数。

$$\frac{p_m}{p_s} = f_1\left(\frac{x}{H}\right), \quad \frac{b_p}{H} = f_2\left(\frac{x}{H}\right) \tag{7.37}$$

所以式(7.36)就可以化简为式(7.37)。

$$\frac{\tau}{p_s^2} = \alpha_0 \frac{1-f}{\eta} - \beta_0 \eta f \tag{7.38}$$

其中,$\eta = f_3\left(\frac{r}{H}\right)$。

式中,α、β 为试验系数,与 p_m、b_p 及其在壁面的积分有关。

考虑到实际情况,对于本节泵前无压网式过滤器自清洗组件的反冲洗射流来说属于垂直冲击的射流,所以有条件:

$$\frac{p_s}{\rho u_0^2}\left(\frac{H}{d}\right)^2 = const \tag{7.39}$$

则式(7.36)可以化为式(7.38)。

$$\frac{p_s}{\rho u_0^2}\left(\frac{H}{d}\right)^2 = \frac{\alpha}{\eta}[1-\exp(-k\eta^2)] - \beta\eta\exp(-k\eta^2) \tag{7.40}$$

可以得出切应力的方程:

$$\frac{\tau}{\tau_m} = \frac{\alpha_1 \rho u_m^2}{p_s \left(\frac{H}{d}\right)^2} \left\{ \frac{\alpha}{f_3 \left(\frac{r}{H}\right)} \left[1 - \exp\left(-kf_3 \left(\frac{r}{H}\right)^2\right) \right] - \beta \eta \exp\left[-kf_3 \left(\frac{r}{H}\right)^2\right] \right\} \quad (7.41)$$

式中,α_1 为系数。

上式化简为:

$$\frac{\tau}{\tau_m} = \frac{\alpha_1 \rho u_m^2}{p_s \left(\frac{H}{d}\right)^2} \left\{ f_4\left(\frac{r}{H}\right) - f_4\left(\frac{r}{H}\right) f_5\left[\left(\frac{r}{H}\right)^2\right] - f_6\left[\left(\frac{r}{H}\right)^2\right] \right\} \quad (7.42)$$

由公式不难看出,射流切应力明显受冲洗距离(喷嘴至壁面)、过滤器临界冲刷流量(清洗流量)及冲洗压力的共同影响。

7.4.3 过滤器上浮流量影响因素试验分析

在网式过滤器自清洗能力的试验研究中,上浮流量作为一个关键指标,用以界定过滤器在堵塞与正常运行之间的临界点状态。鉴于泵前无压网式过滤器独特的漂浮设计,其部分结构浸没于水面之下,当滤网遭遇堵塞时,若泵抽取的水量超过因堵塞而进入的空气量,过滤器的整体装置会因浮力作用而上升。上浮流量的重要性在于,它反映了过滤器自清洗机制对抗堵塞的能力,上浮流量越大,意味着过滤器在面临堵塞时,其自清洗能力越强,从而更有效地维持过滤系统的稳定运行。

从前文总结公式的影响因子出发,将影响因子具体化为指标,并运用矩阵分析方法深入探究这些指标与试验工况之间的内在联系。为了验证过滤器的上浮流量与各项因子的关系,依据不同的试验参数组合,以杂质配比、清洗流量和滤筒转速为关键因子,设计三因子三级的原型试验。实际试验结果如表7.19所示,展示上浮流量与各项因子之间的关系,为进一步优化过滤器设计和操作提供了有力的数据支持。

表7.19 过滤器上浮流量试验结果表

标准编号	次序编号	杂质配比	清洗流量/(m³/h)	滤筒转速/(r/min)	过滤器上浮流量/(m³/h)
6	1	0.6	10.5	1	107
15	2	0.4	10.5	2.5	125
1	3	0.2	1	2.5	137
3	4	0.2	20	2.5	152
2	5	0.6	1	2.5	123
12	6	0.4	20	4	127
14	7	0.4	10.5	2.5	125
9	8	0.4	1	1	111
7	9	0.2	10.5	4	150
11	10	0.4	1	4	140

续表7.19

标准编号	次序编号	杂质配比	清洗流量/(m³/h)	滤筒转速/(r/min)	过滤器上浮流量/(m³/h)
8	11	0.6	10.5	4	126
10	12	0.4	20	1	135
4	13	0.6	20	2.5	103
13	14	0.4	10.5	2.5	125
5	15	0.2	10.5	1	117

7.4.3.1 模型计算与方差分析

为了深入探究过滤器上浮流量与各项因子之间的关系，进行了多因素方差分析，并建立了相应的上浮流量子因子模型。通过这一分析过程，得以更全面地理解各因子对上浮流量的影响及其相互作用。最终的分析结果如表7.20所示，展示了各因子对上浮流量的贡献程度及其显著性水平，为后续的优化设计和操作提供了有力的数据支撑。

表7.20 过滤器上浮流量多因素方差分析

因子	离差平方	独立坐标数	离差平方和与自由度比	F 值	p 值
Model	2544.25	6	424.04	11.18	0.0016
A-配比	1176.13	1	1176.13	31	0.0005
B-浓度	4.5	1	4.5	0.1186	0.7394
C-流量	666.12	1	666.12	17.56	0.003
AB	306.25	1	306.25	8.07	0.0218
AC	49	1	49	1.29	0.2886
BC	342.25	1	342.25	9.02	0.017
残差	303.48	8	37.94		
失拟项	303.48	6	50.58		
误差	0	2	0		
合计	2847.73	14			
R^2	0.8934				

过滤器上浮流量模型如下：

$$R_{过滤器上浮流量} = -111.425 + 274.79167 \times A + 16.8333 \times B + 53.91667 \times C - 21.875 \times A \times B - 11.66667 \times A \times C - 3.08333 \times B \times C \tag{7.43}$$

结合自清洗试验数据分析，可以得出以下结论：在影响过滤器上浮流量的多个因素中，配比和流量起到主导作用，配比的变动对上浮流量产生了高达1176.13单位的显著影响，而自清洗流量的变化也引起了666.12单位的明显波动。相比之下，浓度对上浮流量的影响较小,其变动仅造成了 4.5 单位的微弱差异,且其 p 值为 0.7394,表明浓度的影响并不显著。此外,还观察到配比与浓度、浓度与自清洗流量之间的交互作用对上浮流量具有显著影响,其离差平方和分别为 306.25 和 342.25 单位,而配比与自清洗流量的交互作用则相对较弱。模型解释了上浮流量变异的 89.34%,显示出良好的拟合度。这些数据为优化自清洗过滤器的设计和操作提供了有力支持,有助于实现更高效、稳定的过滤效果。

7.4.3.2 配比和清洗流量对过滤器上浮流量影响

基于自清洗试验的数据,深入分析了配比和清洗流量对过滤器上浮流量的影响,并绘制了相应的箱形线加点重叠图,如图 7.26 所示,该图展示了在不同杂质配比下,随着清洗流量的变化,过滤器上浮流量所呈现的趋势。在低清洗流量区域,上浮流量呈现下降趋势;而在高清洗流量区域,则呈现上升趋势。此外,也观察到过滤器的上浮流量随转速的增大而增大。为了更全面地理解数据的分布情况,进行了四分位数分析。结果显示,下四分位数(Q_1)为 103.07475,中位数(Q_2)为 102.40735,上四分位数(Q_3)为 99.18866。

进一步分析图 7.26,发现在不同杂质配比和清洗流量条件下,过滤器上浮流量的变化情况具有显著特征。具体而言,当杂质配比为 0.6 且清洗流量为 16 m³/h 时,过滤器上浮流量达到最低点;而在杂质配比为 0.2、清洗流量为 16 m³/h 时,上浮流量则处于最高点。同时,中位数(Q_2)约为 102.40735,这表明数据的中心趋势集中在该值附近。

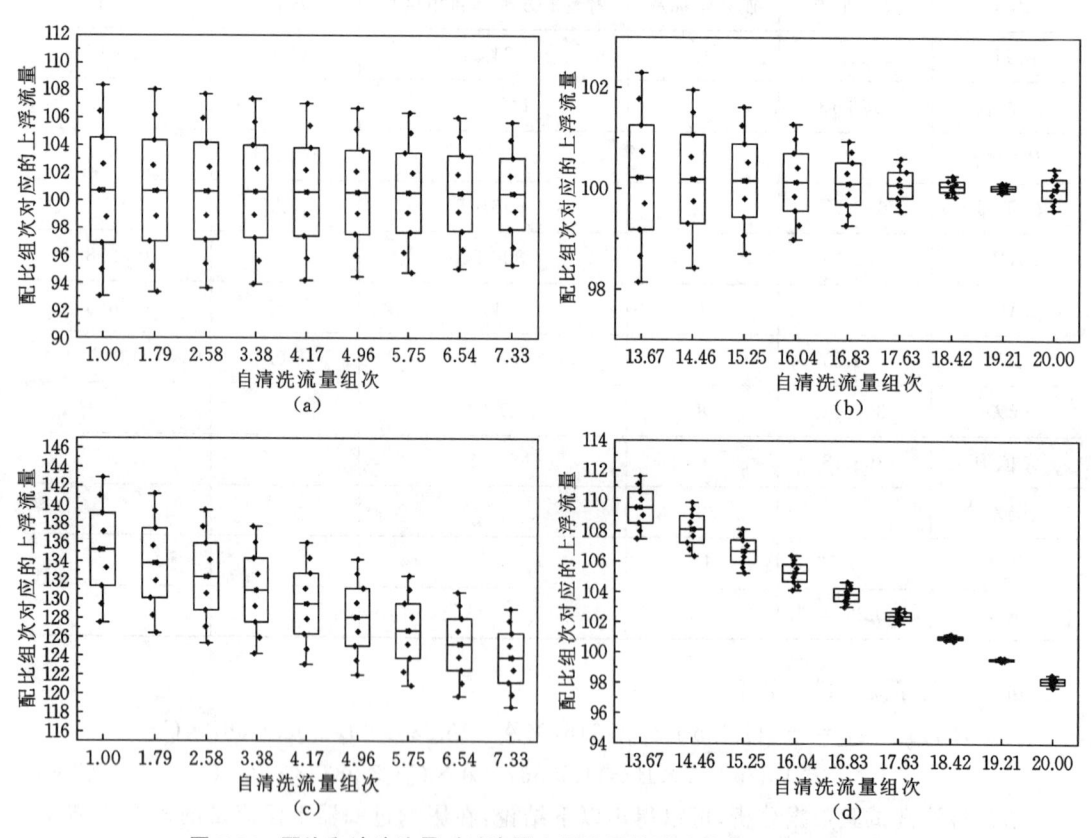

图 7.26 配比和清洗流量对过滤器上浮流量的影响的箱形线加点重叠图

7.4.3.3 配比和转速对过滤器上浮流量影响

结合自清洗试验分析,绘制了配比和转速对过滤器上浮流量影响的箱形线加点重叠图,如图7.27所示。该图清晰地揭示了,在固定杂质配比条件下,过滤器上浮流量随转速的增大而呈现增加趋势。箱形线图部分展示数据集的中位数为146.91955,上四分位数为155.72502,下四分位数为138.52976。从图7.27所示箱形线图可以看出,随着数据点的增加,整体数据呈现上升趋势。此外,图7.27还揭示了在不同杂质配比和转速条件下过滤器上浮流量的变化情况。具体而言,当杂质配比为0.6且转速为1 r/min时,过滤器上浮流量处于最低点;而当杂质配比为0.2且转速为4 r/min时,上浮流量则达到最高点。这一发现进一步证实了杂质配比和转速对上浮流量的综合影响。

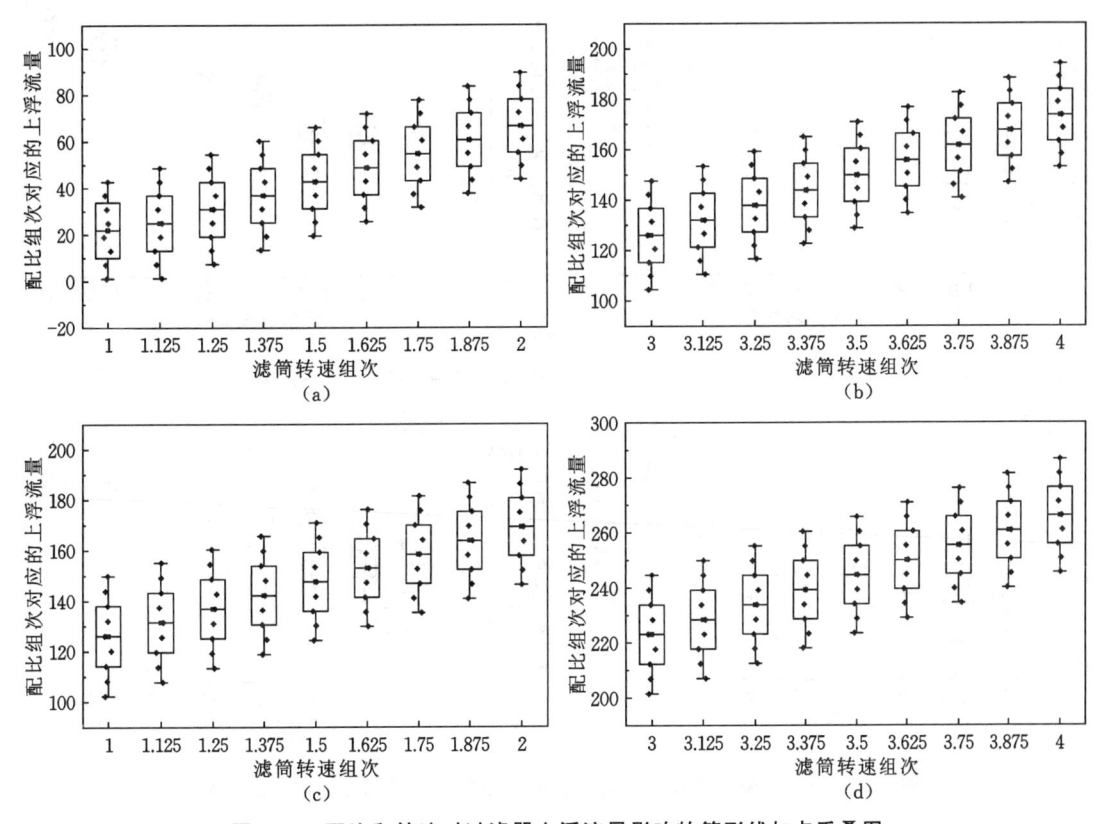

图7.27 配比和转速对过滤器上浮流量影响的箱形线加点重叠图

7.4.3.4 清洗流量和转速对过滤器上浮流量影响

图7.28展示了清洗流量和转速对过滤器上浮流量影响的箱形线加点重叠图。从图7.28中可以观察到,在固定清洗流量时,过滤器上浮流量随转速的变化呈现出不同的趋势:在低清洗流量区域,上浮流量随转速增加而上升;但在高清洗流量区域,上浮流量则随转速增加而下降。这一现象揭示了清洗流量和转速对过滤器上浮流量的综合影响。根据箱形线图的数据分析,中位数位于156.83856和157.02125之间,这表明数据的中心趋势集中在这个范围内,同时,上下四分位数(Q_1和Q_3)分别为约154.77791和160.81415,这界定了数据的合

理分布范围,进一步的分析显示,过滤器上浮流量与杂质配比、清洗流量和转速的离差平方和与自由度比分别为1176.13、4.5、666.12。因子 A 杂质配比和 C 转速对过滤器上浮流量的影响显著大于因子 B 清洗流量,因子 A 和 C 的影响分别比因子 B 大 26036% 和 14702%。从 p 值的角度来看,针对过滤器上浮流量的响应面模型,以及因子 A、B 和 C 的 p 值分别为 0.0016、0.0005、0.7394 和 0.003。因此,在修正过滤器上浮流量的模型时,可以适当减少考虑因子 B 清洗流量的影响。从图 7.28 中还可以观察到,过滤器上浮流量在清洗流量为 12 m³/h 和转速为 1 r/min 时处于最低点,而在清洗流量为 12 m³/h 和转速为 4 r/min 时则达到最高点。这一发现揭示了在不同操作条件下过滤器上浮流量的变化情况。

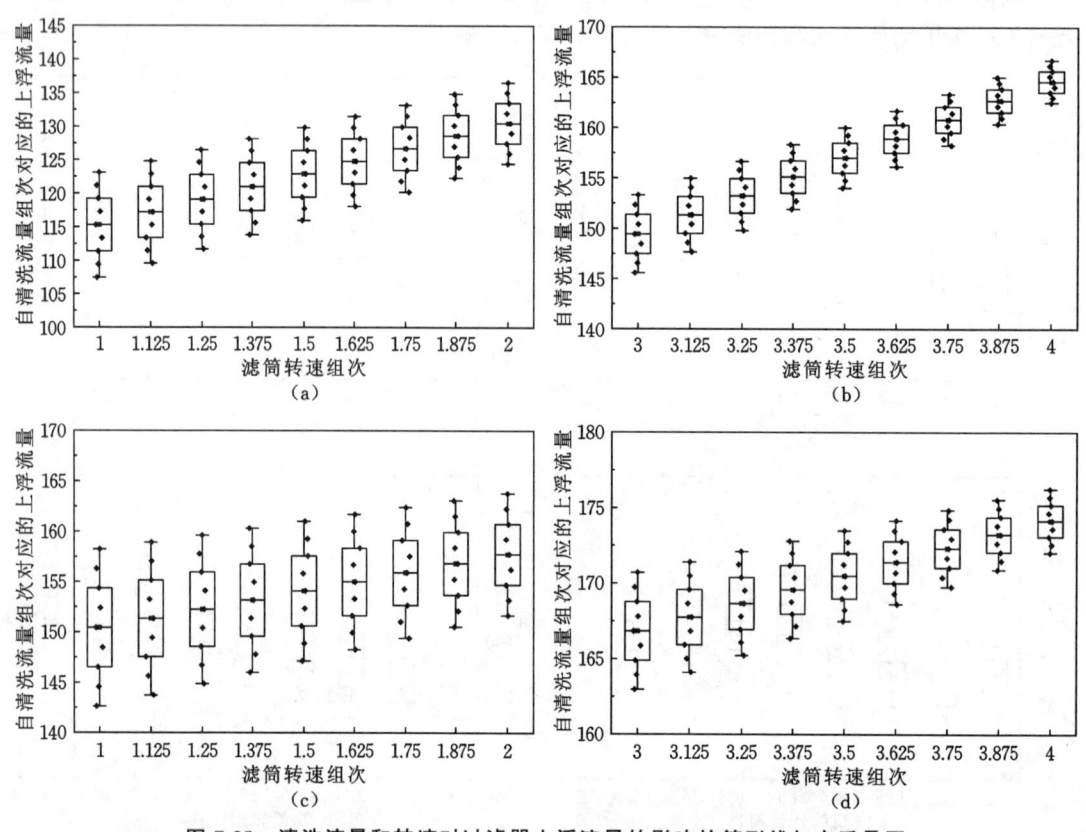

图 7.28　清洗流量和转速对过滤器上浮流量的影响的箱形线加点重叠图

综上所述,与图 7.27 相比,图 7.26 和图 7.28 所呈现出的变化更为剧烈,这揭示了试验中冲洗滤饼时破坏深度的极端情况,即最不利结果与最利结果。在针对网式过滤器堵塞前的上浮流量试验中,当配比设定为 0.600、清洗流量为 16.000 m³/h、转速为 4.000 r/min 时,观察到网式过滤器在接近堵塞状态前的上浮流量达到了 103.117 m³/h。上浮流量作为一个重要指标,其值越大,在实际应用中越能体现过滤器的优越性能。它代表了过滤器在堵塞前能够抵抗堵塞的能力,是评估过滤器性能及预测其使用寿命的关键因素。

通过对比分析不同操作条件下的上浮流量数据,能够深入了解过滤器在不同参数设置下的性能表现。这些结论还可以为实际生产中的设备维护和操作提供有价值的指导。当监测到过滤器的上浮流量低于预期值时,操作人员可以迅速采取相应措施,如进行清洗或更换过滤器,以确保生产流程的顺畅进行。

7.4.4 过滤器的冲洗结束压降影响因素试验分析

为了更深入地研究自清洗过程中的影响因素,从前文的总结公式出发,通过运用矩阵分析的方法,系统地探讨了这些指标与试验工况之间的内在联系。为了验证这种关系,根据试验参数的不同组合,设计一个包含三个因子(配比、清洗流量、滤筒转速)且每个因子分为三级的原型试验。目标是明确冲洗结束时压降与各因子的具体关系。最终的实际试验结果如表 7.21 所示。

表 7.21 过滤器冲洗结束压降试验结果表

标准编号	次序编号	杂质配比	清洗流量/(m³/h)	滤筒转速/(r/min)	冲洗结束压降/kPa
6	1	0.6	10.5	1	14.3
15	2	0.4	10.5	2.5	20.8
1	3	0.2	1	2.5	22.4
3	4	0.2	20	2.5	23.5
2	5	0.6	1	2.5	18.6
12	6	0.4	20	4	23
14	7	0.4	10.5	2.5	19.6
9	8	0.4	1	1	20.8
7	9	0.2	10.5	4	16
11	10	0.4	1	4	20.8
8	11	0.6	10.5	4	23.1
10	12	0.4	20	1	23.3
4	13	0.6	20	2.5	21.5
13	14	0.4	10.5	2.5	19.7
5	15	0.2	10.5	1	18.2

7.4.4.1 模型计算与方差分析

进行了多因素方差分析,以全面探究不同因子对冲洗结束压降的影响。通过建立冲洗结束压降的子因子模型,能够更准确地评估每个因子在压降变化中的贡献。详细的分析结果如表 7.22 所示。

表 7.22 过滤器冲洗结束压降多因素方差

因子	离差平方	独立坐标数	离差平方和与自由度比	F 值	p 值
Model	86.51	9	9.61	2.82	0.1328
A-配比	0.845	1	0.845	0.2482	0.6395

续表7.22

因子	离差平方	独立坐标数	离差平方和与自由度比	F 值	p 值
B-浓度	9.46	1	9.46	2.78	0.1564
C-流量	4.96	1	4.96	1.46	0.2814
AB	0.81	1	0.81	0.2379	0.6464
AC	30.25	1	30.25	8.88	0.0308
BC	0.0225	1	0.0225	0.0066	0.9384
A^2	6.28	1	6.28	1.84	0.2325
B^2	28.35	1	28.35	8.33	0.0344
C^2	2.54	1	2.54	0.7456	0.4274
失拟项	17.02	5	3.4		
误差	16.14	3	5.38	12.13	0.0771
合计	0.8867	2	0.4433		
失拟项	103.53	14			
R^2	0.8356				

冲洗结束压降模型如下：

$$R_{\text{冲洗结束压降}} = 154.60093 - 14.20833 \times A - 19.2396 \times B - 0.949074 \times C + \\ 1.125 \times A \times B + 9.16667 \times A \times C + 0.025 \times B \times C - \\ 32.60417 \times A^2 + 0.6927 \times B^2 - 0.368519 \times C^2 \tag{7.44}$$

结合自清洗试验过程，对表7.23中过滤器冲洗结束时的压降进行了多因素方差分析。该分析涵盖了配比、清洗流量和转速这三个主要因子，以及它们之间的交互作用和二次项。从模型结果来看，其 F 值为2.82，对应的 p 值为0.1328，其 R^2 值达到0.8356，说明模型仍能解释约83.56%的数据变异性。具体来看，配比、浓度和流量这三个因子单独对冲洗结束时压降的影响并不显著，其 p 值均大于常用的显著性水平0.05。但在交互作用方面，配比与转速的组合（AC）及清洗流量的二次项（B^2）显示出了显著性，p 值分别为0.0308和0.0344，这意味着这两个因素在特定条件下可能对压降产生显著影响。

总体来说，这次自清洗试验的多因素方差分析提供了有关过滤器性能的重要支撑。虽然某些因子单独影响不显著，但它们的交互作用可能在实际应用中发挥关键作用。

7.4.4.2 配比和清洗流量对冲洗结束压降影响

结合自清洗试验过程，深入分析了配比和清洗流量对冲洗结束压降的影响，并构建了相应的箱形线加正态曲线图，如图7.29所示。该图清晰地揭示了在固定杂质配比条件下，冲洗结束压降随清洗流量的增大呈现出先减小后增大的趋势，但整体仍呈现为微降状态。详细来看，数据集的平均值为20.265，中位数为20.042，这表明数据分布相对均匀。下四分位数（Q_1）为19.961，意味着有25%的数据点位于此值以下；而上四分位数（Q_3）为20.897，则表明75%的数据点位于此值以下。四分位距（IQR）作为 Q_3 与 Q_1 的差值，反映了数据中间

50%的范围，IQR 较小，说明大多数数据（即中间50%）都集中在一个相对狭窄的区间内。图 7.29 中冲洗结束压降在杂质配比为 0.6、清洗流量为 14 m³/h 时达到最低点，而在杂质配比为 0.4、清洗流量为 16 m³/h 时达到最高点，这两个极值点提供了优化自清洗过程的重要参考信息。

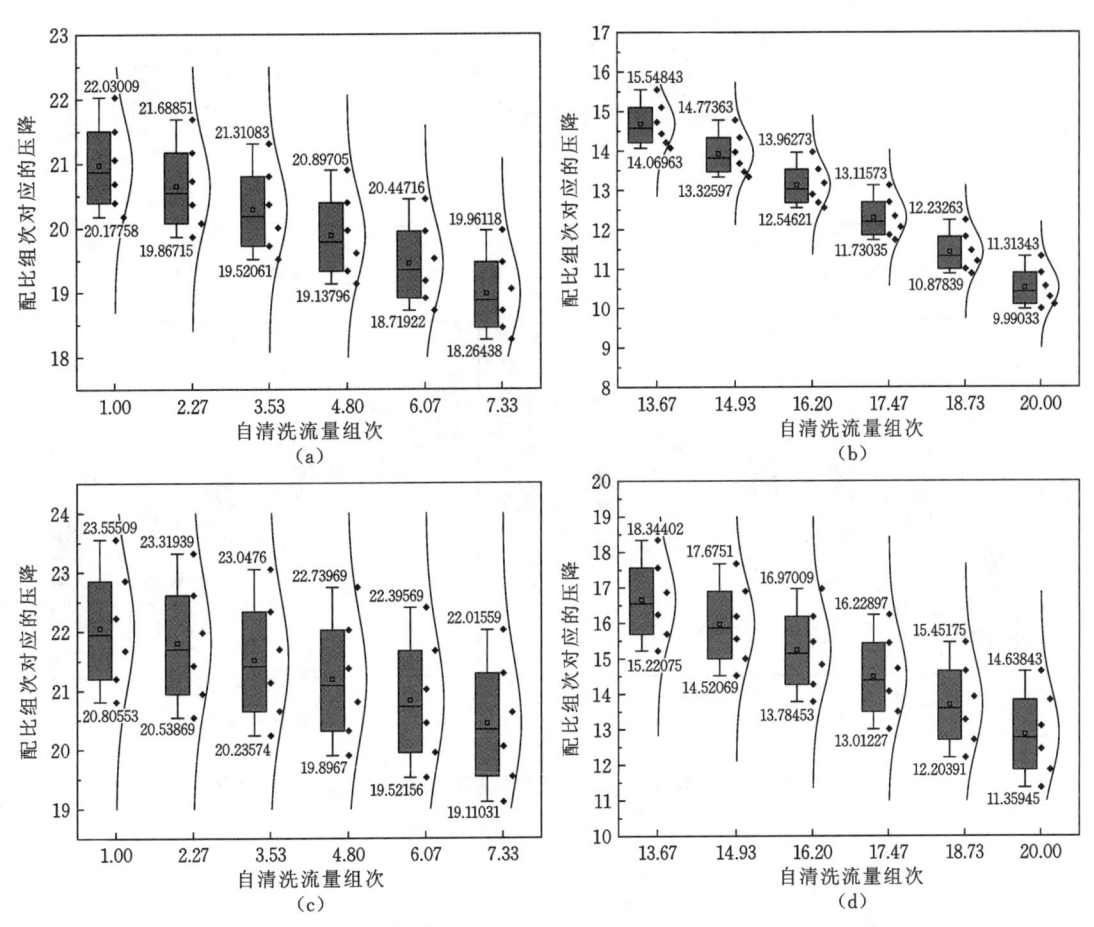

图 7.29 配比和清洗流量对冲洗结束压降影响的箱形线加正态曲线图

7.4.4.3 配比和转速对冲洗结束压降影响

结合自清洗试验过程，探究配比和转速对冲洗结束压降的影响，并构建了相应的箱形线加正态曲线图，如图 7.30 所示。分析图 7.30 可知，在固定杂质配比条件下，冲洗结束压降随转速的增大呈现出不同的趋势：在低配比时，压降呈上升趋势；而在高配比时，则呈下降趋势。数据集的平均值为 16.84385，中位数为 16.6723，这表明数据分布相对均匀。下四分位数（Q_1）为 15.63596，意味着有 25% 的数据点位于此值以下；上四分位数（Q_3）为 17.90862，则表明 75% 的数据点位于此值以下。此外，标准差为 1.60243，表明数据点相对于均值有一定的离散程度。值得注意的是，图 7.30 中冲洗结束压降在杂质配比为 0.6、转速为 1 r/min 时达到最低点，而在相同配比、转速为 4 r/min 时达到最高点。这两个极值点提供了关于转速和配比如何影响冲洗结束压降的重要信息，有助于优化自清洗过程。

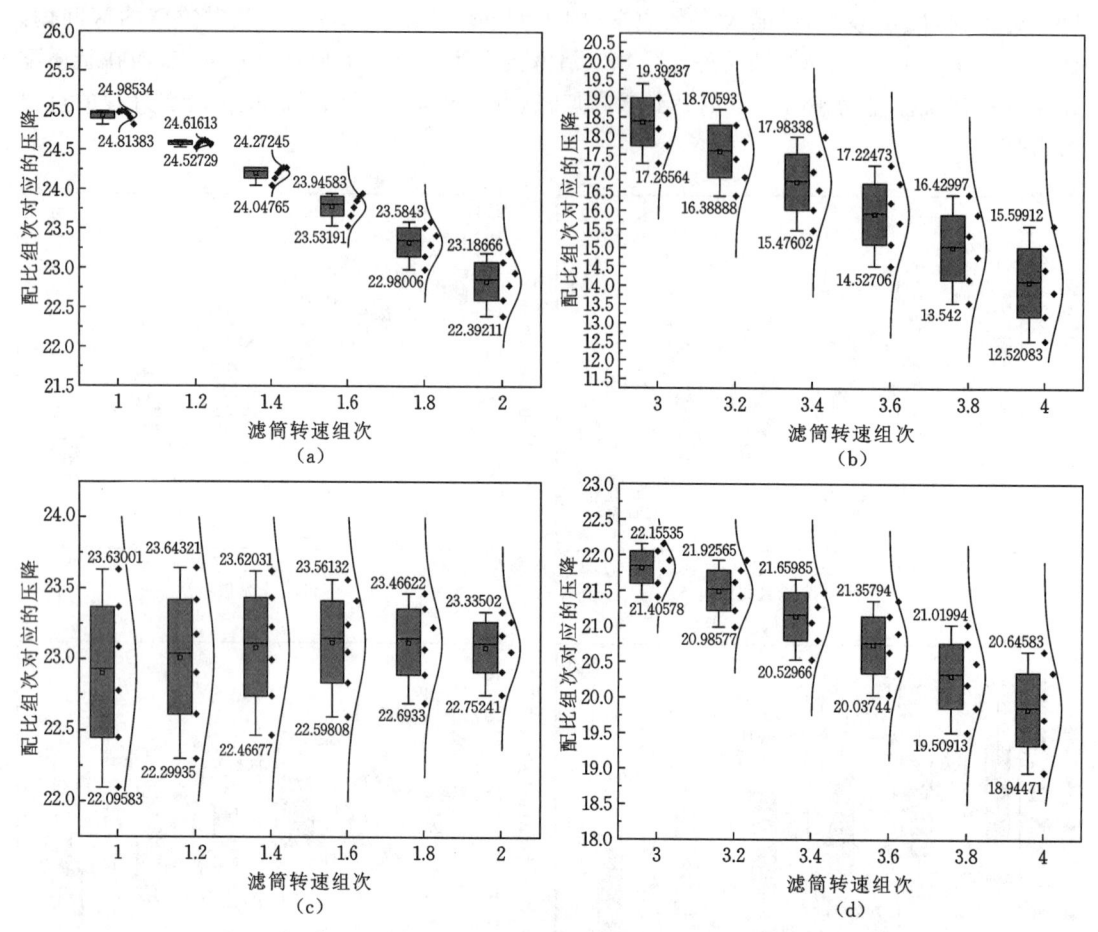

图 7.30 配比和转速对冲洗结束压降的影响的箱形线加正态曲线图

7.4.4.4 清洗流量和转速对冲洗结束压降影响

结合自清洗试验过程,进一步分析了清洗流量和转速对冲洗结束压降的影响,并构建了相应的箱形线加正态曲线图,如图 7.31 所示。

分析图 7.31 可知,在固定清洗流量条件下,冲洗结束压降随转速的升高而增加。具体来看,数据集的平均值为 20.22452,中位数为 20.39302,这表明数据分布相对均匀且略偏向较高值。下四分位数(Q_1)为 19.55346,意味着有 25% 的数据点位于此值以下;上四分位数(Q_3)为 21.17105,则表明 75% 的数据点位于此值以下。四分位距(IQR)作为 Q_3 与 Q_1 的差值,反映了数据中间 50% 的范围,其值为 1.61759,相对较小,说明中间 50% 的数据范围较狭窄。图 7.31 中冲洗结束压降在清洗流量为 14 m³/h、转速为 1 r/min 时达到最低点,而在清洗流量为 16 m³/h、转速为 4 r/min 时达到最高点。这两个极值点提供了关于清洗流量和转速如何共同影响冲洗结束压降的信息,有助于更深入地理解自清洗过程,并为优化操作条件提供指导。

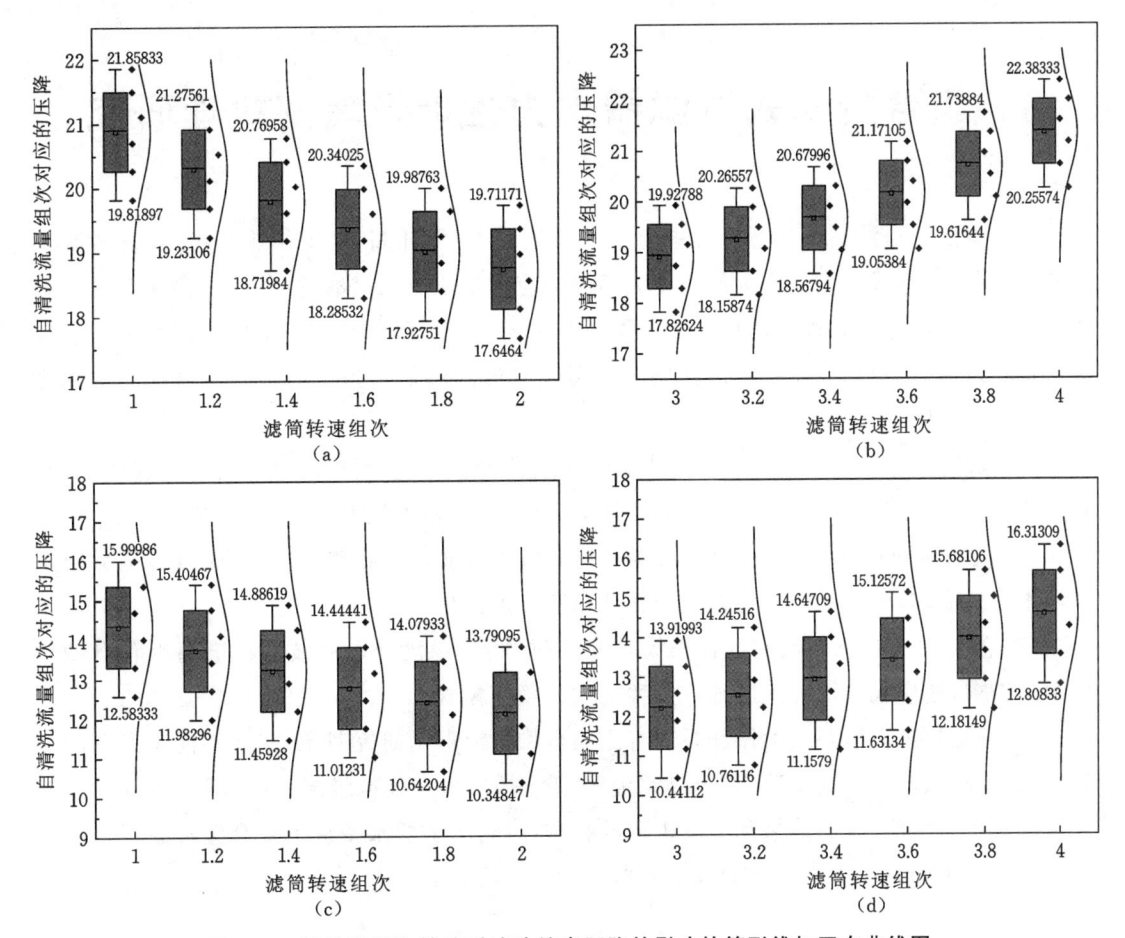

图 7.31 清洗流量和转速对冲洗结束压降的影响的箱形线加正态曲线图

综上所述,自清洗试验的结果显示,冲洗结束压降受到 A 杂质配比、B 清洗流量和 C 滤筒转速的影响。从离差平方和与自由度的比值来看,因子 A 和 B 的影响远大于因子 C,分别高出 1019% 和 486%。从 p 值的角度来看,这三个因子对冲洗结束压降的直接影响均不显著,p 值分别为 0.6395、0.1564 和 0.2814,均高于常用的显著性水平 0.05。尽管如此,这些因子可能通过交互作用对压降产生显著影响。在网式过滤器堵塞后的清洗试验中,计算得到了特定条件下的清洗后压降数据,当杂质配比为 0.600,清洗流量为 15.156 m^3/h,转速为 1.000 r/min 时,清洗后的网式过滤器压降为 15.897 kPa。压降是一个望小特性值,即在实际应用中希望这个数值尽可能小。较小的压降意味着流体通过过滤器时的阻力较小,过滤器的通透性较好,这对于保持过滤器的长期性能和延长其使用寿命非常重要。

8 组合型网式过滤器水力性能及堵塞机理研究

目前微灌用过滤器在运行过程中存在水头损失大、能耗高,负担作业面积小,自清洗不彻底等问题,而网式过滤器作为国内外大田微灌应用最广泛的过滤器之一,亦存在有机物杂质难以处理的问题。我国微灌用过滤器设备在长久以来的研究和应用推广中取得了一系列的成果和进展,但更高效、更节水,使用寿命更长的过滤器仍然是今后过滤器研究的主要方向,其内容包括以下三点:

(1) 采用组合型过滤器将不同过滤器的优点进行组合,从而提高过滤器的过滤效果,减轻过滤器各部分堵塞程度,增大清洗时间间隔,延长过滤器使用寿命;

(2) 建立完善的大型过滤站系统,将不同类型的过滤器进行串并联组合,以满足大田灌溉用水量的需求,解决单一过滤器负担作业面积小的问题;

(3) 发展具有自动控制和远程操纵功能的过滤器,以满足微灌技术精准灌溉和自动化控制的需求,适应我国西北地区地广人稀的大田微灌模式。

综上所述,本章以泵前无压和泵后有压组合型过滤器为研究对象,基于不同工况下的过滤试验、排污试验和堵塞试验,给出进水流量、含沙量、泥沙颗粒级配,以及不同目数滤网组合情况对过滤性能、排污效果和堵塞机理的影响规律,为劣质水条件下组合型过滤器水力性能和过滤效果的研究提供一定的理论依据和参考价值。

8.1 试验概况

8.1.1 试验设备及装置

8.1.1.1 试验设备

试验所用仪器包括电磁流量计、电子压力计、烧杯、量筒和电子天平等,产品型号及规格见表 8.1。试验选取木屑代替天然渠道中的藻类和浮游生物等有机物,所用泥沙为新疆玛纳斯河流域天然河沙,根据过滤器的过滤精度和微灌易堵塞水质标准配置不同颗粒级配和沙粒浓度的含沙水进行试验。

表 8.1 配套辅助设施

设备名称	产品型号	数量	规格	备注
出水管		2	200 mm	泵前和泵后过滤器各一个
排污管		1	150 mm	主要用于泵后过滤器

续表8.1

设备名称	产品型号	数量	规格	备注
变频柜	ACS510-01	1	输出频率 0～50 Hz	用于调节进水流量
离心泵	ISG125-200T	1	额定流量 160 m³/h	连接泵前过滤器出水管
三相异步电动机	YE2-90L-4	1	额定功率 1.5 kW	使含沙水搅拌均匀
电磁流量计	TDS-100P	1	精度为 0.001 m³/s	位于离心泵后稳定段
电子压力计	MIK-Y290	4	精度为 0.001 MPa	位于进水口、出水口、排污口
电子天平	YH-M10002	1	精度为 0.01 g	主要用于拦截质量测量

8.1.1.2 组合型网式过滤器装置图

过滤器结构如图 8.1 所示。组合型网式过滤器由泵前漂浮式过滤器和泵后自清洗网式过滤器组成，采用分体式布置。泵前过滤器主要由滤网、滤筒、浮筒、电机、自清洗装置和支撑结构组成。其中滤网安装在滤筒外表面，浮筒通过支撑结构固定在滤筒两侧，自清洗装置安装在滤筒内，由自清洗管道和一排沿过滤器轴向均匀分布的高压喷嘴构成。泵前过滤器滤筒长度 1400 mm，滤筒直径 900 mm，出水口直径 125 mm。泵后过滤器采用立式结构，由粗滤网、细滤网、滤芯、旋喷管和吸沙组件构成。滤芯高度 400 mm，滤芯直径 360 mm，进出水口直径 150 mm。

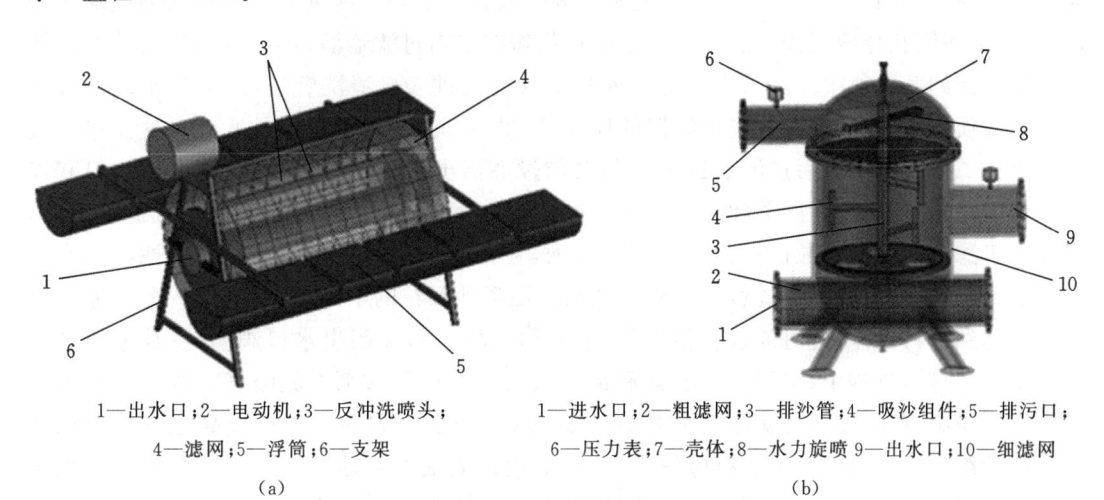

1—出水口；2—电动机；3—反冲洗喷头；
4—滤网；5—浮筒；6—支架
(a)

1—进水口；2—粗滤网；3—排沙管；4—吸沙组件；5—排污口；
6—压力表；7—壳体；8—水力旋喷 9—出水口；10—细滤网
(b)

图 8.1 过滤器结构图
(a) 泵前漂浮式过滤器；(b) 自清洗网式过滤器

试验装置由蓄水池（长 455.0 cm，宽 342.5 cm，高 185.0 cm）、搅拌机、泵前和泵后组合型网式过滤器、水泵（ISG125-200T，额定流量 160 m³/h，功率 37 kW，频率 50 Hz）、变频柜，以及进、出水连接管道等组成，试验装置如图 8.2 所示。

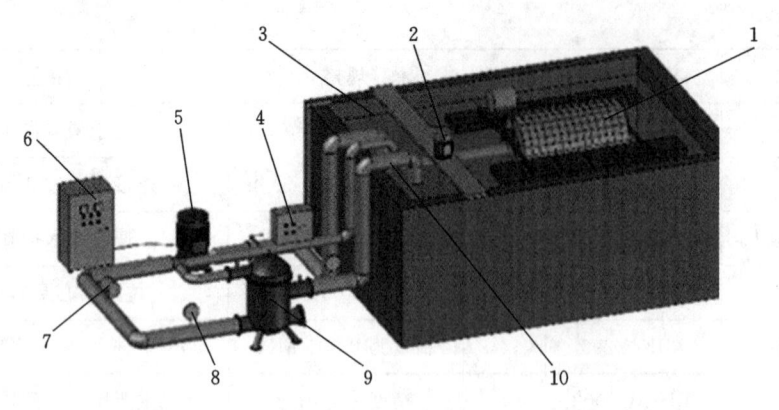

1—泵前过滤器；2—搅拌机；3—蓄水池；4—自清洗控制箱；5—水泵；
6—变频柜；7—流量计；8—压力表；9—泵后过滤器；10—出水口

图 8.2　试验装置示意图

8.1.2　过滤器工作原理

泵前过滤器主要通过安装在滤筒外表面的滤网实现灌溉水源杂质的分离和过滤，滤筒一端连接出水管和水泵，另一端与反冲洗进水管相连。实际应用过程中将该过滤器设置在沉沙池和压力前池等开阔水域，过滤器依靠固定在滤筒两侧的浮筒漂浮在水面上，滤筒通过出水口一端的电动机和与之相连的皮带带动其旋转，从而扩大滤筒表面反冲洗作用范围。含有泥沙和有机物等杂质的水源在自流和水泵抽吸作用下经滤网进入泵前过滤器实现一级过滤，大于滤网孔径的泥沙和有机物等杂质被拦截在泵前过滤器滤网外表面，通过滤筒旋转和反冲洗回到蓄水池中。滤后水一部分通过支管分流进入自清洗管道后，从沿轴均匀分布的反冲洗喷头喷出，实现对泵前过滤器的反冲洗，另一部分由过滤器后的水泵运送至泵后过滤器进行二级过滤。泵后过滤器进水口与泵前过滤器出水口相连，过滤过程中进水口和出水口阀门完全打开，排污阀关闭。进入泵后过滤器的含沙水依次经过粗滤网和细滤网过滤，粒径大于滤网孔径的沙粒被拦截在滤网内表面，粒径小于滤网孔径的沙粒经过滤器出水口进入灌溉系统，完成整个过滤过程。随着滤网表面泥沙颗粒的不断积累，滤网内外压差不断增大并达到排污压差，此时通过自清洗控制箱开启排污阀，关闭出水口阀门，过滤系统进入排污阶段。排污过程中，水流从过滤器底部进入吸沙组件后从水力旋喷管上两个相反方向的出水口喷出，产生旋转力矩带动吸沙组件旋转，进一步在滤网附近形成高速水流和压强差。吸沙组件靠近滤网一侧设有竖缝，沉积在滤网内表面的泥沙颗粒在滤网两侧较大的压强差作用下进入吸沙组件，通过水力旋喷管出水口和过滤器排污管排出，直到滤网内外压强差再次恢复至初始值，过滤器结束排污阶段，进入下一个工作循环。

8.1.3　过滤器滤网参数选取

过滤介质是组成过滤器的关键部分，能够将灌溉水源中的固体污物截留，得到满足微灌水质要求的气液非均相物系，在生产和实际应用中应具备一定的强度、刚度、稳定性和过滤性能。根据过滤器类型不同，常用的过滤介质有编织材料（滤网）、多孔性固体（陶瓷）、堆积介质(砂石、叠片)。滤网是网式过滤器的心脏,国产市售滤网规格一般有 8 目、17 目、32 目、40 目、60 目、80 目、100 目,其材质以腈纶和不锈钢为主。滤网按形状可分为矩形、圆形、楔形、环形等,新疆地区常用滤网类型主要是楔形滤网和矩形滤网。

本研究基于单因素试验设计开展预试验,对不同进水流量(110 m³/h、160 m³/h),含沙量(0.12 g/L、0.18 g/L)和滤网孔径(泵前 48 目泵后 80 目、泵前 60 目泵后 100 目)条件下的过滤时长进行记录。为了在满足过滤精度要求前提下尽可能延长过滤器过滤时间,综合考虑实际灌溉工程情况和预试验时长,避免由于滤网孔径太小造成过滤器在较短时间内堵塞,没有足够的预留时间进行取样和读数,或因滤网孔径过大导致超过灌水器流道尺寸的泥沙颗粒通过滤网,影响过滤效果,试验过程中选取泵前过滤器 48 目、60 目楔形不锈钢滤网,对应孔径分别为 0.32 mm、0.25 mm,滤网表面积为 3.96 m²;泵后过滤器 80 目、100 目矩形不锈钢滤网,对应孔径分别为 0.20 mm、0.16 mm,滤网表面积为 0.45 m²。

8.1.4 泥沙颗粒级配

配置试验含沙水所用泥沙取自玛纳斯河流域不同位置处天然细河沙,经过筛分后三种泥沙颗粒级配曲线如图 8.3 所示。级配 G_1,G_2,G_3 对应的中值粒径分别为 0.19 mm,0.32 mm 和 0.50 mm,其中悬浮泥沙颗粒粒径较小,无法对其进行级配测试。根据试验材料和滤网孔径情况,定义粒径大于 0.32 mm 的沙粒为粗颗粒泥沙,三种级配下粗颗粒泥沙的占比分别为 16.2%,50.0% 和 81.6%。

结合不同灌溉水源条件下(雪山融水、井水、额尔齐斯河水)典型过滤器滤网截留杂质实地取样结果,其中杨柳絮和藻类等有机物杂质占比为 40% 左右,具有柔性、黏附性和密度小等特点。考虑试验材料可得性,采用物理特性相似的锯木屑代替有机物杂质,按照有机物和泥沙质量比 1∶1,2∶1 和 3∶1 配置试验原水如图 8.4 所示。

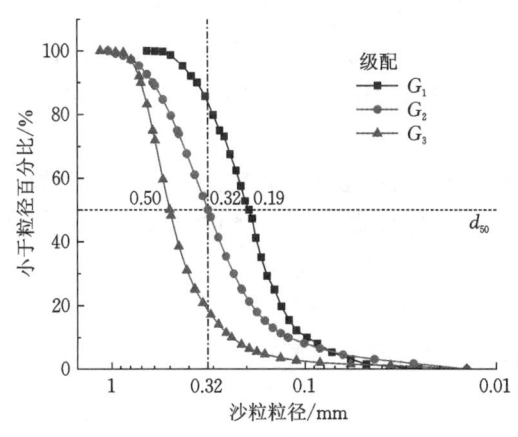

图 8.3 泥沙颗粒级配曲线

图 8.4 不同杂质配比试验原水
(a) 锯木屑;(b) $B=1$;(c) $B=2$;(d) $B=3$

8.1.5 试验步骤与方法

为了对组合型网式过滤系统的过滤性能、自清洗效果和堵塞机理进行研究,设置了室内原型试验,试验分为过滤试验、排污试验和堵塞试验三部分。

8.1.5.1 过滤试验

试验分为清水试验和浑水试验两部分,选取 4 种滤网孔径组合情况:D_1(0.32 mm×0.20 mm)、D_2(0.32 mm×0.16 mm)、D_3(0.25 mm×0.20 mm)、D_4(0.25 mm×0.16 mm),结合新疆地区实际工程情况和试验设备允许流量范围(0~160 m³/h),设置进水流量以 10 m³/h 为梯度从 110 m³/h 递增至 160 m³/h,共 6 组进水流量,并通过电磁流量计进行校核,蓄水池中含沙水经过滤后回到蓄水池中实现循环过滤。

清水条件下通过精密压力表测量组合型过滤器进出水口压强,探究不同滤网孔径组合情况下过滤器水头损失随流量变化规律。浑水条件下开展定流量和定含沙量两组试验,为了使过滤系统具有较好的过滤效果和有效过滤时长,结合预试验及农田灌溉水质标准设置进水含沙量为 0.12 g/L,0.15 g/L 和 0.18 g/L,对应加沙速率为 2.5 g/s,3.0 g/s 和 3.8 g/s。

试验开始前调节变频柜频率控制过滤系统进水流量,待系统稳定运行 3 min 后向蓄水池中匀速手动加沙,通过控制加沙速率改变过滤器进水含沙量,在蓄水池中设置搅拌机使含沙水混合均匀。加沙过程中部分泥沙在重力作用下沉降,难以进入过滤系统,考虑泵前过滤器主要起到对悬浮杂质的拦截作用,以及泵后过滤器对泥沙的关键过滤作用,将提前配置好的含沙水加在泵前过滤器进水口一侧,以控制实际进入组合型过滤系统的含沙量。在过滤系统进出水口处每隔 1 min 读取一次压力表示数,同时每隔 5 min 在过滤系统进水口、一级过滤和二级过滤出水口处各接取 500 mL 水样,每个位置共 3 瓶水样。当泵后过滤器滤网内外压降达到排污压差时停止试验,用秒表记录总过滤时长,并分别对泵前和泵后过滤器滤网拦截的泥沙进行刷洗取样。

8.1.5.2 排污试验

排污试验设置泵前过滤器滤网孔径为 0.32 mm 和 0.25 mm,泵后过滤器滤网孔径为 0.20 mm 和 0.16 mm,泵前过滤器滤筒转速为 4 r/min,在流量为 110~160 m³/h 条件下进行正交试验。通过进水口和排污口压力表读数计算出过滤系统的排污压差,试验过程中记录下排污时间并测取排污口含沙量,对排污压差和排污含沙量随时间变化规律进行分析,得出滤网孔径、滤筒转速和进水流量对排污压差和排污时间的影响情况,进一步确定组合型过滤系统在不同工况下的最佳排污压差和排污时间。

8.1.5.3 堵塞试验

对组合型网式过滤器进行堵塞试验。选取进水流量为 110~160 m³/h,泵前过滤器滤筒转速为额定转速 4 r/min,根据新疆典型过滤器滤网截留杂质实地取样调查结果,用锯木屑代替地表水中的藻类等有机物杂质,设置不同木屑和泥沙质量比为 1:1,2:1 和 3:1(杂质配比 $B=1,B=2,B=3$)配置试验原水,在不同泥沙颗粒级配(G_1、G_2、G_3)、含沙量和滤网孔径组合情况下,设置泥沙过滤,泥沙和有机物过滤两组试验,采取全因子试验设计和正交试验设计,全因子试验通过控制变量法研究不同因素对过滤器拦沙量的影响规律,分析各级过滤前后泥沙颗粒级配变化情况。对正交试验结果进行极差和方差分析得到各因素对试验指标的影响程度和显著性,并确定泵前和泵后串联网式过滤器的最佳工况。正交试验设计如表8.2所示。

表8.2 正交试验因素水平表

水平	进水流量/(m³/h)	含沙量/(g/L)	滤网孔径	颗粒级配	杂质配比
1	120	0.12	D_1	G_1	$B=1$
2	140	0.15	D_2	G_2	$B=2$
3	160	0.18	D_4	G_3	$B=3$

试验结束后通过过滤试验和烘干法对水样含沙量进行测量,并采用激光粒度仪(LS 13 320)分析各级过滤前后泥沙颗粒级配情况和中值粒径,结合过滤器过滤时间、不同粒径范围泥沙占比及滤饼物理特性,进一步表征过滤器中泥沙和有机物杂质的运移情况及分布规律。

8.2 组合型网式过滤器水力特性研究

水头损失是评价过滤器水力性能的主要指标,反映了过滤过程中水流势能与动能相互转化的能量损耗情况。为了探究泵前和泵后组合型网式过滤器在泥沙和有机物杂质条件下的水力特性,开展了清水试验和不同滤网孔径、进水流量、含沙量、杂质配比条件下的水力性能试验,将试验结果与单一网式过滤器的水头损失进行对比,得到了各因素对水头损失的影响情况。通过水头损失理论分析和拟合计算,得到了水头损失关于过滤时间的函数表达式,建立了泵前和泵后组合型网式过滤器水头损失关于进水流量的计算公式;对公式进行拟合分析,确定了试验工况条件下的过滤器结构系数。对过滤器水头损失的研究有利于实际工程中过滤器性能的量化评价,指导过滤器的使用及结构优化。

8.2.1 清水条件下水头损失分析

试验过程中调节过滤系统进水流量并对相应的水头损失进行测量,其中泵前和泵后过滤器水头损失分别为对应进出水口压力表读数之差,组合型网式过滤器水头损失为泵前过滤器进水口和泵后过滤器出水口压强差。清水条件下泵前过滤器、泵后过滤器及组合型网式过滤器水头损失随流量变化如图8.5所示。

由图8.5可知,当进水流量从110 m³/h增加到160 m³/h时,泵前过滤器D_1的水头损失从1.45 m增大至2.35 m,泵后过滤器的水头损失从2.90 m增大至6.23 m,组合型过滤器的水头损失从4.35 m增大至8.58 m,三者的水头损失增长率分别为62.44%、114.66%、97.28%。从试验结果可知,泵前过滤器、泵后过滤器及组合型网式过滤器的水头损失与进水流量成正比,其中泵前过滤器的水头损失随进水流量变化最小。分析认为,一方面泵前过滤器滤网表面积较大,进水流速小,造成组合型网式过滤器的初始水头损失变化缓慢;另一方面

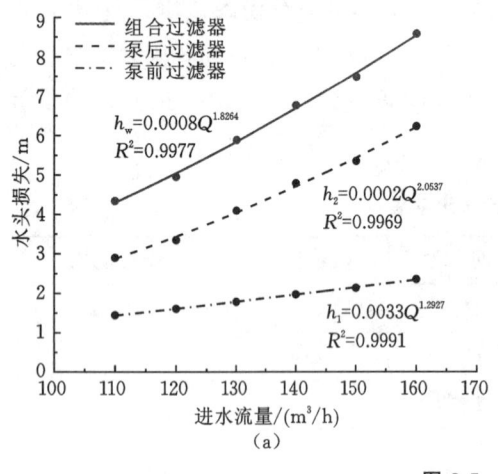

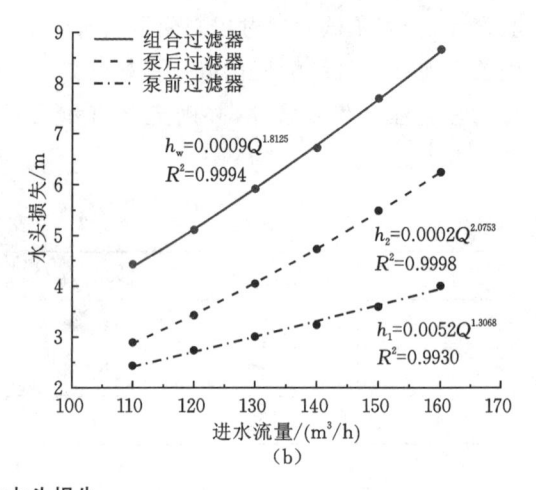

图 8.5　清水水头损失
(a) 滤网孔径 D_1；(b) 滤网孔径 D_2

是由于试验所用泵前过滤器为漂浮式过滤器，过滤器滤筒内压强与大气压强相近，造成较小的水头损失。对试验数据进行拟合，得到清水条件下泵前过滤器、泵后过滤器及组合型网式过滤器水头损失与进水流量关系式，其结构形式与目前常用的水头损失计算公式一致。对组合型网式过滤器的水头损失拟合公式进行分析，其决定系数 R^2 为 0.9977，大于 0.99，拟合情况较好，认为该公式可用于清水条件下的泵前和泵后组合型网式过滤器水头损失计算。

8.2.2　浑水条件下水头损失分析

8.2.2.1　纯泥沙试验结果与分析

试验测量了组合型网式过滤器各级过滤水头损失，当滤网孔径为 D_1 时，不同含沙量条件下总水头损失随时间变化情况如图 8.6 所示。由图 8.6 可知，进水含沙量 0.12 g/L、0.15 g/L、0.18 g/L 条件下，进水流量 110~130 m³/h 对应的水头损失变化缓慢，当进水流量在 130~160 m³/h 变化时，对应的水头损失增长较快。随着进水流量不断增大，组合型过滤系统的初始水头损失呈增加趋势，总水头损失峰值也不断增大。以进水含沙量 $S=0.15$ g/L 为例，当进水流量从 110 m³/h 增大到 160 m³/h 过程中，组合型网式过滤器的初始水头损失从 4.28 m 增加到 8.26 m，增长率为 48.18%；总水头损失峰值从 11.82 m 增加到 29.24 m，增长率为 59.58%。

泵前和泵后组合型网式过滤器在同一流量不同含沙量条件下的总水头损失随时间变化情况如图 8.7 所示。由图 8.7 可知，随着进水含沙量不断增大，组合型过滤系统的初始水头损失和总水头损失峰值变化较小；泵后过滤器滤网孔径越小，过滤系统水头损失出现拐点的时间提前，且总水头损失峰值有所增大。以进水流量 $Q=130$ m³/h 为例，当进水含沙量分别为 0.12 g/L、0.15 g/L 和 0.18 g/L 时，组合型网式过滤器 D_1 水头损失出现拐点对应的时间为 1800 s、1500 s 和 1320 s，而组合型网式过滤器 D_2 水头损失出现拐点对应的时间为 990 s、900 s 和 810 s，明显小于滤网孔径组合 D_1，认为组合型网式过滤器过滤时间与滤网孔径组

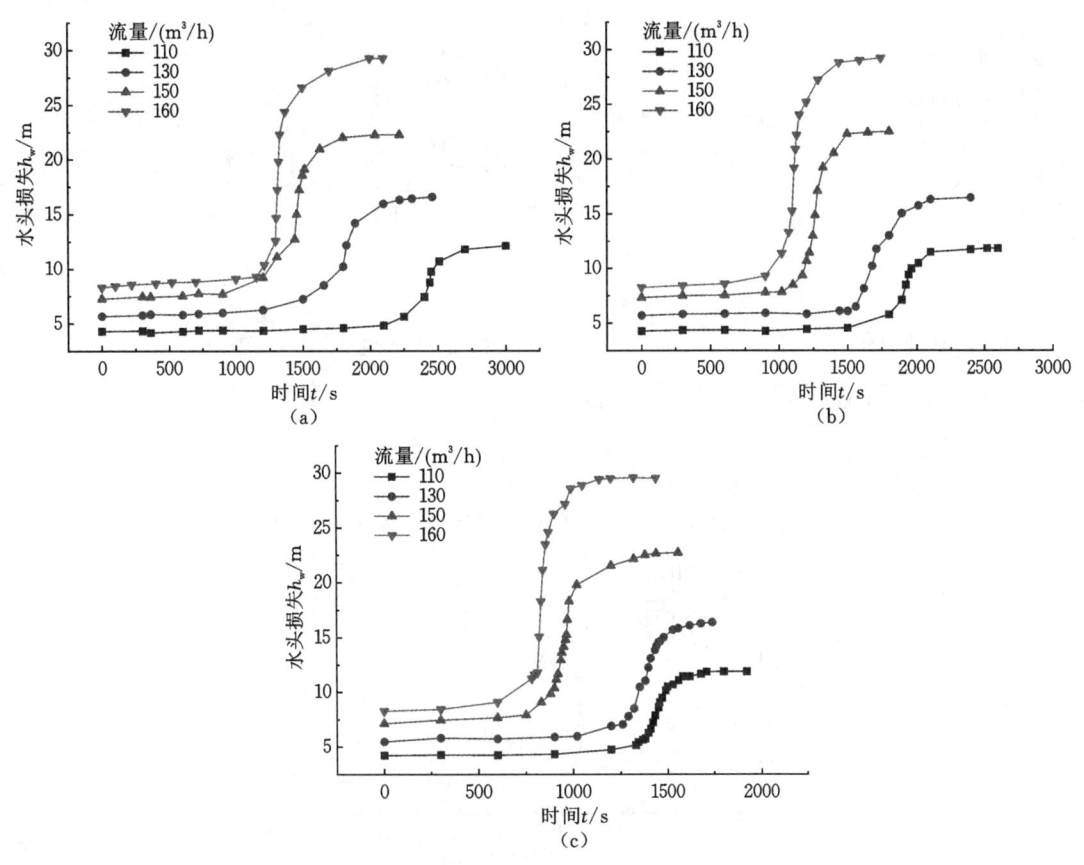

图 8.6 不同流量条件下水头损失随时间变化曲线

(a) $S=0.12$ g/L;(b) $S=0.15$ g/L;(c) $S=0.18$ g/L

合情况有关。同一滤网孔径组合网式过滤器初始水头损失变化范围为 0.03～0.22 m,水头损失峰值变化范围为 0.10～0.19 m,均小于对应初始值的 5%,认为进水含沙量对组合型网式过滤器水头损失影响较小。

对试验结果进行分析可知,在过滤初始阶段,含沙水流主要受到滤网的介质过滤作用,水头损失较小,随着过滤的进行,与滤网孔径相近的粗颗粒泥沙不断积累在滤网表面堵塞网孔,滤网有效过滤面积减小,小于滤网孔径的细颗粒泥沙开始被拦截下来,并在架桥作用下与粗颗粒泥沙共同形成滤饼层,此时含沙水流主要受到滤网表面的滤饼过滤作用,水头损失急剧增大直至滤网完全堵塞,水头损失最终趋于稳定。对影响水头损失的因素进行分析可知,随着过滤系统进水流量增大,水流受到滤网和过滤系统边界造成的黏滞阻力越大,因此初始水头损失和总水头损失峰值均增大,一定时间内进入过滤系统的泥沙质量增多,泵前和泵后过滤器分别在短时间内完成介质堵塞和滤饼堵塞,最终完全堵塞。而进水含沙量的大小主要影响一定时间内进入过滤系统的泥沙总量,加速过滤系统的堵塞过程,对过滤系统的总水头损失峰值影响不大。过滤器滤网孔径对过滤系统总水头损失的影响主要是基于过滤介质对水流的阻碍作用,滤网孔径越小,对应的水头损失系数越大,则过滤系统的总水头损失也越大。

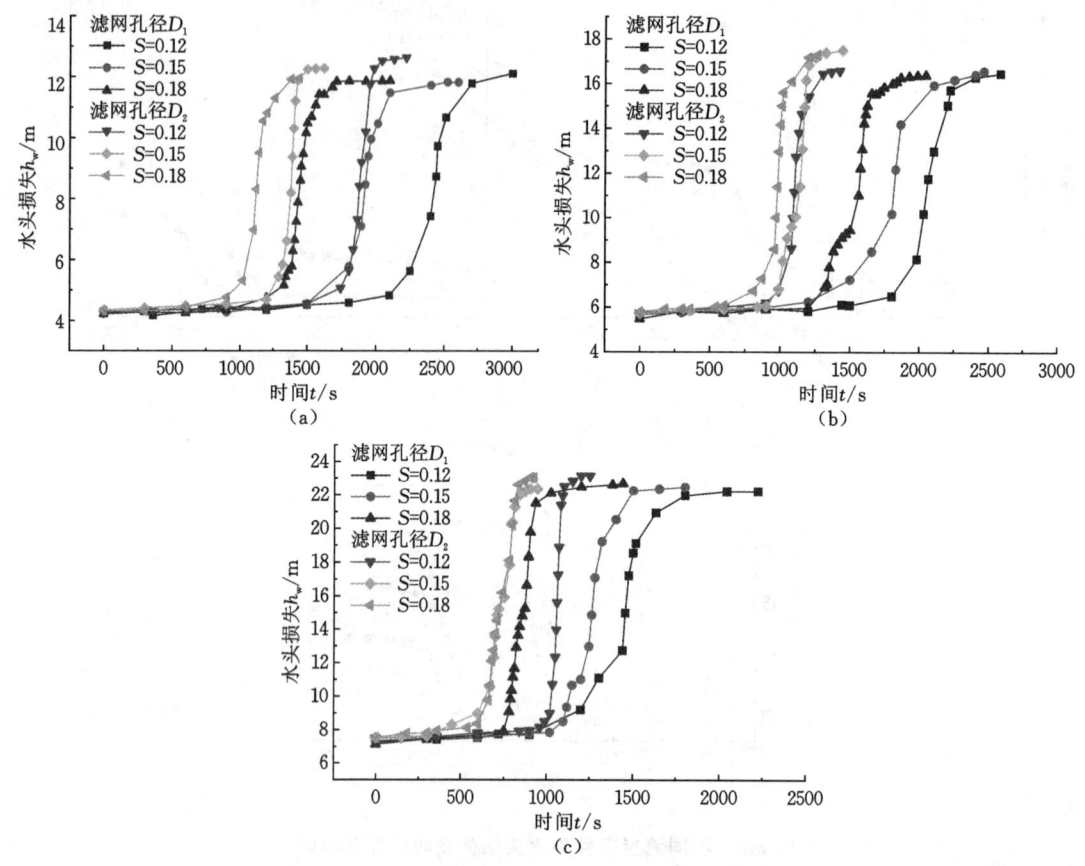

图 8.7 不同含沙量条件下水头损失随时间变化曲线

(a) $Q=110$ m³/h；(b) $Q=130$ m³/h；(c) $Q=150$ m³/h

将试验结果与单一泵前和泵后网式过滤器的试验结果进行对比，结果详见表 8.3。当含沙量为 0.15 g/L 时，泵前过滤器在不同流量条件下的水头损失峰值均为 15.90m，而组合型网式过滤器 D_1 在进水流量分别为 110 m³/h、130 m³/h、150 m³/h 工况下的水头损失峰值从 11.82 m 增大至 22.50 m，最大值较泵前过滤器 220 m³/h 情况下高 41.51%，其水头损失主要是由泵后过滤器滤网堵塞造成的。当含沙量为 0.12 g/L 时，泵后过滤器在进水流量分别为 180 m³/h、200 m³/h、220 m³/h 工况下的水头损失峰值从 11.00m 增大至 16.27 m，而组合型网式过滤器 D_2 在各试验流量工况下的水头损失峰值从 11.87m 增大至 22.71 m，最大较泵后过滤器 220 m³/h 情况下高 39.58%。这是由于组合型网式过滤器和单一过滤器相比结构复杂，沿程和局部水头损失较大，造成了更大的总水头损失。从对比结果可知，进水流量对泵前过滤器水头损失峰值影响较小，而对于泵后过滤器及组合型网式过滤器，其水头损失峰值均随进水流量增大呈线性增长关系。在相同流量条件下，进水含沙量对泵前过滤器、泵后过滤器及组合型过滤器的水头损失影响不显著，这与水头损失影响因素分析结果一致。各工况条件下组合型网式过滤器水头损失峰值明显高于单一过滤器，实际生产中在特定水泵工作条件下应结合灌溉水源情况对滤网孔径等参数进行选取,提高过滤器除沙效率,以满足滴灌带及灌水器流道要求。

表 8.3 水头损失对比结果

过滤器类型	流量/(m³/h)	含沙量/(g/L)	水头损失峰值/m
泵前过滤器(80目)	220	0.15	15.90
	260		15.90
	300		15.90
泵后过滤器(80目)	180	0.12	11.00
	200		12.95
	220		16.27
组合型过滤器(D_1)	110	0.12	11.87
	130		16.39
	150		22.71
	110	0.15	11.82
	130		16.48
	150		22.50
组合型过滤器(D_2)	110	0.12	11.94
	130		17.30
	150		23.05
	110	0.15	12.27
	130		16.59
	150		22.37

8.2.2.2 有机物条件下水头损失对比分析

采用单因素试验设计进行预试验分析,发现泥沙和有机物杂质配比是影响网式过滤器过滤时间的关键因素,不同杂质配比条件下组合型网式过滤器水头损失随过滤时间变化情况如图 8.8 所示。

控制滤网孔径为 D_4,含沙量 $S=0.15$ g/L,当杂质配比分别为 1:1、2:1、3:1时,泵后过滤器水头损失变化规律一致,均呈现缓慢增长、快速上升和趋于稳定三个阶段,初始水头损失和水头损失峰值范围分别集中在 2.43~5.87 m 和 13.92~28.92 m,认为进水流量是影响水头损失的主要因素。杂质配比对网式过滤器水头损失影响较小,在水头损失计算过程中可以通过杂质配比系数进行修正,得到相同进水流量条件下的水头损失峰值和初始值。

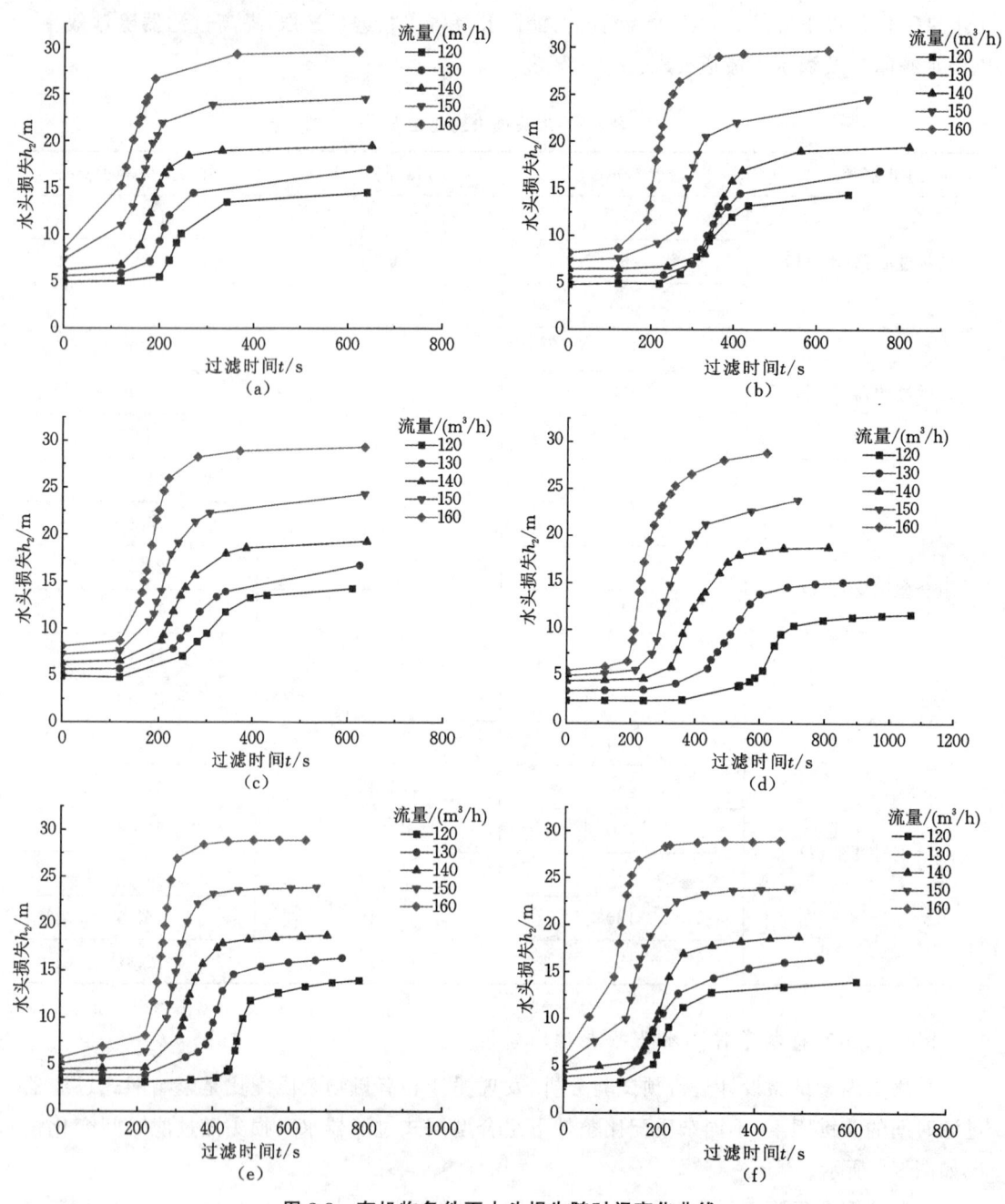

图 8.8 有机物条件下水头损失随时间变化曲线

(a) D_3,$B=1$;(b) D_3,$B=2$;(c) D_3,$B=3$;(d) D_4,$B=1$;(e) D_4,$B=2$;(f) D_4,$B=3$

同一杂质配比条件下,过滤时间随进水流量变化趋势与泵前过滤器拦截木屑质量基本一致:当进水流量为 120~160 m³/h 时,泵后过滤器达到水头损失峰值的时间分别为 610~1065 s,535~940 s,490~810 s,470~715 s,450~620 s。分析认为,进水流量增大导致较多有机物杂质进入精度较高的泵后过滤器,更易堵塞滤网,缩短过滤时间。

8.2.3 水头损失理论计算与分析

8.2.3.1 水头损失随过滤时间变化规律分析

结合试验结果对组合型网式过滤器各级过滤水头损失进行分析，满足以下关系式：

$$h_w = h_1 + h_2 + \Delta h \tag{8.1}$$

式中 h_w, h_1, h_2——组合型网式过滤器、泵前过滤器和泵后过滤器水头损失，m；

Δh——过滤器进出水口高程差，m。

由于泵前过滤器为无压过滤，其水头损失大小用水泵负压力值代替，试验过程中蓄水池水位保持不变，取 $\Delta h = 1$ m。

通过预试验对泵后过滤器的水头损失进行分析，得到其增长率 $z(t)$ 是关于水头损失单调递减的一次函数：

$$z(t) = \frac{a \cdot (h_{2,\max} - h_2)}{h_{2,\max}} \tag{8.2}$$

式中 $h_{2,\max}$——泵后过滤器的水头损失峰值，m；

a——一个正的常数。

同时，水头损失增长率满足微分方程：

$$\frac{dh_2(t)}{dt} = z(t) \cdot h_2(t) \tag{8.3}$$

联立式(8.2)、式(8.3)，得到泵后过滤器水头损失微分方程：

$$\frac{dh_2(t)}{dt} = \frac{a \cdot h_2(t) \cdot [h_{2,\max} - h_2(t)]}{h_{2,\max}} \tag{8.4}$$

对式(8.4)积分，得到：

$$\frac{h_2(t)}{h_{2,\max} - h_2(t)} = C \cdot e^{r \cdot t} \tag{8.5}$$

其中，C 为常数项。代入初始条件 $h_2(0) = h_0$，得到泵后过滤器水头损失计算公式：

$$h_2(t) = \frac{h_{2,\max}}{1 + \frac{h_{2,\max} - h_0}{h_0} \cdot e^{-rt}} \tag{8.6}$$

式中 h_0——泵后过滤器的水头损失初始值，m。

分析式(8.6)可知，过滤器水头损失符合关于过滤时间的 logistic 模型，随过滤时间单调递增，过滤系统流量不断减小，当 $h_2(t)$ 达到有效过滤水头损失时，组合型网式过滤器完全堵塞，过滤器进入排污阶段。

8.2.3.2 组合型网式过滤器水头损失理论分析

组合型网式过滤器水头损失主要由泵前和泵后过滤器造成，按产生水头损失的原因分为沿程水头损失和局部水头损失。考虑过滤器主体结构和连接管道长度较短，沿程水头损失较小可忽略不计。过滤系统进水口和出水口之间存在一定的高程差，故组合型网式过滤器的水头损失计算公式可表示为：

$$h_w = h_j + \Delta h \tag{8.7}$$

式中 h_j——局部水头损失,m。

局部水头损失计算公式可表示为:

$$h_j = \xi_1 \frac{v_1^2}{2g} + \xi_2 \frac{v_2^2}{2g} \tag{8.8}$$

式中 ξ_1,ξ_2——泵前过滤器和泵后过滤器的局部水头损失系数;
v_1,v_2——泵前和泵后过滤器进水断面平均流速,m/s;
g——重力加速度,m/s²。

根据连续性方程 $Q=Av$ 得到流速计算公式为:

$$v = \frac{Q}{A} \tag{8.9}$$

式中 Q——过滤系统进水流量,m³/h;
A——过流断面面积,m²。

将式(8.7),式(8.8)和式(8.9)联立,整理后可得到水头损失与进水流量的关系式为:

$$h_w = \frac{\xi Q^2 (A_1^2 + A_2^2)}{2g A_1^2 A_2^2} + \Delta h \tag{8.10}$$

式中 ξ——组合型网式过滤器局部水头损失系数;
A_1,A_2——泵前和泵后过滤器进水断面面积,m²。

令 $\lambda = \xi \frac{1}{2g}$ 可将式(8.10)简化为:

$$h_w = \frac{\lambda Q^2 (A_1^2 + A_2^2)}{A_1^2 A_2^2} + \Delta h \tag{8.11}$$

式中 λ——过滤器结构系数,与过滤器种类、材质和滤网规格有关。

8.2.3.3 混合杂质条件下水头损失拟合计算

对不同滤网孔径条件下泵前和泵后组合网式过滤器开展预试验,结合试验分析结果,得到过滤器结构系数 $k=120.95$。当滤网孔径组合为 D_4,杂质配比 $B=2$ 时,将不同进水流量和过滤器进出水口高程差代入式(8.11)进行计算,计算与试验结果对比情况如表8.4所示。

表8.4 水头损失计算结果

流量/(m³/h)	Δh	k	计算结果/m	试验结果/m	绝对误差/m	误差百分数/%
120	1	120.95	15.57	14.86	0.05	4.81
130	1	120.95	18.10	17.25	0.05	4.95
140	1	120.95	20.84	19.67	0.06	5.93
150	1	120.95	23.77	24.78	0.04	4.07
160	1	120.95	26.91	29.85	0.10	9.85

对表8.4进行分析,当进水流量分别为 120 m³/h、130 m³/h、140 m³/h、150 m³/h、160 m³/h时,水头损失计算绝对误差在0.1 m以内,误差百分数小于10%,满足水头损失计算精度要求,试验过程中滤网孔径和水源杂质配比符合新疆地区微灌工程情况,认为

式(8.11)可用于实际水头损失计算。对于不同类型和滤网规格的组合型网式过滤器，应结合预试验情况确定相应的过滤器结构系数经验值。

8.3 组合型网式过滤器过滤效果研究

除沙率反映了网式过滤器的泥沙处理能力，是评价过滤器过滤效果的重要指标。目前国内外学者针对单一网式过滤器的泥沙截留能力进行了大量研究，并取得了一定的成果，但有关组合型网式过滤器分级过滤除沙率的研究相对较少，尤其是不同水源杂质条件下泥沙粒径变化规律尚不明确。因此，本研究针对组合型网式过滤器开展了不同滤网孔径、进水流量、含沙量、颗粒级配、杂质配比条件下的过滤试验，通过对比试验结果和极差分析得到了各因素对除沙率的影响情况。对分级过滤沙粒粒径变化规律进行分析，并将各级过滤拦截泥沙和有机物质量进行对比，得到了滤网孔径与进水沙中值粒径的关系，确定了滤网孔径建议取值范围。对滤网堵塞机理进行分析，建立了泥沙和有机物条件下的堵塞压降计算公式。同时，本节基于三角形隶属度函数法和模糊综合评价法建立了组合型网式过滤器过滤效果综合评价指标，对试验结果进行了分级评价。研究结果有利于实际工程中对组合型网式过滤器过滤效果的量化评价，指导泵前和泵后过滤器滤网参数的选取。

8.3.1 分级过滤除沙率分析

8.3.1.1 除沙率影响因素分析

过滤器的水头损失和除沙率是评价其过滤效果的两个重要方面，研究过程中都存在过滤时间的变化，其中水头损失可以作为组合型网式过滤器过滤阶段和排污阶段的临界条件，对除沙率的研究有利于进一步对过滤时间的影响因素进行分析。

通过标准过滤试验测得过滤器不同位置出水口含沙量，对各级滤网拦截泥沙质量情况进行分析，除沙率为滤网拦截泥沙质量与各级过滤前含沙水中泥沙质量的比值，其计算公式可表示为：

$$\eta_0 = \frac{m_0 - m_2}{Q \cdot S \cdot t} \times 100\% \tag{8.12}$$

$$\eta_1 = \frac{m_0 - m_1}{m_0} \times 100\% \tag{8.13}$$

$$\eta_2 = \frac{m_1 - m_2}{m_1} \times 100\% \tag{8.14}$$

式中　η_1、η_2、η_0——泵前过滤器、泵后过滤器、组合型过滤器的除沙率；
　　　m_0、m_1、m_2——泵前过滤器进水口、泵前过滤器出水口及泵后过滤器出水口泥沙质量，g。

试验测量了不同工况条件下组合型网式过滤器的除沙率，当滤网孔径为 D_1 时，不同进水流量和含沙量条件下各级过滤除沙率如图8.9所示。组合型网式过滤器一级过滤和二级过滤除沙率与进水含沙量成正比，随进水流量的增大而减小。对比各工况条件下泵前和泵后过滤器除沙率，容易得知泵后过滤器除沙率明显高于泵前过滤器。当进水流量为 110 m³/h

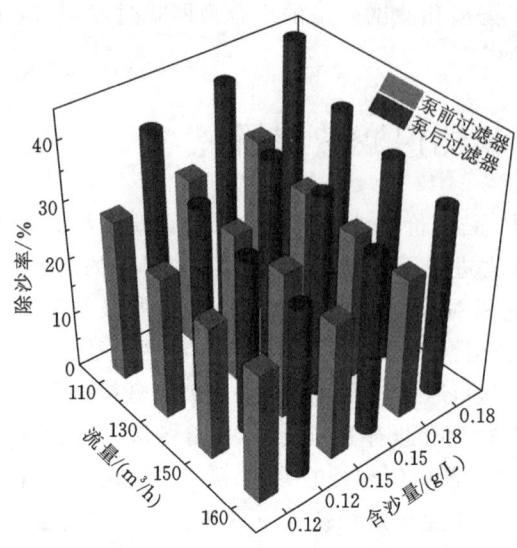

图 8.9 纯泥沙条件下泵前和泵后过滤器除沙率

时,进水含沙量分别为 0.12 g/L,0.15 g/L,0.18 g/L条件下组合型网式过滤器二级过滤除沙率比一级过滤除沙率高 11.43%,12.86%和14.20%,大部分泥沙在进入组合型网式过滤器后被拦截在泵后过滤器滤网表面,部分粗颗粒泥沙在泵前过滤器的筛分和重力作用下沉降到蓄水池底部。

对试验结果分析认为,进水含沙量越大,一定时间内进入过滤系统的泥沙越多,各级过滤器滤网表面拦截的泥沙质量越大,除沙率越大。对比泵前和泵后过滤器除沙率结果显示,泵后过滤器除沙率明显高于泵前过滤器,在组合型过滤系统泥沙过滤中起主要作用,对泵后过滤器的结构进行优化并选择合适的滤网孔径有利于提高组合型过滤系统的整体过滤性能。因此,对组合型网式过滤器结构和参数优化的关键在于对泵后过滤器进行优化。

对试验数据进行极差分析,结果如表 8.5 所示,各因素对组合型过滤器除沙率影响的显著性由大到小依次为滤网孔径、进水含沙量和进水流量。K_i(i 分别取 1、2、3)代表各因素下与 i 水平相关的试验结果之和,k_i 代表各因素下与 i 水平相关的试验结果之和的平均值。其中滤网孔径极差为 22.11,远大于进水含沙量和进水流量,对过滤器除沙率的影响最显著,而进水流量影响相对较小。以除沙率作为单指标分析评价指标,则各组试验工况中最优工况组合为:泵前 60 目滤网,泵后 100 目滤网,进水流量 110 m³/h,进水含沙量 0.18 g/L。因此,实际工程中在满足过滤精度的前提下,选择合适的滤网孔径和进水含沙量有利于提高过滤器的除沙率。

表 8.5 正交试验极差分析

试验号	D 孔径	Q 进水流量/(m³/h)	S 进水含沙量/(g/L)	X 误差项	Y 总除沙率/%
1	D_1	110	0.12	1	57.1
2	D_1	130	0.15	2	52.6
3	D_1	150	0.18	3	52.6
4	D_2	110	0.15	3	75.0
5	D_2	130	0.18	1	76.9
6	D_2	150	0.12	2	64.7
7	D_3	110	0.18	2	56.2
8	D_3	130	0.12	3	42.1

续表8.5

试验号	D 孔径	Q 进水流量/(m³/h)	S 进水含沙量/(g/L)	X 误差项	Y 总除沙率/%
9	D_3	150	0.15	1	52.0
K_1	162	188	164	186	
K_2	217	172	180	174	
K_3	150	169	186	170	
k_1	54.13	62.78	54.65	62.02	
k_2	72.21	57.22	59.88	57.85	
k_3	50.10	56.45	61.92	56.58	
极差R	22.11	6.33	7.27	5.44	

8.3.1.2 分级过滤除沙率对比结果分析

将试验结果与单一泵前和泵后网式过滤器的试验结果进行对比,结果如表8.6所示。当含沙量为0.15 g/L时,泵前过滤器在进水流量为220 m³/h工况下除沙率最大为38.60%,而组合型过滤器D_1在进水流量分别为110 m³/h、130 m³/h、150 m³/h工况下的除沙率从60.00%降低至52.17%,当滤网孔径为D_2时,进水流量分别为110 m³/h、130 m³/h、150 m³/h工况下的除沙率从79.85%降低至76.67%,明显高于泵前过滤器。当含沙量为0.12 g/L时,泵后过滤器在进水流量为220 m³/h工况下的除沙率为58.80%,而组合型过滤器D_1在不同进水流量条件下的除沙率从57.14%降低至47.06%,低于泵后过滤器;当滤网孔径为D_2时,不同进水流量条件下的除沙率从72.76%降低至68.18%,高于泵后过滤器。这是由于过滤过程中泵前过滤器漂浮在水面上,其过滤杂质类型主要为悬浮泥沙杂质,部分大颗粒泥沙在重力作用下沉降至蓄水池底部,因此实际进入组合型网式过滤器的泥沙含量低于设置进水含沙量,导致除沙率降低。对比试验结果与除沙率影响因素分析结果一致:单一泵前过滤器与组合型网式过滤器的除沙率均随进水流量的增大而减小,与进水含沙量关系不大。

表8.6 除沙率对比结果

过滤器类型	流量/(m³/h)	含沙量/(g/L)	除沙率/%
泵前过滤器(80目)[1]	220	0.15	38.60
	260		26.90
	300		22.10
泵后过滤器(80目)[2]	220	0.12	58.80
	220		58.80
	220		58.80

续表8.6

过滤器类型	流量/(m³/h)	含沙量/(g/L)	除沙率/%
组合型过滤器(D_1)	110	0.12	57.14
	130		50.00
	150		47.06
	110	0.15	60.00
	130		52.63
	150		52.17
组合型过滤器(D_2)	110	0.12	72.76
	130		70.97
	150		68.18
	110	0.15	79.85
	130		78.26
	150		76.67

8.3.2 泥沙和有机物分布规律研究

8.3.2.1 拦截泥沙和有机物质量分布情况

进水含沙量 0.15 g/L 条件下，各级过滤滤网拦截沙粒质量情况如图 8.10 所示。

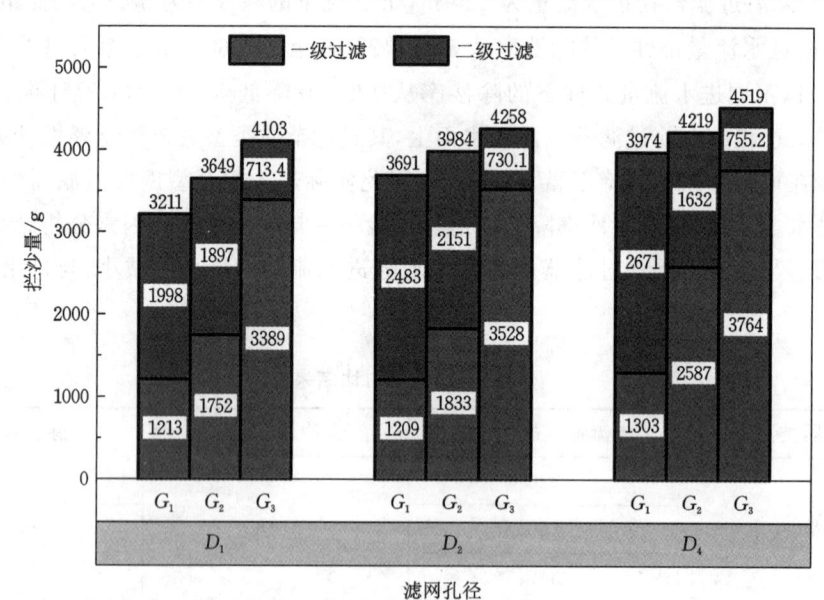

图 8.10 各级过滤滤网拦截泥沙质量对比

从图 8.10 中可以看出，在同一滤网孔径条件下，随着粗颗粒泥沙增多，组合型网式过滤器对级配 G_1，G_2 和 G_3 的沙粒拦截能力逐渐增强，且泵前过滤器在过滤过程中的作用越来越大。在同一沙粒级配条件下,随着各级过滤器滤网孔径减小,组合型网式过滤器的拦沙能力也越来越强。当进水沙粒级配为 G_3 时,不同滤网孔径条件下泵前过滤器拦沙量分别为 3389.4 g、3527.5 g、3764.1 g,远高于泵后过滤器。当进水沙粒级配为 G_1 和 G_2 时,滤网孔径 D_1、D_2 条件下泵后过滤器拦沙量高于泵前过滤器,而滤网孔径 D_4 条件下泵前过滤器拦沙量为 2586.6 g,比泵后过滤器拦沙量高 36.9%。

分析认为,组合型网式过滤器的拦沙量与各级过滤器滤网孔径和沙粒级配有关。当进水沙中值粒径小于各级滤网孔径时(G_1D_1 和 G_1D_2 工况),大部分泥沙通过泵前过滤器滤网进入泵后过滤器,粒径较小的沙粒通过泵后过滤器从出水口排出,粒径较大的沙粒被拦截在滤网表面形成孔隙小于滤网孔径的滤饼层,进一步拦截细颗粒泥沙,此时组合型网式过滤器中拦截泥沙主要分布在泵后过滤器。当进水沙中值粒径与滤网孔径相近时,组合型网式过滤器中泥沙主要分布在该级过滤器。当进水沙中值粒径大于各级滤网孔径时(级配 G_3 条件下不同滤网孔径及 G_2D_4 工况),部分粗颗粒泥沙在重力作用下沉淀到蓄水池底部,粒径与泵前过滤器滤网孔径相近的沙粒被拦截在滤网表面,并在滤筒旋转和反冲洗作用下回到蓄水池中,粒径较小的沙粒被拦截在泵后过滤器滤网表面并形成滤饼层,此时各级滤网孔径与进水沙中值粒径的比值范围分别为 0.49~0.78 和 0.32~0.50,泵前过滤器起主要拦沙作用,组合型网式过滤器过滤效果最好。

因此,建议选择孔径为 $(0.49 \sim 0.78)d_{50}$ 的泵前过滤器滤网对粗颗粒泥沙起主要拦截作用,以及孔径为 $(0.32 \sim 0.50)d_{50}$ 的泵后过滤器滤网,用于对较小粒径沙粒的过滤,有利于提高组合型网式过滤器拦沙率,延长过滤器使用寿命。

控制杂质配比 $B=2$,含沙量 $S=0.15$ g/L,不同滤网孔径条件下组合型网式过滤器拦截泥沙和木屑质量随流量变化情况如图 8.11 所示。

当滤网孔径分别为 D_1 和 D_2 时,泵前过滤器拦截木屑的质量范围为 3488~4629 g、2443~3828 g,木屑与泥沙质量比接近,分别为 3.19~3.66、3.19~3.68。分析认为,网式过滤器对泥沙和木屑的拦截效果主要与滤网结构和杂质特性有关,当泵后过滤器滤网孔径减小时,组合型网式过滤器能够拦截到粒径更小的泥沙和有机物杂质,滤网表面在较短时间内形成滤饼堵塞,导致过滤器过滤时间缩短,泵前过滤器拦截木屑质量减少,而木屑与泥沙质量之比不变。

当滤网孔径为 D_3 时,泵前过滤器拦截木屑质量的范围为 3519~4404 g,木屑与泥沙质量比为 2.84~3.27,小于滤网孔径 D_1、D_2。分析认为,这是由于泥沙和木屑造成网式过滤器堵塞的机理不同,前者取决于沙粒粒径与滤网孔径的大小关系,而后者主要与有机物杂质的变形特性有关,更容易黏附在滤网表面造成过滤器堵塞。因此,随着泵前过滤器滤网孔径减小,拦截泥沙颗粒逐渐增多,木屑与泥沙质量比值减小。同时,进入泵后过滤器的泥沙和有机物杂质减少,过滤时间延长,导致泵前过滤器拦截木屑质量增大。

同一滤网孔径条件下,组合型网式过滤器拦截木屑质量随流量增大而减小,木屑与泥沙质量比值增长率分别为 14.7%、15.4%、15.1%。这是因为当进水流量增大时,部分有机物杂质在滤网两侧较大的压强差作用下通过滤网,泵前过滤器拦截木屑和泥沙质量降低。同时,由于进水沙粒形状不规则,导致部分大于滤网孔径的泥沙颗粒通过滤网,木屑与泥沙质量比值增大。因此,在满足灌溉要求前提下尽可能减小进水流量,通过调整组合型网式过滤器各级滤网孔径来增大过滤器拦截杂质质量,有利于延长过滤时间。

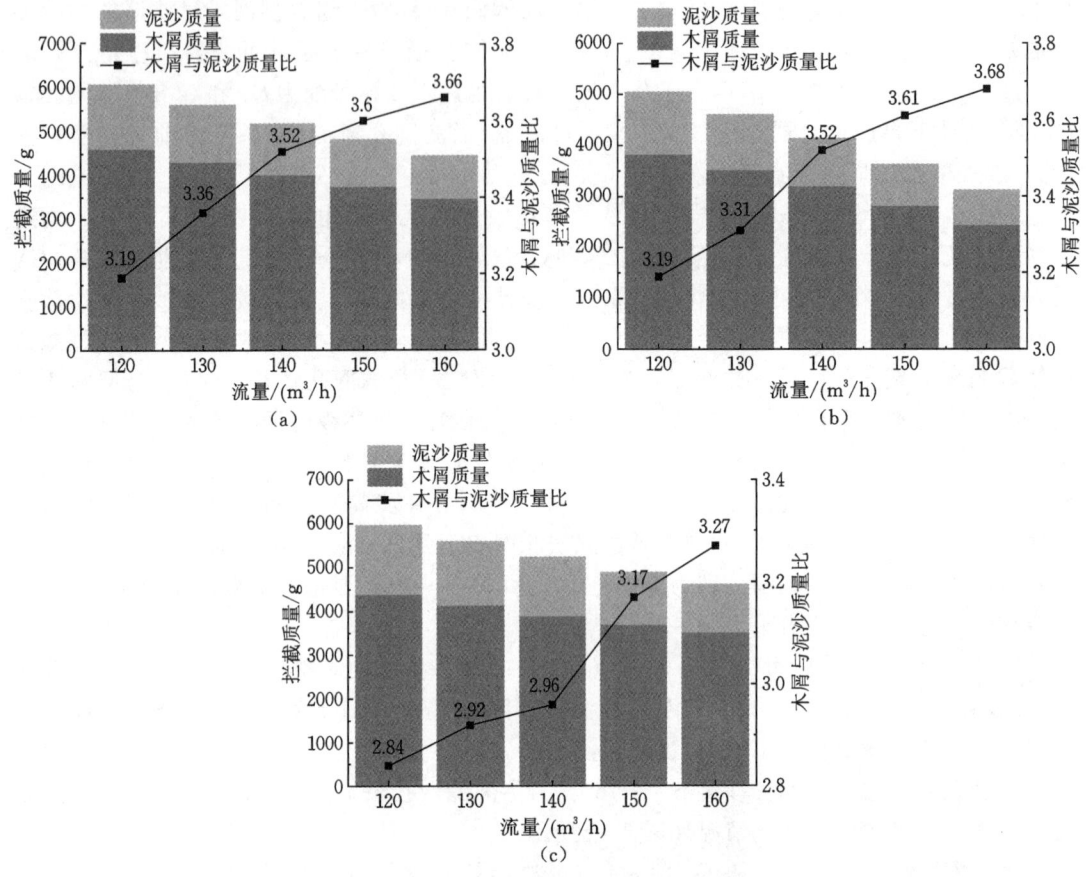

图 8.11　泵前过滤器拦截木屑和泥沙质量情况
(a) 滤网孔径 D_1；(b) 滤网孔径 D_2；(c) 滤网孔径 D_3

8.3.2.2　分级过滤拦截沙粒粒径变化规律

不同进水含沙量条件下各级过滤拦截沙粒径组成如图 8.12 所示，图中 V_{50} 表示沙粒累积体积为 50%。由图 8.12 可知，当含沙量为 0.10 g/L 时，组合型网式过滤器进水口处最大沙粒粒径为 1014.0 μm，小于配置含沙水，原因是部分粗颗粒泥沙在水流紊动和自身重力作用下沉降到蓄水池底部，并未进入过滤器。出水沙中值粒径为 81.5 μm，较初始状态减小了 91.96%，且小于对应位置处滤网孔径。进水沙粒经过泵前和泵后过滤器粒径显著减小，表明大部分泥沙颗粒被拦截在了泵前或泵后过滤器滤网表面，组合型网式过滤器表现出较优的拦截能力。不同含沙量条件下，泵前和泵后过滤器出水沙中值粒径变化率均值分别为 0.96% 和 1.21%，认为进水含沙量对分级过滤出水沙粒径组成影响不大。当进水含沙量分别为 0.15 g/L 和 0.20 g/L 时，各级过滤出水沙最大粒径均大于滤网孔径，且泵前过滤器出水沙粒径大于滤网孔径的泥沙占比分别为 0.25% 和 0.42%，泵后过滤器出水沙粒径大于滤网孔径的泥沙占比分别为 0.03% 和 0.28%。分析认为原因有两方面：一是进水沙粒形状不规则，导致部分粒径大于滤网孔径的泥沙颗粒通过滤网；二是由于增大进水含沙量加速了滤网堵塞，过滤初期部分粗颗粒泥沙在滤网两侧较大的压强差作用下通过滤网进入出水口，随着滤网表面拦截泥沙颗粒增多并在架桥作用下逐渐形成滤饼层,其孔隙率不断减小,部分小于滤网孔径的沙粒开始被拦截下来。

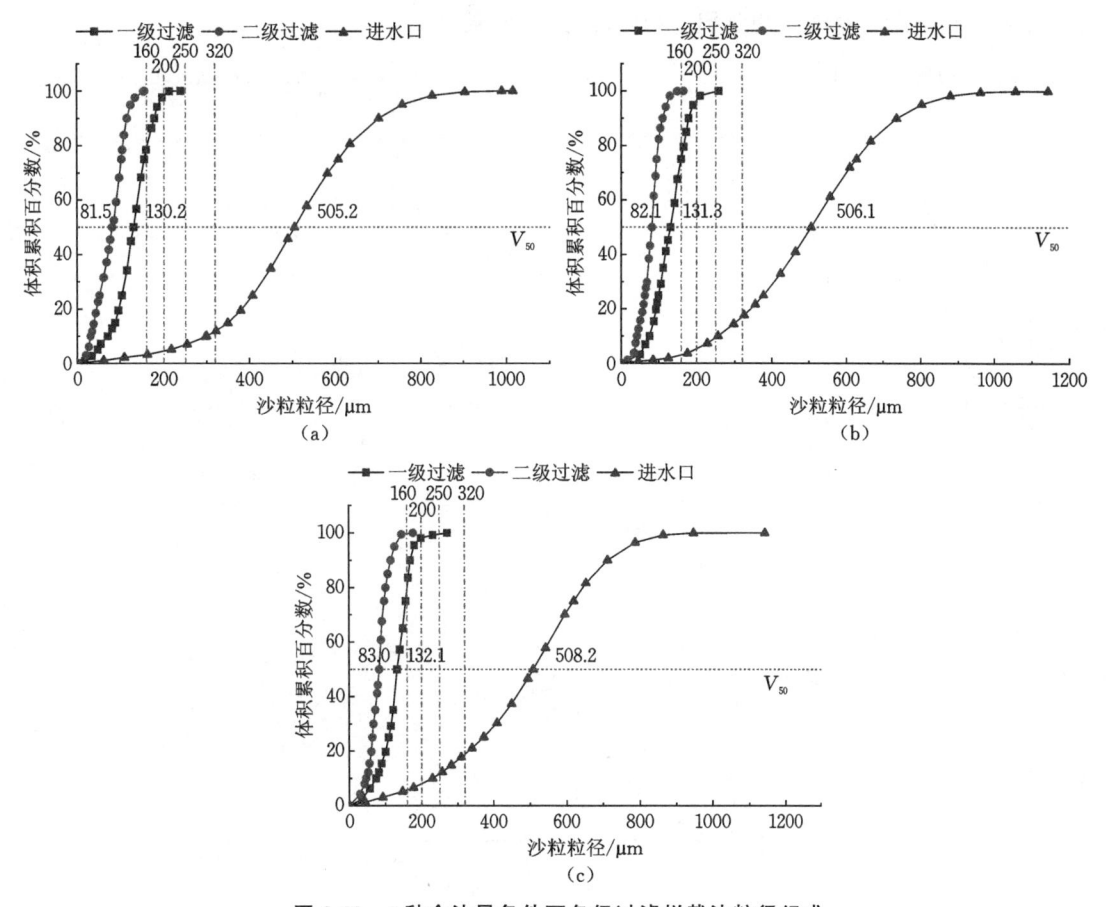

图 8.12 3 种含沙量条件下各级过滤拦截沙粒径组成
(a) 0.10 g/L,G_3,D_4;(b) 0.15 g/L,G_3,D_4;(c) 0.20 g/L,G_3,D_4

不同泥沙颗粒级配条件下各级过滤拦截沙粒径组成如图8.13所示。由图8.13可知,当沙粒级配分别为G_1、G_2、G_3时,组合型网式过滤器出水沙中值粒径与初始状态相比,变化率分别为80.55%、80.98%、83.78%,出水沙最大粒径与初始状态相比,变化率分别为62.97%、74.45%、85.54%。分析结果表明,随着粗颗粒泥沙增多,组合型网式过滤器出水沙中值粒径和最大粒径变化率均增大,过滤器拦截沙粒径分布范围越广,分级过滤效果越好。这是因为进水沙粒径越大,过滤器达到完全堵塞状态时间越短,滤网表面形成了孔隙率远小于滤网孔径的滤饼层,拦截泥沙颗粒越多。即滤网孔径一定条件下,沙粒粒径较大的含沙水源更容易形成滤饼层,过滤效率更高。不同沙粒级配条件下,组合型网式过滤器一级过滤出水沙中值粒径变化率分别为57.89%、66.86%、74.10%,二级过滤出水沙中值粒径变化率分别为53.82%、42.60%、37.38%。结果表明,进水沙粒径越大,组合型网式过滤器一级过滤相比二级过滤作用越明显。分析认为,这是由于泵前过滤器滤网孔径较大,当进水沙粒径较小时,细颗粒泥沙通过滤网进入泵后过滤器,随着进水沙粒径增大,粒径与泵前过滤器滤网孔径相近的沙粒开始被拦截在滤网表面,进入泵后过滤器的泥沙颗粒减少,这时泵前过滤器起主要过滤作用。因此当进水沙粒径较大时,主要选择滤网孔径与最大沙粒径相近的泵前过滤器进行过滤,能够减轻泵后过滤器过滤负担,提高分级过滤效果。

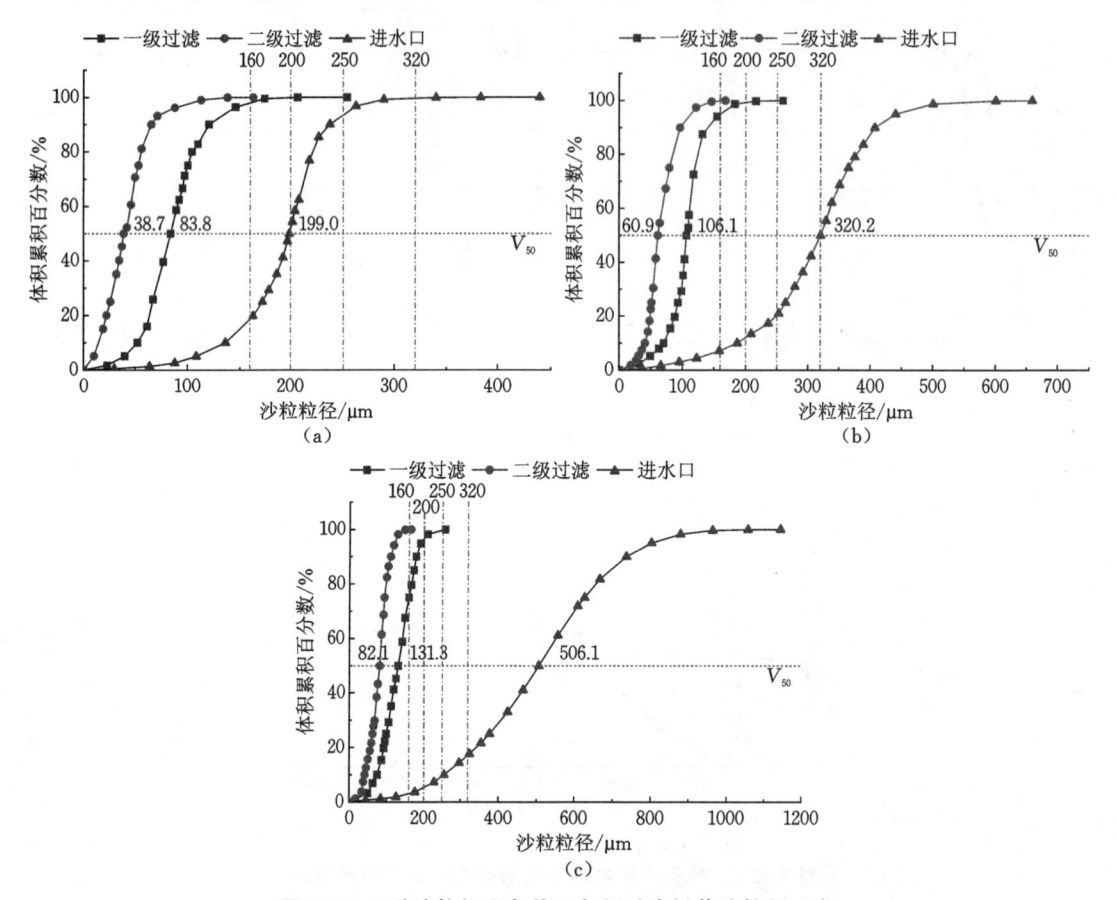

图8.13 3种沙粒级配条件下各级过滤拦截沙粒径组成

(a) 0.15 g/L,G_1,D_4;(b) 0.15 g/L,G_2,D_4;(c) 0.15 g/L,G_3,D_4

不同滤网孔径条件下各级过滤拦截沙粒径组成如图8.14所示,将图中出水沙粒径组成曲线划分为不同的粒组并计算其各自的体积占比情况,结果详见表8.7。当滤网孔径为D_1时,泵前过滤器出水沙粒径为0~250 μm的沙粒占96.89%,泵后过滤器出水沙粒径为0~200 μm的沙粒占99.36%,因此认为粒径在250 μm以上的沙粒能够被泵前过滤器拦截,粒径为200~250 μm的沙粒能够被泵后过滤器拦截,同时随着滤网表面滤饼层的形成,各级过滤器能够对更小粒径的泥沙颗粒进行拦截。对组合型网式过滤器出水沙特征粒径进行分析,当滤网孔径分别为D_1、D_2、D_3时,其中值粒径分别为116.2 μm、102.8 μm、110.6 μm,这是因为D_2工况下泵后过滤器滤网孔径较小,导致较小的出水沙中值粒径,而D_1和D_2工况下虽然具有相同的泵后过滤器滤网孔径,但D_1工况下泵前过滤器滤网孔径较大,进入泵后过滤器的沙粒粒径更大,造成出水沙中值粒径更大。不同滤网孔径条件下过滤器出水沙最大粒径分别为 210.3 μm、178.9 μm、206.7 μm，与中值粒径变化规律相似，这同样是由组合型网式过滤器滤网孔径不同造成的。上述研究结果表明，组合型网式过滤器分级过滤出水沙粒径主要取决于各级过滤滤网孔径，因此在已知含沙水源水质条件下，将不同滤网孔径的泵前和泵后过滤器组合过滤，一方面能够减小单一滤网孔径过小造成不必要的水头损失，同时可以避免单一滤网孔径太大难以达到过滤精度的情况，提高组合型网式过滤器过滤效果。

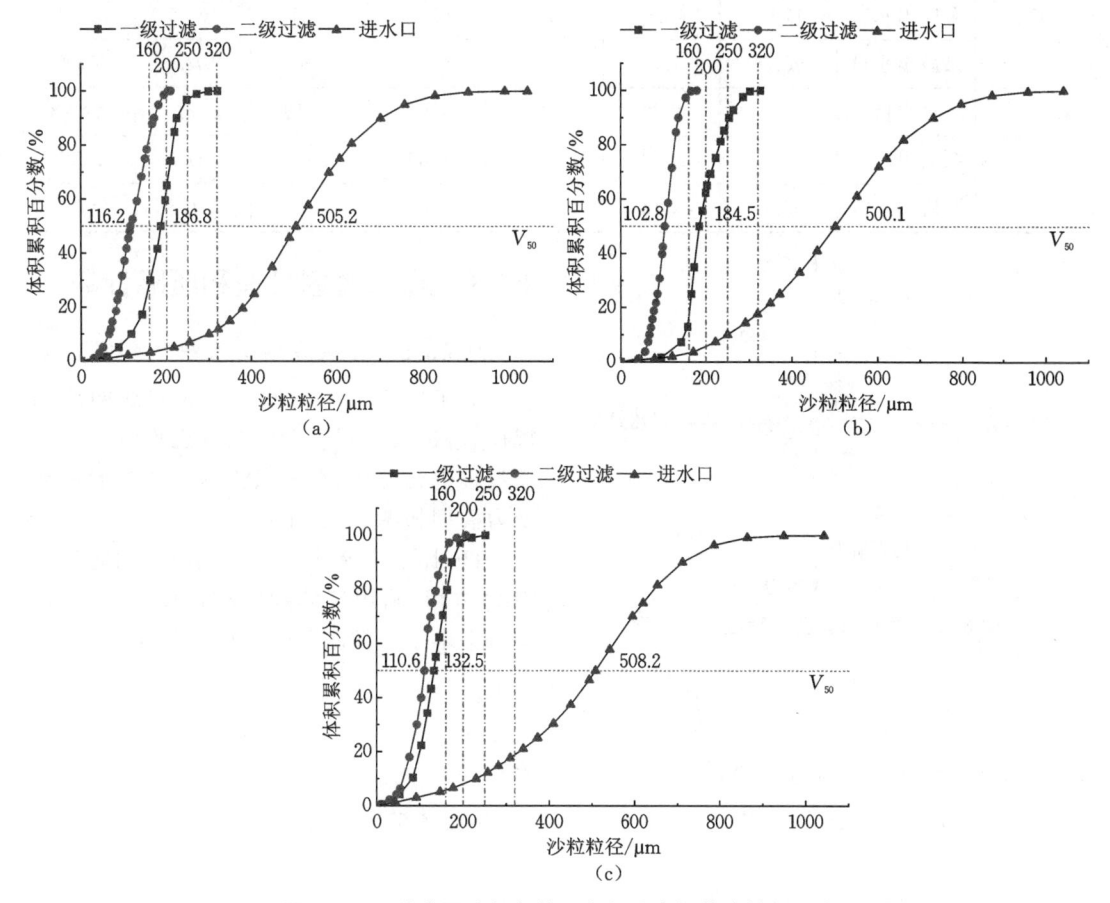

图 8.14　3 种滤网孔径条件下各级过滤拦截沙粒径组成
(a) 0.15 g/L,G_3,D_1；(b) 0.15 g/L,G_3,D_2；(c) 0.15 g/L,G_3,D_3

表 8.7　不同滤网孔径条件下分级过滤出水沙粒占比和特征粒径

滤网孔径	取样位置	沙粒占比/%					d_{50}/μm	d_{max}/μm
		0~160 μm	160~200 μm	200~250 μm	250~320 μm	>320 μm		
D_1	进水口	3.15	1.37	2.29	4.89	88.31	505.2	1041.0
	泵前出水口	28.75	34.90	33.24	3.10	0.01	186.8	321.8
	泵后出水口	82.77	16.59	0.64	0.00	0.00	116.2	210.3

续表8.7

滤网孔径	取样位置	沙粒占比/%					$d_{50}/\mu m$	$d_{max}/\mu m$
		0~160 μm	160~200 μm	200~250 μm	250~320 μm	>320 μm		
D_2	进水口	3.31	2.45	4.24	4.55	85.45	500.1	1041.0
	泵前出水口	17.04	45.48	26.18	11.23	0.07	184.5	326.1
	泵后出水口	98.75	1.25	0.00	0.00	0.00	102.8	178.9
D_3	进水口	5.79	2.28	3.66	7.09	81.18	508.2	1042.8
	泵前出水口	76.92	20.82	2.21	0.05	0.00	132.5	252.1
	泵后出水口	93.95	5.73	0.32	0.00	0.00	110.6	206.7

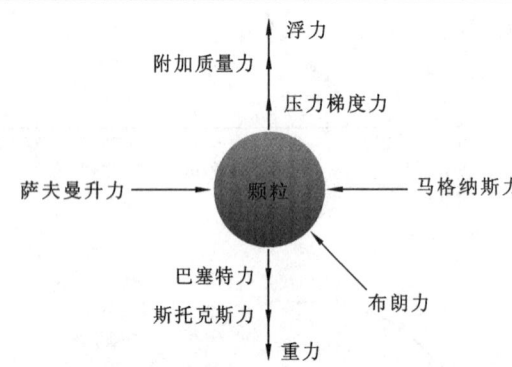

图8.15 泥沙和有机物颗粒受力模型

8.3.3 滤网堵塞机理和压降计算

8.3.3.1 各级滤网堵塞规律研究

为了探究组合型网式过滤器滤网堵塞规律，对过滤过程中泥沙和有机物颗粒的运动过程进行分析，在任意流场条件下的颗粒受力模型如图8.15所示。

Hjelmfelt等[91]基于多相流体动力学的BBO方程，利用流体和颗粒速度的Fourier积分推求了颗粒跟随性的计算公式：

$$\left.\begin{aligned}\eta &= \sqrt{(1+f_1)^2 + f_2^2} \\ \beta &= \tan^{-1}[f_2/(1+f_1)]\end{aligned}\right\} \tag{8.15}$$

式中　η, β——颗粒与流体速度的幅值比和相位差；

f_1, f_2——与Stokes数 $N_s = \sqrt{v/\omega_f d_p^2}$、颗粒与流体的密度比 $s = \rho_p/\rho_f$ 有关，其表达式见式(8.16)；

v——流体的运动黏滞系数；

ω_f——流体运动的角频率；

d_p——等容粒径，表示与颗粒体积相等的球体直径；

ρ_p, ρ_f——颗粒和流体的密度。

$$\left.\begin{aligned} f_1 &= \frac{\left[1+\dfrac{9N_s}{\sqrt{2}(s+1/2)}\right]\left(\dfrac{1-s}{s+1/2}\right)}{\dfrac{81}{(s+1/2)^2}\left(2N_s^2+\dfrac{N_s}{\sqrt{2}}\right)^2 + \left[1+\dfrac{9N_s}{\sqrt{2}(s+1/2)}\right]^2} \\ f_2 &= \frac{\dfrac{9(1-s)}{(s+1/2)^2}\left(2N_s^2+\dfrac{N_s}{\sqrt{2}}\right)}{\dfrac{81}{(s+1/2)^2}\left(2N_s^2+\dfrac{N_s}{\sqrt{2}}\right)^2 + \left[1+\dfrac{9N_s}{\sqrt{2}(s+1/2)}\right]^2} \end{aligned}\right\} \tag{8.16}$$

过滤过程中泥沙和有机物颗粒随水流的运动与颗粒粒径、颗粒密度和水流的密度有关：当固体颗粒密度小于流体时，$\eta>1$，$\beta<0°$，颗粒超前于流体运动，且随着颗粒粒径增大，超前运动对流体紊动的加强越明显；当固体颗粒密度大于流体密度时，$\eta<1$，$\beta<0°$，颗粒滞后于流体运动，且颗粒粒径越大，滞后现象对流体紊动的抑制作用越强。另一方面，滤网表面泥沙颗粒运动情况还与沉降速度有关。考虑实际过滤过程中过滤器内部流场情况较为复杂，不同位置处泥沙颗粒受力存在一定的差异，此处主要对泥沙颗粒沉降速度的影响因素进行分析。假设滤饼层附近泥沙颗粒为静水沉降，根据水力学中静水条件下的泥沙沉速通式：

$$\omega_p = \sqrt{\frac{4}{3C_\omega}\left(\frac{\gamma_s - \gamma}{\gamma}\right)g d_p} \tag{8.17}$$

式中　ω_p——沉降平衡时的平均沉速，m/s；

C_ω——沉速阻力系数，与颗粒形状和绕流流态有关；

γ, γ_s——清水的容重和沙粒的容重，N/m³。

泥沙平均沉速主要与沙粒形状，沙粒粒径和容重有关。

结合泥沙和有机物颗粒的跟随性，以及沉降速度计算公式(8.17)进行分析，过滤过程中当泥沙和有机物颗粒粒径越大时，其跟随水流的紊动越弱，沉降速度越大，更容易沉降在过滤器底部和滤网表面，实现固液分离；较小粒径的泥沙和有机物颗粒随水流的紊动越剧烈，大部分悬浮在水中，越难以被滤网拦截。

为了进一步得到泥沙和有机物颗粒在滤网表面的分布情况，还需要对过滤器内部流速分布情况进行分析，其中泵前过滤器水流流向如图 8.16 所示。图中断面 1—1、3—3 分别为泵前过滤器进出水口断面。根据水力学连续性方程有：

$$v_1 \cdot A_1 = v_3 \cdot A_3 \tag{8.18}$$

式中　v_1, v_3——进出水口断面平均流速；

A_1, A_3——进出水口过水断面面积。

分析可知，A_1 与泵前过滤器吃水深度有关，且 $A_1>A_3$，因此过滤器内出水口处轴向流速最大。由于过滤器结构形状较为均匀，假设其轴向流速沿轴方向线性增加，x 断面上径向流速沿轴向对称分布，则：

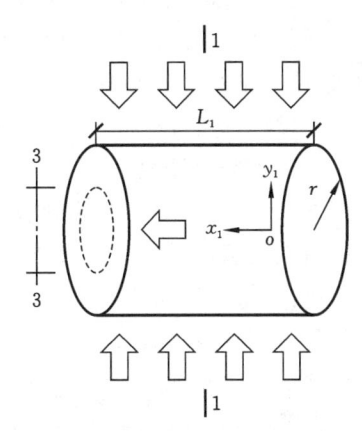

图 8.16　泵前过滤器水流流向

$$v_{x1} = v_{y1} = v_3 \cdot \frac{x_1}{L_1} \tag{8.19}$$

式中　v_{x1}——泵前过滤器内部轴向方向上 x_1 断面平均流速；

v_{y1}——泵前过滤器内 x_1 断面上的径向流速；

L_1——泵前过滤器滤筒长度。

对式(8.19)进行分析，泵前过滤器出水口处水流动能最大，结合能量守恒定律可知，该位置压强最小，滤网内外压差最大，泥沙和有机物颗粒在较大的压强差作用下更容易嵌入滤网网孔造成堵塞。因此，试验过程中调节泵前过滤器滤筒沿轴自转，在滤筒内部设置了反冲洗装置，泥沙和有机物颗粒在射流冲击力和水流切应力作用下难以沉积在滤网表面形成滤饼,提高了过滤时间。

对泵后过滤器内部流速分布情况进行分析,其水流流向如图 8.17 所示。图 8.17 中,断面 2—2、4—4 分别为泵后过滤器进出水口断面。试验过程中泵后过滤器进出水口管径与泵前过滤器出水口管径相等,即 $A_2=A_3=A_4$。同样地,由连续性方程可知,泵后过滤器内进出水口位置处轴向流速最大,且 $v_2=v_4$。当泵后过滤器内部轴向流速沿轴线性增加,同一截面上径向流速沿轴对称分布时,有:

$$v_{x2}=v_{y2}=v_2 \cdot \frac{x_2}{L_2} \tag{8.20}$$

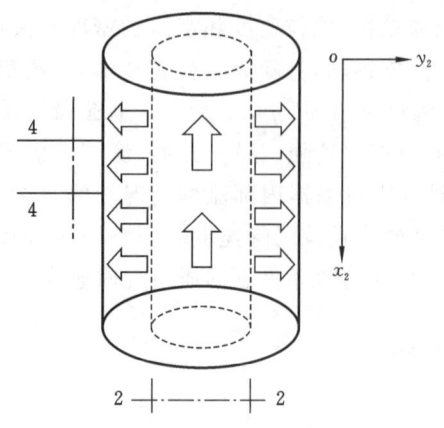

图 8.17 泵后过滤器水流流向

式中 v_{x2}, v_{y2}——泵后过滤器内部轴向方向上 x_2 断面的平均流速和径向流速;

L_2——泵后过滤器滤筒长度。

对式(8.20)进行分析可知,泵后过滤器出水口处水流流速最大,滤网内外压强差较大,泥沙和有机物颗粒更容易在该位置处造成堵塞。同时,堵塞位置处水流流速逐渐减小并沿轴向迁移,直到整个过滤器滤网堵塞。

对组合型网式过滤器开展泥沙和有机物条件下的堵塞试验,试验结果如图 8.18 和图 8.19 所示。

对试验结果进行分析可知,泵前过滤器在过滤过程中没有出现堵塞情况。对泵后过滤器滤网进行横向对比可知,远离出水口一侧滤网较为清洁,而靠近出水口一侧滤网堵塞严重。对远离出水口一侧滤网堵塞情况进行纵向对比,发现滤网上部较为清洁,而滤网下部堵塞泥沙颗粒较多。这是由于粗颗粒泥沙随水流紊动较弱,更容易沉积在过滤器底部,在较大

图 8.18 泵前过滤器堵塞情况

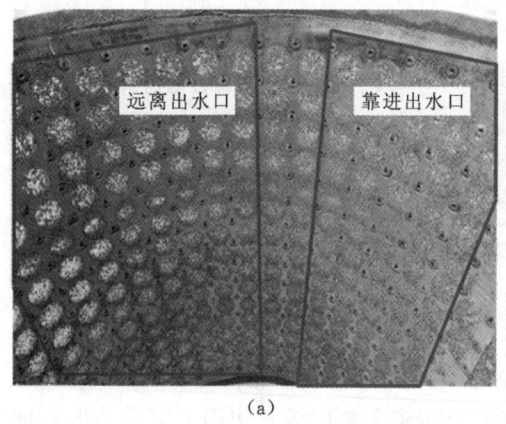

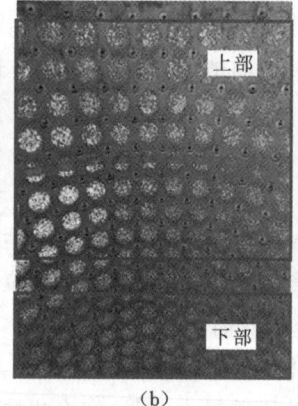

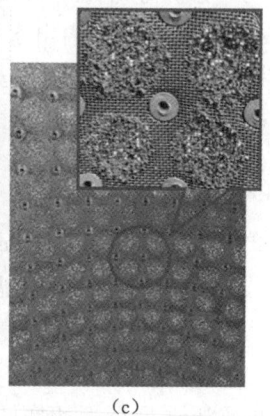

图 8.19 泵后过滤器滤网堵塞情况
(a)横向分布;(b)远离出水口;(c)靠近出水口

的压强差作用下堆积在滤网表面，形成滤饼层并进一步拦截细颗粒泥沙。对靠近出水口一侧滤网堵塞情况进行纵向对比，发现滤网整体堵塞较为严重，且嵌入滤网网孔的泥沙颗粒难以清除，可能会对后续试验结果造成影响，因此需要更换滤网。

8.3.3.2 组合型网式过滤器滤网堵塞压降计算

过滤过程中沉积到滤网表面的泥沙和有机物颗粒具有一定的动能，且凝聚的颗粒本身承压能力较低，当水流经过滤饼层时对颗粒具有一定的拖曳力，同时会造成滤饼中的孔隙应力发生改变，导致颗粒在滤饼中产生位移，滤饼产生析离现象，发生结构变形和塑性变形，因此滤饼具有可压缩性。将承受累计拖曳应力或其他外加力引起的应力时，没有发生结构变化且孔隙率随时间保持不变的滤饼结构称为不可压缩滤饼，否则视为具有压缩性。试验过程中，假设泥沙颗粒在滤网表面堆积形成的滤饼为不可压缩滤饼，有机物和泥沙颗粒共同形成的滤饼为压缩性滤饼，将过滤介质分为滤网和滤饼两部分，对其堵塞压降进行计算和分析。

对于多孔介质过滤过程中流体体积流速与压降之间的关系有达西定律：

$$Q = \frac{A \Delta p}{\mu R} \tag{8.21}$$

式中　Δp——压降，Pa；
　　　μ——液体黏度，Pa·s；
　　　Q——液体通过介质层的体积流速，m³/s；
　　　A——介质层的横截面积，m²；
　　　R——阻力，m⁻¹。

泥沙颗粒沉积过程中，滤饼质量和滤饼阻力不断增大，可通过非压缩性滤饼过滤基本方程计算其堵塞压降 Δp_1，计算公式为：

$$\Delta p_1 = [\alpha \mu \rho (V/A_c) + \mu R_m] \cdot \frac{Q}{A_c} \tag{8.22}$$

式中　R_m——滤网阻力，m⁻¹；
　　　ρ——泥沙颗粒的质量浓度，kg/m³；
　　　V——通过介质层的液体体积，m³。

一定压力条件下，单位面积上，单位质量滤饼对过滤所产生的阻力满足 Kozeny-Carman 方程为：

$$\alpha = \left(\frac{K_1 S_c^2}{\rho_p}\right) \frac{1-\varepsilon_c}{\varepsilon_c^3} \tag{8.23}$$

式中　α——滤饼的比阻，m/kg；
　　　K_1——Kozeny 常数，与颗粒的尺寸，形状和孔隙率有关，在低孔隙范围内，其值接近于 5；
　　　ρ_p——泥沙颗粒的密度，kg/m³；
　　　S_c——滤饼的比表面积，m⁻¹；
　　　ε_c——滤饼的孔隙率，%。

压缩性滤饼在过滤过程中的阻力随压降的升高而增大，用平均比阻表示，满足压缩性滤

饼基本方程式,则堵塞压降 Δp_2 计算公式为:

$$\Delta p_2 = \Delta p_c + \Delta p_m = \sqrt[(1-n)]{(1-n)\alpha_0 \frac{\mu \rho V Q}{A_c^2}} + \frac{\mu R_m Q}{A_m} \tag{8.24}$$

式中　Δp_m、Δp_c——滤网和滤饼两侧的压降;
　　　n——压缩性指数,非压缩性滤饼的 $n=0$,$n=0.5\sim0.8$ 为高压缩性,$0.3\sim0.5$ 为中等压缩性,0.3 以下为小压缩性;
　　　α_0——单位压降下的比阻,由试验测定。

计算过程中,泥沙和有机物颗粒形成的滤饼压缩性指数取 $n=0.4$;通过多次恒压过滤试验测得单位压降比阻 $\alpha_0=6.1\times10^9$ m/kg,液体黏度取 5 ℃水温条件下 $\mu=1.518\times10^{-3}$ Pa·s;Q 为开始过滤至滤网堵塞过程中的平均进水流量;滤网横截面积为清洁滤网的表面积,滤饼横截面积为滤网堵塞后的内表面积:

$$A_m = 2\pi r_1 h, \quad A_c = 2\pi \frac{(r_1+r_2)}{2} h = \pi(r_1+r_2)h \tag{8.25}$$

式中　A_m,A_c——滤网和滤饼的横截面积,m²;
　　　r_1——清洁滤网半径,m;
　　　r_2——滤网堵塞后的内径,m。

滤饼的比表面积为滤饼的表面积与体积的比值:

$$S_c = \frac{A_c}{V_c} = \frac{\pi(r_1+r_2)h}{\pi(r_1^2-r_2^2)h} = \frac{1}{r_1-r_2} \tag{8.26}$$

式中　V_c——滤饼的体积,即滤网堵塞前后的体积差,m³。

泥沙颗粒的质量浓度 ρ 为配置单位体积含沙水中泥沙颗粒的质量,即进水含沙量;通过比重法测得泥沙颗粒的密度 ρ_p 为 1.6×10^3 kg/m³;滤饼孔隙率为孔隙体积与固体体积之比,可通过试验测得饱和滤饼与烘干滤饼的密度,计算公式为:

$$\varepsilon_c = \left(1-\frac{\rho_g}{\rho_s}\right)\times100\% \tag{8.27}$$

式中　ρ_g,ρ_s——滤饼的干密度和湿密度,kg/m³。

滤液体积 V 为过滤时间和平均进水流量的乘积,滤网阻力为滤网厚度与渗透率的比值,即 $R_m=L/K$;Kozeny 于 1928 年提出渗透率的计算公式为:

$$K = \frac{\varepsilon_m^3}{K_c(1-\varepsilon_m)^2 S_m^2} \tag{8.28}$$

式中　K——滤网的渗透率,m²;
　　　ε_m——滤网的孔隙率,即滤网孔隙体积与滤网体积的比值,%;
　　　S_m——滤网的比表面积,m⁻¹。

单个滤网单元的表面积为:

$$S_m = \pi D L_0 \tag{8.29}$$

式中　D——滤网孔径,m;
　　　L_0——滤网厚度,即单根金属丝的直径,m。

滤网的孔隙率计算公式为:

$$\varepsilon = \frac{L_0 D^2}{(L_0+D)^2 L_0} \tag{8.30}$$

通过堵塞试验对滤网和滤饼参数进行测量,基于式(8.28)、式(8.30)分别对泥沙和有机物条件下的堵塞压降进行计算及对比分析,结果分别见表8.8和表8.9。

表8.8 滤饼参数测量结果

杂质配比	滤网孔径	湿质量/g	湿体积/cm³	湿密度/(g/cm³)	干质量/g	干体积/cm³	干密度/(g/cm³)	滤饼厚度/mm
B=0	D_1	2495.4	1350	1.848	1988.4	1270	1.566	0.533
	D_2	2832.7	1530	1.851	2285.7	1410	1.621	0.191
	D_4	4058.6	2190	1.853	3518.6	2080	1.692	0.248
B=1	D_1	1839.1	1000	1.839	1519.1	980	1.550	0.321
	D_2	2361.5	1280	1.845	1901.5	1220	1.559	0.232
	D_4	1860.5	1010	1.842	1555.9	1000	1.556	0.187
B=2	D_1	1510.4	830	1.820	1234.0	820	1.505	0.276
	D_2	1589.8	870	1.827	1324.8	870	1.523	0.181
	D_4	1687.6	920	1.834	1392.0	900	1.547	0.221
B=3	D_1	1244.3	690	1.803	883.3	630	1.402	0.275
	D_2	1382.0	760	1.818	1138.0	760	1.497	0.202
	D_4	1267.7	700	1.811	1003.7	690	1.455	0.170

表8.9 泵后过滤器堵塞压降计算和对比结果

杂质配比	滤网孔径	流量/(m³/h)	滤饼压降/kPa	滤网压降/kPa	计算压降/kPa	实测压降/kPa	相对误差/%
B=0	D_1	42.8	6.87	193.94	200.81	195.10	2.93
	D_2	54.4	6.51	182.43	188.94	203.60	−7.20
	D_4	48.0	7.42	206.18	213.61	198.40	7.67
B=1	D_1	46.0	22.89	181.01	203.91	197.15	3.43
	D_2	52.9	39.61	169.11	208.72	200.85	3.92
	D_4	45.6	22.49	180.08	202.57	196.70	2.98
B=2	D_1	52.8	7.01	210.45	217.46	199.20	9.17
	D_2	47.9	12.88	195.43	208.31	198.10	5.15
	D_4	45.2	15.40	153.11	168.51	196.40	−14.20
B=3	D_1	53.1	12.85	214.36	227.21	201.25	12.90
	D_2	43.0	3.99	179.83	183.82	195.35	−5.90
	D_4	43.7	5.62	195.39	201.01	196.30	2.40

对滤饼层物理特性进行分析可知,滤饼密度大致与滤网孔径成反比,且干湿密度范围分别为 1.402～1.692 g/cm³ 和 1.803～1.853 g/cm³,随进水有机物质量占比增大呈现出减小的趋势。当滤网孔径为 D_1 时,不同杂质配比条件下的滤饼厚度最大,且滤饼厚度随滤网孔径增大逐渐增大,滤饼厚度随杂质配比变化无明显规律。分析认为,当滤网孔径越小时,泵前过滤器拦截到的泥沙和有机物颗粒越多,泵后过滤器拦截泥沙和有机物的等容粒径越小,单位体积滤饼中的颗粒数越多,导致滤饼密度越大。进水有机物增多,滤网表面形成的滤饼层具有更大的压缩性,泥沙和有机物之间的孔隙增大,密度逐渐减小。滤饼厚度主要与滤网孔径有关,当滤网孔径越大时,粗颗粒泥沙和有机物杂质率先被拦截下来,随后在滤网表面形成架桥效应,较小粒径的沙粒和有机物逐渐被拦截下来,造成滤饼堵塞,因此滤饼厚度越大。随着进水有机物含量增多,过滤器堵塞后滤网表面的滤饼层组成成分不同,其稳定性具有较大差异,导致滤饼厚度变化无明显规律。

试验过程中泵前过滤器未发生堵塞,过滤压降较小。对泵后过滤器堵塞压降计算与对比结果进行分析,实测压降大致与进水流量成正比,与水头损失分析结果一致。过滤过程中,滤饼压降占滤网总压降的 2.17%～18.98%,滤网堵塞压降主要与滤饼层物理特性有关。计算压降与实测压降相对误差百分数小于 15%,满足计算精度要求,对实际工程中相同规格组合型网式过滤器过滤压降计算具有一定的参考价值。

8.3.4 过滤效果综合评价与分级

随着我国对节水灌溉技术的逐步重视,过滤器等配套设备的研究和发展取得了一定的成果,但目前尚未形成足够大的市场规模,相关部门也没有制定合理的产品质量评价办法,市面上的过滤器设备多由中小企业自主生产,质量上还存在较大的缺陷,严重影响了过滤器设备和节水灌溉技术的推广和应用。模糊综合评价法是一种基于模糊数学理论和模糊关系合成原理,将一些边界不清,不易定量的因素定量化,从而对实际问题进行综合评价的一种方法。为了实现对组合型网式过滤器过滤效果进行直观的量化评价,本节采取模糊综合评价法,将拦沙率,过滤后泥沙颗粒中值粒径和最大粒径作为评价组合型网式过滤器分级过滤效果的重要指标,采用 1-9 标度法对各项指标进行两两打分,利用 AHP 法(层次分析法)计算其主观权重,计算结果详见表 8.10。对计算结果进行一致性检验,得到一致性比率为 0.017,其值小于 0.10,可认为判断矩阵具有一致性,权重分配较为合理。

表 8.10 AHP 计算结果

项	拦沙率	中值粒径	最大粒径	权重/%	最大特征根	一致性比率
拦沙率	1	4	5	68.33		
中值粒径	1/4	1	2	19.98	3.02	0.017
最大粒径	1/5	1/2	1	11.68		

为了对组合型网式过滤器过滤效果进行分级评价,本研究将评价等级分为 4 个等级(Ⅰ优秀、Ⅱ良好、Ⅲ合格、Ⅳ较差),模糊隶属度矩阵 $R = (r_{ij})_{3×4}$,其中 r_{ij} 为第 i 个指标在评价集中第 j 个评价等级的隶属度。利用三角形隶属度函数法建立不同等级相对应的隶属度函

数公式如下：

$$\varphi_1(x) = \begin{cases} 1 & x \leqslant 0 \\ \dfrac{60-x}{60} & 0 < x < 60 \\ 0 & x \geqslant 60 \end{cases} \tag{8.31}$$

$$\varphi_2(x) = \begin{cases} \dfrac{x}{60} & 0 < x \leqslant 60 \\ \dfrac{70-x}{10} & 60 < x < 70 \\ 0 & x < 60, x \geqslant 70 \end{cases} \tag{8.32}$$

$$\varphi_3(x) = \begin{cases} \dfrac{x-60}{10} & 60 < x \leqslant 70 \\ \dfrac{80-x}{10} & 70 < x < 80 \\ 0 & x < 60, x \geqslant 80 \end{cases} \tag{8.33}$$

$$\varphi_4(x) = \begin{cases} \dfrac{x-70}{10} & 70 < x \leqslant 80 \\ 1 & x > 80 \\ 0 & x < 70 \end{cases} \tag{8.34}$$

式中　x——各组试验指标的测量值（为便于计算分析，用中值粒径和最大粒径相对初始状态变化率代替其测量值），$\varphi_1(x) \sim \varphi_4(x)$ 表示不同评价等级对应的隶属度函数。

通过隶属度函数和指标权重计算组合型网式过滤器综合评价的模糊综合评判矩阵 $\boldsymbol{Z}$ 为：

$$\boldsymbol{Z} = \boldsymbol{W} \cdot \boldsymbol{R} = [W_1 \quad W_2 \quad W_3] \begin{bmatrix} r_{11} & r_{12} & r_{13} & r_{14} \\ r_{21} & r_{22} & r_{23} & r_{24} \\ r_{31} & r_{32} & r_{33} & r_{34} \end{bmatrix} = [b_1 \quad b_2 \quad b_3 \quad b_4] \tag{8.35}$$

式中　$\boldsymbol{W}$——AHP 法计算得到的指标权重矩阵。

采取过滤因子 F_G 对过滤效果进行综合评价，过滤因子表达式为：

$$F_G = \boldsymbol{Z} \cdot \boldsymbol{M} \tag{8.36}$$

式中　$\boldsymbol{M}$——组合型网式过滤器过滤效果评价等级中心值矩阵，过滤因子 F_G 和评价等级对照关系见表 8.11。

表 8.11　过滤因子与评价等级对照关系

评价等级	过滤因子（F_G）	过滤效果	等级中心值
Ⅰ	(80,100]	优秀	90
Ⅱ	(70,80]	良好	75
Ⅲ	(60,70]	合格	65
Ⅳ	(0,60]	较差	30

利用模糊综合评价法对正交试验结果进行分析，计算得到不同工况下过滤因子见表 8.12。

由表 8.12 可知，工况 3、工况 5、工况 6、工况 9 的过滤效果为优秀，而工况 1 和工况 2 经综合评价结果仅为合格，不同工况在过滤效果上存在一定的差异。分析认为，进水泥沙含量、颗粒粒径和滤网孔径是造成各组试验过滤效果不同的主要因素。当进水粗颗粒泥沙含量越大，或选取较小孔径的滤网进行过滤时，过滤器拦截泥沙和有机物杂质质量增多，滤后水中泥沙颗粒的中值粒径和最大粒径显著减小，过滤器过滤效果较好。将极差分析结果与综合评价结果进行对比，工况 3 条件下过滤因子为 83.71，过滤器过滤效果最好；而工况 1 条件下过滤因子为 62.49，过滤效果为合格。该结果与极差分析结果一致，验证了综合评价结果的可靠性，认为可以利用该分级方法和评价指标对实际工程中组合型网式过滤器过滤效果进行直观的量化评价。

表 8.12 过滤因子计算结果

工况	模糊综合评判矩阵 Z				过滤因子(F_G)	过滤效果
	Ⅰ	Ⅱ	Ⅲ	Ⅳ		
1	0.00	0.00	0.93	0.07	62.49	合格
2	0.00	0.32	0.66	0.02	67.61	合格
3	0.68	0.16	0.15	0.00	83.71	优秀
4	0.00	0.56	0.42	0.01	70.11	良好
5	0.65	0.07	0.28	0.00	81.95	优秀
6	0.56	0.12	0.31	0.01	80.05	优秀
7	0.46	0.24	0.29	0.01	78.52	良好
8	0.07	0.62	0.25	0.07	70.47	良好
9	0.68	0.05	0.27	0.00	82.56	优秀

8.4 组合型网式过滤器过滤及排污时间研究

过滤时间和排污时间是指导组合型网式过滤器正常运行的重要指标。为了探究实际灌溉水源条件下组合型网式过滤器的过滤时间和排污时间，开展不同滤网孔径、进水流量、含沙量、杂质配比条件下的室内原型试验，对纯泥沙和有机物条件下过滤器过滤时间和排污时间随进水流量变化规律进行分析，并结合极差、方差分析得到不同因素对过滤时间的影响情况。对过滤时间和泵后过滤器水头损失峰值关系进行拟合，得到过滤时间计算经验公式。基于 MLP 神经网络模型建立复杂水源条件下组合型网式过滤器过滤时间预测方法，结合新疆地区灌溉水源杂质情况提出各级滤网孔径建议取值范围，以期为实际工程中滤网参数的选取提供参考，对指导过滤器运行和延长过滤系统寿命具有重要意义。

8.4.1 纯泥沙和有机物条件下过滤时间分析

8.4.1.1 纯泥沙过滤试验结果分析

对组合型网式过滤器开展纯泥沙过滤试验，得到不同含沙量条件下过滤时间随进水流量变化规律,如图 8.20(a)所示。当含沙量分别为 0.12 g/L、0.15 g/L、0.18 g/L 时,过滤时间随进水流量变化范围在 1820～3630 s、1400～3380 s、1220～1940 s,对应的泵后过滤器水头损失变化范围大致相同,主要集中在 11.67～30.78 m。当进水流量分别为 110 m³/h、120 m³/h、130 m³/h、140 m³/h、150 m³/h、160 m³/h 时,过滤时间随含沙量变化范围在 1940～3630 s、1705～3090 s、1560～2725 s、1550～2360 s、1350～2330 s、1220～1820 s,对应的泵后过滤器水头损失变化率分别为 3.51%、3.22%、5.59%、4.38%、4.44%、1.58%。分析认为,过滤时间与进水流量和含沙量成反比,其原因是随着流量和含沙量增大,相同时间内进入过滤器的泥沙颗粒增多,过滤器滤网表面在较短时间内形成滤饼堵塞,过滤时间缩短。泵后过滤器水头损失随进水流量增大而增大,不同含沙量条件下泵后过滤器水头损失变化率小于 6%,即含沙量对水头损失影响较小。这是因为流体存在黏滞性,当流量增大时,进入过滤器的水流动能越大,水流运动时克服摩擦阻力越大,过滤过程中一部分动能不可逆转地转化为热能,造成了较大的水头损失;当含沙量改变时,过滤器堵塞时间缩短,但滤网堵塞状态和滤饼层构造基本不变,因此水头损失变化不大。

不同滤网孔径条件下过滤时间随进水流量变化规律如图 8.20(b)所示。当滤网孔径分别为 D_1、D_2、D_4 时,过滤时间和泵后过滤器水头损失变化趋势与不同含沙量条件下基本一致:过滤时间变化范围在 1100～2095 s、800～1550 s、1400～3380 s,对应的泵后过滤器水头损失变化范围大致相同,主要集中在 11.50～30.78 m。当进水流量在 110～160 m³/h 时,过滤时间随滤网孔径变化范围在 1550～3380 s、1370～2480 s、1280～2180 s、1040～2140 s、980～2060 s、800～1400 s,其中滤网孔径 D_4 条件下过滤时间最长,滤网孔径 D_1 条件下其次,滤网孔径 D_2 条件下过滤时间最短。分析认为,过滤时间与各级滤网孔径组合情况有关:当泵后滤网孔径较小时,过滤器堵塞速度加快,过滤时间明显缩短;同一泵后滤网孔径条件下,泵前滤网孔径越小,拦截粗颗粒泥沙质量越大,进入泵后过滤器的泥沙颗粒越少,过滤时间越长。对应的泵后过滤器水头损失变化率分别为 8.53%、5.10%、2.75%、2.17%、4.91%、3.60%,均小于 9%,即滤网孔径对水头损失影响较小。这是因为当滤网孔径改变时,不同粒径范围的泥沙颗粒先后被过滤器拦截下来,但滤网堵塞状态基本不变,导致组合型网式过滤器水头损失变化较小。

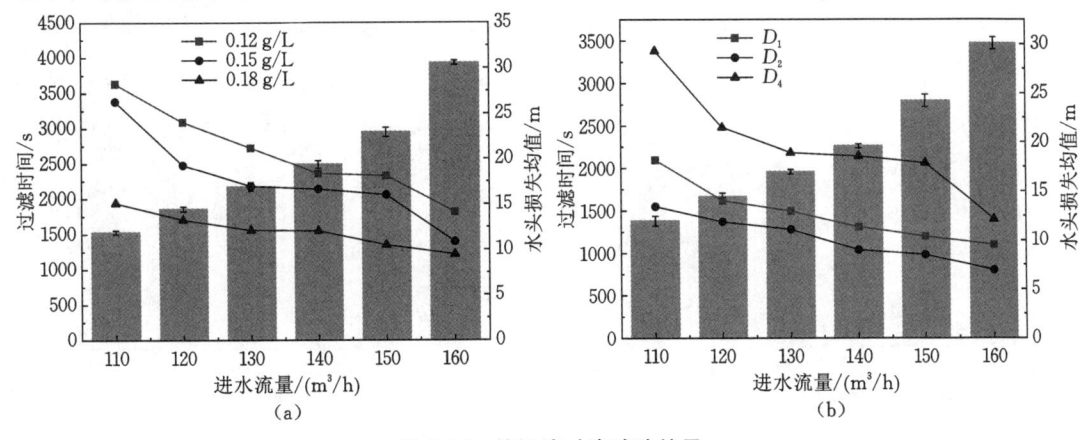

图 8.20 纯泥沙过滤试验结果

(a) 滤网孔径 D_4;(b) 含沙量 $S=0.15$ g/L

8.4.1.2 混合过滤试验过滤时间分析

对组合型网式过滤器开展泥沙和有机物混合过滤试验,得到不同杂质配比条件下过滤时间随进水流量变化规律如图 8.21(a)所示。当杂质配比分别为 $B=1$、$B=2$、$B=3$ 时,过滤时间随进水流量变化范围在 620~1190 s、640~827 s、450~685 s,对应的泵后过滤器水头损失变化范围大致相同,主要集中在 11.51~28.92 m。当进水流量分别为 110 m³/h、120 m³/h、130 m³/h、140 m³/h、150 m³/h、160 m³/h 时,过滤时间随杂质配比变化范围在 685~1190 s、610~1065 s、535~940 s、490~800 s、470~715 s、450~640 s,对应的泵后过滤器水头损失变化率分别为 1.13%、0.29%、0.93%、0.21%、0.17%、0.38%。分析认为,过滤时间与有机物含量成反比,其原因是有机物具有柔性和黏附性,当进水有机物含量增大时,更容易造成过滤器滤网堵塞,缩短过滤时间。不同杂质配比条件下泵后过滤器水头损失变化率小于 2%,即杂质配比对水头损失影响不大,这是因为过滤器堵塞状态和滤饼层基本构造未发生改变,与纯泥沙过滤试验分析结果一致。

不同滤网孔径条件下混合过滤试验过滤时间随进水流量变化规律如图 8.21(b)所示。当滤网孔径分别为 D_1、D_2、D_4 时,过滤时间和泵后过滤器水头损失变化趋势与不同含沙量条件下基本一致;过滤时间变化范围在 635~880 s、440~732 s、640~827 s,对应的泵后过滤器水头损失变化范围大致相同,主要集中在 11.51~30.71 m。当进水流量分别为 110~160 m³/h 时,过滤时间随滤网孔径变化范围在 732~880 s、680~830 s、630~780 s、575~730 s、510~680 s、440~635 s,其中滤网孔径 D_1 条件下过滤时间最长,滤网孔径 D_4 条件下其次,滤网孔径 D_2 条件下过滤时间最短。分析认为,当泵后滤网孔径较小时,泥沙和有机物杂质在滤网表面耦合形成滤饼,加速过滤器堵塞,过滤时间缩短;同一泵后滤网孔径条件下,泵前滤网孔径越小,对木屑等有机物杂质拦截能力越高,进入泵后过滤器的木屑质量越小,过滤时间越长。对应的泵后过滤器水头损失变化率分别为 7.04%、7.90%、8.51%、8.91%、7.35%、6.37%,均小于 9%,即滤网孔径对水头损失影响较小,其原因与纯泥沙试验分析结果相同。由分析结果可知,组合型网式过滤器过滤时间与各级滤网孔径、进水流量、含沙量、杂质配比有关,而泵后过滤器水头损失仅与进水流量成正比。当其他条件相同时,可根据进水流量计算得到过滤器水头损失,并进一步拟合分析过滤器过滤时间,通过预试验结果确定滤网孔径、含沙量、杂质配比对过滤时间影响的修正系数,即可对过滤时间进行计算和预测。

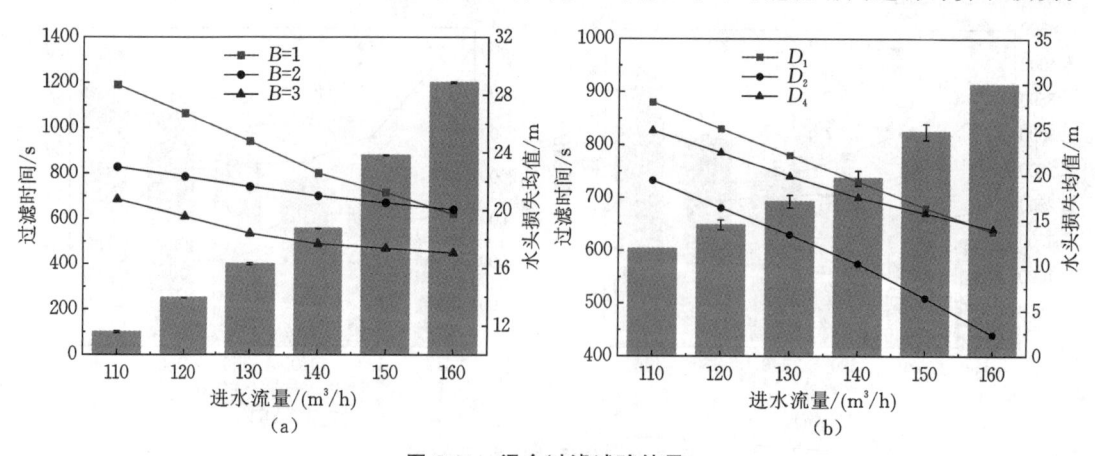

图 8.21 混合过滤试验结果
(a) 滤网孔径 D_4;(b) 杂质配比 $B=2$

8.4.2 排污时间变化规律研究

不同滤网孔径和含沙量条件下,组合型过滤器排污压差随时间变化情况如图 8.22 所示。

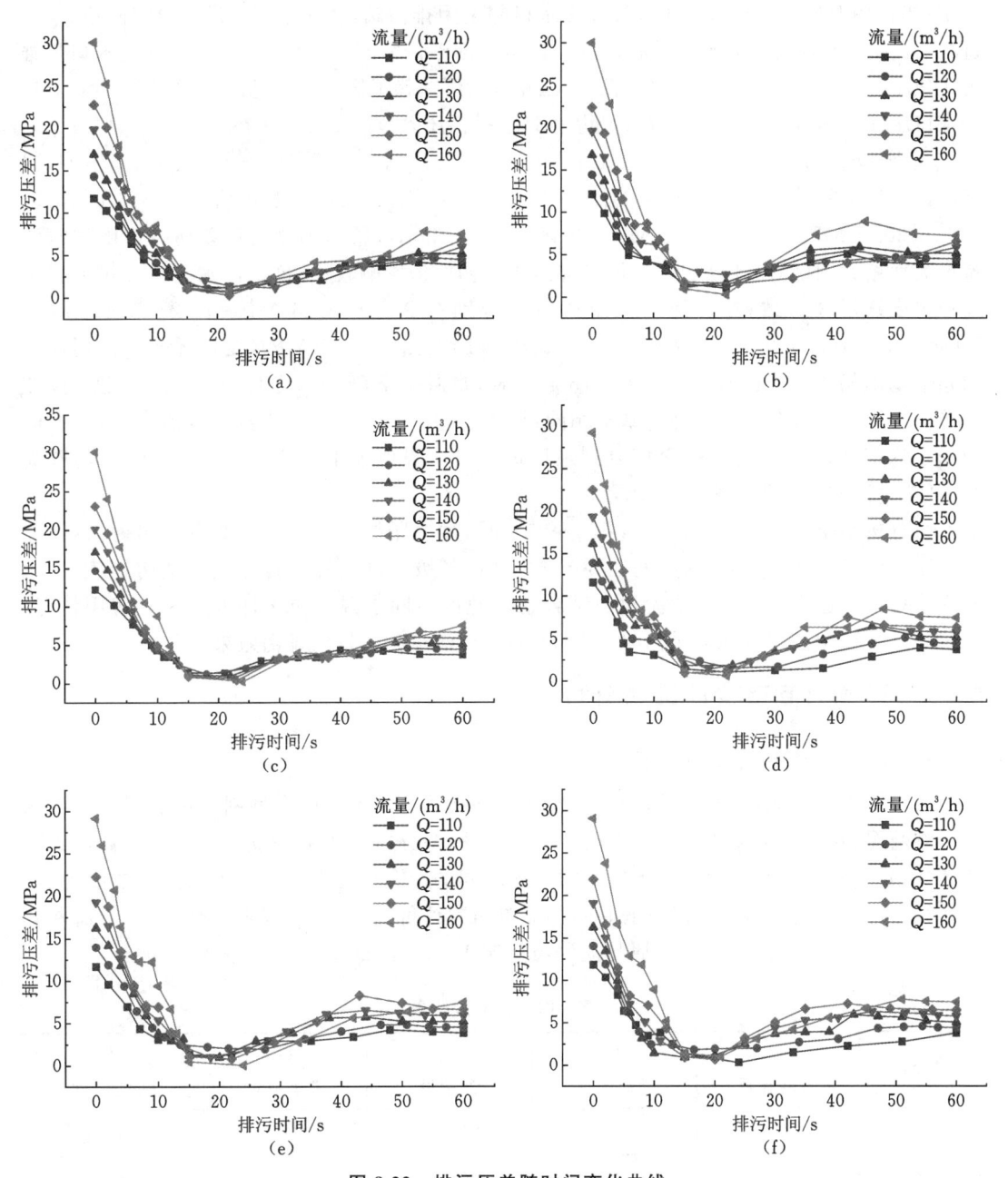

图 8.22 排污压差随时间变化曲线

(a) D_4, $S=0.12$ g/L；(b) D_4, $S=0.15$ g/L；(c) D_4, $S=0.18$ g/L；
(d) D_3, $S=0.12$ g/L；(e) D_3, $S=0.15$ g/L；(f) D_3, $S=0.18$ g/L

由图 8.22 可知,当滤网孔径为 D_4 时,不同进水含沙量条件下排污压差随时间变化规律基本一致:当排污时间在 0~20 s 时,关闭出水口并打开排污阀,过滤器处于排污初始阶段,泵前过滤器出水口负压力值逐渐增大,泵后过滤器进水口压强先减小后增大,出水口处压强迅速上升直到排污压差达到最小值,同时排出大量高浓度含沙水,排污压差在短时间内趋于稳定;当排污时间在 20~60 s 时,打开出水口并关闭排污阀,过滤器排污进入第二阶段,泵前过滤器出水口负压力值和泵后过滤器进水口压强逐渐恢复到初始值,泵后过滤器出水口压强迅速减小为 0,排出污水泥沙含量较低,过滤器排污压差趋于稳定,且数值大小等于泵后过滤器进水口压强。排污过程中,不同进水流量条件下排污压差范围主要集中在 11.72~30.14 m。

当进水流量分别为 110 m³/h、120 m³/h、130 m³/h、140 m³/h、150 m³/h、160 m³/h 时,过滤器排污压差初始值范围主要在 11.72~12.23 MPa、14.33~14.69 MPa、16.78~17.14 MPa、19.57~20.11 MPa、22.35~23.08 MPa、29.98~30.14 MPa,分析认为排污压差初始值随进水流量增大而增大,且滤网孔径和含沙量对排污压差初始值影响较小,这与浑水条件下过滤器水头损失变化规律一致;排污压差稳定值范围分别在 3.73~3.86 MPa、4.42~4.51 MPa、5.10~5.16 MPa、5.86~5.95 MPa、5.55~5.75 MPa、7.22~7.52 MPa,变化规律与排污压差初始值基本相同。当进水含沙量为 0.15 g/L 时,滤网孔径 D_3、D_4 条件下排污压差随时间变化趋势与不同进水含沙量条件下基本相同:排污压差随时间迅速减小到最低值,并在短时间内趋于稳定,随后逐渐上升直至恢复到泵后进水口压强值大小,此时出水口打开,排污阀完全关闭,过滤器进入下一个过滤阶段。

由分析结果可知,当排污时间在 20~25 s 时,过滤器拦截泥沙颗粒基本排出,排污压差在短时间内趋于稳定;当排污时间在 50~60 s 时,各级滤网内外压强差恢复至初始值,过滤器完成排污并进入下一个过滤阶段。结合新疆地区不同水源杂质条件下过滤器使用情况,建议实际工程中控制过滤器排污时间在 45~65 s,能达到较好的排污效果。

8.4.3 过滤时间理论计算与分析

8.4.3.1 过滤时间影响因素分析

为了探究进水流量,含沙量,杂质配比和滤网孔径等因素对组合型网式过滤器过滤时间的影响情况,对不同工况条件下的试验结果进行极差分析和方差分析,计算结果见表 8.13 和表 8.14。极差分析结果表明,各因素对过滤时间的影响程度由大到小依次是杂质配比、滤网孔径、含沙量、进水流量。以过滤时间作为单因素评价指标,最佳因素水平组合为:滤网孔径 D_1(0.32 mm×0.20 mm),木屑与泥沙质量比 1:1,含沙量 0.12 g/L,流量 120 m³/h。

表 8.13 极差分析表

试验号	D 滤网孔径	B 杂质配比	S 含沙量	Q 进水流量	T 过滤时间
1	D_1	1	0.12	120	1330
2	D_1	2	0.18	140	805
3	D_1	3	0.15	160	540
4	D_2	1	0.18	160	710

续表8.13

试验号	D 滤网孔径	B 杂质配比	S 含沙量	Q 进水流量	T 过滤时间
5	D_2	2	0.15	120	680
6	D_2	3	0.12	140	560
7	D_3	1	0.15	140	800
8	D_3	2	0.12	160	810
9	D_3	3	0.18	120	510
k_1	891.67	946.67	900.00	840.00	
k_2	650.00	765.00	675.00	721.67	
k_3	706.67	536.67	673.33	686.67	
R	241.67	410.00	226.67	153.33	
主次因素			$B>D>S>Q$		
最优组合			$D_1B_1S_1Q_1$		

经方差分析，滤网孔径、杂质配比、含沙量和进水流量对组合型网式过滤器过滤时间影响极显著（$p<0.01$）。

表8.14 多因素方差分析表

方差来源	离差平方和	自由度	均方差	F 值	p 值
D	3896898.78	3	1298966.26	55.89	0.000
B	1687536.79	3	562512.26	24.20	0.000
S	1390008.33	2	695004.17	29.90	0.000
Q	2169644.58	5	433928.92	18.67	0.000
误差项	929665.42	40	23241.64		

结合工程实际，当灌溉水源中有机物杂质含量较低时建议选取 0.32 mm 和 0.20 mm 滤网孔径的泵前和泵后过滤器进行组合过滤；当有机物杂质含量较高时选取 0.25 mm 和 0.20 mm 滤网孔径的泵前和泵后过滤器进行过滤，使泵前过滤器起到主要拦截有机物杂质的作用，避免由于泵后过滤器精度过高产生较大的水头损失。同时，还应在满足灌溉要求的前提下尽可能减小流量，能够有效延长过滤时间。

8.4.3.2 混合杂质条件下过滤时间拟合计算

为了便于实际工程中组合型网式过滤器过滤时间的计算，对混合杂质条件下的试验结果进行拟合分析。同一杂质配比条件下泵后网式过滤器水头损失峰值基本不变，利用 Origin 软件对过滤时间与水头损失峰值间的关系进行拟合，得到过滤时间计算经验公式：

$$b \cdot t = 1.1 h_{2,\max}^2 - 63 h_{2,\max} + 1476.1 \tag{8.37}$$

式中 b——杂质配比修正系数。

结合水力学水头损失公式 $h = \xi v^2/2g$ 和连续性方程 $Q = Av$ 得到：

$$h = \xi \frac{Q^2}{2gA^2} \tag{8.38}$$

式中 ξ——水头损失系数；

A——进水断面面积，m^2；

v——进水流速，m/s。

分析式(8.38)易知，当过滤器结构不变时，$h_{2,\max}$ 仅与进水流量有关。因此，实际工程中仅需根据进水流量确定网式过滤器水头损失峰值，即可进一步通过拟合计算对过滤时间进行预测分析。将公式拟合与试验结果进行对比，结果见表 8.15。

表 8.15 过滤时间计算表

配比	流量 $Q/(m^3/h)$	拟合结果 t/s	试验结果 t'/s	相对误差/%
$B=1$	120	1077	1065	1.16
	130	961	940	2.28
	140	854	800	6.75
	150	719	715	0.62
	160	651	620	5.01
$B=2$	120	754	785	−4.01
	130	720	740	−2.74
	140	687	700	−1.79
	150	626	670	−6.58
	160	617	640	−3.56
$B=3$	120	606	610	−0.68
	130	545	535	1.95
	140	505	490	3.02
	150	457	470	−2.73
	160	460	450	2.12

不同进水流量条件下公式拟合与试验结果误差小于 7%，满足计算精度要求，认为式(8.37)可以用于实际灌溉水源条件下组合型网式过滤器过滤时间的计算。

8.4.4 过滤时间预测及分析

传统的数据分析方法难以对复杂水源条件下网式过滤器的过滤时间进行分析和预测。MLP 神经网络是一种前馈式神经网络，由输入层、隐藏层和输出层组成，能够对非线性数据建模,并通过反向传播算法减小预测误差。采用 MLP 模型对过滤器过滤时间进行预测,对过滤器性能的量化评价和指导排污工作具有重要意义。

研究过程中使用 SPSS 软件构建 MLP 模型对过滤时间进行预测,根据过滤时间影响因素分析结果对变量进行选取,结合过滤时间拟合计算公式确定合适的目标函数。输入层包括滤网孔径(D_1、D_2、D_3)、杂质配比($B=1$、$B=2$、$B=3$)、进水流量($Q=120$ m³/h、130 m³/h、140 m³/h、150 m³/h、160 m³/h)、含沙量($S=0.12$ g/L、$S=0.15$ g/L、$S=0.18$ g/L)4 个变量,将过滤时间作为输出,总数据集共 180 组数据(其中 45 组为重复试验),随机选取其中的 70%作为训练集,剩余 30%的数据作为测试集。由于数据集的参数范围和量纲存在差异性,采用归一化方法对数据进行预处理,计算公式为:

$$x' = \frac{x - x_{\min}}{x_{\max} - x_{\min}} \tag{8.39}$$

式中　x'——归一化后的参数;
　　　x——原始参数;
　　　$x_{\min}$——原始参数最小值;
　　　$x_{\max}$——原始参数最大值。

综合考虑 MLP 神经网络的收敛性能与泛化能力,以 tansig 函数作为隐藏层激活函数,确定隐藏层层数为 1 层,神经元个数为 50。过滤时间的预测本质上是回归问题,因此不再对输出层数据进行非线性转换,即选择 purelin 函数作为输出层激活函数。优化算法采用梯度下降法,初始学习率为 0.0005。

对样本中的过滤时间数据进行预测,图 8.23 所示为模型测试集回归效果。由图 8.23 可知,预测值与实测值具有良好的线性拟合关系,相关系数 $R^2=0.973$,误差集中在 18%以内,说明 MLP 模型对过滤时间的预测表现较好。

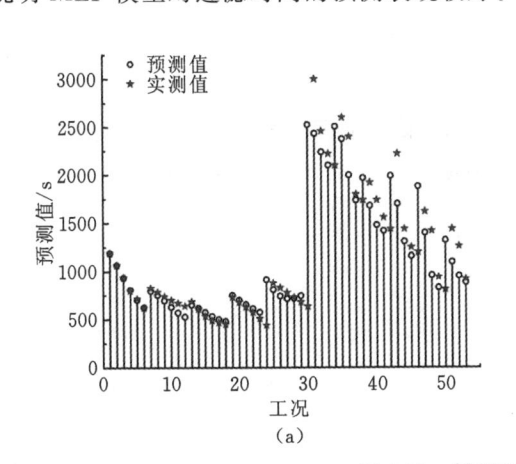

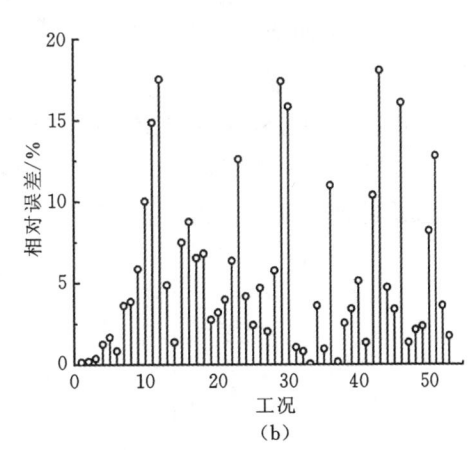

图 8.23　模型测试集回归效果图

(a) 拟合效果;(b) 预测误差

自变量重要性排序情况如图 8.24 所示。从图 8.24 中可以看出,各因素对过滤时间的重要性由大到小依次是杂质配比、滤网孔径、含沙量、进水流量,其中杂质配比是影响过滤时间的关键因素，与极差分析结果一致，验证了 MLP 神经网络模型对过滤时间预测结果的可靠性。在实际工程中，应针对不同水源杂质条件选择合适的过滤器类型和过滤方式：当水源杂质类型以沙粒为主时，采用滤网孔径小于泥沙粒径的单一网式过滤器进行过滤；当水源中含有藻类和浮游生物等有机物杂质时，采用 0.25 mm 滤网孔径的泵前过滤器与泵后过滤器组合过滤。

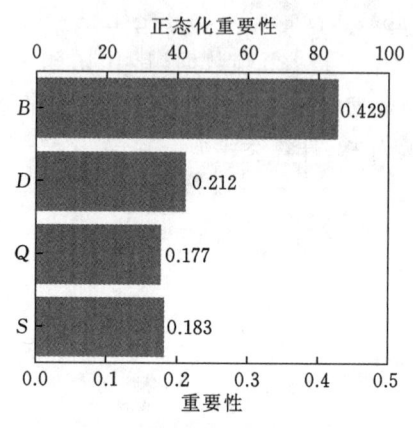

图 8.24　自变量重要性排序图

使用均方误差 MSE 和平均相对误差 MRE 作为模型的评价指标，计算公式为：

$$MSE = \frac{1}{n} \sum_{i=1}^{n} (t_i - t'_i)^2 \times 100\% \tag{8.40}$$

$$MRE = \frac{1}{n} \sum_{i=1}^{n} \frac{|t'_i - t_i|}{t_i} \times 100\% \tag{8.41}$$

式中　n —— 样本数据数量；
　　　t_i —— 实测值；
　　　t'_i —— 预测值。

经计算，MLP 神经网络模型预测值与实测值的均方误差和平均相对误差分别为 0.32%、5.85%，满足实际工程对过滤时间计算精度要求，说明该模型适用于复杂水源条件下组合型网式过滤器过滤时间的预测。

9 网式过滤器应用现状及发展趋势

网式过滤器在各个行业和应用领域中都发挥了重要作用。第一,应用在水处理行业,主要包括饮用水处理和工业用水处理。网式过滤器广泛应用于饮用水处理系统中,主要用于去除水中的悬浮颗粒和沉积物,保护后续处理设备如反渗透膜和活性炭滤池。它们通常用于水厂的初级过滤阶段,以确保水质符合饮用标准。在工业用水处理中,网式过滤器用于去除水中的固体颗粒,保护锅炉、冷却塔和其他关键设备免受损害。例如,在钢铁、化工等制造业中,网式过滤器能够有效延长设备的使用寿命。第二,应用在节水灌溉领域,包括滴灌系统和喷灌系统。滴灌系统,在农业和园艺中,网式过滤器被广泛应用于滴灌系统中,去除水中的悬浮物和固体颗粒,以防止滴头堵塞。这样可以保证灌溉的均匀性和效率,节约水资源。喷灌系统中的网式过滤器用于过滤水中的杂质,保护喷头不被堵塞。特别是在水源较差的地区,网式过滤器能有效提高喷灌系统的可靠性和运行效率。第三,应用在冷却系统中,主要是工业冷却系统和空调系统。在工业冷却系统中,网式过滤器用于去除冷却水中的固体颗粒,防止冷却设备和管道的堵塞。它们可以提高冷却系统的效率,并减少维护频率。在中央空调系统中,网式过滤器帮助清除冷却水中的沉积物,保护冷凝器,确保系统的高效运行。第四,应用在污水处理系统中,包括污水预处理和回用水处理。污水预处理,在污水处理厂中,网式过滤器用于预处理阶段,去除污水中的较大颗粒物和纤维物质,从而保护后续的处理设备,如沉淀池和生物反应器。回用水处理,在工业回用水处理过程中,网式过滤器用于去除回用水中的固体颗粒,确保水质符合再利用标准。

我国的水资源严重不足,社会不断发展、各个方面对水资源的需求量也在不断增大,使水资源不足的现象变得更加严重。以我国西北新疆为例分析,作为我国重要农业基地却处于干旱地区,水资源总量914亿 m^3,单位面积产水量仅5.3万 m^3/km^2,排名全国倒数第三;农业灌溉用水量占区域总用水量95%,农业产值对GDP贡献率却不足20%,用水结构极不合理,发展农业高效节水、促进转型提升是优化水资源配置的先决条件。发展高效节水,是实现农业现代化的必由之路。2023年,新疆生产建设兵团应用高新节水灌溉面积达到4760万亩,全国节水灌溉面积更是达到4.3亿亩。节水微灌农业是今后我国农业发展大趋势,而微灌系统作为一种较精密设备,对水源有较高要求,滴灌水源如井水、河渠水、雨水等都含有不同程度的杂质颗粒,如果水源不能进行有效的沉淀过滤处理,必定会影响到灌溉系统的正常工作。因此,在保证滴灌系统正常工作的前提下,对水源进行过滤处理的过滤器就显得尤为重要。过滤器作为微灌系统中最关键的设备之一,在维护系统的正常运行、防止管道堵塞及提高灌溉效率等多方面都发挥着重要作用。

9.1 网式过滤器在节水灌溉领域的应用现状

市场上现有的过滤器虽然种类繁多,但随着我国农田微灌产业的不断发展,以及国家对农业的重视程度不断提高,农田灌溉系统对于微灌用过滤器的要求也在不断增加,对过滤器的运行效率和除杂效果的要求不断提高,而市场上现有的过滤器仍有许多不足。

(1) 滤网需手动更换,经济消耗高

由于我国的节水灌溉事业起步较晚,基础较为薄弱,早期建设的节水灌溉农田大都使用传统的过滤器。其过滤器滤网筒需定期更换,以防杂质堵塞过滤系统。但是人工手动更换过滤器,有一定的操作成本,操作不当会影响过滤器结构,如果过滤器质量或结构不能满足过滤的要求,则会引起微灌用水质量的降低或者微灌系统维护成本的提高,更严重的会造成整个微灌系统的瘫痪报废,这时必须耗费大量人力和财力来排除堵塞或重建系统。提高了后期维修成本,增加了经济消耗。

(2) 外加电机能耗居高不下,控碳减排势在必行

节水灌溉事业的高速发展,必然伴随着能源消耗的增长。市场上现有的自清洗式过滤器较少,且大部分仍需使用外加清洗电机去实现滤网筒的清洗,能耗较高,不满足节能减排的宗旨。按过滤器供水面积10000亩计算、电费0.5元/度计算,组合式过滤器59.7度/亩,每一个灌溉期消耗电费可达30万元。根据《2023中国统计年鉴》,农业能源消费总量相当于9661万吨标准煤,占全国能源消费总量的17%。过滤器作为农田能源消耗的重要部分,为积极响应国家"节能减排、绿色发展"的号召,针对自清洗式过滤器的节能优化势在必行,减少过滤器的能耗,对我国的节能减排与控碳目标有着重要意义。

(3) 周期不同步,效率难保证

滤网堵塞是影响过滤效率的主要因素,当滤网表面的杂质累积到一定厚度时,会导致过滤器水头损失增大,同时滤网网孔受压扩张将会使一些杂质"挤"过滤网进入灌溉系统,会造成二次污染,设备寿命缩短等影响。而清洗周期是影响滤网清洗的重要因素。过滤器过滤周期和清洗周期无法同步进行是目前过滤器的常见问题。过长的清洗周期会减少过滤时长,严重降低过滤效率。为提高过滤器的工作效率,减小其运行过程中的损耗,因此使过滤器过滤周期与清洗周期同步是目前行业内的重要难题。

(4) 现有过滤器较差,制订过滤方案难

现有过滤方式对比见表9.1。

表 9.1 现有过滤方式对比

过滤方式	优点	缺点
网式过滤	价格便宜、过滤效果好、清洗效率高、不易损毁、拆卸方便、水头损失小	容易受污染物堵塞,导致流量下降,过滤精度降低
砂石过滤	有效处理杂质,具有较强的拦截能力	过滤精度低,只能过滤较大的污染物
叠片式过滤	过滤效率高,滤芯清洗方便	反冲洗很难冲洗干净
离心式过滤	保养维护方便,可连续自动排沙	需要严格控制水过滤效果的系统,过滤效果不好,不能单独使用

9.2 网式过滤器在节水灌溉中的应用前景

农业生产对于水资源的需求量大,但目前我国水资源短缺及污染问题日益严重,导致我国很多地区的农田水利灌溉得不到保障,这极大地限制了当地农业的生产与发展。此外,由于缺乏科学合理的灌溉技术,导致水资源的不合理利用,进一步加剧了水资源的紧缺问题。

国务院文件《节约用水工作部际协调机制2023年度工作要点》提出,在2023年要推进节约用水条例立法审查;研究制定关于加强水资源节约集约利用的指导意见;推进大中型灌区续建配套与现代化改造;新建高标准农田4500万亩、改造提升高标准农田3500万亩、统筹发展高效节水灌溉1000万亩。

农业灌溉用水中含有大量有机悬浮物,这些杂质如果不过滤去除将会堵塞滴淋器、喷射器、喷洒器、电磁阀和肥料喷射器,导致庄稼产量减少,并产生褐色污迹。如果用手工清洗滴水器管路,工序会相当的繁琐,并且效果有限。因此过滤器在灌溉系统中就起着至关重要的作用,它能够有效过滤水中的杂质和悬浮物,保护灌溉设备免受损坏,提高灌溉效果。

然而,目前我国灌溉用过滤器的市场供应仍然不足,存在着种类单一、质量参差不齐等问题。经研究发现,市场上现有的自清洗式过滤器较少,没有自清洗功能的过滤器则需要及时清洗滤网,否则就会影响过滤效率。因此,国家鼓励科技助农、科技兴农、科技强农,加大农业农村技术创新支撑,出现了自清洗过滤器。但现有的自清洗式过滤器大致分为两类,一种是利用清洗电机作为清洗动力,带动滤网筒转动从而达到清洗滤网筒的目的,该类型过滤器优点为清洁能力较强,但缺点较多,需外加电机,能耗较大;另一种利用水流压力对滤筒进行反冲洗,这类过滤器优点是无须外加清洗电机,能耗较少,缺点是过滤过程与清洗过程无法同步进行,过滤周期较长,都有较大的改进空间。在《中国制造2025》中,过滤设备和技术被列为重点发展领域,要求加大对高效节能、环保过滤设备的研发和产业化力度,推进过滤技术进步。据统计全国高效节水灌溉面积逐年上升,自清洗式过滤器在近几年中会有较大需求,会更加高效环保,以满足农业生产对水质的要求,市场前景广阔。

至2023年,全国高效节水灌溉面积达4.3亿亩,一台滴灌用过滤器灌溉面积按1000亩计算,每年过滤器折旧按20%计算,则过滤器每年市场需求量可达7.9万台。目前,网式过滤器在滴灌系统中应用最为普遍,自冲洗效果好、占地面积小、操作简单、无须外力、能耗低的新型网式过滤器将会是节水灌溉领域的必要部件。

从市场前景来看,随着节水灌溉技术的推广,对高效过滤器的需求也在不断增长。例如,新疆在节水灌溉方面的推广面积不断增加,预示着对节水灌溉设备,特别是高效过滤器的需求将持续增长。此外,全球范围内对工业和民用过滤设备的需求也在不断增长,为网式过滤器的市场发展提供了广阔的空间。

9.3 网式过滤器在西北地区的应用前景

随着滴灌和喷灌技术在农业中的广泛应用，高效过滤器的需求不断增长。以新疆地区的农业节水市场容量具有的显著特点和潜力为例分析网式过滤器在节水灌溉领域的应用。

新疆是我国典型的内陆干旱区，特别是南疆地区，面临着气候干旱、水资源短缺的重大挑战。农业用水在总用水量中占比较大，因此，推进农业节水对于该地区的水安全、经济社会高质量发展和保护生态稳定性具有重要意义。新疆的灌溉面积在 2023 年达到了 4808.87 千公顷，其中耕地灌溉面积为 3651.66 千公顷。节水灌溉面积为 2965.46 千公顷，显示出该地区在节水灌溉技术上的广泛应用和重要性。新疆在农业高效节水方面已取得显著进展，高效节水农田面积超过 4760 万亩，其中滴灌面积占 80% 以上。这表明了新疆在高效节水技术上进行了如滴灌、膜下滴灌等方面的广泛应用和推广。

综合来看，新疆地区的农业节水市场容量巨大，对网式过滤器等高效节水设备的需求日益增长。随着农业高效节水技术的不断推广和应用，这一市场的潜力将进一步释放。同时，政府和相关部门对于节水技术和设备的研发、推广和应用给予了高度重视，为网式过滤器等产品在新疆市场的发展提供了良好的政策环境和市场空间。

同时，新疆地区是一个干旱的内陆地区，面临着严重的水资源短缺问题。因此，节水灌溉在这里显得尤为重要，不仅是为了农业生产的需要，也是为了整个地区的水资源可持续利用。目前，新疆的节水灌溉技术已经取得了显著的进展。例如，新疆的高效节水灌溉面积从 2017 年的 1562.9 万亩增加到 2023 年 4760 万亩，显示出节水灌溉技术在新疆已得到广泛应用和推广。此外，新疆的产品，如棉花、小麦等，已经在高效节水技术的支持下取得了显著的产量提升。这些进展表明，新疆对于高效节水技术和设备的需求非常强烈，为网式过滤器等节水设备提供了广阔的市场空间。

新疆的农业高效节水项目不仅涉及农田灌溉，还包括水肥一体化、滴灌、喷灌等多种技术，这些技术的应用极大提高了农业用水的效率和作物的产量。同时，政府也在积极推动高标准农田建设，进一步提高农业用水的效率。这些政策和措施的实施，为网式过滤器等节水设备在新疆市场的推广和应用提供了有力的支持。新疆市场对于网式过滤器的需求主要源于其对高效节水技术的迫切需求，以及政府在水资源管理和农业发展方面的政策支持。

总体而言，网式过滤器在西北地区节水灌溉领域的市场容量和潜力巨大，尤其是在自动化、高效能、易操作等方面的优势，使其成为未来农业灌溉和工业过滤设备市场的重要发展方向。特别是在新疆等水资源紧缺地区，这种过滤器的市场需求更为显著，因其能有效应对水源中的泥沙和其他杂质，保证灌溉系统的稳定运行等优秀效能。

9.4　网式过滤器发展方向

目前网式过滤器仍存在成本高、维护管理困难等问题,同时适应不同水质的网式过滤器有待研发,不同地区的水质差异大,需要针对具体的水质特点设计和调整过滤器的规格和材料,以确保其有效性和可靠性。

未来,网式过滤器的发展应该朝着智能化、多功能化和环保的方向发展。首先,网式过滤器将更注重智能化和自动化技术的应用,以提高过滤效率和管理便捷性。例如,集成的传感器和数据分析功能将使过滤器能够实时监测水质并自动调整操作。其次,网式过滤器可能会集成更多功能,如多级过滤和自适应清洗技术,以满足更复杂的应用需求和提高系统的整体性能。同时,随着环保意识的提高,未来的网式过滤器将更多地使用可回收和环保材料,以减少对环境的影响。

总之,网式过滤器在多个领域的应用现状反映了其在现代水处理和节水灌溉中的重要性。随着技术的不断进步和市场需求的增长,网式过滤器的应用将变得更加广泛。

参 考 文 献

[1] 郭妮娜.浅析我国水资源现状、问题及治理对策[J].安徽农学通报,2018,24(10):79-81.
[2] 杨青颜.水资源现状分析及保护对策[J].工程技术研究,2017,(01):188,211.
[3] 方源.我国水资源的现状及其可持续发展[J].科技风,2010,(17):68.
[4] 雷川华,吴运卿.我国水资源现状、问题与对策研究[J].节水灌溉,2007,(04):41-43.
[5] 李慧,丁跃元,李原园,等.新形势下我国节水现状及问题分析[J].南水北调与水利科技,2019,17(01):202-208.
[6] 杨晓茹,李原园,黄火键,等."十三五"水利发展方向、布局与重点研究[J].中国水利,2017,(01):11-14,19.
[7] 钟华平.美国供用水情况介绍[J].南水北调与水利科技,2011,9(02):137-139.
[8] 潘佳佳,李东明,张嘉芮,等.我国节水灌溉的现状、特点及未来发展趋势[J].江西农业,2019,(14):52-53.
[9] 潘菊梅.西北干旱地区高效节水灌溉技术应用分析[J].农业科技与信息,2022,(12):79-81.
[10] 王振华,陈学庚,郑旭荣,等.关于我国大田滴灌未来发展的思考[J].干旱地区农业研究,2020,38(04):1-9+38.
[11] 徐佳丽.农业节水灌溉技术及发展方向[J].中国果菜,2019,39(06):52-54.
[12] 柴海东.微灌系统中过滤器的使用[J].现代化农业,2016,(10):55-56.
[13] 汪栋.第八届全国微灌大会在甘肃酒泉召开[J].甘肃水利水电技术,2009,45(08):59.
[14] 王力,翟旭军,张彦阳,等.水肥一体化工程中的过滤装置及应用研究[J].现代农机,2022,(06):119-121.
[15] 杜思琦,韩启彪,李盛宝,等.滴灌用过滤装置的研究现状及发展趋势[J].节水灌溉,2020,(03):57-61.
[16] 喻黎明,曹东亮,李久霖,等.Y型网式过滤器多目标优化正交试验[J].农业机械学报,2022,53(09):322-333.
[17] 典型过滤器水力学特性及其对典型过滤器水力学特性及其对泥沙处理能力研究[D].北京:中国科学院研究生院(教育部水土保持与生态环境研究中心),2010.
[18] 张晓晶,于健,马太玲,等.黄河水沉淀后水质对滴灌灌水器堵塞的影响[J].干旱地区农业研究,2016,34(02):258-264.
[19] 薛英文,杨开,李白红,等.中水微灌系统生物堵塞特性探讨[J].中国农村水利水电,2007,(07):36-39.
[20] 高压水射流清洗效果及损伤机理研究[D].徐州:中国矿业大学,2019.
[21] 刘焕芳,刘飞,谷趁趁,等.自清洗网式过滤器水力性能试验[J].排灌机械工程学报,2012,30(02):203-208.
[22] 刘焕芳,郑铁刚,刘飞,等.自吸网式过滤器过滤时间与自清洗时间变化规律分析[J].农业机械学报,2010,41(07):80-83.
[23] 刘焕芳,王军,胡九英,等.微灌用网式过滤器局部水头损失的试验研究[J].中国农村水利水电,2006,(06):57-60.
[24] 宗全利,刘飞,刘焕芳,等.大田滴灌自清洗网式过滤器水头损失试验[J].农业工程学报,2012,28(16):86-92.
[25] 杨培岭,鲁萍,任树梅,等.基于分形理论的叠片过滤器性能试验研究[J].农业机械学报,2019,50(02):218-226.

[26] 张文正,蔡九茂,吕谋超,等.砂石过滤器过滤效果影响因素试验研究[J].灌溉排水学报,2020,39(07):77-83.

[27] 周洋,陶洪飞,杨文新,等.旋转网筒过滤器转速变化规律及影响因素研究[J].水资源与水工程学报,2020,31(06):243-248.

[28] 石凯,刘贞姬,李曼.新型翻板网式过滤器水头损失试验研究[J].排灌机械工程学报,2020,38(04):427-432.

[29] 刘晓初,谈世松,何铨鹏,等.Y型筛网式过滤器水头损失研究[J].中国农村水利水电,2015(11):24-26,31.

[30] 宗全利,刘焕芳,郑铁刚,等.微灌用网式新型自清洗过滤器的设计与试验研究[J].灌溉排水学报,2010,29(01):78-82.

[31] 骆秀萍.进水流速对自清洗网式过滤器排污系统内部流场影响数值分析[J].水利水电技术,2019,50(05):150-154.

[32] 王栋蕾,宗全利,刘建军.微灌用自清洗网式过滤器自清洗结构流场分析与优化研究[J].节水灌溉,2011,(12):5-8,12.

[33] 石凯,刘贞姬,孟定华,等.新型翻板网式过滤器排污性能试验研究[J].机械工程学报,2019,55(24):253-259.

[34] 郑铁刚,刘焕芳,刘飞,等.自清洗过滤器排污系统的水力计算[J].水利水电科技进展,2010,30(03):8-11.

[35] 阿力甫江·阿不里米提,虎胆·吐马尔白,木拉提·玉赛音,等.鱼雷网式过滤器排污时间优化试验研究[J].农业工程学报,2018,34(S1):192-199.

[36] 宗全利,杨洪飞,刘贞姬,等.网式过滤器滤网堵塞成因分析与压降计算[J].农业机械学报,2017,48(9):215-222.

[37] 喻黎明,徐洲,杨具瑞,等.CFD-DEM耦合模拟网式过滤器局部堵塞[J].农业工程学报,2018,34(18):130-137.

[38] 朱德兰,王蓉,阮汉铖.Y型网式过滤器堵塞过程对有机肥浓度的响应研究[J].农业机械学报,2020,51(7):332-337.

[39] 徐洲.Y型网式过滤器水沙运动规律研究[D].昆明:昆明理工大学,2019.

[40] 杨洪飞,宗全利,刘贞姬,等.大田滴灌用网式过滤器滤网堵塞成因分析[J].节水灌溉,2017(2):94-98.

[41] 王睿,王文娥,胡笑涛,等.微灌用施肥泵施肥比例与肥水比对过滤器堵塞的影响[J].农业工程学报,2017,33(23):117-122.

[42] ZONG Q L,ZHENG T G,LIU H F,et al.Development of head loss equations for self-cleaning screen filters in drip irrigation systems using dimensional analysis[J].Biosystems engineering,2015,133:116-127.

[43] 张凯,喻黎明,刘凯硕,等.网式过滤器拦截率计算及其影响因素分析[J].农业工程学报,2021,37(5):123-130.

[44] 周洋,陶洪飞,杨文新,等.旋转网筒过滤器转速变化规律及影响因素研究[J].水资源与水工程学报,2020,31(6):243-248.

[45] 姜有忠,李继霞,黄光迪,等.网式旋流自清洗过滤器流场分析与试验[J].农机化研究,2022,44(02):9-14,118.

[46] 李继霞,姜有忠,黄光迪,等.网式旋流自清洗泵前过滤器的设计与试验[J].农机化研究,2021,43(12):174-180.

[47] 杨圆坤,陶洪飞,牧振伟,等.流量对微压过滤冲洗池过滤性能的影响研究[J].水资源与水工程学报,

2019,30(04):244-249.

[48] 陶洪飞,沈萍萍,周洋,等.微灌用泵前微压过滤器的最佳运行工况研究[J].灌溉排水学报,2022,41(06):72-79.

[49] 王柏林,刘焕芳,李强,等.大田微灌用新型组合式过滤器水力性能试验研究[J].中国农村水利水电,2015(08):31-34.

[50] 肖新棉,董文楚,杨金忠,等.微灌用叠片式砂过滤器性能试验研究[J].农业工程学报,2005(05):81-84.

[51] 邱元锋,孟戈,罗金耀.微灌旋流网式一体化水砂分离器试验[J].农业工程学报,2016,32(05):77-81.

[52] 李振成,孙新忠.离心筛网一体式微灌过滤系统砂粒运移规律的试验研究[J].节水灌溉,2013(02):14-16.

[53] 杨培岭,周洋,任树梅,等.砂石-筛网组合过滤器结构优化与性能试验[J].农业机械学报,2018,49(10):307-316.

[54] 储诚癸,朱梅,顾佳林,等.叠片多组合情境下滴灌过滤器水力性能试验研究[J].灌溉排水学报,2020,39(S2):76-81.

[55] 李盛宝,袁志华,杜思琦,等.多级复合网式过滤器水力性能试验研究[J].灌溉排水学报,2021,40(03):110-115.

[56] 李盛宝,韩启彪,杜思琦,等.微灌多级复合网式过滤器的设计和试验[J].节水灌溉,2020(08):82-84,97.

[57] 阿不都热合曼·尼亚孜,阿里甫江·阿不里米提,木克然·阿娃,等.三并联四寸小型组合网式过滤器的水力性能研究[J].水利科技与经济,2014,20(11):35-37.

[58] PUIG-BARGUÉS J,BARRAGÁN J,CARTAGENA F R D.Development of Equations for calculating the head loss in effluent filtration in microirrigation systems using dimensional analysis[J].Biosystems engineering,2005,92(3).

[59] BOVÉ J,ARBAT G,DURAN-ROS M,et al.Pressure drop across sand and recycled glass media used in micro irrigation filters[J].Biosystems engineering,2015,137:55-63.

[60] ELBANA M,CARTAGENA F R D,PUIG-BARGUÉS J.Effectiveness of sand media filters for removing turbidity and recovering dissolved oxygen from a reclaimed effluent used for micro-irrigation[J].Agricultural water management,2012,111.

[61] MESQUITA M,DEUS F P D,TESTEZLAF R,et al.Design and hydrodynamic performance testing of a new pressure sand filter diffuser plate using numerical simulation[J].Biosystems engineering,2019,183.

[62] GRACIANO-URIBE J,PUJOL T,PUIG-BARGUÉS J,et al.Assessment of different pressure drop-flow rate equations in a pressurized porous media filter for irrigation systems[J].Water,2021,13(16).

[63] DURAN-ROS M,PUIG-BARGUÉS J,ARBAT G,et al.Performance and backwashing efficiency of disc and screen filters in microirrigation systems[J].Biosystems engineering,2009,103(1):35-42.

[64] ZEIER K R,HILLS D J.Trickle Irrigation Screen Filter Performance as Affected by Sand Size and Concentration[J].Transactions of the asabe,1987,30:735-739.

[65] AVNER A,GIORA A.Mechanisms and process parameters of filter screens[J].Journal of irrigation and drainage engineering,1986,112(4):293-304.

[66] JUANICO M,AZOV Y,TELTSCH B,et al.Effect of effluent addition to a freshwater reservoir on the filter clogging capacity of irrigation water[J].Water research,1995,29(7):1695-1702.

[67] PUIG-BARGUÉS J,BARRAGÁN J,CARTAGENA F R D.Development of equations for calculating the head loss in effluent filtration in microirrigation systems using dimensional analysis[J].Biosystems

engineering,2005,92(3):383-390.

[68] YURDEM H,DEMIR V,DEGIRMENCIOGLU A.Development of a mathematical model to predict clean water head losses in hydrocyclone filters in drip irrigation systems using dimensional analysis[J]. Biosystems engineering,2010,105(4):495-506.

[69] BOVÉ J,ARBAT G,DURAN-ROS M,et al.Pressure drop across sand and recycled glass media used in micro irrigation filters[J].Biosystems engineering,2015,137:55-63.

[70] PIECUCH T,PIEKARSKI J,MALATYŃSKA G.The equation describing the filtration process with compressible sediment accumulation on a filter mesh[C].Archives of Environmental Protection,2013, 39(1):93-104.

[71] AUGUSTO L D L X,TRONVILLE P,GONÇALVES J A S,et al.A simple numerical method to simulate the flow through filter media:Investigation of different fibre allocation algorithms[J].The Canadian journal of chemical engineering,2021,99(12):2760-2770.

[72] SOLOVIEV N,KHABIBULLIN M.Modelling viscous fluid filtration to select optimal bottom-hole filter designs[J].IOP conference series:materials science and engineering,2021,1064 (1):012065.

[73] PUDERBACH V,SCHMIDT K,ANTONYUK S.A coupled CFD-DEM model for resolved simulation of filter cake formation during solid-liquid separation[J].Processes,2021,9 (5):826.

[74] MILSTEIN A,FELDLITE M.Relationships between clogging in irrigation systems and plankton community structure and distribution in wastewater reservoirs[J].Agricultural water management, 2014,140:79-86.

[75] PUIG-BARGUÉS J,ARBAT G,BARRAGN J,et al.Effluent particle removal by microirrigation system filters[J].Spanish journal of agricultural research,2005,3:182-191.

[76] HAMAN D Z,SMAJSTRLA A G,ZAZUETA F S.Screen Filters in Trickle Irrigation Systems 1[J]. Agricultural and biological engineering,2003,AE61:1-5.

[77] RIBEIRO T A P,PATERNIANI J E S,AIROLDI R P S,et al.Performance of non woven synthetic fabric and disc filters for fertirrigation water treatment[J].Scientia agricola,2004,61(2):127-133.

[78] HENNEMANN M,GASTL M,BECKER T.Influence of particle size uniformity on the filter cake resistance of physically and chemically modified fine particles [J]. Separation and purification technology,2021,272(1):118966.

[79] SCHULZ R,RAY N,ZECH S,et al.Beyond Kozeny-Carman:Predicting the permeability in porous media[J].Transport in porous media,2019,130(2):487-512.

[80] HASANI A M,NIKMEHR S,MAROUFPOOR E,et al.Performance of disc,conventional and automatic screen filters under rainbow trout fish farm effluent for drip irrigation system [J]. Environmental science and pollution research,2022,29(53):80624-80636.

[81] LAMON A W,MACIEL P M F,CAMPOS J R,et al. Household slow sand filter efficiency with schmutzdecke evaluation by microsensors[J].Environmental technology,2022,43(26):4042-4053.

[82] SHERRATT A,DEGROOT C T,STRAATMAN A G,et al.A numerical approach for determining the resistance of fine mesh filters[J].Transactions of the Canadian society for mechanical engineering, 2018,43(2):221-229.

[83] WU C H,SHARMA M M.A DEM-based approach for evaluating the pore throat size distribution of a filter medium[J].Powder technology,2017,322:159-167.

[84] MESQUITA M,DE DEUS F P,TESTEZLAF R,et al.Design and hydrodynamic performance testing of a new pressure sand filter diffuser plate using numerical simulation[J].Biosystems engineering,

2019,183:58-69.

[85] HERMANS J.Auto-line filter:self-cleaning,continuous filtration system[J].Filtration and separation, 2002,39(7):28-30.

[86] KIM D K,CHOI G,KO T J,et al.Numerical investigation of oil-water separation on a mesh-type filter [J].Acta mechanica,2022,233(3):1041-1059.

[87] AL-NASERI H,SCHLEGEL J P,AL-DAHHAN M H.3D CFD simulation of a bubble column with internals:validation of interfacial forces and internal effects for local gas holdup predictions[J]. Industrial & Engineering Chemistry research,2023,62(36):14679-14699.

[88] 刘清珺,陈婷,陈舜琮,等.正态分布积分近似计算公式及其在实验结果判定中的应用[J].现代测量与实验室管理,2009(03):21-23.

[89] 刘忠潮.有压灌溉管道水流挟沙力的计算[J].农田水利与小水电,1991(10):9-11.

[90] 陶洪飞,滕晓静,赵经华,等.不同流量下全自动网式过滤器内部流场的数值模拟[J].水电能源科学,2016,34(12):180-185.

[91] HJELMFELT A T,MOCKROS L F.Motion of discrete particles in a turbulent fluid[J].Applied scientific research,1966,16(1):149-161.